有限元法与 MATLAB 程序设计

郭吉坦　薛齐文　编著

机 械 工 业 出 版 社

本书以有限元法分析流程为主线，阐述有限元基本原理；以 MATLAB 为编程平台，阐述有限元程序设计的思路与实现。

本书共分 10 章，包括绪论、弹性力学基础、平面三角形单元、平面四边形单元与收敛准则、轴对称问题、空间问题、杆系结构、平板弯曲问题、有限元分析中的几个特殊问题、材料非线性问题，着重介绍典型单元的位移函数构造、刚度矩阵、等效节点载荷等有限元关键步骤的表达格式及应用。详细讲述平面三角形单元、四节点等参单元、轴对称三角形单元、桁架结构等四类 MATLAB 程序功能、程序流程图，提供功能函数源程序、案例模型数据、计算结果文件、变形与应力云图的百度网盘和二维码下载。

本书可作为高等院校力学、机械、土木、交通工程等相关专业高年级本科生和研究生的教材，也可用于相关专业教师、科研及工程技术人员进行有限元分析和程序设计的参考书。

图书在版编目（CIP）数据

有限元法与 MATLAB 程序设计/郭吉坦，薛齐文编著．—北京：机械工业出版社，2019.10（2022.1 重印）

ISBN 978-7-111-63963-3

Ⅰ.①有… Ⅱ.①郭… ②薛… Ⅲ.①有限元法－计算机辅助计算－Matlab 软件 Ⅳ.①O241.82－39

中国版本图书馆 CIP 数据核字（2019）第 224673 号

机械工业出版社（北京市百万庄大街 22 号 邮政编码 100037）
策划编辑：孔 劲 责任编辑：孔 劲 陈崇昱
责任校对：王 欣 封面设计：马精明
责任印制：郜 敏
北京盛通商印快线网络科技有限公司印刷
2022 年 1 月第 1 版第 2 次印刷
184mm×260mm · 17.75 印张 · 438 千字
2 501—3 500 册
标准书号：ISBN 978-7-111-63963-3
定价：69.00 元

电话服务	网络服务
客服电话：010-88361066	机 工 官 网：www.cmpbook.com
010-88379833	机 工 官 博：weibo.com/cmp1952
010-68326294	金 书 网：www.golden-book.com
封底无防伪标均为盗版	机工教育服务网：www.cmpedu.com

前言
Preface

有限元法在固体力学和结构分析领域取得了巨大成就，成功地解决了许许多多工程中有重大意义的问题。由于有限元法具有通用性和有效性，伴随着计算机技术的飞速发展，现已成为计算机辅助工程和数值仿真的基础，是当今技术科学发展和工程分析中应用最广泛的数值方法。

有限元法被普遍列为工科研究生的学位课程，被力学、土木工程、机械工程等本科专业列为必修课程，同时也是相关工程技术人员继续学习的重要内容之一。我们在长期从事研究生和本科生有限元法课程教学工作的过程中，总结多年教学和科研实践的经验，结合研究生课程及应用需要而编写的《有限元法》讲义已经使用多届，教学效果良好。本书在此基础上进行适当扩充，以有限元法基本内容为主线，同时融入典型单元程序设计，注重理论与实践相结合。本书内容的选取主要基于以下两个方面的考虑：

其一，修读有限元课程的研究生的专业跨度大，学科基础不尽相同，故编写时力求概念浅显、思路简明，内容安排上由浅入深，系统阐述有限元分析的基本步骤，为选择正确的单元类型建立合适的有限元模型奠定理论基础。以平面三角形单元为重点，详细阐述基本步骤、建模方法、工程应用，使学生了解有限元法的基本主线；详细介绍平面四节点等参单元，引出有限元法的收敛性、位移函数构造原则以及坐标变换等有限元相关理论；其他类型问题，则侧重于阐述单元功能、过程差异及应用中的注意事项。

其二，编入了以 MATLAB 为平台，经调试的平面三角形单元、四节点等参单元、轴对称三角形单元、桁架结构等典型单元的完整程序，通过程序功能设定和流程图来阐述编程思想及程序设计的技巧。利用 MATLAB 具有的科学计算和符号运算功能，编写的矩形薄板单元刚度矩阵程序段、等效节点载荷程序段、雅可比矩阵程序段，对数学推演编程克服繁杂的公式推导有一定的借鉴作用。本书并非以读者学会编写有限元分析程序为目标，而是为了使读者了解一些编程知识，以加深其对有限元内容的理解，培养科学严谨的态度，提高解决工程问题的能力。

本书包括 10 章内容：第 1 章介绍有限元法的基本思想、主要步骤及单元类型；第 2 章介绍弹性力学基本方程、平面问题，以及最小势能原理和里茨法应用；第 3 章以平面三角形单元为例，将有限元法的每个基本步骤作为一节，详细阐述了有限元分析方法，详细介绍平面三角形的有限元程序设计思路和方法；第 4 章介绍矩形单元、四节点等参单元及高阶单元，介绍有限元法的收敛准则、高斯积分等内容，介绍四节点等参单元的有限元程序、高斯积分及坐标变换等符号运算程序；第 5 章介绍轴对称问题的三角形单元和等参单元，轴对称三角形单元的有限元程序；第 6 章介绍空间问题的四面体单元、六面体等参单元等单元；第 7 章详细介绍杆系结构在局部系下的单元特性、整体系下单元分析，阐述特殊边界条件处理及杆件内力计算，桁架结构有限元程序；第 8 章介绍平板基本理论、矩形与三角形薄板单元；第 9 章介绍子结构方法、对称结构与周期结构边界条件处理方法等几种实际问题；第 10 章介绍非线性代数方程组的解法，弹塑性材料本构关系、弹塑性问题有限元分析方法。

本书详细阐述了平面三角形单元、四节点等参单元、轴对称三角形单元、桁架结构等四类单元的 MATLAB 程序功能设定、设计思路与流程、重点语句解析、有限元模型数据等相关内容，介绍了高斯积分、雅可比矩阵、平板弯曲刚度矩阵及等效节点载荷等字符推演功能程序。由于篇幅所限，本书未列出所有程序源代码。为了方便读者，可通过百度网盘和二维码下载相应的功能函数源程序、案例模型数据、计算结果文件、变形与应力云图。下载的程序文件为文本格式（. txt），可直接转换为 MATLAB 程序代码。

链接地址：https://pan. baidu. com/s/1uwu_toyshC9PMzpQ2ZbcNA 提取码：p49e，也可通过扫描下面二维码下载相关文件。

虽然我们花费了很大精力用心编写本书，但由于水平所限，缺点、错误还是在所难免，尤其是在程序设计思路及 MATLAB 函数方面可能会有更好的选择，欢迎读者多提批评意见和宝贵建议。读者可通过邮箱 dljtdx_ gjg@ 126. com 进行联系，交流应用有限元法的新技术与心得，共同进步。

本书的出版得到了辽宁省研究生教育教学改革研究项目（2017）以及大连交通大学研究生教育质量提升工程项目（2017）资助。

编者

目 录 Contents

第3章 平面三角形单元
Chapter

第4章 平面四边形单元与收敛准则
Chapter

第5章 轴对称问题
Chapter

第6章 空间问题
Chapter

第 7 章 杆系结构
Chapter

第8章 平板弯曲问题
Chapter

第9章 有限元分析中的几个特殊问题
Chapter

第10章 材料非线性问题
Chapter

第1章 绪论

Chapter 1

1.1 概述

在工程结构的设计过程中，分析结构应力和形变是不可或缺的关键环节。结构分析的实质就是分析结构在工作状态下，由外力载荷作用或者温度改变等因素引起的，在结构材料内部所产生的应力水平与分布状态、各点的位移以及结构形变。只有了解结构在工作过程中的应力与变形状态，才能对结构进行合理评价，判断结构是否安全，提出有针对性的改进建议或方案。

工程结构材料一般被视为弹性体，进行结构应力分析时往往可以归结为求解弹性力学问题。求解弹性力学问题的方法可分为解析法与数值法两大类。解析法是在一定假设的基础上，通过数学推导用具体的表达式来获得问题解答的方法，如逆法、半逆法、复变函数法、级数法、特殊函数法等方法都属于解析法。实际工程结构，往往会受到几何形状复杂、工作荷载多样性及材料特性等多种因素的影响，除了少数非常简单的问题外，绝大多数并不能得到解析形式的数学解答，采用解析法解决工程问题是非常困难的。

为了求解这些复杂问题，唯一的途径是应用数值法，获得问题的近似解。这种近似的数值结果能够满足工程设计精度要求，对结构评价、改进及优化设计具有不可替代的作用，如有限差分法、有限元法、边界元法等都属于数值求解方法。20 世纪中期，随着计算机技术的发展，数值计算方法得到飞跃式发展，结构设计对数值分析方法的依赖更强。其中有限元法具有数学逻辑严谨、物理概念清晰、使用方便灵活、适应性强等特点，已成为当今最有效的一种求解各类工程问题的数值分析方法，被不同领域广泛应用。

现代有限元的起源可追溯到 20 世纪初，一些研究人员用离散的等价弹性杆来近似模拟连续的弹性体。人们公认柯兰特（Courant）是有限元法的奠基人，1943 年，柯兰特发表了一篇使用三角形区域的多项式函数来求解扭转问题的论文，第一次假设挠曲函数在一个划分的三角形单元集合体的每个单元上为简单的线性函数，这是第一次用有限元法处理连续体问题。1955 年，德国斯图加特大学的 J. H. Argyris 教授发表了一组能量原理与矩阵分析的论文，奠定了有限元法的理论基础。

20 世纪 50 年代，由于航空事业的飞速发展，对飞机结构提出了愈来愈高的要求，这就需要更精确的设计和计算。1956 年，特纳（Turner）、克拉夫（Clough）等将刚架分析中的位移法扩展到弹性力学平面问题，并用于飞机的结构分析和设计，系统研究了离散杆、梁、三角形的单元刚度表达式，并求得了平面应力问题的正确解答。他们的研究工作开创了利用电子计算机求解复杂弹性力学问题的新纪元。1960 年，克拉夫（Clough）第一次提出并使用“有限元法”（Finite Element Method，FEM）的名称。

有限元法在解决工程中应用问题时所取得的巨大成功，引起了数学界的高度关注。贝塞林（Besseling）和卞学鐄（T. H. Pian）等人的研究工作表明，有限元法实际上是弹性力学变分原理中瑞利 - 里茨法的一种形式，从而在理论上为有限元法奠定了数学基础。与变分原理相比，有限元法更为灵活，适应性更强，计算精度更高。先后出现了一系列基于变分原理的新型有限元模型，如有限条法、杂交法、混合元、非协调元、广义协调元等。1967 年，监科维奇（Zienkiewicz）出版了第一本关于有限元分析的专著。

20 世纪 70 年代之后，随着计算机技术和软件技术的发展，有限元法进入了飞跃发展期。在这一时期，人们对有限元法进行了深入研究，涉及内容包括数学和力学领域的基础理论，单元划分的原则，形函数的选取，数值计算方法及误差分析、收敛性和稳定性研究，计算机软件开发，非线性问题，大变形问题等。在有限元法的发展过程中，我国科学家冯康等人做出过杰出贡献，得到了国际学术界的认可。

目前，有限元法已成为一门成熟的学科，并已扩展到其他研究领域，成为科技工作者解决实际问题的有力工具。有限元法在应用上已远远超出了原来的范围，由静力平衡问题扩展到稳定问题、动力问题、波动问题、接触问题。研究的对象从弹性材料扩展到弹塑性、黏弹性、黏塑性复合材料，从均质到非均质、非线性材料。有限元的离散方法由结构分析扩展到热传递、流体流动及多孔材料渗流、电位或磁位分布等非结构问题。近些年，有限元法在生物力学工程领域也有应用，如人体骨骼、股关节、颌移植、树胶牙齿移植、心脏和眼睛的分析等。

1.2 有限元法的基本思想

工程结构分析可以归结为求解弹性力学问题。弹性力学就是研究弹性体或结构由于外部载荷作用或者温度改变等因素所引起的形变、应力和位移。通过力学的平衡条件、变形几何协调性等方法，在外力与应力、形变、位移等各个物理量之间建立基本方程。假设对结构输入某种形式的已知量或者说某个量发生改变之后（通常是外力），再根据弹性力学的基本方程，寻求采用适当的方法求解这些基本方程，以便得到所需要的相关未知量。

弹性力学研究的外力、应力、应变、位移这四个基本量，通过三组基本方程，即应力与外力关系的平衡方程、应力与应变关系的物理方程、应变与位移的几何方程联系起来，它们之间的关系如图 1.1 所示。

应力、应变、位移属于弹性体内部的物理量，严格遵循弹性力学基本方程。一般弹性力学方法是根据弹性力学基本方程，对整个弹性体或结构来分析的。假设应力场能够确定，先根据物理方程求应变，再根据几何方程求位移，几何方程是偏微分方程组，由应变计算位移需要积分，求解起来非常困难，有时是不可能的。

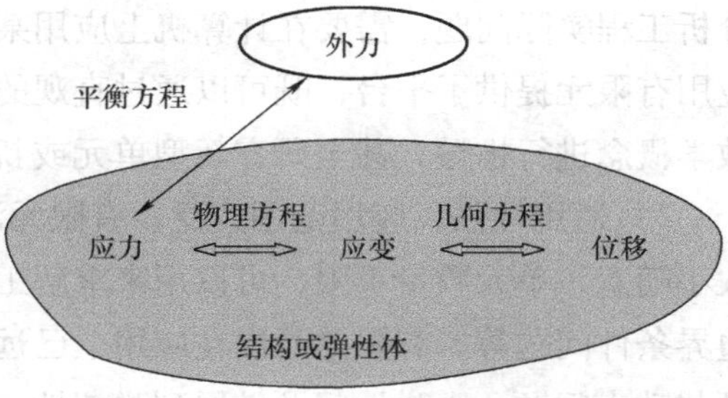

图 1.1　弹性力学基本量关系示意图

如果弹性体内部的位移场能够确定，那么根据几何方程由位移求导计算应变；物理方程是代数方程，则容易由应变确定应力。但问题是计算的应力分量很难满足平衡方程，要得到正确解答同样也非常困难。

有限元法放弃了应力与外力之间的平衡方程。根据能量原理，直接在外力与位移场之间建立联系，也就是反映外力改变与弹性体内部位移场变化的关系，依次求解位移、应变、应力，其过程如图 1.2 所示。现在关键的问题就是对于复杂形体的弹性体或结构中的位移场该如何表达？

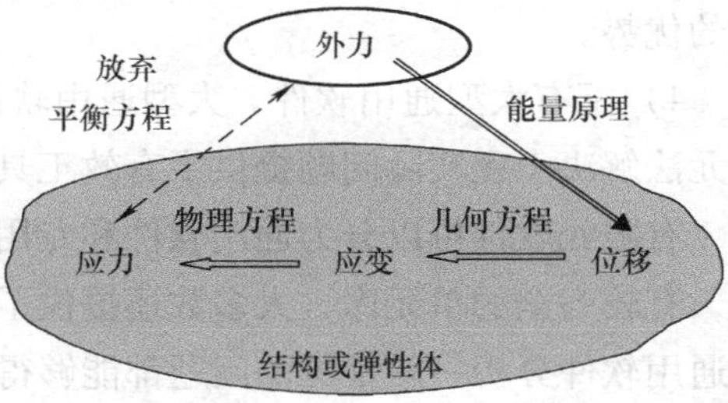

图 1.2　有限元法的基本思路示意图

有限元的基本思想是，在弹性体内选取足够多、有限数量的具有代表性的点，假定这些点的位移已知，再用这些假定的位移量描述其他位置点的位移，就得到了用特定点位移表示的弹性体的位移场，这些选定的有代表性的点称为**节点**。为了较准确反映原结构特征，通常，尖点、拐角、截面改变处、位移约束位置、集中载荷作用点等特殊、具有代表性的点都应选为节点。

所谓节点数量足够多，就是要保证所得到的数值结果满足精度要求；节点数量有限，就是将连续体中无穷多点的无限自由度转变为有限数量的自由度，以便能够用计算机进行数值计算和处理。在用节点位移分量描述其他点（非节点）的位移分量时，并非考虑所有节点位移的影响，而是先将弹性体按节点分割成很多简单形状的小区域或小块，仅由包含该点的小区域上节点来表示。有限元法是将复杂的连续体分割成有限多个简单形状的小区域或小块，这些小区域或小块称为单元。每个单元形状简单，以位移为基本变量，根据虚位移原理或最小势能原理，求解单元的能量，将每个单元的能量叠加后便得到结构的总能量。

有限元法先化整为零、再积零为整。也就是把一个连续体分割成有限数量个单元，首先对每个简单的单元进行分析，然后再将所有单元组合起来进行结构的整体分析。有限元法的实质是将连续体无限自由度问题转化为离散体有限自由度问题，将连续场函数的偏微分方程求解问题转化成有限个参数的代数方程组求解问题。从数学的角度来看，有限元法是将偏微分方程化成代数方程组，然后利用计算机进行求解的方法。

1.3 有限元法的特点

1）概念清楚，容易理解，可以在不同程度、不同深度上理解与应用。采用有限元技术分析工程实际问题，需要在计算机上应用某种分析软件。这就为使用者在多个层面上学习和应用有限元提供了平台，既可以通过直观的物理意义来学习，也可以通过严格的力学概念和数学概念进行推导，甚至研究新型单元或新算法。

2）通用性强，应用范围广泛。有限元法的基本做法是离散化，由于单元种类多、单元大小随意，单元数量不限，可以用来求解工程中任何复杂问题，如复杂结构形状问题，复杂边界条件问题等。有限单元法在应用上已远远超过了原来的范围，由平衡问题扩展到稳定问题与动力问题，由弹性问题扩展到弹塑性、非均质与非线性材料、大变形、接触等问题。

3）采用矩阵形式表达，计算格式统一，便于编程计算。可以充分发挥计算机计算能力强的优势。

4）配有大型通用软件。大型通用软件成熟且商业化，不需要专门编程，为广泛应用有限元法解决工程实际问题提供了有效工具和手段。

有限元软件可以分为通用软件和专用软件两类。通用软件适应性广、规范、输入方法简单，有较齐全的单元库，大多数还提供了二次开发的接口，可进一步拓展软件应用功能，使用通用软件分析一般常见的问题都能够得到满意的结果。但对于一些比较特殊的问题，尤其是处于研究阶段的问题，往往需要针对某些特定领域、特定问题开发的专用软件，以解决专门问题。目前常用的有限元软件有：ANSYS、MARC、ABAQUS、NASTRAN、ADINA、ALGOR、SAP、STRAND 等。譬如 ANSYS 软件是融结构、流体、电场、磁场、声场分析于一体的大型通用有限元分析软件。

5）先进的前处理，实现网格自动划分，提高效率；完善的后处理，可视或动态显示，直观形象。

应用有限元法进行结构分析时，首先要建立有限元分析模型，对结构实体进行离散化、准备相关数据，但这样做的工作量相当大，人工操作效率低且容易出错。随着软件的不断完善，前处理功能越来越强大，能实现单元自动划分，并进行网格检查，减少错误，减轻结构分析的劳动强度，提高效率。此外，一些通用软件能与 CAD、Creo 等软件接口，实现数据的共享和交换，这样会使结构方案的优化、修改和分析变得更加快捷。

有限元软件的后处理功能很完善，能够显示应力、形变、温度等分布，显示动态过程，形象逼真，为后续结构评判提供便捷方式。

6）有限元是一种数值分析方法，计算误差难免，且不易估计，需要有经验的人员进行分析判断。误差除了来自计算机的数据记录误差，更主要与单元的类型选择、单元划分的形状及单元尺寸大小、载荷工况、边界约束条件等有限元模型有关。

1.4 有限元法的主要步骤

有限元法是根据能量原理将偏微分方程组转化为有限个参数的代数方程组，有限元方程的形式为

$$[K]\{\delta\} = \{F\} \text{或} \boldsymbol{K\delta} = \boldsymbol{F} \tag{1.1}$$

式中，$\boldsymbol{K}$ 为结构的总刚度矩阵，与结构有限元模型有关；$\boldsymbol{F}$ 为外载荷矢量，由外载荷及计算工况确定；$\boldsymbol{\delta}$ 为节点位移矢量，是待确定的具有代表性节点的位移。方程的阶次与节点总数有关，若节点总数为 n，那么二维问题方程阶次为 $2n$，三维问题方程阶次为 $3n$。

用有限元法分析弹性力学问题的主要步骤可分为：建立有限元模型，形成结构的总体刚度矩阵（简称总刚），施加不同工况的外载荷，求解有限元方程（线性代数方程组）得到节点位移，求单元应力分量等环节，有限元分析的主要流程如图 1.3 所示。具体步骤说明如下：

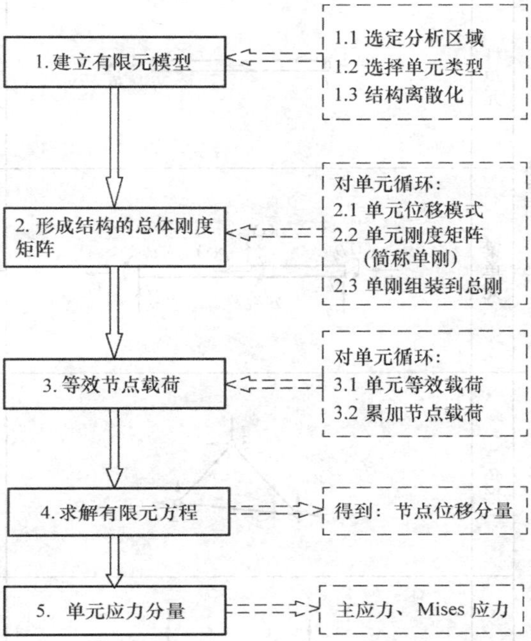

图 1.3 有限元法分析弹性力学问题的主要步骤

1. 建立有限元计算模型

结构有限元模型是有限元法分析的基础。建立有限元计算模型，首先要确定分析研究的对象，分析对象一般是结构总体，在结构的几何形状与作用载荷同时对称的情况下，也可选择结构的一部分作为研究区域；其次根据所研究的结构特征选择合理的单元类型，进行结构离散化。离散化就是将连续结构分割成一定数量的单元，单元与单元、单元与边界之间通过节点连接，这些单元要模拟原结构的几何形体。单元的类型有多种，单元大小及结构离散化方式也可有所不同，这些因素都会影响有限元法的计算精度与计算效率，甚至会影响到数值解的收敛性和稳定性。合理离散化是保证用有限元法获得较高精度近似解的前提。

有限元的单元有很多类型，如表 1.1 列出部分典型单元，还有计算精度较高的二次及高次单元。选择的单元类型应能反映出结构的几何特征及受力状态，结构的几何特征可分为杆系结构、梁结构、平面问题、空间问题、板壳问题等。

2. 单元位移模式

对于位移型有限元法，首先要确定的是位移场，欲在整个结构上建立位移的统一数学表达式是非常困难甚至是不可能的。而将结构实体划分网格离散成单元的集合体后，以一个单元作为分析对象来描述单元范围内的位移场则较为简单。遵循某些基本准则，将单元中任意一点的位移分量用单元的节点位移来表达，即表示成节点位移的函数，这种由节点位移描述单元上点的位移的函数称为单元位移模式或位移插值函数。位移模式实质上是单元内的近似位移场，是计算单元应变的依据。不同类型的单元应有相应不同的位移模式，位移模式直接决定了有限元分析的正确性和计算精度。

表 1.1 典型单元

单元类型			维数	节点数	节点自由度	应用
一维单元	杆单元	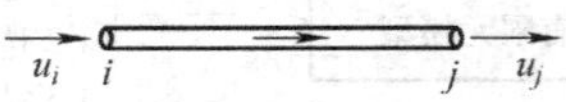	1D	2	1	平面或空间桁架、网架：只承受杆件轴向力作用；节点线位移
			2D	2	2	
			3D	2	3	
	梁单元	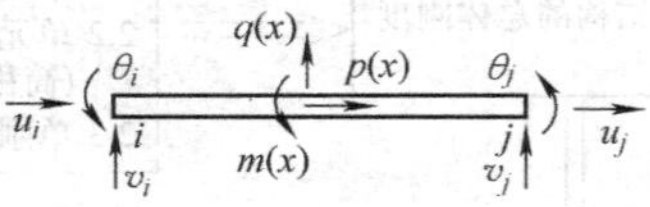	2D	2	3	平面或空间刚架：承受横向力和弯矩作用；节点线位移、转角
			3D	2	6	
二维单元	三角形	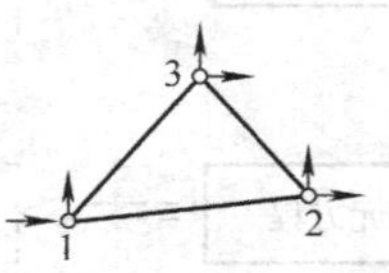	2D	3	2	平面应力或平面应变问题：所有外力在平面内；节点线位移
	四边形	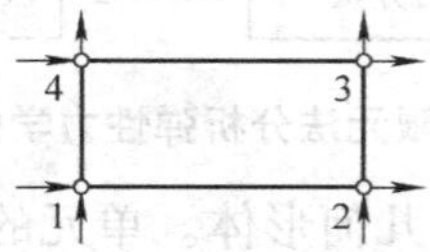	2D	4	2	
	三角环向形	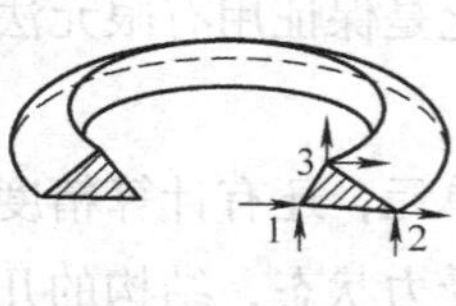	2D	3	2	轴对称问题：几何形状、外载荷均为轴对称；节点线位移
	矩形板元	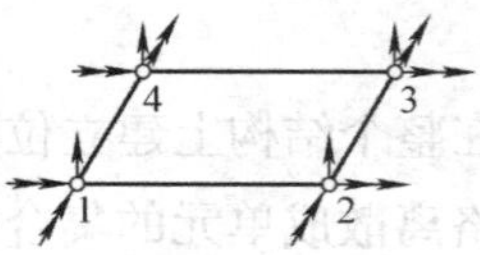	3D	4	6	平板弯曲问题：承受垂直于板面的横向力作用；节点有线位移、转角
	三角板元	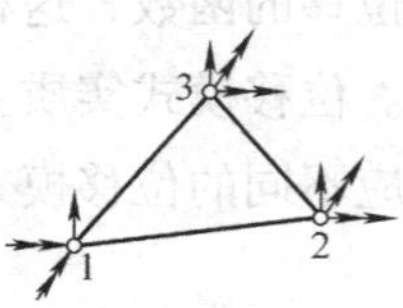	3D	3	6	

（续）

单元类型			维数	节点数	节点自由度	应　用
三维单元	四面体	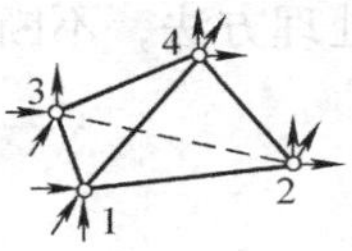	3D	4	3	空间问题： 任意几何形状、外载荷作用； 节点有线位移
	六面体	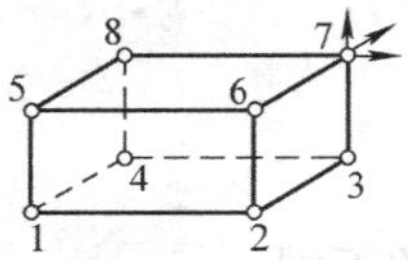	3D	8	3	

3. 单元刚度矩阵

在建立了单元的位移模式后，确定单元内的位移场，根据几何方程确定单元上任意一点的应变，建立应变与节点位移之间的关系；再根据物理方程计算单元上一点的应力；利用虚位移原理或最小势能原理，建立单元的能量与节点位移之间的关系，实质上就是形成单元刚度矩阵。

4. 等效节点荷载

结构离散化成单元的集合体，单元与单元、单元与边界之间通过节点连接。节点之间的相互作用力包括由结构离散引起的单元之间的相互作用和外力作用这两部分，前者属于结构内力自平衡，在分析时不予计算。外界对结构的各种作用均转化为节点载荷，这种转化作用效果是等价的，称为等效节点荷载。

5. 整体分析

整体分析的目的是要确定系统的总能量。能量是标量，在确定了每个单元的能量之后，将所有单元的能量叠加得到离散系统的总能量。整体分析实质上就是将各个单元的单元刚度矩阵累加组成整体刚度矩阵，将各个单元的等效节点力叠加形成结构的整体荷载矢量。

6. 有限元方程的求解

有限元方程 $\boldsymbol{K\delta}=\boldsymbol{F}$ 是代数方程组，但由于系数矩阵 $\boldsymbol{K}$ 是奇异的，不能直接求解，必须根据结构位移约束状态，引入结构的边界条件之后，才能求解该线性方程组，解方程后得到所有节点的位移。

7. 计算单元的应变与应力

每个单元由其节点唯一确定，提取单元的节点位移，根据单元上应变与单元节点的位移关系求出单元应变，再根据物理方程，即应力与应变的关系得到单元的应力分量。

在进行结构设计和分析决策时，要了解结构的整体应力分布，确定结构中最大位移和应力最大值及位置。后处理软件不仅能够输出所需要的各种应力和变形的数值结果，而且还可以用图形等多种方式显示应力分布状况，解释分析结果，直观形象。

有限元法概念浅显，过程统一，容易理解，但由于有限元模型是将连续体离散数字化，涉及的数据种类多、数据量大，简单且重复性的计算量大，使初学者感到茫然。只要按单元刚度矩阵和等效节点载荷两条主线梳理有限元分析步骤，提炼每个环节之间的内在关联，就容易学会有限元法。通过简单的案例进行有限元过程的演练，加深对有限元法思想和步骤的领悟，编写有限元计算程序也是一种有效训练途径。读者根据自己研究领域的专业特点，结合某个有限元分析软件，学习建立有限元模型和载荷工况处理方法，不断实践，逐步提高应用有限元法解决工程实际问题的能力。

习题 1

1.1 简述有限元法的特点。

1.2 简述用有限元法求解弹性力学问题与一般方法的不同。

1.3 简述有限元法的主要步骤。

1.4 举例说明怎样根据被求解问题的属性来选择单元。

第 2 章 Chapter 2

弹性力学基础

2.1 概述

弹性力学是固体力学的一个分支学科，是研究弹性体由于外力载荷作用或者温度改变等因素引起的物体内部所产生的位移、形变和应力的经典科学。弹性力学研究的范畴是理想弹性体的小变形状态，包括构件、板和三维弹性体，比材料力学和结构力学的研究范围更为广泛。弹性力学研究的内容是外力作用下弹性体的应力、应变和位移。

2.1.1 弹性力学的基本假设

（1）连续性假设　假设在物体体积内都被连续介质所充满，没有任何空隙，即从宏观角度认为物体是连续的。根据这一假设，位移、应变和应力等物理量均可以成为物体所占空间的连续函数。

（2）均匀性假设　假设弹性物体是由同一类型的均匀材料组成的，物体各个部分的物理性质都是相同的，不随坐标位置的变化而改变。在处理问题时，可以取出物体的任意一个小部分讨论。

（3）各向同性假设　假设物体在各个不同的方向上具有相同的物理性质，物体的弹性常数不随坐标方向变化。像木材、竹子以及纤维增强材料等，它们的物理性质与方向有关，属于各向异性材料。

（4）完全弹性假设　物体变形包括弹性变形和塑性变形。弹性变形就是当外力撤去以后物体恢复到原始状态，没有变形残留，材料的应力和应变之间具有一一对应的关系，弹性变形与时间无关，也与变形历史无关。塑性变形则是当外力撤去后尚残留部分变形量，物体不能恢复到原始状态，即存在永久变形，塑性变形的应力和应变之间的关系不再一一对应，应力 - 应变关系与加载历程有关。

（5）小变形假设　在讨论弹性体的平衡等问题时，不考虑因变形而引起的几何尺寸变化，使用物体变形前的几何尺寸来替代变形后的尺寸。采用这一假设，在基本方程中，略去位移、应变和应力分量的高阶小量，使基本方程成为线性的偏微分方程组。

凡符合前四个假设的物体，称为理想弹性体。应力和应变之间存在一一对应关系，满足胡克定理，与时间及变形历史无关。

2.1.2 几个基本概念

1. 外力

作用于物体的外力可以分为体力、面力、集中力等三种类型。

(1) 体力　体力也称体积力，就是分布在物体整个体积内部各个质点上的力，例如物体的重力、惯性力、电磁力等。一般情况下，物体内各点的体力是不同的。为了表明物体任意一点 P 所受体力的大小和方向，在 P 点区域取一微小体积元 ΔV，如图 2.1 所示，设 ΔV 的体力合力为 $\Delta \boldsymbol{Q}$，则 ΔV 的体力平均集度为 $\Delta \boldsymbol{Q}/\Delta V$，当 ΔV 趋近于 0 时，即为

$$\lim_{\Delta V \to 0} \frac{\Delta \boldsymbol{Q}}{\Delta V} = \boldsymbol{F}$$

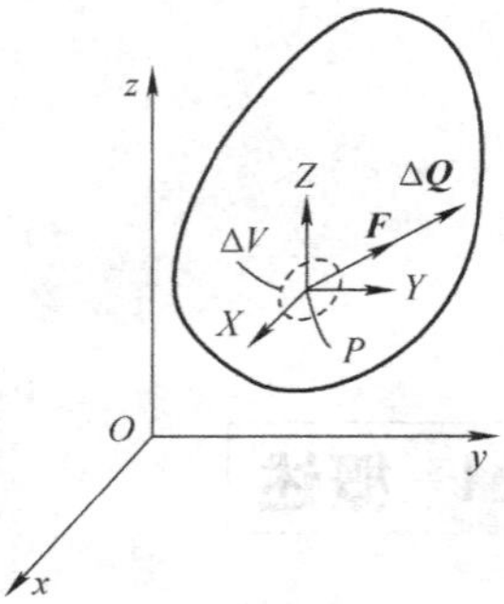

图 2.1　体力示意图

这个极限 $\boldsymbol{F}$ 是矢量，就是物体在 P 点所受体力的集度。因为 ΔV 是标量，$\boldsymbol{F}$ 的方向就是 $\Delta \boldsymbol{Q}$ 的极限方向，矢量 $\boldsymbol{F}$ 在坐标轴 x、y、z 上的投影分别是 X、Y、Z，称为体力分量，有序排列，表示为矢量的形式：

$$\boldsymbol{F} = \{X \quad Y \quad Z\}^{\mathrm{T}}$$

体力分量的符号规定，方向与坐标轴正向一致为正；与坐标轴负向一致为负。体力是指单位体积的力，体力的因次是［力］［长度］$^{-3}$，量纲为 $\mathrm{L}^{-2}\mathrm{MT}^{-2}$。

(2) 面力　面力也称表面力，是分布在物体表面上的力，例如风力、静水压力、物体之间的接触力等。物体在其表面各点所受到的力，一般也是不同的。在物体表面上取包含 P 点的微元，如图 2.2 所示，假设作用在物体表面 ΔS 上面力为 $\Delta \boldsymbol{T}$，则面力的平均集度为 $\Delta \boldsymbol{T}/\Delta S$，当 ΔS 趋近于 0 时，即为

$$\lim_{\Delta S \to 0} \frac{\Delta \boldsymbol{T}}{\Delta S} = \boldsymbol{F}_{\mathrm{s}}$$

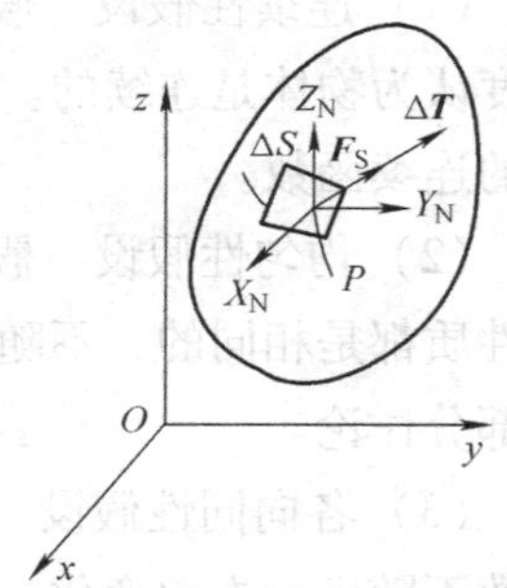

图 2.2　面力示意图

该极限 $\boldsymbol{F}_{\mathrm{s}}$ 为物体表面上 P 点所受面力的集度，也是矢量。$\boldsymbol{F}_{\mathrm{s}}$ 在坐标轴 x、y、z 上的分量分别是 X_{N}、Y_{N}、Z_{N}，称为面力分量，表示为矢量的形式：

$$\boldsymbol{F}_{\mathrm{s}} = \{X_{\mathrm{N}} \quad Y_{\mathrm{N}} \quad Z_{\mathrm{N}}\}^{\mathrm{T}}$$

面力与体力符号规定相同，即与坐标轴正向一致为正，与坐标轴负向一致为负。面力的因次是［力］［长度］$^{-2}$，量纲为 $\mathrm{L}^{-1}\mathrm{MT}^{-2}$。

(3) 集中力　集中力就是作用于物体某一点上的力。不论 P 点是在物体内部还是在表面上，只在 P 点附近很小区域存在作用力，其他区域数值为 0，在有限元分析中集中力是常

见形式，譬如悬挂重物的作用点，车轮对桥面作用等都可认为是作用于 P 点的集中力。集中力分量的矢量形式为

$$\boldsymbol{F}_0 = \{X_0 \quad Y_0 \quad Z_0\}^{\mathrm{T}}$$

集中力分量的符号规定，沿坐标轴正向为正，沿坐标轴负向为负。集中力的因次是［力］，量纲为 LMT^{-2}。

2. 一点的应力状态

在材料力学中已经了解了应力的概念及斜截面上的应力，斜截面上的应力可分解成一个正应力分量和一个切应力分量。根据复杂物体任意截面上应力的定义，假设用过物体内 P 点的任意截面 m—n 把物体分为这两部分，这两部分的作用互为作用与反作用，大小相等、方向相反。在截面上 P 点的某个小邻域取出一包括 P 点在内的微小面积元 ΔA，截面 m—n 的外法线为 $\boldsymbol{N}$，在 ΔA 部分对其作用力为 $\Delta \boldsymbol{T}$，则

$$\boldsymbol{s}_{\mathrm{N}} = \lim_{\Delta A \to 0} \frac{\Delta \boldsymbol{T}}{\Delta A}$$

该极限矢量 $\boldsymbol{s}_{\mathrm{N}}$ 就是物体在截面 m—n 上 P 点的应力。应力的因次是［力］［长度］$^{-2}$，量纲为 $\mathrm{L}^{-1}\mathrm{MT}^{-2}$。

应力矢量 $\boldsymbol{s}_{\mathrm{N}}$ 的下标表示了其所在微面的法线方向，应力矢量 $\boldsymbol{s}_{\mathrm{N}}$ 与微面法线通常有一定夹角。描述应力矢量 $\boldsymbol{s}_{\mathrm{N}}$ 时通常采用沿微分面的法线方向及切线方向进行分解，而不采用沿坐标轴 x、y、z 方向分解。沿法线方向的应力用 σ_{N} 表示，称为m—n截面的正应力；沿切线方向的应力用 τ_{N} 表示，称为 m—n 截面上的切应力或剪应力，如图 2.3 所示。截面 m—n 的法线方向是唯一的，但切线方向在截面内却不是唯一的，这样剪应力 τ_{N} 的方向实质上并未确定。为了解决该问题，将 τ_{N} 沿两个互相垂直的方向分解，得到相应的两个剪应力分量，所以复杂物体任意截面上的应力可以用一个法向的正应力和两个平面内的剪应力来表示。

应力矢量的大小及方向不仅与“分析点”在弹性体内的位置有关，还与考察面的方位即微分面法线与坐标轴的夹角有关。换言之，通过 P 点截面 m—n，当其法线方向改变时，应力矢量随之变化，因此必须明确应力矢量的位置以及经过该点的哪一个微分面。由于通过物体内一点的微分面有无数个，这就使一点的应力分量描述多样化，但作用效果是不变的。为了便于统一分析和计算，用一个平行六面体来描述 P 点，平行六面体的棱边分别与 x、y、z 轴平行，边长分别为 $\mathrm{d}x$、$\mathrm{d}y$、$\mathrm{d}z$，当边长趋于 0 时，平行六面体即为一个点。平行六面体的表面按其法线与坐标轴平行，分别称为 x 面、y 面、z 面，外法线与坐标轴正向一致的为正面，外法线与坐标轴负向一致的为负面。

在平行六面体表面上定义应力，每个表面上的应力都可以用一个法向的正应力和两个与坐标轴平行的剪应力表示。因为物体处于平衡状态，正面与反面上的应力大小相等、方向相反（未考虑增量），为简明起见，只画出正面上的应力分量，如图 2.4 所示。

应力分量的表示方法：

正应力分量：每个面上有一个量，只要用一个下标，既可表示作用面，又能区分作用方向，用 σ_x、σ_y、σ_z 分别表示 x 面、y 面、z 面上的正应力分量；

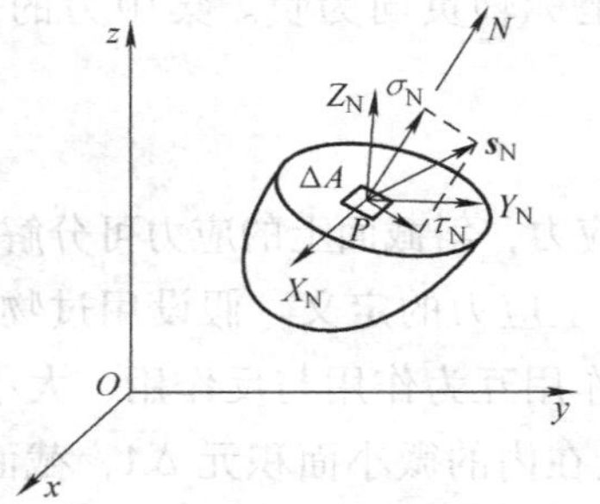

图 2.3　斜截面上应力分量示意图

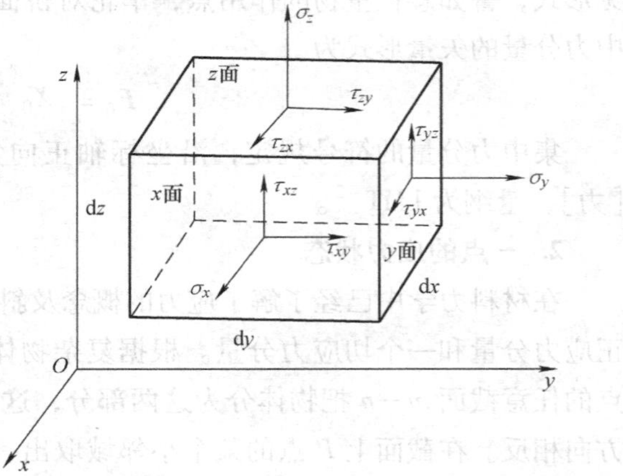

图 2.4　一点的应力状态

剪应力分量：每个面上有两个量，共有 6 个量，要区分作用面及其作用方向，必须用两个下标表示。规定第 1 个下标表示作用面，第 2 个下标表示作用方向，如 τ_{xy} 表示 x 面上与 y 轴平行的剪应力分量。所有剪应力分量为 τ_{xy}、τ_{xz}，τ_{yx}、τ_{yz}，τ_{zx}、τ_{zy}。

外力的符号是由外力的方向与坐标轴方向的关系来确定的，与坐标轴正向一致的始终为正。应力属于内力，根据变形趋势来确定其符号。正应力以受拉为正，受压为负；剪应力以夹角变小为正，夹角变大为负。为便于记忆，类似于有理数运算法则，同号相乘为正、异号相乘为负的原则，六面体应力符号规定表述为：

正面上应力方向与坐标轴正向一致的为正；负面上应力方向与坐标轴负向一致的为正。

图 2.4 所示的所有应力分量均为正。正应力符号与材料力学的规定相同，但剪应力与材料力学的规定并不完全相同。

六个剪应力分量之间存在一些互等关系，称为剪应力互等定理：

$$\tau_{xy} = \tau_{yx},\ \tau_{xz} = \tau_{zx},\ \tau_{yz} = \tau_{zy}$$

说明作用在两个互相垂直面上并且垂直于两面交线的剪应力是互等的，二者大小相等，正负号相同，剪应力的实际方向同时指向或背离两面交线。因此，剪应力符号中的两个下标可以对调，不必再区分哪个下标表示作用面或是作用方向。

实际上，物体内任意一点的应力有三个正应力分量 σ_x、σ_y、σ_z 与三个剪应力分量 τ_{xy}、τ_{yz}、τ_{zx}，用这六个量可求得经过该点任意截面上的正应力和剪应力，即可以完全确定该点的应力状态。换言之，若某点的应力状态已确定，则该点的六个应力分量全部已知。通常应力分量写为矢量形式

$$\boldsymbol{\sigma} = \{\sigma\} = \{\sigma_x \quad \sigma_y \quad \sigma_z \quad \tau_{xy} \quad \tau_{yz} \quad \tau_{zx}\}^{\mathrm{T}}$$

3. 形变（应变）

所谓形变就是形状的改变，是描述物体受力后发生变形的相对力学量。物体的形变程度一般用六面单元体的三条互相垂直的棱边的伸缩程度以及棱边之间夹角的改变量来描述。棱

边的相对伸长或缩短量称为正应变，有时也称线应变，用 ε_x、ε_y、ε_z 表示，其意义为沿3个坐标轴方向的相对伸长量，**正应变以伸长为正、缩短为负**；棱边之间所夹直角的改变量称为剪应变，记为 γ_{xy}、γ_{yz}、γ_{zx}，如 γ_{xy} 的意义为 x 与 y 轴夹角的改变量，以弧度表示，**剪应变以直角变小为正、增大为负**。

描述空间一点的形变需要六个应变分量，与应力分量对应，应变分量记为

$$\boldsymbol{\varepsilon}=\{\varepsilon\}=\{\varepsilon_x \quad \varepsilon_y \quad \varepsilon_z \quad \gamma_{xy} \quad \gamma_{yz} \quad \gamma_{zx}\}^{\mathrm{T}}$$

4. 位移

位移就是位置的移动量。由于外载荷作用或者温度变化等外界因素影响物体产生变形，物体内各点在空间的位置将发生变化，描绘物体位置变化的量称为**位移**。位移包括刚体位移和变形位移两部分：刚体位移是由于物体整体在空间做刚体运动而引起的位置改变，物体内部各个点仍然保持初始状态的相对位置不变；变形是物体整体位置不变，但物体在外力作用下发生形状的变化，而改变了物体内部各个点的相对位置。后者与弹性体应力有着直接的关系，是弹性力学研究的重点，通常叫**位移**。位移是矢量，既有大小也有方向，沿 x、y、z 坐标轴方向的投影 u、v、w 称为位移分量。位移分量与坐标轴方向一致为正，反之为负。位移分量的因次是［长度］，量纲为L。位移分量记为

$$\boldsymbol{f}=\{f\}=\{u \quad v \quad w\}^{\mathrm{T}}$$

2.2 弹性力学基本方程

2.2.1 平衡方程

平衡方程是表示应力与外力（体力）之间关系的方程。

$$\begin{aligned}
&\frac{\partial\sigma_x}{\partial x}+\frac{\partial\tau_{yx}}{\partial y}+\frac{\partial\tau_{zx}}{\partial z}+X=0\\
&\frac{\partial\tau_{xy}}{\partial x}+\frac{\partial\sigma_y}{\partial y}+\frac{\partial\tau_{zy}}{\partial z}+Y=0\\
&\frac{\partial\tau_{xz}}{\partial x}+\frac{\partial\tau_{yz}}{\partial y}+\frac{\partial\sigma_z}{\partial z}+Z=0
\end{aligned} \tag{2.1}$$

2.2.2 物理方程

物理方程表示应变与应力之间的关系，即广义胡克定律。用应力表示应变的物理方程

$$\begin{aligned}
&\varepsilon_x=\frac{1}{E}[\sigma_x-\mu(\sigma_y+\sigma_z)], \quad \gamma_{xy}=\frac{\tau_{xy}}{G}\\
&\varepsilon_y=\frac{1}{E}[\sigma_y-\mu(\sigma_z+\sigma_x)], \quad \gamma_{yz}=\frac{\tau_{yz}}{G}\\
&\varepsilon_z=\frac{1}{E}[\sigma_z-\mu(\sigma_x+\sigma_y)], \quad \gamma_{zx}=\frac{\tau_{zx}}{G}
\end{aligned} \tag{2.2}$$

式中，E、G、μ 分别为材料的弹性模量、剪切模量和泊松比。三者关系为

$$G=\frac{E}{2(1+\mu)}$$

三个方向的正应变与正应力之间存在耦合关系，其影响量为泊松比。剪应变与剪应力之间不存在耦合。物理方程也有用应变表示应力的形式。

2.2.3 几何方程

几何方程又称柯西方程，表示应变与位移之间的关系。如图 2.5 所示，ε_x 和 γ_{xy} 的定义如下：

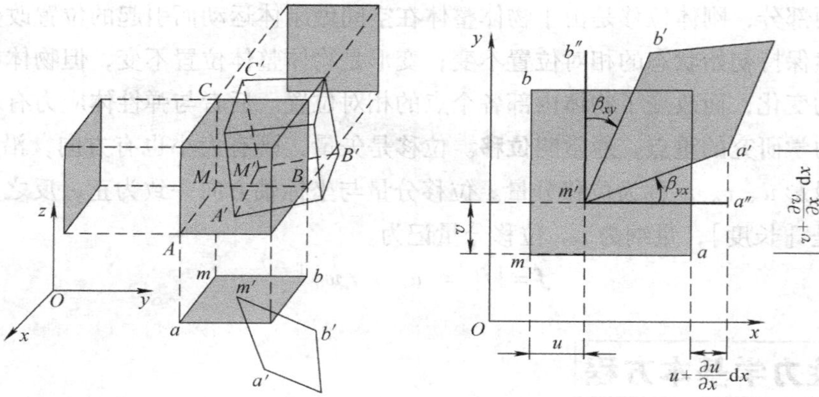

图 2.5　一点位移与形变图

正应变 ε_x

$$\varepsilon_x=\frac{M'A'-MA}{MA}\approx\frac{\left(dx+\frac{\partial u}{\partial x}dx\right)-dx}{dx}=\frac{\partial u}{\partial x}$$

剪应变 γ_{xy}

$$\gamma_{xy}=\frac{\pi}{2}-\angle B'M'A'=\frac{\pi}{2}-\angle b'm'a'=\beta_{yx}+\beta_{xy}$$

而

$$\beta_{yx}\approx\tan\beta_{yx}=\frac{a''a'}{m'a''}=\frac{\left(v+\frac{\partial v}{\partial x}dx\right)-v}{dx+\frac{\partial u}{\partial x}dx}=\frac{\frac{\partial v}{\partial x}}{1+\frac{\partial u}{\partial x}}\approx\frac{\partial v}{\partial x}$$

同理，$\beta_{xy}\approx\frac{\partial u}{\partial y}$，所以

$$\gamma_{xy}\approx\frac{\partial u}{\partial y}+\frac{\partial v}{\partial x}$$

小变形情况下，几何方程为

$$
\begin{aligned}
\varepsilon_x &= \frac{\partial u}{\partial x}, \quad \gamma_{xy} = \frac{\partial u}{\partial y} + \frac{\partial v}{\partial x} \\
\varepsilon_y &= \frac{\partial v}{\partial y}, \quad \gamma_{yz} = \frac{\partial v}{\partial z} + \frac{\partial w}{\partial y} \\
\varepsilon_z &= \frac{\partial w}{\partial z}, \quad \gamma_{zx} = \frac{\partial w}{\partial x} + \frac{\partial u}{\partial z}
\end{aligned}
\tag{2.3}
$$

可见，剪应变是两个方向变形的协调性问题，如 γ_{xy} 就是 x 与 y 方向变形的相互影响。

2.2.4 变形协调方程

变形协调方程也称相容方程，反映应变分量之间的内在关系。应变协调方程是由几何方程消去位移分量而得的，表示6个应变分量之间必须满足的约束条件，虽然不作为基本方程，但在应力解法中具有十分重要的作用。

$$
\begin{aligned}
&\frac{\partial^2 \varepsilon_y}{\partial x^2} + \frac{\partial^2 \varepsilon_x}{\partial y^2} = \frac{\partial^2 \gamma_{xy}}{\partial x \partial y}, \quad \frac{\partial}{\partial}\left(-\frac{\partial \gamma_{yz}}{\partial x} + \frac{\partial \gamma_{xz}}{\partial y} + \frac{\partial \gamma_{xy}}{\partial z}\right) = 2\frac{\partial^2 \varepsilon_x}{\partial y \partial z} \\
&\frac{\partial^2 \varepsilon_z}{\partial y^2} + \frac{\partial^2 \varepsilon_y}{\partial z^2} = \frac{\partial^2 \gamma_{yz}}{\partial y \partial z}, \quad \frac{\partial}{\partial}\left(\frac{\partial \gamma_{yz}}{\partial x} - \frac{\partial \gamma_{xz}}{\partial y} + \frac{\partial \gamma_{xy}}{\partial z}\right) = 2\frac{\partial^2 \varepsilon_y}{\partial z \partial x} \\
&\frac{\partial^2 \varepsilon_x}{\partial z^2} + \frac{\partial^2 \varepsilon_z}{\partial x^2} = \frac{\partial^2 \gamma_{xz}}{\partial x \partial z}, \quad \frac{\partial}{\partial}\left(\frac{\partial \gamma_{yz}}{\partial x} + \frac{\partial \gamma_{xz}}{\partial y} - \frac{\partial \gamma_{xy}}{\partial z}\right) = 2\frac{\partial^2 \varepsilon_z}{\partial x \partial y}
\end{aligned}
\tag{2.4}
$$

2.2.5 边界条件

边界条件表示在边界上位移与约束或应力与面力之间的关系。按照边界条件的不同，分为位移边界条件、应力边界条件、混合边界条件。

1. 位移边界条件

弹性体在所有边界上的位移分量均为已知，在边界上存在

$$
u_s = \overline{u},\ v_s = \overline{v},\ w_s = \overline{w} \tag{2.5}
$$

其中，u_s、v_s、w_s 表示边界上的位移分量，而 $\overline{u}$、$\overline{v}$、$\overline{w}$ 则表示在边界上是坐标的已知函数，例如对于完全固定的边界，$\overline{u} = \overline{v} = \overline{w} = 0$，这就是位移边界条件。

2. 应力边界条件

弹性体在全部边界上所受的面力都是已知的。面力已知的条件可以变换成应力方面的条件，表示为

$$
\begin{aligned}
\overline{X} &= l\sigma_x + m\tau_{yx} + n\tau_{zx} \\
\overline{Y} &= l\tau_{xy} + m\sigma_y + n\tau_{zy} \\
\overline{Z} &= l\tau_{xz} + m\tau_{yz} + n\sigma_z
\end{aligned}
\tag{2.6}
$$

式中，$l = \cos(N,x)$，$m = \cos(N,y)$，$n = \cos(N,z)$ 表示边界外法线 N 的方向余弦。

式（2.6）同样是一个函数方程，表示边界上每一点应力与面力之间的关系，即应力分量的边界值就等于对应的面力分量。但应注意，应力分量与面力分别作用于不同面上，且各有不同的正负号规定。当边界的外法线 N 沿坐标轴正向时，应力与面力符号相同；当边界的外法线 N 沿坐标轴负向时，二者符号相反。

3. 混合边界条件

弹性体在一部分位移边界 S_u 上的位移分量为已知，满足位移边界条件式（2.5）；而在另一部分应力边界 S_σ 上的应力分量为已知，满足应力边界条件式（2.6）。混合边界条件是实际工程问题中常见的边界形式。

弹性力学的基本方程共计15个，即平衡方程3个、几何方程6个、物理方程6个；基本未知量为应力分量6个、应变分量6个、位移分量3个，共计也是15个。基本未知量的数目恰好等于基本方程的数目，在适当的边界条件下，才有可能从基本方程求解这些未知量。

说明一点，应用有限元法分析工程问题时，位移边界条件、混合边界条件均可获得很好的结果；而对完全应力边界条件将无法求解，因为应力边界条件只满足力平衡关系，而对刚体位移没有限制。

2.3 弹性力学平面问题

实际问题中，任何弹性体都是空间物体，所受的外力一般都是空间力系，因此严格地说，任何一个实际的弹性力学问题都是空间问题，但当弹性体的几何形状和受力情况（包括约束条件）具有一定特殊性时，经过适当的简化和力学的抽象处理，就可以把空间问题简化成近似的平面问题。弹性力学平面问题，在数学上属于二维问题，将空间问题的15个基本未知量降为8个，基本方程也由15个减少为8个，这样处理，大大降低了分析计算的工作量，所得结果的精度能够满足工程要求。工程应用中，某些特殊结构可以根据几何形状及受力特点将三维问题简化为二维问题，极大提高了分析效率。根据弹性体的几何形状与受力特点，弹性力学平面问题可分成平面应力问题和平面应变问题这两种类型。

2.3.1 平面应力问题

设有很薄的等厚度薄板，只在板边上受有平行于板面并且沿厚度不变化的面力，同时体力也平行于板面并且沿厚度不变化，如图2.6所示，这类问题称为平面应力问题。

从平面应力问题的概念可以看出，平面应力问题对物体的几何形状及受力有如下要求：

1. 几何形状方面

① 弹性体在一个方向（z 轴）上的尺寸比另外两个方向上的尺寸小很多；②存在一个中心层，该中心层是平直的；③物体在短方向（z 轴）上的两个面与中心层平行，保证该方向上的尺寸不变化。

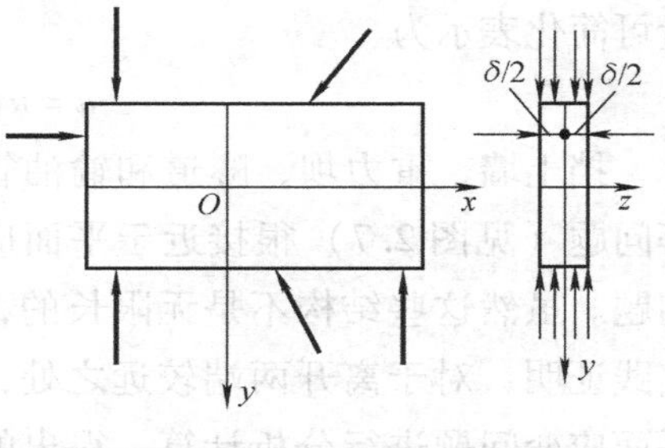

图 2.6 平面应力问题

2. 受力要求

① 所有外力均平行于中心层，垂直于中心层的所有外力分量均为 0；②所有外力沿短方向（z 轴）在物体上均匀分布。

平面应力问题在几何形状方面的要求实质上是等厚度平板特征，实际工程结构中，满足此几何要求的物体很多，如墙体、楼板等；但受力方面要求较为苛刻，只有竖向放置的受拉或受压平板才满足平面受力要求。在实际分析过程中，如果横向作用很小可以忽略时，则认为满足受力要求，如不考虑风载、不考虑偏载影响时的墙体等可简化为平面应力问题。而楼板主要承受横向载荷作用，不属于平面应力问题。

下面讨论平面应力问题的应力状态。选取类似图 2.4 所示的平行六面体，但在 z 方向上取板的厚度 t，因为在板面上（$z=\pm t/2$）不受力，所以存在

$$(\sigma_z)_{z=\pm\frac{t}{2}}=0,\ (\tau_{zx})_{z=\pm\frac{t}{2}}=0,\ (\tau_{zy})_{z=\pm\frac{t}{2}}=0$$

因为板很薄，外力又沿厚度均布不变化，可以认为在整个薄板的所有各点都有上述特征，即

$$\sigma_z=0,\ \tau_{zx}=0,\ \tau_{zy}=0$$

注意到剪应力的互等关系，$\tau_{xz}=0$，$\tau_{yz}=0$，于是只剩下 xOy 平面内的三个应力分量 σ_x、σ_y、τ_{xy}，应力分量表示为 $\boldsymbol{\sigma}=\{\sigma\}=\{\sigma_x \quad \sigma_y \quad \tau_{xy}\}^{\mathrm{T}}$，这就是被称为平面应力问题的原因。

平面应力问题仍然满足空间问题的物理方程，根据式（2.2），$\gamma_{xz}=0$，$\gamma_{yz}=0$；但

$$\varepsilon_z=-\frac{\mu}{E}(\sigma_x+\sigma_y)\neq 0$$

ε_z 描述了薄板受外力作用而产生的畸变，由于板很薄，这种畸变很小，不能将其作为独立的应变分量，加之与 z 无关，所以只关注与应力分量相对应的三个应变分量 ε_x、ε_y、γ_{xy}，表示为 $\boldsymbol{\varepsilon}=\{\varepsilon_x \quad \varepsilon_y \quad \gamma_{xy}\}^{\mathrm{T}}$。

2.3.2 平面应变问题

平面应变问题与平面应力问题相反，物体的几何形状及受力有如下要求：

1. 几何形状方面

①物体在一个方向（z 轴）上的尺寸远大于另外两个方向上的尺寸；②物体截面中心轴线是平直的；③垂直于中心轴线（z 轴）的所有截面不变。

2. 受力特点

①所有外力均垂直于中心轴线，平行于中心轴线的所有外力分量均为 0；②所有外力以及边界约束状态沿中心轴线长度方向（z 轴）不变化。

这类物体的几何形状属于等截面直柱形体，假想该柱形体为无限长。对于外力沿中心轴线方向（z 轴）均匀分布的无限长柱体，沿 z 轴的位移分量 $w=0$；任意取两个不同横截面，不仅几何形状是相同的，且变形情况也相同；位移分量与 z 轴无关，只与 x 和 y 有关，位移

量可简化表示为

$$u=u(x,y),\ v=v(x,y),\ w=0$$

挡土墙、重力坝、隧道和输油管线等问题（见图2.7）很接近于平面应变问题。虽然这些结构不是无限长的，但实践证明，对于离开两端较远之处，按平面应变问题进行分析计算，得出的结果却是工程上可用的。但在靠近两端之处，横截面的形状及受力状态往往是变化的，并不符合平面应变问题的条件。

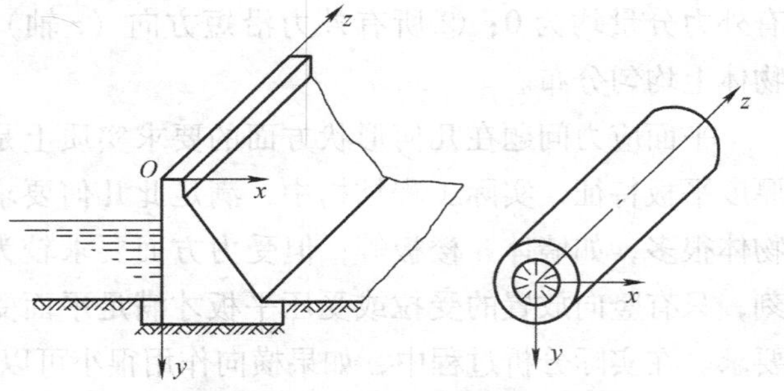

图2.7 平面应变问题

平面应变问题的应变分量满足几何方程，根据式（2.3），存在

$$\varepsilon_z=\frac{\partial w}{\partial z}=0,\ \gamma_{yz}=\frac{\partial v}{\partial z}+\frac{\partial w}{\partial y}=0,\ \gamma_{zx}=\frac{\partial w}{\partial x}+\frac{\partial u}{\partial z}=0$$

可见，应变分量中下标与 z 有关的应变分量均为0，只剩下 xOy 平面内的三个应变分量 ε_x、ε_y、γ_{xy}，应变分量表示为 $\boldsymbol{\varepsilon}=\{\varepsilon_x\quad\varepsilon_y\quad\gamma_{xy}\}^{\mathrm{T}}$。虽然该问题几何形状是空间三维的，但应变分量却是二维的，该类问题属于二维应变问题，故该类问题被称为平面应变问题。

根据式（2.2），有 $\tau_{yz}=0$，$\tau_{zx}=0$，但

$$\sigma_z=\mu(\sigma_x+\sigma_y)\neq 0$$

σ_z 的存在说明了垂直于 z 轴的截面之间存在相互挤压力。σ_z 为应力分量 σ_x 和 σ_y 的一种组合，不能作为一个独立的基本未知量，研究所关注的是横截面内的三个应力分量 σ_x、σ_y、τ_{xy}。

综上，无论是平面应力问题还是平面应变问题，均与 z 轴无关，应力、应变各三个分量，位移也只有 x 和 y 方向上的分量，平面问题只有8个基本未知量。将应力、应变、位移分量及外力分量统一用矢量表示如下：

应力分量 $\boldsymbol{\sigma}=\{\sigma_x\quad\sigma_y\quad\tau_{xy}\}^{\mathrm{T}}$，应变分量 $\boldsymbol{\varepsilon}=\{\varepsilon_x\quad\varepsilon_y\quad\gamma_{xy}\}^{\mathrm{T}}$，位移分量 $\boldsymbol{f}=\{u\quad v\}^{\mathrm{T}}$

体力分量 $\boldsymbol{F}=\{X\quad Y\}^{\mathrm{T}}$，面力分量 $\boldsymbol{F}_{\mathrm{s}}=\{X_{\mathrm{N}}\quad Y_{\mathrm{N}}\}^{\mathrm{T}}$，集中力分量 $\boldsymbol{F}_0=\{X_0\quad Y_0\}^{\mathrm{T}}$

2.3.3 平面问题的平衡方程与几何方程

平面问题遵循弹性力学基本方程，根据空间问题平衡方程［式（2.1）］和几何方程［式（2.3）］，去掉与 z 轴相关项，得到平面应力问题与平面应变问题的平衡方程和几何方程。两类平面问题的平衡方程和几何方程都相同。

1. 平衡方程

$$\begin{aligned}&\frac{\partial \sigma_x}{\partial x}+\frac{\partial \tau_{xy}}{\partial y}+X=0\\&\frac{\partial \tau_{xy}}{\partial x}+\frac{\partial \sigma_y}{\partial y}+Y=0\end{aligned}\qquad(2.7)$$

2. 几何方程

$$
\begin{aligned}
\varepsilon_x &= \frac{\partial u}{\partial x} \\
\varepsilon_y &= \frac{\partial v}{\partial y} \\
\gamma_{xy} &= \frac{\partial u}{\partial y} + \frac{\partial v}{\partial x}
\end{aligned}
\tag{2.8}
$$

2.3.4 平面问题的物理方程

平面问题是空间问题的特例，遵循空间问题的物理方程。根据平面应力问题与平面应变问题的应力分量、应变分量的特点，由式（2.2）得到相应的物理方程，二者是不同的。物理方程有两种表达形式，即由应力分量表示应变分量或由应变分量表示应力分量。前者由空间问题的物理方程直接得到，在有限元法中采用后种表示法，常用矩阵形式表达。

1. 平面应力问题

将 $\sigma_z=0$，$\tau_{zx}=0$，$\tau_{zy}=0$ 代入式（2.2），得由应力分量表达应变分量的形式

$$
\begin{aligned}
\varepsilon_x &= \frac{1}{E}(\sigma_x - \mu\sigma_y) \\
\varepsilon_y &= \frac{1}{E}(\sigma_y - \mu\sigma_x) \\
\gamma_{xy} &= \frac{1}{G}\tau_{xy} = \frac{2(1+\mu)}{E}\tau_{xy}
\end{aligned}
\tag{2.9}
$$

由应变分量表达应力分量的形式为

$$
\begin{aligned}
\sigma_x &= \frac{E}{1-\mu^2}(\varepsilon_x + \mu\varepsilon_y) \\
\sigma_y &= \frac{E}{1-\mu^2}(\varepsilon_y + \mu\varepsilon_x) \\
\tau_{xy} &= \frac{E}{2(1+\mu)}\gamma_{xy}
\end{aligned}
\tag{2.10}
$$

将式（2.10）用矩阵表达，得到平面应力问题的物理方程矩阵表达形式

$$
\begin{Bmatrix} \sigma_x \\ \sigma_y \\ \tau_{xy} \end{Bmatrix} = \frac{E}{1-\mu^2}\begin{bmatrix} 1 & \mu & 0 \\ \mu & 1 & 0 \\ 0 & 0 & \dfrac{1-\mu}{2} \end{bmatrix}\begin{Bmatrix} \varepsilon_x \\ \varepsilon_y \\ \gamma_{xy} \end{Bmatrix} \tag{2.11}
$$

或简写成

$$
\boldsymbol{\sigma} = \boldsymbol{D\varepsilon} \tag{2.12}
$$

式（2.12）是弹性力学物理方程的通式。式中，$\boldsymbol{D}$ 称为弹性矩阵，$\boldsymbol{D}$ 的具体表达形式与问题属性有关。

平面应力问题的弹性矩阵 $\boldsymbol{D}$ 的具体表达形式为

$$D=\frac{E}{1-\mu^2}\begin{bmatrix}1 & \mu & 0\\ \mu & 1 & 0\\ 0 & 0 & \frac{1-\mu}{2}\end{bmatrix} \tag{2.13}$$

2. 平面应变问题

根据式（2.2）中的第三个等式，由 $\varepsilon_z=0$ 得到 $\sigma_z=\mu(\sigma_x+\sigma_y)$，将此式代入式（2.2）中的前两个方程式，并注意 $\tau_{zx}=0$，$\tau_{zy}=0$，得平面应变问题由应力分量表达应变分量的物理方程为

$$\begin{aligned}\varepsilon_x&=\frac{1}{E_1}(\sigma_x-\mu_1\sigma_y)\\ \varepsilon_y&=\frac{1}{E_1}(\sigma_y-\mu_1\sigma_x)\\ \gamma_{xy}&=\frac{1}{G}\tau_{xy}=\frac{2(1+\mu_1)}{E_1}\tau_{xy}\end{aligned} \tag{2.14}$$

由应变分量表达应力分量的形式为

$$\begin{aligned}\sigma_x&=\frac{E_1}{1-\mu_1^2}(\varepsilon_x+\mu_1\varepsilon_y)\\ \sigma_y&=\frac{E_1}{1-\mu_1^2}(\varepsilon_y+\mu_1\varepsilon_x)\\ \tau_{xy}&=\frac{E_1}{2(1+\mu_1)}\gamma_{xy}\end{aligned} \tag{2.15}$$

在式（2.14）和式（2.15）中，$E_1=\dfrac{E}{1-\mu^2}$，$\mu_1=\dfrac{\mu}{1-\mu}$。

平面应变问题的物理方程，亦可写成式（2.12）的形式，其弹性矩阵 $\boldsymbol{D}$ 为

$$D=\frac{E}{(1+\mu)(1-2\mu)}\begin{bmatrix}1-\mu & \mu & 0\\ \mu & 1-\mu & 0\\ 0 & 0 & \frac{1-2\mu}{2}\end{bmatrix} \tag{2.16}$$

平面应力问题与平面应变问题的物理方程存在一定的相关性，将式（2.10）和式（2.13）中的 E 换成 $E/(1-\mu^2)$，μ 换成 $\mu/(1-\mu)$，便得到平面应变问题的式（2.15）~式（2.16）。同样将平面应变问题中的 E 和 μ 进行适当变换亦可得到平面应力问题的物理方程。

2.3.5 平面问题的协调方程

平面问题的协调方程由式（2.4）的 6 个应变协调方程简化后只剩下 1 个，即

$$\frac{\partial^2\varepsilon_x}{\partial y^2}+\frac{\partial^2\varepsilon_y}{\partial x^2}=\frac{\partial^2\gamma_{xy}}{\partial x\partial y} \tag{2.17}$$

但在用应力分量来表示应力协调方程时，平面应力问题与平面应变问题又有所不同。

平面应力问题的应力协调方程：

$$\nabla^2(\sigma_x+\sigma_y) = -(1+\mu)\left(\frac{\partial X}{\partial x}+\frac{\partial Y}{\partial y}\right) \tag{2.18}$$

平面应变问题的应力协调方程：

$$\nabla^2(\sigma_x+\sigma_y) = -\frac{1}{1-\mu}\left(\frac{\partial X}{\partial x}+\frac{\partial Y}{\partial y}\right) \tag{2.19}$$

式中，$\nabla^2=\frac{\partial^2}{\partial x^2}+\frac{\partial^2}{\partial y^2}$。

2.3.6 边界条件

平面问题的边界条件与空间问题相同，分为位移边界条件、应力边界条件、混合边界条件三种类型，如图 2.8 所示。其中前两类表示如下：

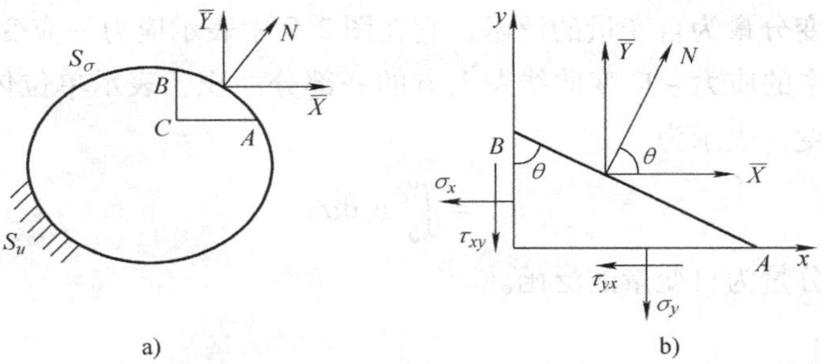

图 2.8 边界类型示意图

（1）位移边界条件　在限定位移的边界 S_u 上的位移分量均为已知，且

$$u_s=\overline{u},\ v_s=\overline{v}$$

（2）应力边界条件　在所受的面力都是已知的边界 S_σ 上，可表示为

$$\overline{X}=\sigma_x\cos\theta+\tau_{yx}\sin\theta$$

$$\overline{Y}=\tau_{xy}\cos\theta+\sigma_y\sin\theta$$

2.4 能量原理

在弹性力学中，即使是平面问题这类特殊问题，当边界条件比较复杂时，要求得精确解答也是十分困难，甚至是不可能的。对于大量实际问题，近似解法具有极为重要的意义。变分方法是最有成效的近似解法之一，而且是有限单元法的理论基础。变分法，主要是研究泛函及其极值的求解方法。所谓泛函，就是以函数为自变量的一类函数，简单地讲，泛函就是函数的函数。弹性力学变分法中所研究的泛函，就是弹性体的能量，如形变势能、外力势能等。弹性力学中的变分法又称为能量法，该方法就其本质而言，通过求泛函的极值（或驻

值），最后把微分边值问题划归为求解线性代数方程组。

2.4.1 弹性体的应变能

弹性体受到外力作用，假设外力从零开始缓慢地增加到指定值，弹性体始终保持平衡状态，即保证在上述加载过程中既不会产生动能也不考虑热能的变化，那么外力对弹性体各点从原有位置经过一定位移达到平衡位置时所做的功，全部转变为弹性体以变形的形式储存在体内的弹性变形能，该能量称为弹性体的应变能或称形变势能。弹性体的应变能可以用应力在其相应的应变上所做的功来计算。

设弹性体只在某一个方向，例如 x 方向，受有均匀的正应力 σ_x，相应的线应变为 ε_x，则其每单位体积内具有的应变能，即应变能密度为

$$u_\varepsilon = \int_0^{\varepsilon_x} \sigma_x \mathrm{d}\varepsilon_x$$

应变能密度是以应变分量为自变量的泛函，它在图 2.9 中表示应力－应变曲线右下方的一部分面积。而图 2.9 中的应力－应变曲线左上方的一部分面积，表示单位体积内的应变余能，又称为应变余能密度，表示为

$$u_\sigma = \int_0^{\sigma_x} \varepsilon_x \mathrm{d}\sigma_x$$

应变余能是以应力分量为自变量的泛函。

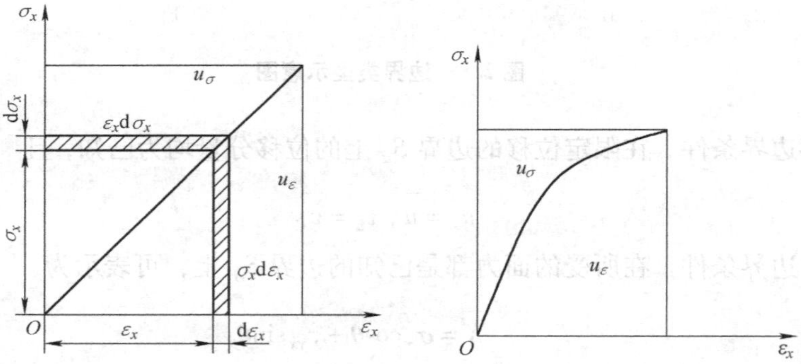

a) 线性应力－应变关系　　b) 非线性应力－应变关系

图 2.9　应变能与应变余能

当弹性体的应力－应变关系为线性时（见图 2.9a），应变能密度与应变余能密度的数值相等，但应当注意它们的自变量是不同的。如果应力－应变关系为非线性时，二者不再相等，如图 2.9b 所示。

根据能量守恒定理，应变能的大小与弹性体受力次序无关，完全取决于应力及应变的最终大小。如果应力与应变之间呈线性关系，当弹性体受到全部 6 个应力分量时，则弹性体的应变能密度为

$$u_\varepsilon = \frac{1}{2}(\sigma_x\varepsilon_x + \sigma_y\varepsilon_y + \sigma_z\varepsilon_z + \tau_{xy}\gamma_{xy} + \tau_{yz}\gamma_{yz} + \tau_{zx}\gamma_{zx}) \tag{2.20}$$

由应力、应变矢量表达的形式

$$u_\varepsilon = \frac{1}{2}\{\boldsymbol{\sigma}\}^{\mathrm{T}}\{\boldsymbol{\varepsilon}\} = \frac{1}{2}\boldsymbol{\sigma}^{\mathrm{T}}\boldsymbol{\varepsilon} \tag{2.21}$$

弹性体的总应变能为

$$U = \frac{1}{2}\iiint_{\Omega} \boldsymbol{\sigma}^{\mathrm{T}}\boldsymbol{\varepsilon}\mathrm{d}x\mathrm{d}y\mathrm{d}z \tag{2.22}$$

在式（2.20）中，引入广义胡克定律［即式（2.2）］，得到用应力分量表示的弹性体的应变能密度为

$$u_\varepsilon = \frac{1}{2E}(\sigma_x^2+\sigma_y^2+\sigma_z^2) - \frac{\mu}{E}(\sigma_x\sigma_y+\sigma_y\sigma_z+\sigma_z\sigma_x) + \frac{1}{2G}(\tau_{xy}^2+\tau_{yz}^2+\tau_{zx}^2) \tag{2.23}$$

若用应变分量替换应力分量，则得到用应变分量表示的弹性体的应变能密度为

$$u_\varepsilon = \frac{E}{2(1+\mu)}\left[\frac{\mu}{(1-2\mu)}\theta^2 + (\varepsilon_x^2+\varepsilon_y^2+\varepsilon_z^2) + \frac{1}{2}(\gamma_{xy}^2+\gamma_{yz}^2+\gamma_{zx}^2)\right] \tag{2.24}$$

其中，$\theta = \varepsilon_x + \varepsilon_y + \varepsilon_z$。

由于$0<\mu<0.5$，故由式（2.24）可见，不论应变如何，弹性体的应变能 u_ε 总是不会出现负值。只有在所有的应变分量都等于零的情况下，应变势能 u_ε 才等于零，否则对于任何应变，应变能都是正的。

将式（2.24）分别对6个应变分量求导，可得

$$\begin{aligned}&\frac{\partial u_\varepsilon}{\partial \varepsilon_x} = \sigma_x,\quad \frac{\partial u_\varepsilon}{\partial \varepsilon_y} = \sigma_y,\quad \frac{\partial u_\varepsilon}{\partial \varepsilon_z} = \sigma_z\\&\frac{\partial u_\varepsilon}{\partial \gamma_{xy}} = \tau_{xy},\quad \frac{\partial u_\varepsilon}{\partial \gamma_{yz}} = \tau_{yz},\quad \frac{\partial u_\varepsilon}{\partial \gamma_{zx}} = \tau_{zx}\end{aligned} \tag{2.25}$$

该式表示，弹性体的应变能密度关于任意一个应变分量的改变率等于相应的应力分量。

2.4.2 位移变分原理与最小势能原理

设有一个弹性体，在其体内受到体力（X，Y，Z）的作用，在其表面应力边界 S_σ 上受到面力（$\overline{X}$，$\overline{Y}$，$\overline{Z}$）的作用，而另一部分位移边界 S_u 上则受到已知位移（$\overline{u}$，$\overline{v}$，$\overline{w}$）的约束，如图2.10所示。

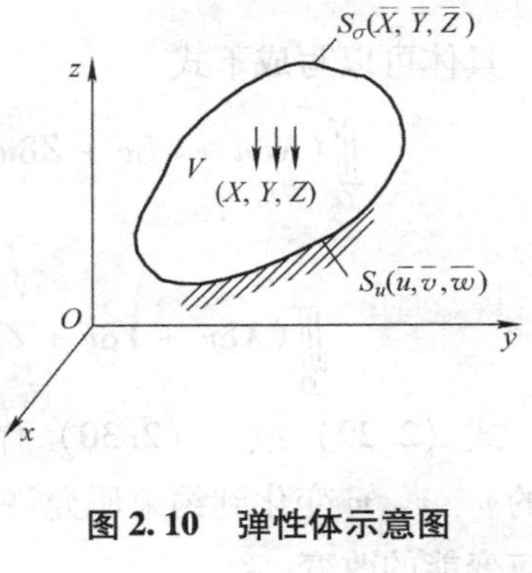

图2.10 弹性体示意图

当该弹性体处于平衡状态时（指真正的平衡），在弹性体中产生的真实位移分量为u、v、w。现假想这些位移分量产生了边界 S_u 上位移约束条件所允许的虚位移 δu、δv、δw，则位移分量变为

$$u' = u + \delta u,\ v' = v + \delta v,\ w' = w + \delta w \tag{2.26}$$

式中，δ 为变分符号。在位移边界 S_u 上，有

$$\delta u = \delta v = \delta w = 0$$

根据式（2.3），得到与虚位移对应的虚应变，为

$$\delta\varepsilon_x=\frac{\partial\delta u}{\partial x},\ \delta\gamma_{xy}=\frac{\partial\delta u}{\partial y}+\frac{\partial\delta v}{\partial x}$$
$$\delta\varepsilon_y=\frac{\partial\delta v}{\partial y},\ \delta\gamma_{yz}=\frac{\partial\delta v}{\partial z}+\frac{\partial\delta w}{\partial y}\qquad(2.27)$$
$$\delta\varepsilon_z=\frac{\partial\delta w}{\partial z},\ \delta\gamma_{zx}=\frac{\partial\delta w}{\partial x}+\frac{\partial\delta u}{\partial z}$$

应变能密度 u_ε 作为应变分量的函数，当位移分量从真正的 u、v、w 变化到约束允许的式（2.26）中的 u'、v'、w'时，u_ε 的变分为

$$\delta u_\varepsilon=\frac{\partial u_\varepsilon}{\partial\varepsilon_x}\delta\varepsilon_x+\frac{\partial u_\varepsilon}{\partial\varepsilon_y}\delta\varepsilon_y+\frac{\partial u_\varepsilon}{\partial\varepsilon_z}\delta\varepsilon_z+\frac{\partial u_\varepsilon}{\partial\gamma_{xy}}\delta\gamma_{xy}+\frac{\partial u_\varepsilon}{\partial\gamma_{yz}}\delta\gamma_{yz}+\frac{\partial u_\varepsilon}{\partial\gamma_{zx}}\delta\gamma_{zx}$$

引入式（2.25）中的关系，得

$$\delta u_\varepsilon=\sigma_x\delta\varepsilon_x+\sigma_y\delta\varepsilon_y+\sigma_z\delta\varepsilon_z+\tau_{xy}\delta\gamma_{xy}+\tau_{yz}\delta\gamma_{yz}+\tau_{zx}\delta\gamma_{zx}$$

则整个弹性体的应变能的变分为

$$\delta U=\iiint_\Omega\delta u_\varepsilon\mathrm{d}x\mathrm{d}y\mathrm{d}z$$

体力在虚位移上所做的虚功为

$$\delta V_1=-\iiint_\Omega(X\delta u+Y\delta v+Z\delta w)\mathrm{d}V$$

面力在虚位移上所做的虚功为

$$\delta V_2=-\iint_{S_\sigma}(\overline{X}\delta u+\overline{Y}\delta v+\overline{Z}\delta w)\mathrm{d}S$$

注意到应变能表示在弹性体变形过程中为克服体内各质点之间相互作用而做的功，内力在弹性体变形过程中做负功，在虚位移过程中没有热能和动能的变化，所以外力对弹性体所做的功与弹性体的应变能的代数和为零，也就是说总的虚功为零，即

$$\delta U+\delta V_1+\delta V_2=0\qquad(2.28)$$

具体可以写成下式

$$\iiint_\Omega(X\delta u+Y\delta v+Z\delta w)\mathrm{d}V+\iint_{S_\sigma}(\overline{X}\delta u+\overline{Y}\delta v+\overline{Z}\delta w)\mathrm{d}S-\iiint_\Omega\delta u_\varepsilon\mathrm{d}V=0\qquad(2.29)$$

或

$$\iiint_\Omega(X\delta u+Y\delta v+Z\delta w)\mathrm{d}V+\iint_{S_\sigma}(\overline{X}\delta u+\overline{Y}\delta v+\overline{Z}\delta w)\mathrm{d}S=\iiint_\Omega\delta u_\varepsilon\mathrm{d}V\qquad(2.30)$$

式（2.29）或式（2.30）称为**位移变分方程**，又称**虚位移方程**。表明当位移分量从真正的 u、v、w 变化到约束所允许的 u'、v'、w'时，体力和面力在虚位移上做的虚功等于弹性体应变能的改变。

考虑到虚位移是很小的，在产生虚位移的过程中，体力和面力的大小及方向均认为保持不变，只是作用点发生了改变。基于此，就可将式（2.29）中积分号内的变分号提到积分号的外面，并写成

$$\delta\left[\iiint_{\Omega} u_{\varepsilon}\mathrm{d}V - \iiint_{\Omega}(Xu + Yv + Zw)\mathrm{d}V - \iint_{S_{\sigma}}(\overline{X}u + \overline{Y}v + \overline{Z}w)\mathrm{d}S\right] = 0 \tag{2.31}$$

令

$$\Pi = \iiint_{\Omega} u_{\varepsilon}\mathrm{d}V - \iiint_{\Omega}(Xu + Yv + Zw)\mathrm{d}V - \iint_{S_{\sigma}}(\overline{X}u + \overline{Y}v + \overline{Z}w)\mathrm{d}S \tag{2.32}$$

或记为

$$\Pi = U + V_1 + V_2 \tag{2.33}$$

其中，

$$\begin{aligned} U &= \iiint_{\Omega} u_{\varepsilon}\mathrm{d}V \\ V_1 &= -\iiint_{\Omega}(Xu + Yv + Zw)\mathrm{d}V \\ V_2 &= -\iint_{S_{\sigma}}(\overline{X}u + \overline{Y}v + \overline{Z}w)\mathrm{d}S \end{aligned} \tag{2.34}$$

Π 称为**总势能**，U 为弹性体总的**应变能**，将外力在真正位移上做的功冠以负号称为外力势能，V_1 为**体力势能**，V_2 为**面力势能**。表明弹性体的总势能为弹性体的应变能与外力势能之和。经过变换，位移变分方程（2.31）的另一种表示形式为

$$\delta\Pi = 0 \tag{2.35}$$

式（2.35）说明，当位移分量从真正的 u、v、w 变化到约束所允许的 u'、v'、w' 时，总势能的变分为零，真正的位移使总势能取驻值。可以证明，驻值为最小值，这就是最小势能原理。

最小势能原理可以简要叙述为：**在满足位移边界条件（即约束所允许）的一切位移中，真正的位移使总势能取最小值**。

综上所述，以位移作为基本未知函数求解弹性力学问题时，一般的方法是求解用位移表示的平衡微分方程，并使所求的位移分量在位移边界 S_u 上满足位移边界条件，在力边界 S_σ 上满足以位移表示的静力边界条件。

而现在可归结为求解位移变分方程的式（2.29）或求总势能 Π 的极值的式（2.35）。在应用方程时，所假设的位移分量只要求满足位移边界条件，而不必事先满足静力边界条件。式（2.28）或式（2.33）相当于以位移表示的平衡微分方程和静力边界条件，对于一些按实际情况简化了的弹性力学问题，可以通过上述方程导出其相应的微分方程和边界条件。

利用最小势能原理求得位移近似解的弹性变形能是精确解变形能的下界，即近似的位移场在总体上偏小，也就是说结构的计算模型显得偏于刚硬。利用最小余能原理得到的应力近似解的弹性余能是精确解余能的上界，即近似的应力解在总体上偏大，结构的计算模型偏于柔软。如果同时利用这两个极值原理求解同一问题，则将获得该问题的上界和下界，能较准确地估计出所得近似解的误差，对工程计算具有实际意义。

2.4.3 瑞利－里茨法

引入最小势能原理的主要作用并不是为了推导出问题所需满足的微分方程和边界条件，而是在于用来求解问题的近似解答。根据最小势能原理，首先必须列出所有满足位移边界条件的位移，然后求出其中使总势能取最小值的那组位移，这就是所要求的真正的位移。但要列出所有满足位移边界条件的位移是艰难的，甚至不可能。实际应用时，只能根据受力特点和边界条件，凭经验在缩小范围内寻找一簇位移，从中求得一组使总势能取得最小值的位移。一般来说，这组位移不是真正的位移，但可以肯定的是，在缩小范围后的一簇位移中存在与真正位移最接近的一组，从而可以作为问题的近似解。所以选定的范围至关重要，它会影响近似解的精度。瑞利－里茨法是基于最小势能原理应用最普遍、效果最好的近似解法之一。

最一般情况下，将位移分量选择为如下的形式：

$$
\begin{aligned}
u &= u_0(x,y,z) + \sum_m A_m u_m(x,y,z) \\
v &= v_0(x,y,z) + \sum_m B_m v_m(x,y,z) \\
w &= w_0(x,y,z) + \sum_m C_m w_m(x,y,z)
\end{aligned}
\tag{2.36}
$$

其中，u_0、v_0、w_0 和 u_m、v_m、w_m 都是坐标的已知函数；A_m、B_m、C_m 为待定的任意常数。

u_0、v_0、w_0 和 u_m、v_m、w_m 要求在位移边界 S_u 上满足

$$u_0 = \bar{u},\quad v_0 = \bar{v},\quad w_0 = \bar{w}$$

$$u_m = 0,\quad v_m = 0,\quad w_m = 0$$

这样就保证式（2.36）所给出的一簇位移，不论 A_m、B_m、C_m 取任何值，在 S_u 上总是满足位移边界条件的。

现在的问题是如何适当地选择 A_m、B_m、C_m，使总势能在以式（2.36）所表示的这簇位移中取最小值。为此，先将式（2.36）代入几何方程（2.3）求应变分量，再代入总势能的表达式（2.32）中，经过整理，总势能 Π 表示为待定系数 A_m、B_m、C_m 的二次函数。这样就将原本是求自变函数为 u、v、w 的泛函极值问题，转变成求自变量为 A_m、B_m、C_m 的函数的极值问题，总势能 Π 取极值的条件为

$$\frac{\partial \Pi}{\partial A_m} = 0,\ \frac{\partial \Pi}{\partial B_m} = 0,\ \frac{\partial \Pi}{\partial C_m} = 0 \tag{2.37}$$

将获得一组以 A_m、B_m、C_m（$m = 1, 2, 3, \cdots$）为未知数的非齐次线性代数方程组。解方程，确定各系数 A_m、B_m、C_m 后再代回到式（2.36），就得到位移的近似解答。这种方法称为**瑞利－里茨法**。

【例 2.1】 两端简支的等截面梁，受均布载荷 q 作用，如图 2.11 所示，试用瑞利－里茨法求其挠度 $w(x)$。

解：梁弯曲时的应变能为

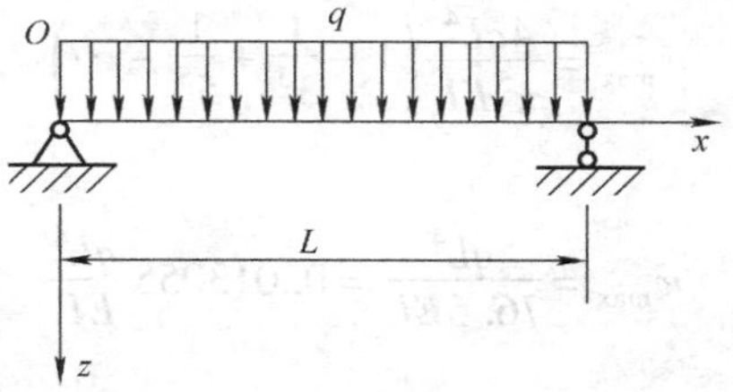

图 2.11 均布载荷简支梁

$$U = \frac{1}{2}EI_y\int_0^L\left(\frac{\mathrm{d}^2w}{\mathrm{d}x^2}\right)^2\mathrm{d}x$$

横向均布载荷的势能为

$$V = -\int_0^L qw\mathrm{d}x = -q\int_0^L w\mathrm{d}x$$

总势能为

$$\Pi = U + V = \frac{1}{2}EI_y\int_0^L\left(\frac{\mathrm{d}^2w}{\mathrm{d}x^2}\right)^2\mathrm{d}x - \int_0^L qw\mathrm{d}x \tag{a}$$

简支梁两端的位移边界条件是当 $x=0$ 和 $x=L$ 时，$w=0$。

假设的挠度必须满足边界条件，设挠度为

$$w = \sum_m C_m\sin\frac{m\pi x}{L} \tag{b}$$

将式（b）代入式（a），利用三角函数积分的奇偶性

$$\int_0^L C_m\sin\frac{m\pi x}{L}\mathrm{d}x = \frac{L}{\pi}\frac{C_m}{m}(1-\cos m\pi) = \begin{cases}0, & m\text{ 为偶数}\\ \dfrac{2L}{\pi}\dfrac{C_m}{m}, & m\text{ 为奇数}\end{cases}$$

则得

$$\Pi = \frac{EI_y\pi^4}{4L^3}\sum_m m^4C_m^2 - \frac{2qL}{\pi}\sum_{m=1,3,\cdots}\frac{C_m}{m}$$

由 $\dfrac{\partial\Pi}{\partial C_m}=0$，当 m 为奇数时，$\dfrac{EI_y\pi^4}{2L^3}m^4C_m - \dfrac{2qL}{\pi}\cdot\dfrac{1}{m}=0$，得 $C_m = \dfrac{4qL^4}{EI_y\pi^5}\cdot\dfrac{1}{m^5}$。

当 m 为偶数时，$\dfrac{EI_y\pi^4}{2L^3}m^4C_m=0$，得 $C_m=0$。

代入式（b），得

$$w = \frac{4qL^4}{EI_y\pi^5}\sum_{m=1,3,5,\cdots}\frac{1}{m^5}\sin\frac{m\pi x}{L} \tag{c}$$

如果挠度表达式（c）取无穷多项，即为无穷级数，则恰好给出问题的精确解。这个级数收敛很快，取少数几项就可达到足够的精度。最大挠度发生在梁的中间，即 $x=L/2$ 处，$\sin\dfrac{m\pi x}{L}=\pm1$，于是有

$$w_{\max}=\frac{4qL^4}{\pi^5 EI_y}\left(1-\frac{1}{3^5}+\frac{1}{5^5}-\cdots\right) \tag{d}$$

式（d）只取一项，得

$$w_{\max}=\frac{qL^4}{76.6EI_y}=0.013055\frac{qL^4}{EI_y} \tag{e}$$

精确解为

$$w_{\max}=\frac{5qL^4}{384EI_y}=0.013021\frac{qL^4}{EI_y} \tag{f}$$

比较可见，该法只取一项［见式（e）］就与精确值［见式（f）］相当接近，误差仅为 0.261%。若取两项则误差为 0.061%。

习题 2

2.1 试比较平面应力问题与平面应变问题的异同点，举例说明实际工程中哪些结构可简化为平面问题及理由。

2.2 试证明将平面应变问题物理方程即式（2.14）和式（2.15）中的 E 换成 $\frac{E(1+2\mu)}{(1+\mu)^2}$，$\mu$ 换成 $\frac{\mu}{1+\mu}$，可以得到平面应力问题的物理方程即式（2.9）和式（2.10）。

2.3 若某点的应力分量为 $\boldsymbol{\sigma}=\{30\quad -40\quad 50\quad 0\quad 15\quad -20\}^{\mathrm{T}}$，试画出该点的应力状态图（单位：MPa）。

2.4 悬臂梁自由端作用集中力 $\boldsymbol{P}$，如图 2.12 所示，试用瑞利－里茨法求该梁的挠度方程。位移函数选为

$$w=A_1x^2+A_2x^3+A_3x^4+\cdots$$

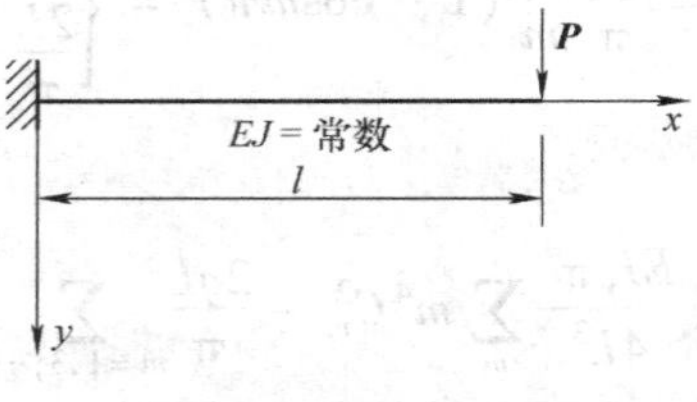

图 2.12　习题 2.4 图

2.5 两端固定梁受均布载荷 q 作用，如图 2.13 所示，试用瑞利－里茨法求该梁的中点挠度。位移函数取为

$$w=\sum_{m=1}^{\infty}A_m\left(1-\cos\frac{2m\pi x}{l}\right)$$

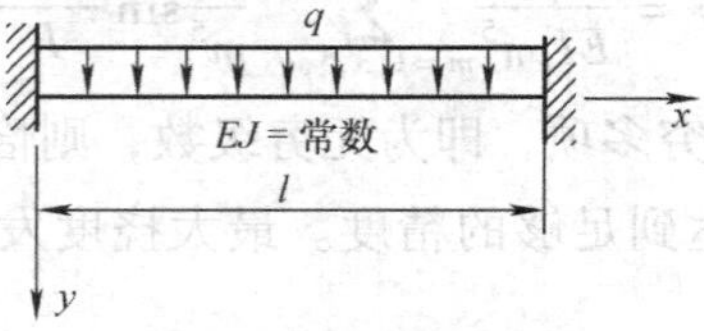

图 2.13　习题 2.5 图

2.6 试用瑞利－里茨法计算图2.14所示简支梁受集中力 **P** 作用时的挠度和弯矩。位移函数选为正弦函数

$$w = \sum_{m=1}^{\infty} A_m \sin \frac{m\pi x}{l}$$

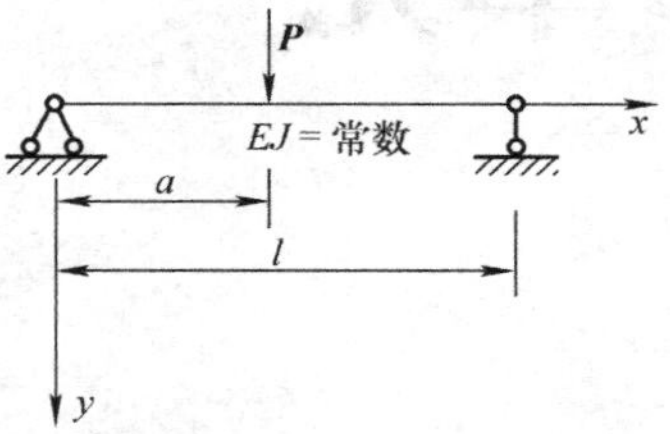

图2.14 习题2.6图

参考答案：

2.4 $w = \dfrac{Pl}{6EI} x^2 \left(3 - \dfrac{x}{l}\right)$；

2.5 $(w)_{x=\frac{l}{2}} = \dfrac{ql^4}{4\pi^4 EI}$；

2.6 $w = \dfrac{2Pl^3}{\pi^4 EI} \sum_m \dfrac{1}{m^4} \sin \dfrac{m\pi a}{b} \sin \dfrac{m\pi x}{l}$

第 3 章 平面三角形单元

Chapter 3

平面三角形单元是最简单也最具代表性的单元。本章详细介绍利用三角形单元分析弹性力学问题时的有限元法基本步骤。本章将有限元法的每个步骤作为一节，以突出有限元法的统一性。通过例题中的手工计算，深入理解有限元过程，尤其是对形成结构总刚度矩阵、位移约束处理等关键步骤的理解。在此基础上，介绍实现有限元法的每个步骤的不同功能的 MATLAB 程序设计思想及方法。

3.1 建立有限元模型

有限元法的第一步是用假想的线或面将原连续的弹性体或结构划分成足够多、有限数目的形状简单的小区块，即单元，单元通过节点相连，这种通过单元集合体来描述被求解原始弹性体的过程称为建立有限元模型。有限元模型是对结构实体的全面数字化描述，不仅包括原始结构或称实体模型划分的有限元单元网格，同时还包含载荷作用和边界条件等多种类型数据。建立合理的有限元模型是有限元分析的基础，直接影响有限元计算精度甚至决定计算成败的关键。建立有限元模型，首先应做到：

（1）选择合理的单元类型　选择的单元必须能够反映出弹性体或结构的几何特征。满足几何特征的单元不止一种，可参考第 1 章表 1.1 中所列出的单元应用范围，并综合考虑计算工作量和计算精度要求等多种因素选择单元类型。

（2）确定适当的求解区域　为减少计算的工作量，要充分考虑和利用弹性体或结构几何形状及作用载荷的对称性，确定弹性体或结构的求解区域，即划分网格的范围。

（3）建立统一的坐标系　有限元分析需要将计算模型数字化，必须在统一的坐标系下描述各类数据。原则上坐标系的选取是任意的，但为方便起见，坐标轴尽量与分析结构的边界线平行。若利用了结构的对称性，建议将坐标轴设在对称面上。

3.1.1 划分有限元模型网格应注意的问题

单元的形状多样，单元的尺寸大小与数量没有限制，因此有限元模型具有多样性，但结构离散化必须遵循一定的原则。为了合理地划分单元网格，下面以平面三角形单元为例，阐述在结构离散化时应注意的问题：

（1）共边性要求　单元必须覆盖被分析结构或弹性体的整个区域，单元之间既不允许相互重叠，也不允许相互脱离，保证相邻单元共边，以保证用单元集合表示的离散体几何形状与原结构的相似性。

（2）共点性要求　有限元模型是通过节点相互联系的，要求任意三角形的顶点必须是相邻单元的顶点，不许落在其他单元内部或边线上，否则计算过程中会出现错误，图 3.1a 是错误网格，图 3.1b 是正确网格。

（3）单元的边长应尽可能接近　采用规则的锐角三角形单元可提高计算精度，同一单元中最长边与最短边之比不宜大于 2，相邻单元尺寸应尽可能接近，图 3.1c 中的网格较宜，图 3.1d 中的网格不宜。

（4）曲线边界单元可以近似用直线边代替。

（5）确定合适单元的尺寸，兼顾精度与计算成本　单元划分细小，节点数增加，计算精度越高，计算规模增大，计算时间长。一般地，在应力梯度较大的区域单元划分得细小些；应力梯度小的区域，单元可以划分得大些。可在初步分析的基础上，对于高应力区域再进一步细化网格，进行二次分析。

（6）具有不同厚度或两种材料的结构　应先按厚度或材料不同来分区，在不同区域内分别划分网格，使每个区域内的单元具有相同厚度或材料，过渡区必须遵循共边、共点的原则。

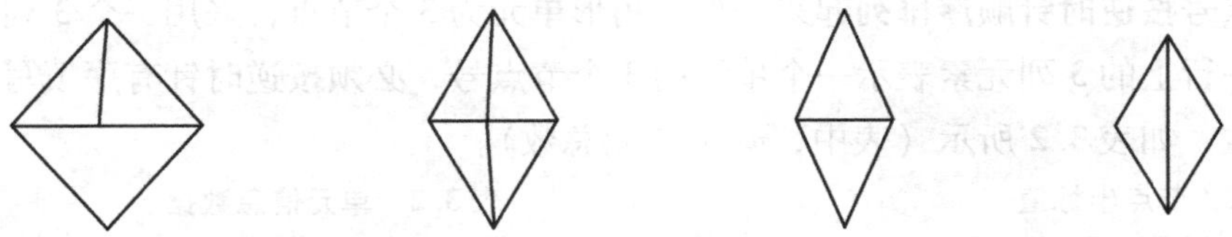

a) 错误网格　b) 正确网格　c) 宜采用网格　d) 不宜采用网格

图 3.1　典型网格划分

3.1.2 有限元模型数据

计算模型数据化，就是将离散化后的物体或结构采用数字方式表达出来，能反映出物体或结构的原始状态，即为有限元计算模型。为了完整描述原始结构的性质、形状、受力状态等，使有限元模型与原始实体模型一致，有限元模型数据应包括问题属性、节点坐标、单元构成、位移约束、外部载荷等数据。

1. 描述问题属性及模型总体的数据

该类数据包括问题属性、材料属性和有限元模型总体规模数据。①问题属性指的是，求解的弹性力学平面问题属于平面应力问题或是平面应变问题，可用一个符号表示问题属性，如规定 pm = 1 表示平面应力问题，pm = 2 表示平面应变问题；②材料属性指的是材料的弹性模量、泊松比、重度、厚度等；③有限元模型总体规模数据，就是描述有限元网格模型中节点总数、单元总数、约束总数、集中载荷数、体力组数、分布载荷边线及节点数目等总体概况的数据。

2. 描述节点位置的数据——节点坐标

划分单元网格之后，需要对节点进行编号。所有节点必须统一编号，从1开始按自然数顺序依次编号，序号不要间隔，更不能重复，节点不要遗漏或重编，最后的节点号同时也表示节点总数。若某节点有两个编号，则认为是两个节点，在后续主从节点分析时，采用这种编号方式。原则上节点编号顺序是任意的，以方便查找为宜。但对于大型问题，为节省存储空间，提高计算效率，应尽量使构成单元的每组节点编号差相等或相近，以单元内节点编号差最小为好，对于细长结构，宜沿着结构尺寸较短的方向进行顺序编号。

编号之后，依次将节点的坐标值有序排列成数组。二维问题，可用一个2列的二维数组或用两个一维数组，分别表示两个轴的坐标值，数组行数为节点总数，如表3.1所示（表中，*node* 为节点总数）。

3. 描述单元构成信息的数据

结构离散化的作用是将原始连续的实体结构划分成形状、大小不尽相同的单元。需要对每个单元进行编号，单元编号应从1开始按自然数顺序依次进行。如果选用两种以上类型的单元时，则须按不同单元类型分别从1开始进行编号，如模型中有三角形单元和四边形单元，则三角形单元单独编序、四边形单元单独编序。

描述单元构成信息的数据就是围成单元的节点编号，按单元编号的顺序，逐一将构成单元的各个节点号**按逆时针顺序排列**起来。如三角形单元为3个节点，采用一个3列的二维数组表示，同一行上的3列元素表示一个单元的3个节点号，必须按逆时针有序填写，数组行数为单元总数，如表3.2所示（表中，*ne* 为单元总数）。

表3.1　节点坐标值

节点号 i	x_i	y_i
1		
2		
⋮		
node		

表3.2　单元信息数据

单元号 e	$EL(e, 1)/i$	$EL(e, 2)/j$	$EL(e, 3)/m$
1			
2	（3个节点号要求按逆时针顺序排列）		
⋮			
ne			

4. 描述节点位移约束的数据

节点位移约束就是限制物体运动的边界条件，应根据结构受力特征以及支座节点对其运动的限制作用来确定，包括约束点的位置和限制位移的方向。对有限元模型中的每个位移约束进行编号，若一个节点上存在多个方向位移约束时，则必须按约束方向分别对其进行编号。如某个支座节点在 x 和 y 方向均有位移限定条件，该节点的位移约束为2，则该点有两个位移约束序号。

边界条件限定的位移值通常为“0”，则位移约束的数据只要能够表明约束位置和约束方向即可。但有时限定的节点位移不为“0”，如在平地上停放的汽车，四轮约束位移均可为“0”；若其中某个车轮在凸台或凹坑位置时，该轮位移值不应为“0”。若存在非零位移约束，则应标明约束位移的大小和符号，与坐标轴正向一致时为正。因此，描述支座的约束数据可用一个3列的二维数组表示，依次表达每个位移约束的位置、约束方向、给定的位移值。如表3.3所示，数组 BC（nG, 3），其中 nG 为约束总的数目，第1列为约束的位置，由节点号表示；第2列为限定位移的方向代码，方向代码应统一规定，不妨规定约束 x 方向为“1”，约束 y 方向为“2”；第3列为给定位移的大小。考虑到非零位移较少，为减少数据量，只需要列出非零位移值，零位移可不填写在表3.3的第3列中，程序会自动处理。

5. 描述节点集中力的数据

力有三要素，即作用点、作用方向和大小，力作用方向由在坐标轴上的分量确定。对集中力按作用点位置不同进行逐一编号。描述集中力的数据可用一个3列的二维数组表示，如表3.4所示，数组 Q（nQ, 3），其中 nQ 为集中力的个数，第1列为集中力作用的位置，由节点号表示；第2与第3列为集中力在 x 与 y 方向上的分量大小，规定与坐标轴正向一致时为正值，与坐标轴正向相反时为负值。若某个节点只在一个方向上有集中力作用，则在另一方向对应的位置处填写“0”。

表3.3 节点位移约束数据

约束编号 i	BC（i, 1）	BC（i, 2）	BC（i, 3）
1	节点号	约束方向代码	非零位移值
2		x 向为1	零位移
⋮		y 向为2	可填写“0”
nG			或空

表3.4 集中力数据

力编号 i	Q（e, 1）	Q（e, 2）	Q（e, 3）
1	节点号	x 方向分量	y 方向分量
2			
⋮			
nQ			

6. 描述线性分布面力的数据

弹性体所受的表面力通常只在部分边界上存在且不均匀分布，描述表面力时，需要指明有表面力的单元边界及其面力的大小。平面单元的边界由两端的节点号表示；若面载荷为线性分布时，需要指明边界两端节点处的面力大小。因此，描述线性分布面载荷的数据需要有4个，即单元边界两端的节点编号以及相应节点处面力的大小。有两种表达方案：

第一方案，用一个4列的矩阵表示，其中两列表示单元边界两端的节点编号，另两列表示对应节点处的面力大小，矩阵行数与存在表面力单元边的个数相同，每一行表示一段边界载荷数据。这种逐段描述的方法，对编程而言直观方便，但因节点连接两个单元，因此每个节点数据需要输入两次。

第二方案，为解决第一方案重复输入问题，采用两个矩阵组合表示，具体方法参见表3.7和表3.8。

有限元模型数据填写格式与程序的数据输入格式要求必须对应。需要指出，在编写有限元模型数据之前，应先明确采用的单位制，确定各个物理量的基本单位，将各种量的数据转换为基本单位。如常采用mm-N单位制，即长度单位为mm、力的单位为N，计算结果的应力单位为MPa（N/mm^2）；若采用m-N单位制，即长度单位为m、力的单位为N，则应力单位为Pa（N/m^2）。

3.2 位移模式

3.2.1 位移模式

有限元的基本思想是，在弹性体内选取足够多、有限数目、具有代表性的节点，用节点位移量描述其他非节点的位移。描述弹性体中某个非节点位移，并非考虑所有节点位移对该点的影响，而只考虑离该点最近且将该点包围、组成封闭简单形状的少数几个节点。由选定节点组成的封闭简单形状小区域称为单元，如三角形单元、四边形单元等。有限元分析时，单元的位移场实质上是由单元节点的位移描述单元内部一点位移的插值函数。

在离散数字化的有限元模型中，任取一个编号为 e 的三角形单元，为了具有一般性，设其3个节点的编号按逆时针顺序依次为 i、j、m，如图3.2所示。平面问题中，每个节点有两个位移分量，分别为

$$\boldsymbol{f}_i = \begin{Bmatrix} u_i \\ v_i \end{Bmatrix}, \boldsymbol{f}_j = \begin{Bmatrix} u_j \\ v_j \end{Bmatrix}, \boldsymbol{f}_m = \begin{Bmatrix} u_m \\ v_m \end{Bmatrix}$$

将单元3个节点的位移分量按照一定的顺序排列起来，记为

$$\boldsymbol{\delta}_e = \{\delta\}_e = \{u_i \quad v_i \quad u_j \quad v_j \quad u_m \quad v_m\}^{\mathrm{T}}$$

$\boldsymbol{\delta}_e$ 称为单元 e 的节点位移矢量或称为节点位移列阵。$\boldsymbol{\delta}_e$ 是有限元分析过程中一个最重要的量，接下来将用 $\boldsymbol{\delta}_e$ 表示单元的应变、应力、应变能等。

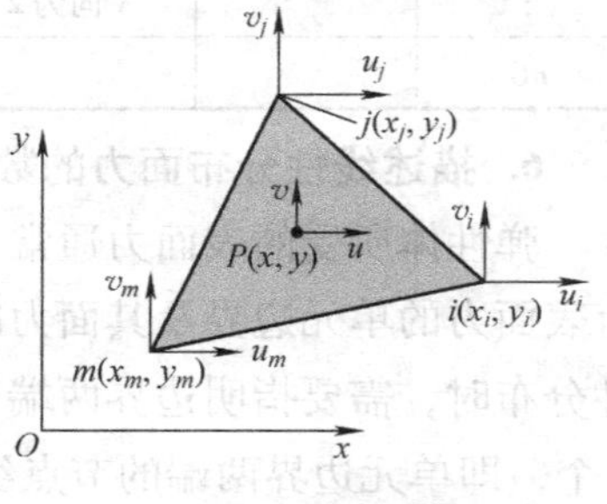

图3.2 平面三角形单元

现在研究单元内任意一点 $P(x,y)$ 的位移分量 u 和 v。位移分量是坐标的函数，用关于 x 和 y 的多项式来描述单元内各点位移变化规律的函数，称为位移模式或位移插值函数。假定三角形单元的位移模式为

$$\begin{aligned} u &= \alpha_1 + \alpha_2 x + \alpha_3 y \\ v &= \alpha_4 + \alpha_5 x + \alpha_6 y \end{aligned} \tag{3.1}$$

其中，α_1，…，α_6 为待定系数，由节点坐标与节点位移分量确定。

式（3.1）适用于点 $P(x,y)$ 在三角形单元内任意一点，当点 P 分别与3个节点重合时，由第一个式子得到

$$\begin{aligned} &P \to i: \quad u_i = \alpha_1 + \alpha_2 x_i + \alpha_3 y_i \\ &P \to j: \quad u_j = \alpha_1 + \alpha_2 x_j + \alpha_3 y_j \\ &P \to m: \; u_m = \alpha_1 + \alpha_2 x_m + \alpha_3 y_m \end{aligned} \tag{a}$$

式（a）是关于 α_1、α_2、α_3 的线性代数方程。根据节点编号唯一性，节点坐标及节点的位移分量被认定为已知，按线性代数中的克莱姆法则，求得 α_1、α_2、α_3 为

$$\alpha_1=\frac{1}{2A}\begin{vmatrix}u_i & x_i & y_i\\ u_j & x_j & y_j\\ u_m & x_m & y_m\end{vmatrix},\quad \alpha_2=\frac{1}{2A}\begin{vmatrix}1 & u_i & y_i\\ 1 & u_j & y_j\\ 1 & u_m & y_m\end{vmatrix},\quad \alpha_3=\frac{1}{2A}\begin{vmatrix}1 & x_i & u_i\\ 1 & x_j & u_j\\ 1 & x_m & u_m\end{vmatrix} \tag{b}$$

其中，

$$2A=\begin{vmatrix}1 & x_i & y_i\\ 1 & x_j & y_j\\ 1 & x_m & y_m\end{vmatrix} \tag{3.2}$$

根据解析几何，式（3.2）中的$2A$等于图3.2所示平面三角形单元ijm面积的两倍。

将式（b）中的3个行列式，分别按节点位移u_i、u_j、u_m所在列展开，α_1、α_2、α_3还可以表示为

$$\alpha_1=\frac{1}{2A}\left(u_i\begin{vmatrix}x_j & y_j\\ x_m & y_m\end{vmatrix}-u_j\begin{vmatrix}x_i & y_i\\ x_m & y_m\end{vmatrix}+u_m\begin{vmatrix}x_i & y_i\\ x_j & y_j\end{vmatrix}\right)=\frac{1}{2A}(a_iu_i+a_ju_j+a_mu_m)$$

$$\alpha_2=\frac{1}{2A}\left(-u_i\begin{vmatrix}1 & y_j\\ 1 & y_m\end{vmatrix}+u_j\begin{vmatrix}1 & y_i\\ 1 & y_m\end{vmatrix}-u_m\begin{vmatrix}1 & y_i\\ 1 & y_j\end{vmatrix}\right)=\frac{1}{2A}(b_iu_i+b_ju_j+b_mu_m) \tag{c}$$

$$\alpha_3=\frac{1}{2A}\left(u_i\begin{vmatrix}1 & x_j\\ 1 & x_m\end{vmatrix}-u_j\begin{vmatrix}1 & x_i\\ 1 & x_m\end{vmatrix}+u_m\begin{vmatrix}1 & x_i\\ 1 & x_j\end{vmatrix}\right)=\frac{1}{2A}(c_iu_i+c_ju_j+c_mu_m)$$

将式（c）代入式（3.1）的第一个方程中，整理得到

$$u=\frac{1}{2A}[(a_i+b_ix+c_iy)u_i+(a_j+b_jx+c_jy)u_j+(a_m+b_mx+c_my)u_m] \tag{d}$$

同样得到

$$v=\frac{1}{2A}[(a_i+b_ix+c_iy)v_i+(a_j+b_jx+c_jy)v_j+(a_m+b_mx+c_my)v_m] \tag{e}$$

上述式中，各系数分别为

$$\begin{cases}a_i=x_jy_m-x_my_j\\ a_j=x_my_i-x_iy_m;\\ a_m=x_iy_j-x_jy_i\end{cases}\begin{cases}b_i=y_j-y_m\\ b_j=y_m-y_i;\\ b_m=y_i-y_j\end{cases}\begin{cases}c_i=x_m-x_j\\ c_j=x_i-x_m\\ c_m=x_j-x_i\end{cases} \tag{3.3}$$

为了便于记忆和应用上式中的9个关系式，将9个系数按着下列排列组成行列式XS，且与式（3.2）并列排列，为

$$XS=\begin{vmatrix}a_i & b_i & c_i\\ a_j & b_j & c_j\\ a_m & b_m & c_m\end{vmatrix} \Longleftrightarrow 2A=\begin{vmatrix}1 & x_i & y_i\\ 1 & x_j & y_j\\ 1 & x_m & y_m\end{vmatrix}$$

对应比较，不难证明，式（3.3）中的各个系数，即行列式XS中的各个元素，就等于式（3.2）中对应位置元素的代数余子式，也就是说b_i是行列式$2A$中元素x_i的代数余子式。计算时，注意行列式中不同位置元素代数余子式的符号。

观察式（d）和式（e），各节点位移分量前的系数具有相似的形式。若令

$$
\begin{aligned}
N_i(x,y) &= \frac{1}{2A}(a_i + b_i x + c_i y)\\
N_j(x,y) &= \frac{1}{2A}(a_j + b_j x + c_j y)\\
N_m(x,y) &= \frac{1}{2A}(a_m + b_m x + c_m y)
\end{aligned} \tag{3.4}
$$

其中，N_i、N_j、N_m 称为形状函数或形函数，则式（d）和式（e）即可写成

$$
\begin{aligned}
u &= N_i u_i + N_j u_j + N_m u_m\\
v &= N_i v_i + N_j v_j + N_m v_m
\end{aligned} \tag{3.5}
$$

写成矩阵表达形式

$$
\boldsymbol{f} = \begin{Bmatrix} u \\ v \end{Bmatrix} = \begin{bmatrix} N_i & 0 & N_j & 0 & N_m & 0 \\ 0 & N_i & 0 & N_j & 0 & N_m \end{bmatrix} \begin{Bmatrix} u_i \\ v_i \\ u_j \\ v_j \\ u_m \\ v_m \end{Bmatrix} \tag{3.6}
$$

若记

$$
\boldsymbol{N} = [N] = \begin{bmatrix} N_i & 0 & N_j & 0 & N_m & 0 \\ 0 & N_i & 0 & N_j & 0 & N_m \end{bmatrix} \tag{3.7}
$$

矩阵 $\boldsymbol{N}$ 被称为形状函数矩阵或形函数矩阵。其意义是反映了单元内任意一点位移分量与节点位移矢量之间的关系。形函数矩阵为 2×6 阶矩阵，平面问题都只有两个位移分量，所以所有平面问题的形函数矩阵均为两行，列数为单元包含节点个数的 2 倍。

式（3.6）可以简写成矩阵形式

$$
\boldsymbol{f} = \boldsymbol{N}\boldsymbol{\delta}_e \tag{3.8}
$$

式（3.5）、式（3.6）及式（3.8）分别采用代数格式、矩阵格式表达的以单元节点位移矢量为自变量的单元内任意一点的位移分量，称为位移模式或位移插值函数，而式（3.8）则是有限元分析中所有单元位移模式的通式。

3.2.2 面积坐标与形函数

1. 面积坐标

三角形内任意一点 $P(x,y)$ 与各顶点相连，将三角形分成 3 个小的三角形，如图 3.3 所示。如果 3 个小三角形的面积分别记为 A_i、A_j、A_m，若令

$$
L_i = \frac{A_i}{A},\ L_j = \frac{A_j}{A},\ L_m = \frac{A_m}{A}
$$

那么 L_i、L_j、L_m 就可以作为一种确定 P 点位置的坐标，L_i、L_j、L_m 称为 P 点的面积坐标。

面积坐标是根据面积来定义的，是一种固定于单元的局部坐标。面积坐标具有以下性质。

① P 为三角形内任意一点：

$$L_i + L_j + L_m = 1$$

② P 在节点上（如节点 i）：

$$L_i = 1,\ L_j = L_m = 0$$

③ P 在边线上（如在 jm 边上，如图 3.4 所示）：

$$L_i = 0,\ L_j + L_m = 1$$

④ P 在 jm 边上（距 j 节点的距离为 s，jm 的边长为 l）：

$$L_j = 1 - s/l,\ L_m = s/l$$

⑤ P 在单元的形心处：

$$L_i(x_C, y_C) = L_j(x_C, y_C) = L_m(x_C, y_C) = 1/3$$

⑥ 直角坐标与面积坐标的关系：

$$\begin{aligned} x &= x_i L_i + x_j L_j + x_m L_m \\ y &= y_i L_i + y_j L_j + y_m L_m \end{aligned} \tag{3.9}$$

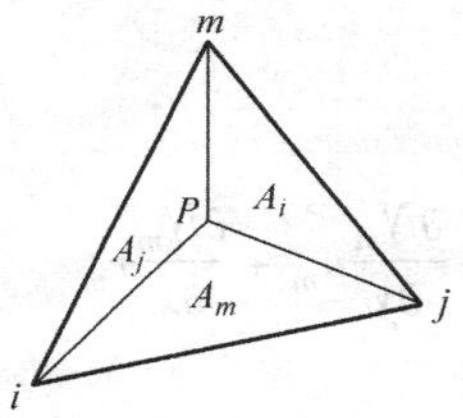

图 3.3　面积坐标图

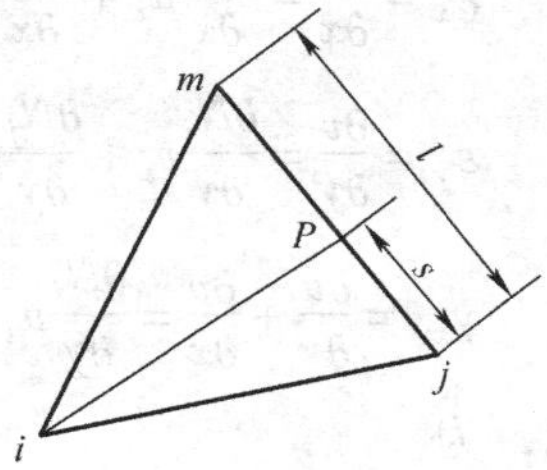

图 3.4　边界上的点

利用分部积分，可以证明面积坐标中非常有用的积分公式：

$$\iint_{\Omega} L_i^{\alpha} L_j^{\beta} L_m^{\gamma} \mathrm{d}x\mathrm{d}y = 2A \frac{\alpha!\beta!\gamma!}{(\alpha+\beta+\gamma+2)!} \tag{3.10}$$

$$\int_S L_i^{\alpha} L_j^{\beta} \mathrm{d}s = L \frac{\alpha!\beta!}{(\alpha+\beta+1)!} \quad (i,j,m) \tag{3.11}$$

式中，α，β，γ 为整常数；A 为三角形单元的面积；L 为 $\overline{ij}$ 边的长度。

2. 形函数与面积坐标的关系

将面积坐标表达式展开

$$L_i = \frac{A_i}{A} = \frac{1}{2A}\begin{vmatrix} 1 & x & y \\ 1 & x_j & y_j \\ 1 & x_m & y_m \end{vmatrix} = \frac{1}{2A}\left(\begin{vmatrix} x_j & y_j \\ x_m & y_m \end{vmatrix} - x\begin{vmatrix} 1 & y_j \\ 1 & y_m \end{vmatrix} + y\begin{vmatrix} 1 & x_j \\ 1 & x_m \end{vmatrix}\right) = \frac{1}{2A}(a_i + b_i x + c_i y)$$

上式与式（3.4）比较可见，虽然形函数与面积坐标是从不同方面定义的，但其数学表

达式完全相同，形函数与面积坐标的关系为

$$N_i = L_i \quad (i = i, j, m) \tag{3.12}$$

因此，可借鉴面积坐标的性质来表述形函数的性质。形函数与节点坐标之间的关系为

$$\begin{aligned} N_i x_i + N_j x_j + N_m x_m &= x \\ N_i y_i + N_j y_j + N_m y_m &= y \end{aligned} \tag{3.13}$$

3.3 单元刚度矩阵

单元分析目的就是要建立单元内一点的应变分量、应力分量，以及单元的应变能与单元节点位移矢量之间关系，下面给出应变矩阵、单元刚度矩阵的概念及其表达式。

3.3.1 单元上任意一点的应变

将式（3.5）代入平面问题的几何方程［式（2.8）］，在求导计算时，应注意位移表达式中 u_i，v_i，…，u_m，v_m 为节点的值，对单元来说是定量，不是坐标的函数，得到应变分量表达式

$$\varepsilon_x = \frac{\partial u}{\partial x} = \frac{\partial N_i}{\partial x}u_i + \frac{\partial N_j}{\partial x}u_j + \frac{\partial N_m}{\partial x}u_m$$

$$\varepsilon_y = \frac{\partial v}{\partial y} = \frac{\partial N_i}{\partial y}v_i + \frac{\partial N_j}{\partial y}v_j + \frac{\partial N_m}{\partial y}v_m$$

$$\gamma_{xy} = \frac{\partial u}{\partial y} + \frac{\partial v}{\partial x} = \frac{\partial N_i}{\partial y}u_i + \frac{\partial N_i}{\partial x}v_i + \frac{\partial N_j}{\partial y}u_j + \frac{\partial N_j}{\partial x}v_j + \frac{\partial N_m}{\partial y}u_m + \frac{\partial N_m}{\partial x}v_m$$

写成矩阵形式，为

$$\begin{Bmatrix} \varepsilon_x \\ \varepsilon_y \\ \gamma_{xy} \end{Bmatrix} = \begin{bmatrix} \dfrac{\partial N_i}{\partial x} & 0 & \dfrac{\partial N_j}{\partial x} & 0 & \dfrac{\partial N_m}{\partial x} & 0 \\ 0 & \dfrac{\partial N_i}{\partial y} & 0 & \dfrac{\partial N_j}{\partial y} & 0 & \dfrac{\partial N_m}{\partial y} \\ \dfrac{\partial N_i}{\partial y} & \dfrac{\partial N_i}{\partial x} & \dfrac{\partial N_j}{\partial y} & \dfrac{\partial N_j}{\partial x} & \dfrac{\partial N_m}{\partial y} & \dfrac{\partial N_m}{\partial x} \end{bmatrix} \begin{Bmatrix} u_i \\ v_i \\ u_j \\ v_j \\ u_m \\ v_m \end{Bmatrix} \tag{3.14}$$

令

$$\boldsymbol{B} = \begin{bmatrix} \dfrac{\partial N_i}{\partial x} & 0 & \dfrac{\partial N_j}{\partial x} & 0 & \dfrac{\partial N_m}{\partial x} & 0 \\ 0 & \dfrac{\partial N_i}{\partial y} & 0 & \dfrac{\partial N_j}{\partial y} & 0 & \dfrac{\partial N_m}{\partial y} \\ \dfrac{\partial N_i}{\partial y} & \dfrac{\partial N_i}{\partial x} & \dfrac{\partial N_j}{\partial y} & \dfrac{\partial N_j}{\partial x} & \dfrac{\partial N_m}{\partial y} & \dfrac{\partial N_m}{\partial x} \end{bmatrix} \tag{3.15}$$

上式称为应变矩阵或称几何矩阵，它反映了单元中任意一点的应变分量与单元节点矢量之间

的关系。应变矩阵为 3×6 阶矩阵，平面问题有 3 个应变分量，列数与单元所包含的节点数有关。

式（3.14）是根据三角形单元推导出来的，但该式具有代表性，对其他类型的单元仍适用。单元上任意一点的应变采用矩阵表达，写成通式

$$\boldsymbol{\varepsilon}=\boldsymbol{B}\boldsymbol{\delta}_e \tag{3.16}$$

对于平面三角形单元，形函数为式（3.5）的形式，其应变矩阵为

$$\boldsymbol{B}=\frac{1}{2A}\begin{bmatrix} b_i & 0 & b_j & 0 & b_m & 0 \\ 0 & c_i & 0 & c_j & 0 & c_m \\ c_i & b_i & c_j & b_j & c_m & b_m \end{bmatrix} \tag{3.17}$$

平面三角形单元上任意一点的应变为

$$\begin{Bmatrix} \varepsilon_x \\ \varepsilon_y \\ \gamma_{xy} \end{Bmatrix}=\frac{1}{2A}\begin{bmatrix} b_i & 0 & b_j & 0 & b_m & 0 \\ 0 & c_i & 0 & c_j & 0 & c_m \\ c_i & b_i & c_j & b_j & c_m & b_m \end{bmatrix}\begin{Bmatrix} u_i \\ v_i \\ u_j \\ v_j \\ u_m \\ v_m \end{Bmatrix} \tag{3.18}$$

应变矩阵 $\boldsymbol{B}$ 中的每个元素均为常数，是常量矩阵，而每个单元的节点位移矢量也是不变的，据此计算出来的单元应变也必然是常量，因此位移模式（3.1）的单元被称为常应变三角形单元。

3.3.2 单元上任意一点的应力

弹性力学中应力与应变的关系为

$$\boldsymbol{\sigma}=\boldsymbol{D}\boldsymbol{\varepsilon} \tag{3.19}$$

式中，$\boldsymbol{D}$ 是反映应力与应变关系的弹性矩阵。

平面应力问题的弹性矩阵：

$$\boldsymbol{D}=\frac{E}{1-\mu^2}\begin{bmatrix} 1 & \mu & 0 \\ \mu & 1 & 0 \\ 0 & 0 & \dfrac{1-\mu}{2} \end{bmatrix} \tag{3.20}$$

平面应变问题的弹性矩阵：

$$\boldsymbol{D}=\frac{E}{(1+\mu)(1-2\mu)}\begin{bmatrix} 1-\mu & \mu & 0 \\ \mu & 1-\mu & 0 \\ 0 & 0 & \dfrac{1-2\mu}{2} \end{bmatrix} \tag{3.21}$$

将应变表达式（3.16），代入式（3.19），得

$$\boldsymbol{\sigma} = \boldsymbol{D}\boldsymbol{\varepsilon} = \boldsymbol{D}\boldsymbol{B}\boldsymbol{\delta}_e = \boldsymbol{S}\boldsymbol{\delta}_e$$

式中，

$$\boldsymbol{S} = \boldsymbol{D}\boldsymbol{B} \tag{3.22}$$

$\boldsymbol{S}$ 称为应力矩阵，它反映了单元中任意一点的应力分量与单元节点位移矢量之间的关系。常应变三角形单元也是常应力三角形单元。应力矩阵是由弹性矩阵与应变矩阵相乘得到，由程序很方便完成计算，相对来说，应变矩阵与弹性矩阵更具代表性。

3.3.3 单元的应变能及单元刚度矩阵

1. 单元的应变能

将应变表达式（3.16）、应力表达式（3.19）代入应变能表达式（2.22），并考虑节点位移矢量在单元范围内为常量，得

$$U_e = \frac{1}{2}\iiint_{\Omega}\boldsymbol{\delta}_e^{\mathrm{T}}\,\boldsymbol{S}^{\mathrm{T}}\boldsymbol{B}\boldsymbol{\delta}_e\mathrm{d}x\mathrm{d}y\mathrm{d}z = \frac{1}{2}\boldsymbol{\delta}_e^{\mathrm{T}}\left(\iiint_{\Omega}\boldsymbol{B}^{\mathrm{T}}\boldsymbol{D}\boldsymbol{B}\mathrm{d}x\mathrm{d}y\mathrm{d}z\right)\boldsymbol{\delta}_e$$

令

$$\boldsymbol{K}_e = \iiint_{\Omega}\boldsymbol{B}^{\mathrm{T}}\boldsymbol{D}\boldsymbol{B}\mathrm{d}x\mathrm{d}y\mathrm{d}z \tag{3.23}$$

上式称为单元刚度矩阵，它是有限元中最重要的矩阵，反映了单元应变能与单元节点位移矢量之间的关系。

单元的应变能可写为

$$U_e = \frac{1}{2}\boldsymbol{\delta}_e^{\mathrm{T}}\boldsymbol{K}_e\boldsymbol{\delta}_e \tag{3.24}$$

平面问题常应变三角形单元的单元刚度矩阵

$$\boldsymbol{K}_e = At\boldsymbol{B}^{\mathrm{T}}\boldsymbol{D}\boldsymbol{B} = At\boldsymbol{S}^{\mathrm{T}}\boldsymbol{B} \tag{3.25}$$

式中，A 为三角形单元的面积；t 为平面问题弹性体的厚度。

2. 单元刚度矩阵的计算过程

一般地，每个单元的刚度矩阵是不同的，需要根据式（3.25），循环计算有限元模型中的每个单元刚度矩阵。为便于计算，将计算单刚的过程，再简单总结如下：

1）根据平面应力或平面应变问题属性及材料性能，按式（3.20）或式（3.21）组装弹性矩阵 $\boldsymbol{D}$；

2）对一个单元循环，根据单元信息数据，提取单元的节点编号 i、j、m；

3）提取单元对应的 i、j、m 节点坐标；

4）由式（3.2）计算单元面积 A；

5）由式（3.3）计算系数 a_i、a_j、a_m、b_i、b_j、b_m、c_i、c_j、c_m；

6）由式（3.17）组装应变矩阵 $\boldsymbol{B}$；

7）由式（3.22）计算应力矩阵 $\boldsymbol{S} = \boldsymbol{D}\boldsymbol{B}$；

8）由式（3.25）计算单元刚度矩阵 $\boldsymbol{K}_e = At\boldsymbol{S}^{\mathrm{T}}\boldsymbol{B}$；

9）将单元刚度矩阵组装到总刚度矩阵中（这一步将在后面介绍）；

10）返回第2）步，进行下一个的单元计算。

3. 单元刚度矩阵的性质

如果下列矩阵 $\boldsymbol{K}_e$ 是某单元的刚度矩阵，该矩阵具有哪些特点？

$$\boldsymbol{K}_e = Et\begin{bmatrix} 1.5 & -0.5 & -0.5 & 0 & -1 & 0.5 \\ -0.5 & 1.5 & 0.5 & -1 & 0 & -0.5 \\ -0.5 & 0.5 & 0.5 & 0 & 0 & -0.5 \\ 0 & -1 & 0 & 1 & 0 & 0 \\ -1 & 0 & 0 & 0 & 1 & 0 \\ 0.5 & -0.5 & -0.5 & 0 & 0 & 0.5 \end{bmatrix}$$

（1）对称性　单元刚度矩阵是对称方阵，其元素都关于主对角线对称，即 $k_{rs}=k_{sr}$（r，$s=i$，j，m），该性质可根据功的互等定理予以证明。

（2）奇异性　单元刚度矩阵中任意一行或列元素之和为零。其物理意义是在没有给单元施加任何约束时，单元可有刚体运动，位移不能唯一确定。

（3）主对角线元素恒为正值　单元刚度矩阵中的每个元素为一个刚度系数，表示单元抵抗变形的能力，元素数值的意义为节点发生单位位移分量时，所施加的节点力分量。主对角线元素是正值说明节点位移方向与施加节点载荷的方向是一致的。

（4）单元刚度矩阵与单元位置无关　单元刚度矩阵与单元位置无关，也就是单元在平移时，$\boldsymbol{K}_e$ 不变；当单元节点排列顺序不同时，$\boldsymbol{K}_e$ 中的元素大小不变，但排列顺序相应改变；单元转动180°时，$\boldsymbol{B}$、$\boldsymbol{S}$ 不同，但 $\boldsymbol{K}_e$ 不变。如参考图3.21b中，当单元②与单元①的节点排列顺序相同时，这两个单元的应变矩阵、应力矩阵、单元刚度矩阵完全相同。若单元③与单元②相对顺序相同，二者虽然 $\boldsymbol{B}$、$\boldsymbol{S}$ 不同，但 $\boldsymbol{K}_e$ 仍相同。

3.4 等效节点载荷

通过外力势能研究外力对单元的作用效果，将单元内分布载荷转化为等价作用效应的等效节点载荷。

3.4.1 外力势能

1. 体力势能

所谓体力是指分布在物体内部的力，如重力、离心力、惯性力等。对于平面问题，体力有两个分量 $\boldsymbol{p}=\{X \quad Y\}^{\mathrm{T}}$，单元体力势能是在单元区域内积分，即

$$V_{e1} = -t\iint_{\Omega}(Xu+Yv)\,\mathrm{d}x\mathrm{d}y = -t\iint_{\Omega}\boldsymbol{f}^{\mathrm{T}}\boldsymbol{p}\,\mathrm{d}x\mathrm{d}y \tag{3.26}$$

2. 面力势能

所谓面力是指作用在物体表面上的力，内部单元边界之间的相互作用属于内力，不属于面力范畴，只有边界单元才可能存在面力作用。面力有两个分量 $\overline{\boldsymbol{p}}=\{\overline{X} \quad \overline{Y}\}^{\mathrm{T}}$，单元的面力

势能只能在有面力作用的边界上进行积分，即

$$V_{e2} = -t\int_S(\bar{X}u + \bar{Y}v)\,\mathrm{d}s = -t\int_S \boldsymbol{f}^{\mathrm{T}}\bar{\boldsymbol{p}}\,\mathrm{d}s \tag{3.27}$$

积分域为有面力作用的边界，对于平面问题是曲线，三维问题则是曲面。

3. 集中力势能

建立有限元模型时，通常将集中力作用点设置为节点，因此集中力的势能不用积分。设单元节点作用的集中力为 $\boldsymbol{P}_{0e}$，则其单元的外力势能为

$$V_{e3} = -\boldsymbol{\delta}_e^{\mathrm{T}}\boldsymbol{P}_{0e} \tag{3.28}$$

单元总的外力势能是单元上各种外力势能之和，为

$$V_e = V_{e1} + V_{e2} + V_{e3} \tag{3.29}$$

说明一点，当集中力作用在单元的节点上时，集中力作用点的周围往往有多个单元，多个单元拥有共同节点，因为有限元分析最终考虑的是所有单元势能之和，不必考虑集中力在单元之间的分配问题，直接将该节点集中力叠加到总的载荷矢量中，因此在计算单元外力势能时，一般不包含集中力势能 V_{e3}。

3.4.2 体力的等效节点载荷

将位移模式 $\boldsymbol{f}=\boldsymbol{N}\boldsymbol{\delta}_e$ 代入式（3.26）中，并考虑单元节点位移矢量 $\boldsymbol{\delta}_e$ 是不变量，单元的体力势能表达为

$$V_{e1} = -t\iint_\Omega \boldsymbol{\delta}_e^{\mathrm{T}}\boldsymbol{N}^{\mathrm{T}}\boldsymbol{p}\,\mathrm{d}x\mathrm{d}y = -\boldsymbol{\delta}_e^{\mathrm{T}}\left(t\iint_\Omega \boldsymbol{N}^{\mathrm{T}}\boldsymbol{p}\,\mathrm{d}x\mathrm{d}y\right) = -\boldsymbol{\delta}_e^{\mathrm{T}}\boldsymbol{P}_e$$

式中，

$$\boldsymbol{P}_e = t\iint_\Omega \boldsymbol{N}^{\mathrm{T}}\boldsymbol{p}\,\mathrm{d}x\mathrm{d}y \tag{3.30}$$

$\boldsymbol{P}_e$ 称为体力的等效节点载荷矢量。将三角形单元的形函数矩阵即式（3.7）代入，式（3.30）更形象具体，表示为

$$\boldsymbol{P}_e = t\iint_\Omega \boldsymbol{N}^{\mathrm{T}}\boldsymbol{p}\,\mathrm{d}x\mathrm{d}y = t\iint\begin{bmatrix} N_i & 0 \\ 0 & N_i \\ N_j & 0 \\ 0 & N_j \\ N_m & 0 \\ 0 & N_m \end{bmatrix}\begin{Bmatrix} X \\ Y \end{Bmatrix}\mathrm{d}x\mathrm{d}y = t\iint\begin{Bmatrix} N_iX \\ N_iY \\ N_jX \\ N_jY \\ N_mX \\ N_mY \end{Bmatrix}\mathrm{d}x\mathrm{d}y = \begin{Bmatrix} P_{xi} \\ P_{yi} \\ P_{xj} \\ P_{yj} \\ P_{xm} \\ P_{ym} \end{Bmatrix}_e$$

综上可见，在计算体力势能时，由于采用位移模式来表达单元内的位移场，使得原本在单元内部连续分布的体力，变为单元节点的集中载荷，外力的作用点发生了变化，称为载荷移置。依据静力等效原则，对于给定的位移模式，载荷移置的结果是唯一的，转化的节点载荷称为等效节点载荷或等效节点力。

通常单元划分得比较细小，体力变化不太大，可认为体力在单元内为常量，即单元内的

体力分量 X、Y 为常量，等效节点载荷矢量 $\boldsymbol{P}_e$ 中的某个元素为

$$P_{xi} = t\iint N_i X \mathrm{d}x\mathrm{d}y = Xt\iint N_i \mathrm{d}x\mathrm{d}y \tag{a}$$

积分项 $\iint N_i \mathrm{d}x\mathrm{d}y$ 的计算，有两种计算方法：

其一，将形函数的表达式（3.4）代入，得

$$\iint N_i \mathrm{d}x\mathrm{d}y = \iint \frac{1}{2A}(a_i + b_i x + c_i y)\mathrm{d}x\mathrm{d}y = \frac{a_i}{2A}\iint \mathrm{d}x\mathrm{d}y + \frac{b_i}{2A}\iint x\mathrm{d}x\mathrm{d}y + \frac{c_i}{2A}\iint y\mathrm{d}x\mathrm{d}y \tag{b}$$

根据力学物理意义，$\iint \mathrm{d}x\mathrm{d}y = A$ 表示积分域的面积；$\iint x\mathrm{d}x\mathrm{d}y = Ax_C$ 和 $\iint y\mathrm{d}x\mathrm{d}y = Ay_C$ 则表示面积矩。所以，式（b）

$$\iint N_i \mathrm{d}x\mathrm{d}y = \iint \frac{1}{2A}(a_i + b_i x + c_i y)\mathrm{d}x\mathrm{d}y = \frac{A}{2A}(a_i + b_i x_C + c_i y_C) = AN_i(x_C, y_C) = \frac{1}{3}A \tag{c}$$

其二，利用面积坐标积分公式（3.10）直接计算。式（a）中，只有 N_i 这一项，即 $\alpha = 1$、$\beta = \gamma = 0$，则

$$\iint_{\Omega} N_i \mathrm{d}x\mathrm{d}y = 2A\frac{\alpha!\beta!\gamma!}{(\alpha+\beta+\gamma+2)!} = 2A\frac{1!0!0!}{(1+0+0+2)!} = \frac{1}{3}A \tag{d}$$

两种方法计算结果相同。所以，式（a）为

$$P_{xi} = \frac{1}{3}AtX \tag{e}$$

对于 y 方向和其他节点的等效载荷与此处理方式类似。当体力为常量时，单元等效节点载荷统一写成矩阵形式

$$\boldsymbol{P}_e = \left\{\frac{1}{3}AtX \quad \frac{1}{3}AtY \quad \frac{1}{3}AtX \quad \frac{1}{3}AtY \quad \frac{1}{3}AtX \quad \frac{1}{3}AtY\right\}^{\mathrm{T}} \tag{3.31}$$

式中，At 是单元体积；AtX、AtY 实际是单元体力在 x 和 y 方向上的合力。当体力为常量时，先计算出单元体力的合力，然后再平均分配到对应的3个节点上，即可得到体力的等效节点载荷。

3.4.3 面力的等效节点载荷

根据面力势能的表达式（3.27）及位移模式的表达式（3.8），单元的面力势能表达为

$$V_{e2} = -t\int_S \boldsymbol{f}^{\mathrm{T}}\overline{\boldsymbol{p}}\mathrm{d}s = -\boldsymbol{\delta}_e^{\mathrm{T}}\left(t\int_S \boldsymbol{N}^{\mathrm{T}}\overline{\boldsymbol{p}}\mathrm{d}s\right) = -\boldsymbol{\delta}_e^{\mathrm{T}}\overline{\boldsymbol{P}}_e$$

需要说明的是，内部单元之间相互作用的表面力互为作用与反作用力，在整体分析时内部节点面力互相抵消，不必考虑内部单元之间的表面力。只有边界单元中处于边界位置且有面力作用的边，才需要计算该边上的面力等效节点载荷。

单元内节点的面力等效节点载荷为“0”，如果在 ij 边上存在面力，此时 $N_m = 0$，则面力等效节点载荷矢量为

$$\overline{\boldsymbol{P}}_e = t\int_S \boldsymbol{N}^{\mathrm{T}}\overline{\boldsymbol{p}}\,\mathrm{d}s = t\int_S \begin{bmatrix} N_i & 0 \\ 0 & N_i \\ N_j & 0 \\ 0 & N_j \\ 0 & 0 \\ 0 & 0 \end{bmatrix} \begin{Bmatrix} \overline{X} \\ \overline{Y} \end{Bmatrix} \mathrm{d}s = t\int_S \begin{Bmatrix} N_i\overline{X} \\ N_i\overline{Y} \\ N_j\overline{X} \\ N_j\overline{Y} \\ 0 \\ 0 \end{Bmatrix} \mathrm{d}s = \begin{Bmatrix} \overline{P}_{xi} \\ \overline{P}_{yi} \\ \overline{P}_{xj} \\ \overline{P}_{yj} \\ 0 \\ 0 \end{Bmatrix}_e \tag{3.32}$$

物体表面力作用方向及大小分布有不同的形式，如面力作用方向有法线方向、切向方向或倾斜方向，面力大小则有线性或高次分布方式。下面以线性分布面载荷为例，讨论图 3.5 所示的常见三种形式面力等效节点载荷的计算。

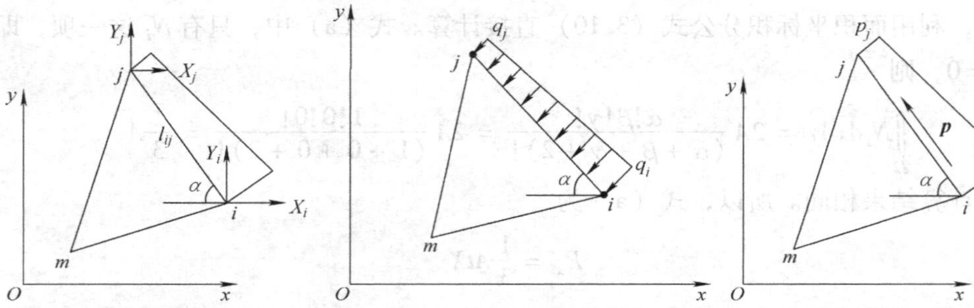

a) 分量表示的倾斜面力　　b) 法向正压力　　c) 切向面力

图 3.5　线性分布的面力形式

1. 以坐标分量表示的线性分布面力

如图 3.5a 所示，在 ij 边上线性分布面力，两个节点的面力分量分别为 $\overline{\boldsymbol{p}}_i = \{\overline{X}_i \quad \overline{Y}_i\}^{\mathrm{T}}$ 和 $\overline{\boldsymbol{p}}_j\{\overline{X}_j \quad \overline{Y}_j\}^{\mathrm{T}}$。根据 i、j 节点的值确定，ij 边上任意 Q 点处面力的大小，符号按其与坐标轴的方向确定，面力分量为

$$\begin{Bmatrix} \overline{X} \\ \overline{Y} \end{Bmatrix} = N_i \begin{Bmatrix} \overline{X}_i \\ \overline{Y}_i \end{Bmatrix} + N_j \begin{Bmatrix} \overline{X}_j \\ \overline{Y}_j \end{Bmatrix} \tag{3.33}$$

将上式代入式 (3.32)，利用面积坐标积分公式 (3.11)，得到以坐标分量表示的、线性分布面力作用下，单元的等效节点载荷为

$$\begin{aligned} \overline{\boldsymbol{P}}_{ei} &= \begin{Bmatrix} \overline{P}_{xi} \\ \overline{P}_{yi} \end{Bmatrix} = \frac{l_{ij}}{6} \begin{Bmatrix} 2\overline{X}_i + \overline{X}_j \\ 2\overline{Y}_i + \overline{Y}_j \end{Bmatrix} \\ \overline{\boldsymbol{P}}_{ej} &= \begin{Bmatrix} \overline{P}_{xj} \\ \overline{P}_{yj} \end{Bmatrix} = \frac{l_{ij}}{6} \begin{Bmatrix} \overline{X}_i + 2\overline{X}_j \\ \overline{Y}_i + 2\overline{Y}_j \end{Bmatrix} \end{aligned} \tag{3.34}$$

式中，l_{ij}表示单元 ij 边的长度。

2. 线性分布的法向面力

表面力垂直于物体表面且按线性分布的压力是最常见的表面力形式，如水坝迎水面的水压力就是与水深成正比且垂直于迎水面。若某单元 ij 边上有线性分布的法向面力，单元在 ij 边左侧，节点 i 的值为 q_i，节点 j 的值为 q_j，规定指向物体（压力）为正，背离物体（拉力）为负，如图 3.5b 所示。

法向面力 $\boldsymbol{q}$，在两个坐标轴上投影的面力分量为

$$\overline{\boldsymbol{q}}_e=\begin{Bmatrix}\overline{X}\\ \overline{Y}\end{Bmatrix}=\begin{Bmatrix}-q\sin\alpha\\ -q\cos\alpha\end{Bmatrix}$$

其中，$\sin\alpha=-\dfrac{y_i-y_j}{l_{ij}}$；$\cos\alpha=-\dfrac{x_j-x_i}{l_{ij}}$。

将法向面力 $\boldsymbol{q}$ 在坐标轴上的面力分量代入式（3.33），则线性分布的法向面力在 ij 边上任意一点的面力分量为

$$\overline{\boldsymbol{q}}_e=\begin{Bmatrix}\overline{X}\\ \overline{Y}\end{Bmatrix}=\frac{(N_iq_i+N_jq_j)}{l_{ij}}\begin{Bmatrix}y_i-y_j\\ x_j-x_i\end{Bmatrix}\tag{3.35}$$

按计算式（3.34）时用到的类似的积分方法，线性分布的法向面力作用在 i、j 节点的等效节点载荷分别为

$$\begin{aligned}\overline{\boldsymbol{P}}_{ei}&=\begin{Bmatrix}\overline{P}_{xi}\\ \overline{P}_{yi}\end{Bmatrix}=\frac{1}{6}(2q_i+q_j)\begin{Bmatrix}y_i-y_j\\ x_j-x_i\end{Bmatrix}\\ \overline{\boldsymbol{P}}_{ej}&=\begin{Bmatrix}\overline{P}_{xj}\\ \overline{P}_{yj}\end{Bmatrix}=\frac{1}{6}(q_i+2q_j)\begin{Bmatrix}y_i-y_j\\ x_j-x_i\end{Bmatrix}\end{aligned}\tag{3.36}$$

3. 边界面内的切向面力

摩擦力属于边界面内的表面力，其方向与边界切线方向平行。切向面力符号规定：沿着切向面力箭头指向，单元在前进方向的左侧为正，反之为负，如图 3.5c 所示。

若某单元边界上存在线性分布的切向面力 $\boldsymbol{p}$，切向面力在 ij 边上任意一点的面力分量为

$$\overline{\boldsymbol{q}}_e=\begin{Bmatrix}\overline{X}\\ \overline{Y}\end{Bmatrix}=\begin{Bmatrix}-p\cos\alpha\\ p\sin\alpha\end{Bmatrix}=\frac{p}{l_{ij}}\begin{Bmatrix}x_j-x_i\\ y_j-y_i\end{Bmatrix}\tag{3.37}$$

按上述步骤，线性分布的切向面力的等效节点载荷为

$$\begin{aligned}\overline{\boldsymbol{P}}_{ei}&=\begin{Bmatrix}\overline{P}_{xi}\\ \overline{P}_{yi}\end{Bmatrix}=\frac{1}{6}(2p_i+p_j)\begin{Bmatrix}x_j-x_i\\ y_j-y_i\end{Bmatrix}\\ \overline{\boldsymbol{P}}_{ej}&=\begin{Bmatrix}\overline{P}_{xj}\\ \overline{P}_{yj}\end{Bmatrix}=\frac{1}{6}(p_i+2p_j)\begin{Bmatrix}x_j-x_i\\ y_j-y_i\end{Bmatrix}\end{aligned}\tag{3.38}$$

切向面力为常量时，式（3.38）简化为均布切向面力作用下的等效节点载荷为

$$\begin{Bmatrix}\overline{P}_{xi}\\ \overline{P}_{yi}\end{Bmatrix}=\begin{Bmatrix}\overline{P}_{xj}\\ \overline{P}_{yj}\end{Bmatrix}=\frac{1}{2}p\begin{Bmatrix}x_j-x_i\\ y_j-y_i\end{Bmatrix}$$

【例 3.1】 如图 3.6 所示，单元在 jm 边上有 x 方向的面力作用，设该边长度为 l，单位厚度，求该单元的等效节点载荷。

解法一：设以 m 点为原点，沿 jm 边上任意位置 s（$0\leqslant s\leqslant l$）处的面力分量为

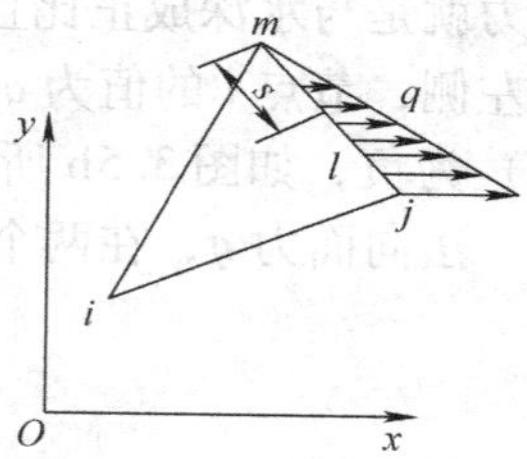

图 3.6　线性分布面力

$$\{\overline{p}\}=\begin{Bmatrix}\frac{q}{l}s\\ 0\end{Bmatrix}$$

形函数的值为

$$N_i=0,\ N_j=\frac{s}{l},\ N_m=1-\frac{s}{l}$$

根据面力的等效节点载荷，即式（3.32），只有

$$\overline{P}_{xj}=\int_S\frac{s}{l}\frac{q}{l}s\mathrm{d}s=\int_0^l\frac{s}{l}\frac{q}{l}s\mathrm{d}s=\frac{1}{3}ql$$

$$\overline{P}_{xm}=\int_S\left(1-\frac{s}{l}\right)\frac{q}{l}s\mathrm{d}s=\int_0^l\left(1-\frac{s}{l}\right)\frac{q}{l}s\mathrm{d}s=\frac{1}{6}ql$$

其余各个分量均为零。单元的面力等效节点载荷为

$$\overline{\boldsymbol{P}}_e=\frac{1}{2}ql\begin{Bmatrix}0 & 0 & \frac{2}{3} & 0 & \frac{1}{3} & 0\end{Bmatrix}^{\mathrm{T}}$$

实际上，$ql/2$ 为面力在边界上的合力。当面力不是均布力时，面力的等效节点载荷不再是平均分布，但也可先计算出面力的合力，然后根据合力作用点的位置按比例分配到相应节点上。

解法二：根据形函数的性质，在 jm 边上任意位置 s 处的面力分量，可以表示为

$$\overline{X}=N_jq_j+N_mq_m=qN_j$$
$$\overline{Y}=0$$

根据面积坐标积分公式（3.11），得到

$$\overline{P}_{xj}=\int_S N_j\overline{X}\mathrm{d}s=\int_S N_j(qN_j)\mathrm{d}s=q\int_S N_j{}^2\mathrm{d}s=q\frac{2!0!}{(2+0+1)!}l=\frac{1}{3}ql$$

$$\overline{P}_{xm}=\int_S N_m\overline{X}\mathrm{d}s=\int_S N_m(qN_j)\mathrm{d}s=q\int_S N_jN_m\mathrm{d}s=q\frac{1!1!}{(1+1+1)!}l=\frac{1}{6}ql$$

其余各个分量均为 0。面力的等效节点载荷为

$$\overline{\boldsymbol{P}}_e=\frac{1}{2}ql\begin{Bmatrix}0 & 0 & \frac{2}{3} & 0 & \frac{1}{3} & 0\end{Bmatrix}^{\mathrm{T}}$$

3.5 整体分析

整体分析就是将有限元模型中离散的单元通过节点连接恢复到原始结构整体。整体分析

的目的就是确定结构的总势能，从而得到结构的总刚度矩阵和总的外载荷矢量。

3.5.1 结构的总势能

单元的总势能包括应变能和外力势能两部分，采用单元节点位移矢量表示的单元的总势能形式为

$$\Pi_e = \frac{1}{2}\boldsymbol{\delta}_e^{\mathrm{T}}\boldsymbol{K}_e\boldsymbol{\delta}_e - (\boldsymbol{\delta}_e^{\mathrm{T}}\boldsymbol{P}_e + \boldsymbol{\delta}_e^{\mathrm{T}}\overline{\boldsymbol{P}}_e + \boldsymbol{\delta}_e^{\mathrm{T}}\boldsymbol{P}_{0e}) \tag{3.39}$$

因为能量是标量，可以直接将每个单元的势能相加得到结构的总势能。所以结构的总势能可表示为

$$\Pi = \sum \Pi_e = \sum U_e + \sum V_e \tag{3.40}$$

将单元的应变能和外力势能的表达式代入式（3.40），得

$$\Pi = \sum \Pi_e = \frac{1}{2}\sum(\boldsymbol{\delta}_e^{\mathrm{T}}\boldsymbol{K}_e\boldsymbol{\delta}_e) - \sum\boldsymbol{\delta}_e^{\mathrm{T}}(\boldsymbol{P}_e + \overline{\boldsymbol{P}}_e + \boldsymbol{P}_{0e}) \tag{3.41}$$

单元的势能都是由单元的节点位移矢量来表述的，虽然给出了总势能的计算公式（3.41），但不同单元的节点位移 $\boldsymbol{\delta}_e$ 随着节点编号而不同，且单元的 $\boldsymbol{\delta}_e$ 暂时未知，因此，式（3.41）尚无法由计算机实现运算。

为了完成式（3.41）的计算，引进一个新的矢量——结构的节点位移矢量，或称总的节点位移矢量。总的节点位移矢量 $\boldsymbol{\delta}$，是将结构的所有节点位移分量按着节点编号的顺序，由小到大依次排列，组成包含所有节点位移分量的有序排列的矢量。如果有限元模型中共有 n 个节点，则平面问题结构的节点位移矢量就有 $2n$ 个元素，记为

$$\boldsymbol{\delta} = \{u_1 \quad v_1 \quad u_2 \quad v_2 \quad \cdots \quad u_n \quad v_n\}^{\mathrm{T}}$$

显然，任何一个单元的节点位移矢量 $\boldsymbol{\delta}_e$ 都是结构的节点位移矢量 $\boldsymbol{\delta}$ 的真子集，即 $\boldsymbol{\delta}_e \subset \boldsymbol{\delta}$。

在式（3.41）中，如果用结构的节点位移矢量 $\boldsymbol{\delta}$ 来替代单元的节点位移矢量 $\boldsymbol{\delta}_e$，并且将每个单元的单元刚度矩阵（以下简称单刚）及等效节点载荷矢量做相应的调整，保证原乘积不变。替代后，所有单元的节点位移矢量就统一起来了，使计算得以简化，式（3.41）可进一步写成

$$\Pi = \frac{1}{2}\boldsymbol{\delta}^{\mathrm{T}}(\sum \boldsymbol{K}_e)\boldsymbol{\delta} - \boldsymbol{\delta}^{\mathrm{T}}\sum(\boldsymbol{P}_e + \overline{\boldsymbol{P}}_e + \boldsymbol{P}_{0e})$$

若令 $\boldsymbol{K} = \sum \boldsymbol{K}_e$ 表示结构的总刚度矩阵，$\boldsymbol{P} = \sum \boldsymbol{P}_e$ 表示结构总的体力矢量，$\overline{\boldsymbol{P}} = \sum \overline{\boldsymbol{P}}_e$ 表示结构总的面力矢量，$\boldsymbol{P}_0 = \sum \boldsymbol{P}_{0e}$ 表示结构总的集中力矢量，$\boldsymbol{F} = \boldsymbol{P} + \overline{\boldsymbol{P}} + \boldsymbol{P}_0$ 表示结构总的载荷矢量，则结构的总势能可以写为通式：

$$\Pi = \frac{1}{2}\boldsymbol{\delta}^{\mathrm{T}}\boldsymbol{K}\boldsymbol{\delta} - \boldsymbol{\delta}^{\mathrm{T}}\boldsymbol{F} \tag{3.42}$$

3.5.2 结构的总刚度矩阵

1. 总刚度矩阵集成方法

计算结构的总势能时，用结构的节点位移矢量 $\boldsymbol{\delta}$ 来替代单元的节点位移矢量 $\boldsymbol{\delta}_e$ 就可以得到式（3.42）。为了满足矩阵的可乘条件，式中的 $\boldsymbol{K}_e$ 不可能再为原来的 6×6 阶矩阵，而

必须扩展到与 $\boldsymbol{\delta}$ 相匹配的 $2n \times 2n$ 阶，最后将扩展后的单刚累加起来，就得到结构的总刚度矩阵。

刚度矩阵的扩展过程是，先将单元刚度矩阵 $\boldsymbol{K}_e$ 按其 3 个节点进行分块，形式为

$$\begin{array}{c} \qquad\quad i \qquad\quad j \qquad\quad m \\ \boldsymbol{K}_e = \begin{bmatrix} \boldsymbol{K}_{ii} & \boldsymbol{K}_{ij} & \boldsymbol{K}_{im} \\ \boldsymbol{K}_{ji} & \boldsymbol{K}_{jj} & \boldsymbol{K}_{jm} \\ \boldsymbol{K}_{mi} & \boldsymbol{K}_{mj} & \boldsymbol{K}_{mm} \end{bmatrix} \begin{array}{l} i \\ j \\ m \end{array} \end{array} \tag{a}$$

其中，$\boldsymbol{K}_{rs}$（$r,\ s = i,\ j,\ m$）为 2×2 阶子矩阵。节点 i、j、m 所对应的具体位置的元素应保持原来的数值不变，而其余各个位置均用 0 填位，以保证单元的势能不变。

$$\begin{array}{c} \qquad\qquad\quad 1 \qquad\quad i \qquad\quad j \qquad\quad m \qquad\quad n \\ \boldsymbol{K}_{e\ (2n \times 2n)} = \begin{bmatrix} \boldsymbol{0} & \cdots & \boldsymbol{0} & \cdots & \boldsymbol{0} & \cdots & \boldsymbol{0} & \cdots & \boldsymbol{0} \\ \vdots & & \vdots & & \vdots & & \vdots & & \vdots \\ \boldsymbol{0} & \cdots & \boldsymbol{K}_{ii} & \cdots & \boldsymbol{K}_{ij} & \cdots & \boldsymbol{K}_{im} & \cdots & \boldsymbol{0} \\ \vdots & & \vdots & & \vdots & & \vdots & & \vdots \\ \boldsymbol{0} & & \boldsymbol{K}_{ji} & & \boldsymbol{K}_{jj} & \cdots & \boldsymbol{K}_{jm} & \cdots & \boldsymbol{0} \\ \vdots & & \vdots & & \vdots & & \vdots & & \vdots \\ \boldsymbol{0} & & \boldsymbol{K}_{mi} & & \boldsymbol{K}_{mj} & & \boldsymbol{K}_{mm} & \cdots & \boldsymbol{0} \\ \vdots & & \vdots & & \vdots & & \vdots & & \vdots \\ \boldsymbol{0} & \cdots & \boldsymbol{0} & & \boldsymbol{0} & \cdots & \boldsymbol{0} & \cdots & \boldsymbol{0} \end{bmatrix} \begin{array}{l} 1 \\ \\ i \\ \\ j \\ \\ m \\ \\ n \end{array} \end{array}$$

实际操作时，不必将单刚扩展成式 $2n \times 2n$ 形式后再累加，而是将单刚分块后的子矩阵 $\boldsymbol{K}_{rs}$ 根据其下标 r、s 的实际编号，按照统一的节点编号顺序，直接“对号入座”叠加到用于存放整体刚度矩阵元素的二维数组中 r、s 所对应的位置。依次叠加单刚的 9 个子矩阵，完成一个单刚的组装。逐个单元进行叠加，最终得到结构的总刚度矩阵。

不失一般性，设单元 e 的 i、j、m 分别为2、8、5，则单元刚度矩阵划分的子矩阵下标为具体编号，将单元 e 的矩阵式（a）中的元素叠加到结构的总刚度矩阵，得到

$$\begin{array}{c} \qquad\quad 1 \qquad\quad 2 \qquad \cdots \qquad 5 \qquad \cdots \qquad 8 \qquad \cdots \quad n \\ \boldsymbol{K} = \begin{bmatrix} \boldsymbol{K}_{11} & \boldsymbol{K}_{12} & \cdots & \boldsymbol{K}_{15} & \cdots & \boldsymbol{K}_{18} & \cdots & \boldsymbol{K}_{1n} \\ \boldsymbol{K}_{21} & \boldsymbol{K}_{22} + \boldsymbol{K}_{ii}^e & \cdots & \boldsymbol{K}_{25} + \boldsymbol{K}_{im}^e & \cdots & \boldsymbol{K}_{28} + \boldsymbol{K}_{ij}^e & \cdots & \boldsymbol{K}_{2n} \\ \vdots & \vdots & & \vdots & & \vdots & & \vdots \\ \boldsymbol{K}_{51} & \boldsymbol{K}_{52} + \boldsymbol{K}_{mi}^e & \cdots & \boldsymbol{K}_{55} + \boldsymbol{K}_{mm}^e & \cdots & \boldsymbol{K}_{58} + \boldsymbol{K}_{mj}^e & \cdots & \boldsymbol{K}_{5n} \\ \vdots & \vdots & & & & \vdots & & \vdots \\ \boldsymbol{K}_{81} & \boldsymbol{K}_{82} + \boldsymbol{K}_{ji}^e & \cdots & \boldsymbol{K}_{85} + \boldsymbol{K}_{jm}^e & \cdots & \boldsymbol{K}_{88} + \boldsymbol{K}_{jj}^e & \cdots & \boldsymbol{K}_{8n} \\ \vdots & \vdots & & & & & & \\ \boldsymbol{K}_{n1} & \boldsymbol{K}_{n2} & & \cdots & & & & \boldsymbol{K}_{nn} \end{bmatrix} \begin{array}{l} 1 \\ 2 \\ \vdots \\ 5 \\ \vdots \\ 8 \\ \vdots \\ n \end{array} \end{array} \tag{b}$$

式（b）的矩阵中，带上标的元素表示本单元叠加到总刚度矩阵中的数值，不带上标元

素表示总刚度矩阵中此前已经存在的数值。应注意，单元刚度矩阵的各子矩阵 $\boldsymbol{K}_{rs}$ 在总刚度矩阵中的位置由节点编号确定，不再保持原来的相对位置关系。依次叠加全部单元，数组中的元素就是结构总刚度矩阵的元素。特别强调一点，结构总刚度矩阵的集成或组装过程是累加计算过程，不是赋值，尤其是在编程时更应注意这一点。

通过单元刚度矩阵组装结构总刚度矩阵一个完整过程，会发现结构总刚度矩阵有些位置始终未添加数值，有的位置添加一次、两次，还有的位置添加多次，这不是偶然现象，添加次数与有限元模型网格划分及节点编号有关。结构的总刚度矩阵中，主对角线位置的添加次数与该节点周围的单元数相同；非主对角线位置添加一次，说明对应的两个节点同在一个单元内的次数为一次，即这两个节点的连线为边界单元的边界边；非主对角线位置添加两次，说明对应的两个节点的连线为内部两个单元的公共边；未添加数据的空位置，则说明这两个节点不共单元，即这两个节点不直接连线。对于平面问题，非主对角线位置最多添加两次。

2. 结构总刚度矩阵的特点

结构总刚度矩阵是由单元刚度矩阵集合而成，它与单元刚度矩阵有类似的物理意义。结构总刚度矩阵任意一个元素 K_{ij} 的物理意义是，结构模型中第 j 节点位移量为单位值而其他节点位移皆为0时，需要在第 i 节点位移方向上施加的节点力的大小。

(1) 结构总刚度矩阵具有对称性和奇异性　有限元模型是离散结构，是单元的集合体，每个单元对结构都起一定的作用，该性质是由单元刚度矩阵的对称性和奇异性决定的。

(2) 结构总刚度矩阵的大型和稀疏性　连续体离散为有限个单元体，为保证计算精度，节点数多，决定结构总刚度矩阵的阶次高，属于大型矩阵。单元通过节点相互联系，与某节点相关的单元只是围绕在该节点周围的极少几个单元。两个节点之间直接连线，或者说两个节点同处在一个单元中，这两个节点之间存在相关性，结构总刚度矩阵中相关节点所对应的元素为非零元素，不相关节点所对应的元素为零元素。虽然结构被划分的单元总数很多，但实质上节点之间存在相关性的数目却很少，因此刚度矩阵中非零元素很少，零元素很多，这就使结构总刚度矩阵表现为稀疏性。

(3) 结构总刚度矩阵中非零元素呈带状分布　只要节点编号合理，且单元内节点的编号接近，相关联节点所对应的非零元素就集中在以主对角线为中心的一条带状区域内，即具有带状分布的特点，所有单元的节点编号越接近，带状区域越窄。

因为结构总刚度矩阵是对称的大型稀疏矩阵，所以可用上三角或下三角矩阵表示；由于矩阵零元素并不参与运算，如果合理安排存储空间，则只需保存主对角线一侧带状区域的元素，忽略带状区域以外的所有零元素。采用半带存储技术可节省计算机内存，避免频繁读取零数据，减少机时，提高计算速度，这种方法在大型程序中广泛采用，但编程难度更大。感兴趣的读者可查阅相关资料，了解大型矩阵的存储与计算技术。

3.5.3 结构总的载荷矢量与载荷工况

1. 结构整体载荷矢量的集成

结构总载荷矢量的集成过程与结构总刚度矩阵的集成过程相似，平面问题的结构总载荷

矢量共有 $2n$ 个元素。具体过程为：

1）设定一个用于存储结构总载荷的列矢量，其大小及排列顺序与结构总的节点位移矢量一致，为

$$\boldsymbol{F}=\{F_{x1}\quad F_{y1}\quad F_{x2}\quad F_{y2}\quad \cdots\quad F_{xn}\quad F_{yn}\}^{\mathrm{T}}$$

2）集中力只在少数点上存在，其作用点通常为节点，按作用点的编号及其作用方向直接将集中力叠加到结构总的载荷列阵所对应的位置；按集中力个数循环，累加所有集中力。如果集中力作用点不是节点力，则需要转化为节点力。

3）对于分布在边界上的面力，先求出每个有面力的边界单元的等效节点载荷，再按边界节点的编号累加到结构总的载荷列阵所对应的位置；按有面力的边界单元循环，累加所有面力的等效节点载荷。

4）体力分布于整个求解区域，需要对每个单元都要循环计算相应各节点的等效节点载荷，再按节点编号叠加到结构总的载荷矢量所对应的位置，每个节点的叠加次数与该节点周围的单元数相同。体力等效节点载荷的计算与组装到整体载荷列阵的过程，必须通过程序实现。

2. 载荷工况

外载荷有固定载荷和可变载荷两种形式。固定载荷就是载荷的大小及作用位置不变，如结构自重；可变载荷就是载荷的大小及作用位置均可变化，如桥梁上行驶的汽车对桥梁的作用位置是随时变化的。面力、集中力作用在结构的局部，结构在实际使用或工作过程中，面力或集中力作用的区域及大小都有可能改变，这些改变将影响结构内部应力的分布状态。因此在进行结构设计和分析计算时，要把可能发生的各种载荷组合都列出来，每一种载荷组合称为一种载荷工况。每个工况都需要一个总的载荷矢量，如体力与面力组合、体力与集中力组合、体力与面力和集中力组合等，最终以最不利工况作为结构设计分析的控制依据。

3.6 有限元方程及其求解方法

3.6.1 有限元方程

在推导结构的总势能［式（3.42）］的过程中，假定节点的位移矢量 $\boldsymbol{\delta}$ 为已知量，而实际上是未知的，则结构的总势能是结构的节点位移矢量 $\boldsymbol{\delta}$ 的函数。根据势能驻值原理，“可能位移”应满足位移边界条件和几何方程，而“真实位移”同时还要满足平衡方程和应力边界条件，因此“真实位移”是“可能位移”中的一种。某一变形可能位移状态为真实位移状态的必要和充分条件是，相应于此位移状态的变形体势能取驻值，即变形体势能仅对位移量所取的一阶变分恒等于零，这就是势能驻值原理。最小势能原理则认为，对于线弹性体，某一变形可能位移状态为真实位移状态的必要和充分条件是，此位移状态的变形体势能取最小值。两个原理是统一的，即

$$\frac{\delta \Pi}{\delta \boldsymbol{\delta}}=0 \tag{3.43}$$

式中，δ 为变分符号。上式表示结构的总势能泛函 Π 对节点位移矢量 $\boldsymbol{\delta}$ 的变分。

将式（3.42）对节点位移矢量 $\boldsymbol{\delta}$ 求变分，取驻值，得

$$\boldsymbol{K\delta}=\boldsymbol{F} \tag{3.44}$$

这就是结构有限元方程，也称弹性体有限元方程。对于二维问题是 $2n$ 阶的线性代数方程组（n 为节点总数），三维问题是 $3n$ 阶的线性代数方程组。在式（3.44）中，结构的总刚度矩阵 $\boldsymbol{K}$、外载荷列阵 $\boldsymbol{F}$ 在前几节中都已分析确定，均为已知量，因此求解有限元方程可以得到节点位移矢量 $\boldsymbol{\delta}$。

式（3.44）是线性代数方程组，但因为总刚度矩阵是奇异的，不能直接求解。奇异性的物理意义就是结构中存在刚体位移，方程存在无穷多组不确定的解。必须引入限制结构刚体位移的位移边界条件（即位移约束条件），才能消除总体刚度矩阵的奇异性，从而使结构有限元方程有唯一解。只有引入足够多个且正确的位移约束条件后，才能完成式（3.44）的求解，得到有限元模型所有节点的位移矢量。在此基础上，再进行单元的应变和应力分析计算，以及后续研究工作。

对于有限元模型来说，位移约束条件使某些节点的位移分量受到限制，包括位置限制和方向限制两个方面。具体受到限制的节点编号，以及受到限制的位移方向，要根据结构受力后的变形特征来确定。

引入强制边界条件的方法主要有置大数法或乘大数法、置“1”法、降阶法等方法。

3.6.2 置大数法或乘大数法

置大数法就是将结构总刚度矩阵中与被约束位移分量相对应的主对角线元素赋予一个远大于总刚度矩阵中其他所有元素的大数 A，大数的选取视所用计算机而定，如取 $A=10^{30}$ 或 10^{40} 等；若给定的位移为非零值，则将右端载荷列阵对应的载荷值换成已知位移值与该大数的乘积。

设节点位移分量 r 为已知，则有限元方程修改为

$$\begin{bmatrix} k_{11} & k_{12} & \cdots & k_{1r} & \cdots & k_{1h} \\ k_{21} & k_{22} & \cdots & k_{2r} & \cdots & k_{2h} \\ \vdots & \vdots & & \vdots & & \vdots \\ k_{r1} & k_{r2} & \cdots & A & \cdots & k_{rh} \\ \vdots & \vdots & & \vdots & & \vdots \\ k_{h1} & k_{h2} & \cdots & k_{hr} & \cdots & k_{hh} \end{bmatrix} \begin{Bmatrix} \delta_1 \\ \delta_2 \\ \vdots \\ \delta_r \\ \vdots \\ \delta_h \end{Bmatrix} = \begin{Bmatrix} F_1 \\ F_2 \\ \vdots \\ \overline{u}A \\ \vdots \\ F_h \end{Bmatrix} \tag{3.45}$$

式中，$h=2n$，即有限元方程的总阶数。

式（3.45）的第 r 个方程，被修改为

$$k_{r1}\delta_1+k_{r2}\delta_2+\cdots+A\delta_r+\cdots+k_{rh}\delta_h=\overline{u}A$$

将上述等式两边同时除以大数 A，即

$$\frac{k_{r1}}{A}\delta_1+\frac{k_{r2}}{A}\delta_2+\cdots+\delta_r+\cdots+\frac{k_{rh}}{A}\delta_h=\overline{u}$$

因 $A>>k_{ri}$（$i=1, 2, \cdots, h$，且 $i\neq r$），δ_i 是有限大小的量，除第 r 项为 δ_r 应保留外，其余各项$\frac{k_{ri}}{A}$均趋于零，为微小量可略去，则等式简化成

$$\delta_r\approx\overline{u}$$

对所有给定位移约束，按序逐一进行修正，得到最终修正的总刚度矩阵和载荷列阵。修正后的式（3.45）就引入了边界条件，不再包含刚体位移，求解方程得到包括已知位移在内的全部节点位移值。

乘大数法与置大数法类似，只是在修改结构总刚度矩阵中与被约束位移相对应的主对角线元素时，不采用赋值大数方法，而是在原数基础上乘以一个很大的数 A，使其远大于总刚度矩阵中其他所有元素。

置大数法或乘大数法使用简单，引入强制边界条件时方程的阶数不变，节点位移矢量的顺序也不变，编程方便。但由于它是近似方法，精度与大数的相对大小有关，而且大型问题占据的空间大、机时长。

3.6.3 置“1”法

置“1”法是将总刚度矩阵中与位移约束相对应的主对角线元素修改为“1”，且将该行和列上的其余元素均修改为“0”，载荷列阵对应的元素改为“0”或给定的位移值。修改后的格式如下：

$$\begin{bmatrix} k_{11} & k_{12} & \cdots & 0 & \cdots & k_{1h} \\ k_{21} & k_{22} & \cdots & 0 & \cdots & k_{2h} \\ \vdots & \vdots & & \vdots & & \vdots \\ 0 & 0 & \cdots & 1 & \cdots & 0 \\ \vdots & \vdots & & \vdots & & \vdots \\ k_{h1} & k_{h2} & \cdots & 0 & \cdots & k_{hh} \end{bmatrix}\begin{Bmatrix} \delta_1 \\ \delta_2 \\ \vdots \\ \delta_r \\ \vdots \\ \delta_h \end{Bmatrix}=\begin{Bmatrix} F_1 \\ F_2 \\ \vdots \\ \overline{u} \\ \vdots \\ F_h \end{Bmatrix} \tag{3.46}$$

置“1”法属于直接引入强制边界条件方法，不改变原方程的阶数，不改变原节点未知量的顺序编号。

3.6.4 降阶法

降阶法也称紧缩法，该法是将式（3.44）中已知节点位移的自由度全部消去，得到一组降阶的修正方程，用以求解其他未知的节点位移。具体做法是，针对一个给定的零位移约束，根据约束的节点编号和约束方向，在总刚度矩阵的主对角线上找到其位置，再将所对应的行及列上的所有元素划掉，包括总的载荷列阵中对应的元素也一同划掉；依次处理每个位移约束，最终将得到不包含已知位移分量的、降阶的方程组。如果限定的位移为非零值，则步骤相同，但载荷列阵中其他行的值也要进行相应地调整。

降阶法的原理是将节点位移矢量按已知量或未知量分成两个子矩阵，总刚度矩阵及载荷列阵则相应分块分割为多个子矩阵，再重新组合方程，形式为

$$\begin{bmatrix} \boldsymbol{K}_{aa} & \boldsymbol{K}_{ab} \\ \boldsymbol{K}_{ba} & \boldsymbol{K}_{bb} \end{bmatrix} \begin{Bmatrix} \boldsymbol{\delta}_a \\ \boldsymbol{\delta}_b \end{Bmatrix} = \begin{Bmatrix} \boldsymbol{F}_a \\ \boldsymbol{F}_b \end{Bmatrix} \tag{3.47}$$

式中，$\boldsymbol{\delta}_a$ 为未知的节点位移矢量；$\boldsymbol{\delta}_b$ 为已知的节点位移矢量。

将式（3.47），分块整理得

$$\begin{aligned} \boldsymbol{K}_{aa}\boldsymbol{\delta}_a + \mathbf{K}_{ab}\boldsymbol{\delta}_b &= \boldsymbol{F}_a \\ \boldsymbol{K}_{ba}\boldsymbol{\delta}_a + \boldsymbol{K}_{bb}\boldsymbol{\delta}_b &= \boldsymbol{F}_b \end{aligned} \tag{a}$$

如果给定的位移均为零位移，即 $\boldsymbol{\delta}_b = \mathbf{0}$，则上式中第一个等式，即为最终修正有限元方程

$$\boldsymbol{K}_{aa}\boldsymbol{\delta}_a = \boldsymbol{F}_a \tag{3.48}$$

该式说明，当给定的位移均为零时，则只需将总刚 $\boldsymbol{K}$ 及载荷列阵 $\boldsymbol{F}$ 中与“0”位移所对应的行和列全部划去即可。

若 $\boldsymbol{\delta}_b \neq \mathbf{0}$，由式（a）的第二个等式，求出 $\boldsymbol{\delta}_b$ 的表达式，再代回到式（a）的第一个等式中，得到修正有限元方程

$$\boldsymbol{K}_{aa}^{*}\boldsymbol{\delta}_a = \boldsymbol{F}_a^{*} \tag{3.49}$$

其中，

$$\begin{aligned} \boldsymbol{K}_{aa}^{*} &= \boldsymbol{K}_{aa} - \boldsymbol{K}_{ab}\boldsymbol{K}_{bb}^{-1}\boldsymbol{K}_{ba} \\ \boldsymbol{F}_a^{*} &= \boldsymbol{F}_a - \boldsymbol{K}_{bb}^{-1}\boldsymbol{F}_b \end{aligned}$$

降阶法只保留待定的节点位移矢量作为未知量，压缩了式（3.44）的阶数，如果有限元模型有 n 个节点，平面问题的总节点位移数为 $2n$，若其中已知节点位移矢量的数目为 m，则降阶法修正后的式（3.48）或式（3.49），降至 $(2n-m) \times (2n-m)$ 阶，只保留了待定的节点位移矢量作为未知量，并且右端的载荷列阵也进行了相应的修正。降阶法可以减少求解方程的工程量，提高效率，尤其是对大型问题模型，位移约束（即已知位移数量）越多效率越高，但该法会破坏节点顺序，使总刚度矩阵及载荷列阵重新排列，因此在求解方程之前，要根据位移约束条件进行有限元方程重组，编程相对复杂。

3.7 单元应力的计算及处理

3.7.1 单元应力的计算

引入位移约束条件，修正了结构总刚度矩阵及载荷列阵，再求解式（3.44），便得到了结构的节点位移矢量。至此，有限元模型中所有的节点位移矢量均为已知，此前由单元节点位移矢量表示的所有量均可得到确定的值。为了加深理解，将计算一个单元应力的过程，再简述如下：

（1）提取单元节点位移矢量 $\boldsymbol{\delta}_e$　对于任一单元，根据单元节点 i、j、m 的实际编号，从总位移矢量 $\boldsymbol{\delta}$ 中提取单元节点位移矢量 $\boldsymbol{\delta}_e$；

（2）计算单元应变分量　根据式（3.17），形成应变矩阵，根据式（3.16），求出单元

的应变分量；

（3）计算单元应力分量　根据式（3.19），求出单元的应力分量；

（4）计算主应力　通过每个单元得到一组应力分量，可进一步计算主应力或等效应力：

$$\sigma_{1,3}=\frac{\sigma_x+\sigma_y}{2}\pm\sqrt{\left(\frac{\sigma_x-\sigma_y}{2}\right)^2+\tau_{xy}^2} \tag{3.50}$$

式中，取“+”号为最大应力，取“−”号为最小应力。

最大应力与 x 轴的夹角

$$\theta=\frac{180}{\pi}\arctan\left(\frac{\tau_{xy}}{\sigma_y-\sigma_{\min}}\right) \tag{3.51}$$

（5）计算等效应力　求 Mises 应力

$$\sigma_e=\sqrt{\sigma_x^2+\sigma_y^2-\sigma_x\sigma_y+3\tau_{xy}^2} \tag{3.52}$$

采用常应变三角形单元，由计算结果可知单元内应变是常量，应力也是常量，但并不是单元的平均应力，即使单元划分得很小，单元内各点的实际应力也会有偏差，只是收敛于实际应力，因此计算的应力分量或主应力均被假定为三角形单元形心处的值。

不同单元内应力不同，处于单元交界处点的应力存在突变现象，需要进一步处理。

3.7.2 内部点应力的处理

弹性体内部任意一点，可能处于单元交界处，或为节点或处于两单元的公共边上，常用的方法有绕节点平均法和二单元平均法。

1. 绕节点平均法

结构内节点周围有多个单元，将环绕该节点所有单元的应力加以平均，用来表达节点处的应力，这种方法称为绕节点平均法。

（1）简单平均法　如果环绕节点的各个单元面积相差不大，可进行简单算术平均，即

$$\boldsymbol{\sigma}=\frac{\sum\boldsymbol{\sigma}_i}{m} \tag{3.53}$$

式中，m 为环绕节点单元的个数；$\boldsymbol{\sigma}_i$ 可以是各个单元的应力分量，也可以是主应力或 Mises 应力。

（2）加权平均法　如果环绕节点的单元面积相差较大，为了更准确地反映应力作用效果，应考虑各单元面积，进行加权平均，即

$$\boldsymbol{\sigma}=\frac{\sum\boldsymbol{\sigma}_iA_i}{\sum A_i} \tag{3.54}$$

式中，A_i为各环绕的单元面积。

2. 二单元平均法

二单元平均法就是将相邻两单元常量的应力加以平均，用来表示该二单元公共边中点处的应力。

在应力梯度较小区域，用绕节点平均法和二单元平均法求出的结果精度相当高，具有较好的应力表征性。但在应力剧烈变化部位，如应力集中处、截面变化处，单元间应力变化大甚至会出现不连续跳跃现象，采用上述处理反而不符合实际应力状态。

3.7.3 边界上应力的处理

边界上点的应力处理不宜直接采用平均法，而应由内部节点应力外插的方法确定，外插法采用拉格朗日插值公式。如图3.7所示，要求边界节点0处的应力，先将0、1、2、3等节点之间的距离表示在横坐标轴上，再以应力为纵坐标，求出节点1、2、3处的应力$\boldsymbol{\sigma}_1$、$\boldsymbol{\sigma}_2$、$\boldsymbol{\sigma}_3$，然后用曲线连接$\boldsymbol{\sigma}_1$、$\boldsymbol{\sigma}_2$、$\boldsymbol{\sigma}_3$三点可得到一条近似抛物线，抛物线上任意一点的应力函数值可表示为

$$\boldsymbol{\sigma}(x)=\frac{(x-x_2)(x-x_3)}{(x_1-x_2)(x_1-x_3)}\boldsymbol{\sigma}_1+\frac{(x-x_1)(x-x_3)}{(x_2-x_1)(x_2-x_3)}\boldsymbol{\sigma}_2+\frac{(x-x_1)(x-x_2)}{(x_3-x_1)(x_3-x_2)}\boldsymbol{\sigma}_3 \tag{3.55}$$

式中，x_1、x_2、x_3为节点1、2、3的坐标；$\boldsymbol{\sigma}(x)$是二次抛物线，称为拉格朗日插值公式。

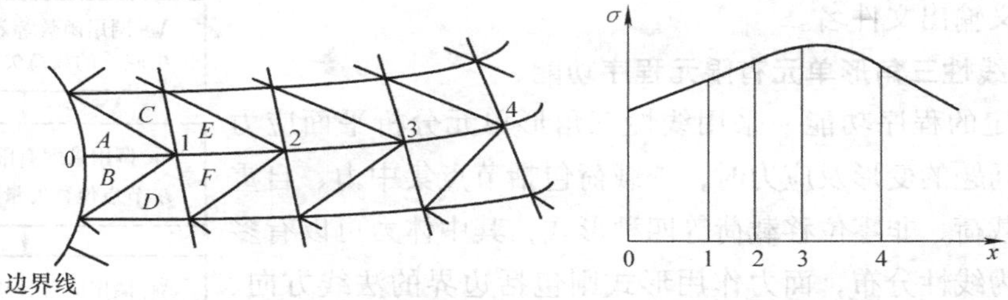

a) 边界区域单元网格　　b) 节点应力模拟曲线

图3.7　边界区域单元及应力分布示意图

在$x=0$处，插值函数为

$$\boldsymbol{\sigma}_0=\frac{x_2x_3}{(x_1-x_2)(x_1-x_3)}\boldsymbol{\sigma}_1+\frac{x_1x_3}{(x_2-x_1)(x_2-x_3)}\boldsymbol{\sigma}_2+\frac{x_1x_2}{(x_3-x_1)(x_3-x_2)}\boldsymbol{\sigma}_3 \tag{3.56}$$

利用式（3.56）可直接由x_1、x_2、x_3和$\boldsymbol{\sigma}_1$、$\boldsymbol{\sigma}_2$、$\boldsymbol{\sigma}_3$求得边界应力$\boldsymbol{\sigma}_0$。

经验证明，一般情况下用3点插值公式精度已足够了。在推算边界点的应力时，可以先推算应力分量再求主应力，也可以先求主应力再进行推算。一般前者精度略高一些，差异不显著，但计算量要大些。对于应力高度集中处，可取4个插值点，三次插值公式。

3.8 平面三角形单元有限元的MATLAB程序

3.8.1 程序总体功能设定及主程序函数

1. 程序总体功能设定

根据有限元法分析力学问题的主要步骤（见图1.3），有限元程序至少具有“数据读入”“形成结构总刚度矩阵”“形成不同工况总载荷矢量”“求解有限元方程”“计算节点位

移与单元应力”等五项基本功能。为了更有效便捷地利用应用程序来解决实际问题，程序还应具备文件管理、模型显示、模型数据校验、变形状态及应力分布的图形显示及后处理等方面的附加功能。

（1）数据文件管理　对有限元模型数据文件、计算结果存储文件进行查询与管理，实现快速方便地调用原始数据文件，以防止在保存计算结果文件时无意中覆盖已存在的同名文件。

（2）数据校验功能　程序自动完成数据类型、数量匹配的检查，并反馈错误信息；图形显示模型网格、位移约束、载荷等内容，以辅助人工直观判断数值及有限元模型正误。

（3）后处理功能　图形显示变形图、内力图、应力云图等。

基于上述总体功能设定，将每类问题程序划分成8个功能模块，各功能模块的顺序如图3.8所示。对于初学编程的读者，建议重点演练基本功能函数，可将模型数据作为“Data_Model”函数，自行定义输出文件名。

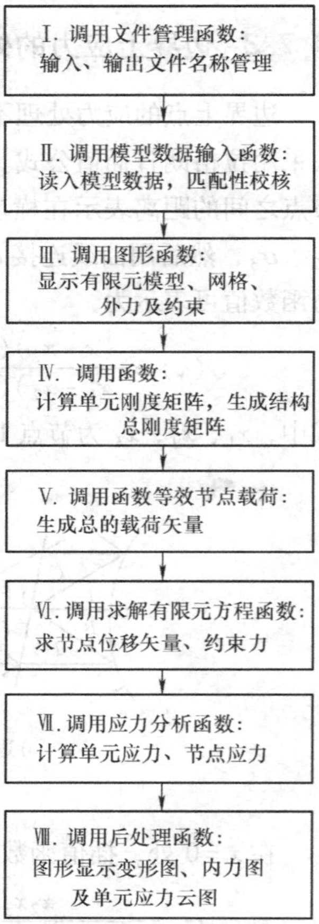

图3.8　功能模块图

2. 平面线性三角形单元有限元程序功能

（1）预定的程序功能　采用线性三角形单元分析平面应力或平面应变问题的变形及应力时，外载荷包括节点集中力、自重与体力、面载荷、非零位移载荷等四种形式，其中体力可以有多组，面载荷为线性分布，面力作用形式则包括边界的法线方向、切线方向和倾斜方向三种。

程序通过数据文件输入模型数据，便于修改，具有较好的自动校验与模型显示辅助检查功能，计算结果以不同格式保存到与输入文件相对应的路径及文件名，显示可调整变形比例的变形图以及应力分布状态云图的后处理功能。

（2）平面线性三角形单元主函数　参照图3.8中的有限元分析程序的功能模块图，表3.5列出了平面三角形单元的主功能函数 Plane_Triangular_Element 调用的8个函数的一览表。

表3.5　平面三角形单元主功能函数调用函数一览表

序号	函数名称	功能	备注
1	File_Name	管理模型数据文件及结果输出文件名	3.8.2节
2	Plane_Tri3_Model_Data	读入模型数据并进行匹配性校核	3.8.3节
3	Plane_Tri3_Model_Figure	显示模型网格、标注编号、各种外力、位移约束	3.8.4节
4	Plane_Tri3_Stiff_Matrix	计算三角形单元的单刚，集成总刚矩阵	3.8.5节
5	Plane_Tri3_Load_Vector	计算体力、各种形式面力等效节点载荷，集成总载荷矢量	3.8.6节
6	Solve_ FEM_Model	求解有限元方程，将节点位移保存到文件	3.8.7节
7	Plane_Tri3_Stress	计算应力分量、主应力，应力绕点处理，保存计算结果	3.8.8节
8	Plane_Tri3_Post_Contour	后处理：显示变形图，应力分量、主应力、Mises应力云图	3.8.9节

(3) 平面三角形单元主程序函数 Plane_Triangular_Element

```
function  Plane_Triangular_Element
% 本程序采用线性三角形单元求解平面问题，计算在自重等体力、集中力以及
% 线性分布面力作用下的变形和应力，并将结果存储到文件
% 调用以下功能函数完成：读入有限元模型数据、模型图形显示、计算结构总刚、载荷矢量、
% 求解有限元方程、应力分析、位移应力后处理等功能
[file_in, file_out, file_res] = File_Name                  %输入文件名及计算结果输出文件名
Plane_Tri3_Model_Data (file_in ) ;                         % 读入有限元模型数据并进行匹配性校核
Plane_Tri3_Model_Figure (3);                               %显示有限元模型图形，以便于检查
ZK = Plane_Tri3_Stiff_Matrix;                              %计算结构总刚
ZQ = Plane_Tri3_Load_Vector;                               %计算总的载荷矢量
U = Solve_FEM_Model (file_out, file_res, 2, ZK, ZQ) ;      %求解有限元方程，得到节点位移，并
                                                           保存到文件
Stress_nd = Plane_Tri3_Stress (file_out, file_res, U);     %应力分析，将结果保存到文件，并返
                                                           回绕点平均应力值
Plane_Tri3_Post_Contour (U, Stress_nd );                   %后处理模块，显示变形图、不同应力
                                                           分量的云图
fclose all;
end
```

提醒一点，函数式程序在调用其他函数时会进行数据交换，可用实参量与虚参量进行数据交换，也可将读入的变量设为全局变量。使用全局变量虽然表达形式简便，但编程时多个功能函数程序段中的变量符号应一致，还要事先将变量符号规划好，修改变量符号工作量较大，多人共同编写程序时更要注意。采用实参量与虚参量格式，编写程序时可灵活自由地选用变量符号；在调用功能函数时，需要使实参量与虚参量的数目、位置、格式保持一致。

MATLAB 语言区分字符大小写。为突出程序可读性，本书编写的 MATLAB 程序，除了常用符号如弹性模量用大写 E 外，一般矩阵变量用大写首字母表示，简单变量用小写字母表示。

3.8.2 文件管理函数

1. 文件管理函数预设功能

“文件管理函数”用于查找有限元模型数据输入文件、生成用于保存计算结果的输出数据文件名，其功能要求如下：

①查找并显示已保存在预定路径下的有限元模型数据文件，数据文件可以是文本(*.txt)或 Excel 表(*.xls 或*.xlsx) 类型；②系统会自动在模型数据文件的同路径下，生成原名与“_RES”组合的文本格式(.txt) 文件或 Excel 文件，并以两种格式保存有限元计算结果；③检测拟保存计算结果的文件名是否存在，以免误删或覆盖有用的数据文件，若文件名已存在，则提醒选择“覆盖或新建”输出文件名或文件路径。

实现上述功能有两种编程方式：字符变量法和图形用户界面（GUI）。字符变量法，将

原始数据文件名定义为字符串变量，并通过键盘输入。若未查找到与“字符串变量”完全吻合的文件，说明输入的文件名不存在或路径错误，提醒重新输入直到正确为止。文件名称，即“字符串变量”必须包含原始数据文件的存储路径、文件名及扩展名，即使是同一文件名的不同版本的扩展名（如 *.xls 或 *.xlsx），系统也会提醒输入错误。该方式编写的程序使用起来极不方便，文件名字符越长，输入出错概率越大。

图形用户界面（GUI）通过 uigetfile 函数显示相应的窗口，如图 3.9 所示，单击鼠标查找并选择文件图标，为了减少显示范围，快速浏览并选择有限元模型数据文件，可设定只优先显示文件夹及 *.txt、*.xls 或 *.xlsx 等格式的文件。

图 3.9　通过图形用户界面（GUI）查找并选择文件

当检测到拟保存计算结果的文件名已存在时，通过询问函数 questdlg，弹出如图 3.10 所示的询问对话框，通过鼠标选择是否覆盖。新建文件名时，可利用 uiputfile 函数的显示保存文件的对话框，用鼠标选择保存文件的路径，在对话框内输入文件名，输入文件名时可以不带扩展名。MATLAB 的图形用户界面可以实现用户与计算机的直接交互操作，避免键盘输入所造成的文件名或路径错误，使用更方便。

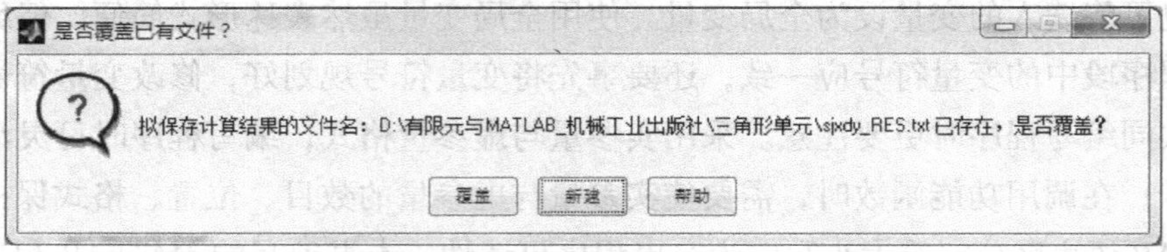

图 3.10　“是否覆盖已有文件?”对话框

2. 文件管理函数流程图

文件管理函数程序（**详见链接文件：第 3 章　平面三角形单元/1. 文件名管理函数.txt**）GUI 流程如图 3.11 所示。

3.8.3 有限元模型数据输入函数

有限元分析程序的变量赋值主要有键盘输入和数据文件输入两种方式。键盘输入操作简单，使用灵活，但每次运行程序都需要重复输入数据，输入工作量较大且输入错误不易更正，键盘输入法适用于数据量比较小、一次性输入等情况。

采用数据文件输入，数据直观、便于检查和修改，容易保存为不同的文件格式和预定的文件名，可反复调用、多次使用，对于数据量较大的情况优点更为突出，常用数据文件类型为文本（*.txt）或 Excel 表（*.xls 或 *.xlsx）等。采用文本（*.txt）格式数据输入，各类数据按约定顺序排列，程序简单，但数据可读性较差。采用 Excel 文件，可附加文字以增加数据的可读性，甚至可将各类数据填写在 Excel 任意单元格内。

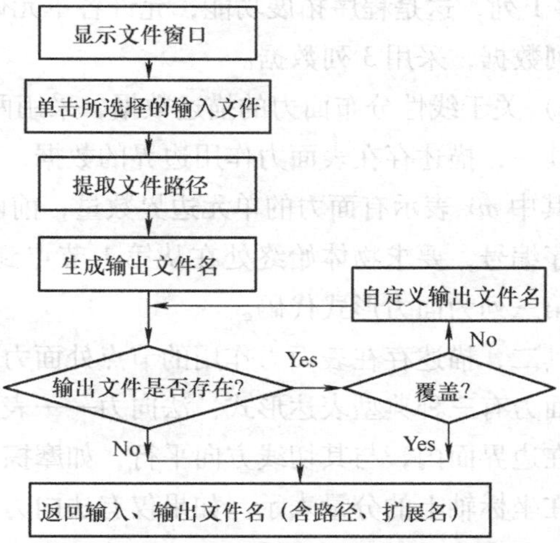

图 3.11　通过图形用户界面（GUI）输入、输出文件

1. 模型数据输入函数预定功能

①从指定的文件中读取有限元分析所需的全部数据；②用图形显示有限元模型网格划分、节点及单元编号、位移约束、各种载荷作用，辅助人工检查原始数据。

2. 数据填写顺序及格式

平面三角形单元的模型数据包括问题属性和材料属性及模型规模概况数据、节点坐标、单元数据、节点位移约束、节点集中载荷、体力、面力作用的边线、面力作用的节点等，共 8 类数据，各类数据填写顺序及格式要求见表 3.6。

表 3.6　平面三角形单元模型数据类型及格式

序号	类型	列数	数据说明	其他
1	问题属性和材料属性 模型规模概况数据	5 7	问题属性代码、弹性模量、泊松比、重度、厚度 节点，单元，约束，集中力，体力组，面力线，面力点等数目	分两行填写
2	节点坐标（nd 组）	2	x、y	
3	单元数据（ne 组）	3~4	3 个节点（按逆时针顺序排列）、体力编组号	体力为常量，第 4 列可略
4	节点位移约束（ng 组）	3	位置（节点号）、约束方向代号、已知位移值	x、y 向分别为 1、2
5	节点集中载荷（nj 组）	3	节点编号，x 向、y 向集中力分量	
6	体力（nt 组）	2	x 向、y 向体力分量	按组描述
7	有面力作用的边线（mx 组）	3	边界两端节点号、面力特性代号	参见表 3.7
8	有面力作用的节点（md 组）	3~4	节点号、面力特性代号、面力集度，或两个方向分量	参见表 3.8

对表 3.6 的模型数据补充说明：

1）弹性问题属性和材料属性。问题属性代码，程序规定："1"表示平面应力问题，"2"表示平面应变问题，其他数字无效。材料属性包括弹性模量、泊松比、重度、厚度 4 个数值。

2）单元数据为 3 列或 4 列。前 3 列表示单元的节点号，第 4 列为体力组别编号，比表

3.2 多1列，这是程序拓展功能，允许各单元体力不同。如果所有单元的体力相同，可略去第4列数据，采用3列数据。

3）关于线性分布面力的描述数据，采用两个矩阵组合表达方式：

其一，描述存在表面力作用边界的数据，为3列矩阵，如表3.7所示，数组 *QMX*（*mx*，3），其中 *mx* 表示有面力的单元边界数量，前两列分别为有表面力作用的单元边界两端节点的有序编号，要求物体始终处在从第1节点到第2节点连线的左侧，即逆时针方向包络物体；第三列为面力形式代码。

其二，描述存在表面力作用的节点处面力大小的数据，为3列或4列矩阵。如图3.5所示，面力有三种典型表达形式：法向力——表面力与边界面垂直，如正压力；切向力——表面力在边界面内，与其切线方向平行，如摩擦力；面力与边界不垂直或相切的倾斜状态，用面力在坐标轴上的分量表示。如果仅有法向力、切向力，则可采用3列矩阵；存在倾斜面力或面力混合编号时，则需采用4列矩阵。

描述三种形式面力的数据列数不同，但格式相似，统一采用四列表示方法：第1列为节点编号、第2列为面力类型、第3与第4列为对应节点处面力的大小，如表3.8所示，数组 *QMD*（*md*，4），其中 *md* 表示有面力的节点数量。为了程序统一与简便，填写表3.8中面力集度数据时，法向面力、切向面力的第4列填写“0”。当边界上有不同形式面力作用时，可以实现混合编号而不必再对划分类型分别编号，但同一节点或边界上存在多种形式面力时应分别描述，并分别编号和计数。典型面力代码及符号约定列于表3.9。

表3.7　有面力作用的单元边界数据

编号 *i*	*QMX*（*i*，1）	*QMX*（*i*，*w*）	*QMX*（*i*，3）
1	1#节点	2#节点	面力代码
2	说明：物体始终在从1#节点到2#节点连线的左侧 面力代码，见表3.9		
⋮			
mx			

表3.8　描述节点处面力作用的数据

编号 *i*	*QMD*（*i*，1）	*QMD*（*i*，2）	*QMD*（*i*，3）	*QMD*（*i*，4）
1	节点号	面力代码	面力值1	面力值2
2	说明：有倾斜面力或面力混合编号时，法向力、切向力两类面力，第4列填“0”；无倾斜面力时可用3列数			
⋮				
md				

表3.9　典型面力代码及符号规定

序号	面力形式	代码	正负号规定	图例
1	法线面力	1	以压向物体为正，外法线方向为负	图3.5b
2	切向面力	2	物体在箭线左侧为正，即顺箭头方向右握物体	图3.5c
3	倾斜面力、用分量表示	3	与坐标轴同向为正	图3.5a

3. 文本文件数据的格式及MATLAB中读取文本文件数据的基本语句

文本文件具有所占字节小、用MATLAB读取数据语句简单、快捷、添加删减数据灵活便利等优点，被很多程序设计者采用，但数据可读性差，各类数据格式、数量及排列顺序必须严格按程序要求填写，人工查询数据时定位困难。

为了增加数据的可读性以及利用循环读取的数据方式来简化程序步骤，建议有限元模式文本文件数据格式，采用“三句”表示法，即各类数据均包括**提示句、数据大小、数据主体**三部分：

（1）**提示句**　用文字或字符串表示以下数据的类型，放在数据开始位置，程序要求只能占1行；

（2）**数据大小**　表示该类数据的行数及列数，行数实质是该类数据的总体数目，列数与表3.6对应。采用两个整型数，应新起一行，不能与“提示句”处在同一行；

（3）**主体数据**　模型计算使用数据。建议逐行填写，为便于数据检查，每行的第一列为编号，第二列至最后一列是数据有效部分；每行应写满要求的列数，不能缺位，序号不计位，否则会出现串位现象。

以下为节点坐标数据描述格式：

(提示句)：	节点坐标【2列/3列】		
(数目)：	3	2	
(主体数据)：	1	20.0	7.0
	2	40.0	8.0
	3	60.0	10.0

注：斜体部分不含在数据文件中。

采用文本格式数据文件，应注意：

数据类型不能少，每类数据的结构还应一致。对于主体为零的类型数据，必须有“提示句”，第二项“数据大小”填写“0　0”，第三项“主体数据”不写。

各类数据必须完整填写预定的列数，“0”不能缺少。同行两个数字之间用空格分开，不能用逗号（,）分割，否则容易读取出错。添加或删减主体数据时，第二项“数据大小”应相应变更。

文本格式数据文件中增加了一些辅助查阅的文字或数字，在程序设计时，应将该部分占位无效的额外数据的读取舍弃，只保留用于计算的有效数据（**详见链接文件：第3章　平面三角形单元\2. 平面三角形单元模型数据格式案例.txt**）。MATLAB读取文本文件数据的主要语句及其说明如下：

```
fgetl(fid);                                          %读取一行提示句，舍弃
Nu(1:2) = fscanf(fid,'%d',[1 2])                     %读取数据大小，Nu (1) 为行数、Nu (2) 为列数
fscanf(fid,'%d',1);                                  %读取主体数据中的行编号，舍弃
Toal(i,1:Nu(2)) = fscanf(fid,'%f',[1  Nu(2)])  %根据“数目Nu (2)”，读取某行主体数据
```

4. 可填写在任意区域单元格内的Excel数据格式

这里提出一种新的数据读取方式，该方式的特点：①允许有限元模型中的各类数据没有顺序限制，可填写在Excel表中的任意区域单元格内；②允许插入文字提示、数据类型等内容，以增加数据的可读性；③按个人操作习惯编写数据，同类数据也可有不同的列数及格式。

5. 有限元模型数据输入函数程序的流程图

图3.12表示具有数据匹配性检查、补齐默认项功能的有限元模型数据输入的流程图。采用文本数据文件时可以不进行匹配性检查和默认项补齐运算，读取文本数据文件的平面三角形单元模型数据输入函数为Plane_Tri_Model_txt。

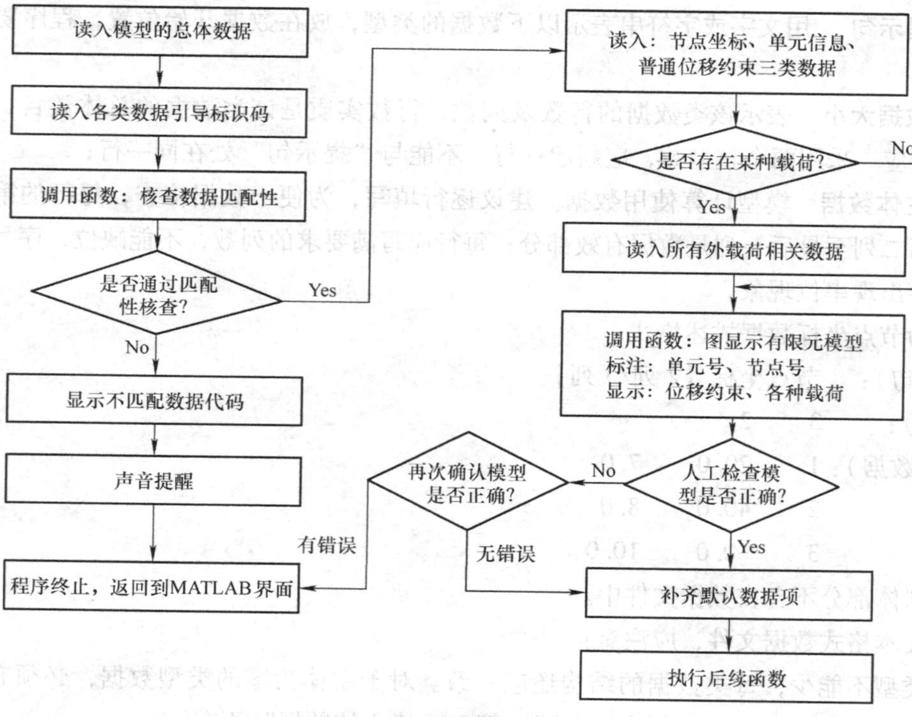

图 3.12　模型数据输入及匹配检查的流程图

3.8.4 显示有限元模型函数

显示有限元模型的目的是便于人工检查判断有限元模型数据的正误。其功能设定：①以多种颜色显示有限元模型单元网格，在单元中心处标注单元号，在节点处标注节点号；②以不同方式显示外载荷，集中力画在作用节点处；③面力以作用边中心为起点并指向面力方向，法向面力与边线垂直，切向面力画在边线上，倾斜面力以坐标分量表示；④位移约束用三角号表示，如图 3.13 所示；⑤若模型有误，则终止正在执行的功能函数并跳过后续所有功能函数，直接返回到 MATLAB 命令界面。

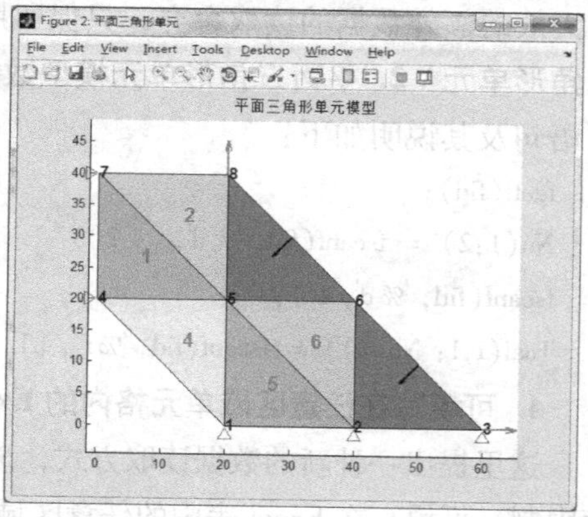

图 3.13　显示有限元模型

显示弹性平面问题有限元模型函数的流程如图 3.14 所示。

3.8.5 计算结构总刚度矩阵函数

1. 功能要求

1）计算单元的刚度矩阵。建议按 3.3.3 节的步骤计算单元刚度矩阵，调用弹性矩阵函

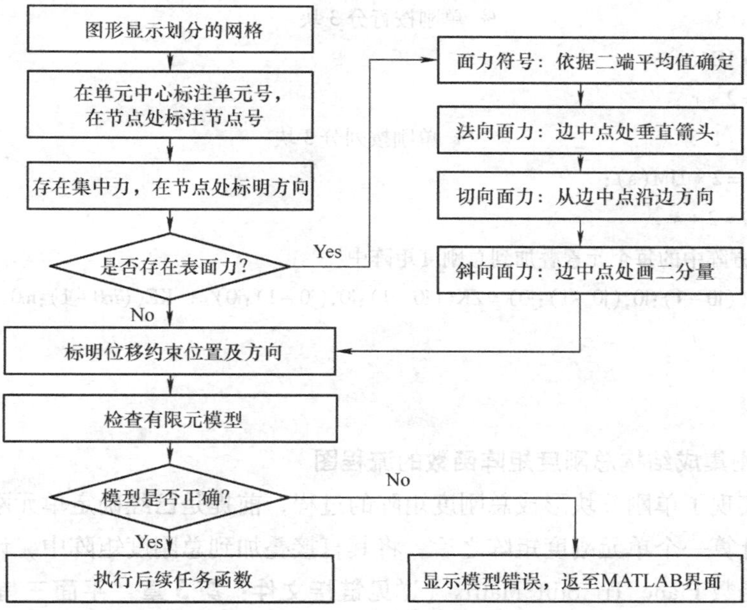

图3.14　显示模型的流程图

数Elastic_Matrix（pm，E，nv）生成弹性矩阵（**详见链接文件：第3章　平面三角形单元\3. 弹性矩阵函数.txt**），调用应变矩阵函数Plane_B3_Matrix（ie）计算单元的面积与应变矩阵（**详见链接文件：第3章　平面三角形单元\4. 应变矩阵函数.txt**）。由于弹性矩阵与问题属性及材料性质有关，与单元无关，因此生成弹性矩阵的运算应放在单元循环体之前。

2）将单元刚度矩阵按节点编号分块后叠加到总刚度矩阵中，生成结构总的刚度矩阵。有的教材采用逐个元素添加赋值法编程，这样操作虽简单直观，但因单刚元素多而会造成程序冗长，单元自由度越多，程序就会越长，逐一赋值容易出错且不易检查。采用循环语句编程，程序简短、方法通用性强、准确无差错，但需要将单刚按节点分块并计算每个子块在总刚度矩阵中的位置。

2. 单刚分块形成总刚度矩阵的功能函数

单元刚度矩阵大小是固定的，元素排列与对应的节点号相关联。单元刚度矩阵按节点分块的2×2阶子矩阵$\boldsymbol{K}_{rs}$（r，$s=i$，j，m），在总刚度矩阵中的位置区域为［$(2r-1)$：$2r$，$(2s-1)$：$2s$］。集成总刚度矩阵，实质上就是将单刚子矩阵$\boldsymbol{K}_{rs}$（r，$s=i$，j，m）累加到总刚与r、s相对应的［$(2r-1)$:$2r$，$(2s-1)$:$2s$］的位置上。

为了更好地理解单刚分块形成总刚度矩阵的过程，下面列出的程序是在已经确定单元刚度矩阵的前提下，实现分块与累加功能。三角形单元单刚集成总刚度矩阵函数为Assemble_Stiffness_Matrix（对单元ie）。

```
function ZK = Assemble_Stiffness_Matrix( ie,IJM，KE )
%    把单元刚度矩阵KE集成到整体刚度矩阵ZK(2nd,2nd)
%    输入参数:ie表示单元号;IJM表示单元ie的节点号i,j,m; KE(6×6)表示单元刚度矩阵
%    返回值:结构的总刚度矩阵ZK(2nd,2nd); nd表示节点总数
```

```
for r = 1:1:3                       % 单刚按行分3块
    i0 = 2 * IJM(r);
      m0 = 2 * r;
    for s = 1:1:3                      % 单刚按列分3块
        j0 = 2 * IJM(s);
        n0 = 2 * s;
     %将方阵中的每个元素叠加到总刚度矩阵中
        ZK((i0-1):i0,(j0-1):j0) = ZK((i0-1):i0,(j0-1):j0) + KE((m0-1):m0,(n0-1):n0);
  end
end
return
```

3. 计算单刚集成结构总刚度矩阵函数的流程图

上述程序实现了单刚分块形成总刚度矩阵的过程，前提是已经确定单元刚度矩阵。在实际程序中，每计算一个单元刚度矩阵之后，将其直接叠加到总刚度矩阵中，计算单刚集成结构总刚度矩阵函数 Plane_Tri_Stiff_Matrix（**详见链接文件：第 3 章　平面三角形单元\5. 总刚度矩阵函数 . txt**）的流程如图 3. 15 所示。

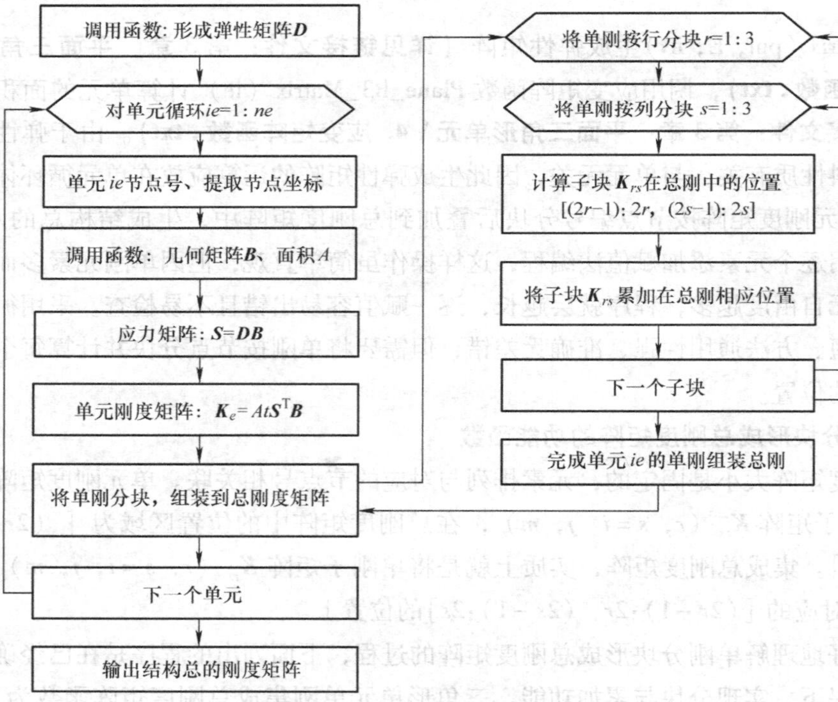

图 3. 15　计算单刚集成总刚度矩阵的流程图

3. 8. 6　结构总载荷矢量函数

外力包括重力及体力、线性分布面力等效节点载荷、节点集中力这 3 种形式，程序的功能是计算单元等效节点载荷并集成有限元分析计算所需的总载荷矢量。该程序段分3块：

（1）体力　体力包含重力和分布体力两种：重力与材料密度有关，所有单元相同，默认等效载荷方向为纵向、取负值（$-y$向）；一般分布体力由坐标分量表示，单元体力可不同。计算体力等效节点载荷的过程对单元循环。

（2）线性分布面力　包括法向面力、切向面力、分量表示的3种形式面力，按表3.9中规定的方向，计算面力等效节点载荷的过程是对有面力作用的边界循环。计算3种面力等效节点载荷的通用程序为Equivalent_Nodal_Force_Surface（**详见链接文件：第3章　平面三角形单元\6. 面力等效节点载荷的通用函数.txt**）。

（3）集中力　集中力则对集中力个数循环，直接按作用点实际编号叠加到总载荷矢量中。

计算单元等效节点载荷并集成结构总载荷矢量的函数为Plane_Tri_Load_Vector（**详见链接文件：第3章　平面三角形单元\7. 总载荷矢量函数.txt**），其流程图如图3.16所示。

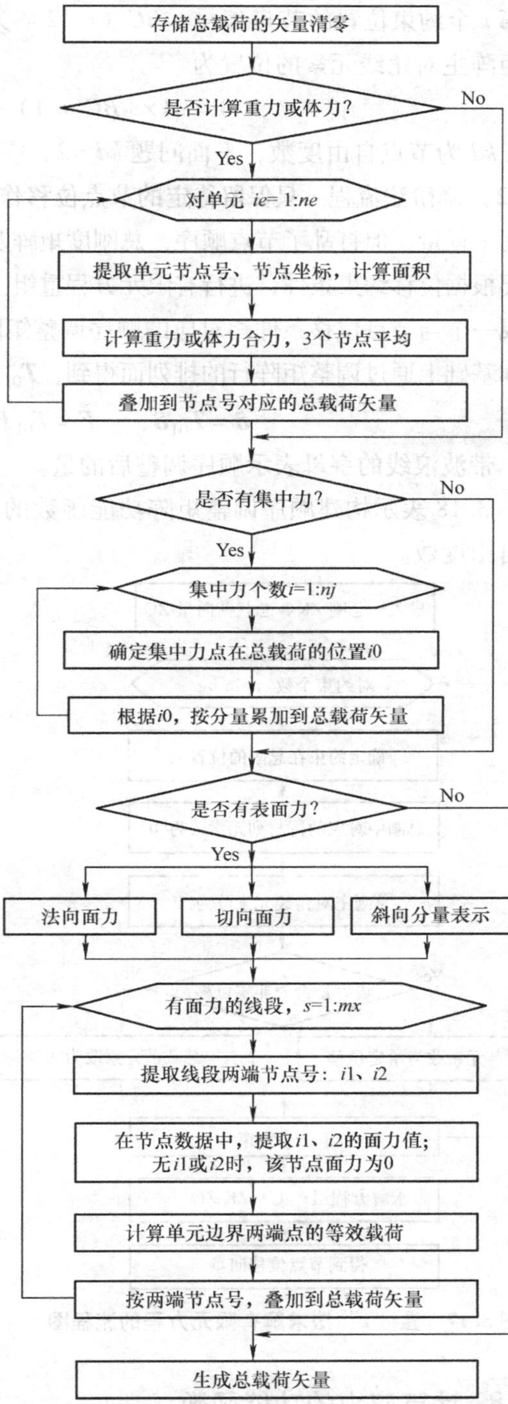

图3.16　计算等效节点载荷并集成结构总载荷矢量的流程图

3.8.7 求解有限元方程函数

求解有限元方程可选用置“1”法、乘大数法或降阶法，按预定格式，将计算结果保存到有限元模型数据文件同目录下同名或自定义的文本文件（.txt）。拟定输出格式要求：标明问题属性、模型节点数、单元数等概况，每行显示节点编号及位移分量。

（1）置“1”法与乘大数法流程　置“1”法求解有限元方程（**详见链接文件：第3章　平面三角形单元\8. 置“1”法求解有限方程函数.txt**）的流程如图3.17所示。乘大数法求解有限元方程的流程与置“1”法基本相同。在功能函数程序中，最关键的步骤是计算并确定每个位移约束所对应的总刚度矩阵主对角线元素的位置。设 $BC(r,1)$ 表示第 r 个约束位置的节点编号，$BC(r,2)$ 为位移约束方向代码，则与该约束对应的总刚度矩阵主对角线元素的位置为

$$i0 = kd \times [BC(r,1) - 1] + BC(r,2)$$

式中，kd 为节点自由度数，平面问题 $kd=2$，空间问题 $kd=3$。

（2）降阶法流程　只保留待定的节点位移作为未知量，压缩了线性方程组阶数，减小求解方程工程量，但打乱了节点顺序，总刚度矩阵及载荷矢量需要重新排列，因此在求解方程之前，要根据位移约束条件，进行有限元方程重组。降阶法的关键是有限元方程重构，解决方案是构成一个与节点位移条件相对应的顺序调整矩阵 $\boldsymbol{T}_{01}$。矩阵 $\boldsymbol{T}_{01}$ 与总刚度矩阵 $\boldsymbol{K}$ 同阶，在单位矩阵基础上通过调整矩阵行的排列而得到，$\boldsymbol{T}_{01}$ 是一个正交矩阵。调整后的关系为

$$\widetilde{\boldsymbol{\delta}} = \boldsymbol{T}_{01}\boldsymbol{\delta}, \quad \widetilde{\boldsymbol{F}} = \boldsymbol{T}_{01}\boldsymbol{F}, \quad \widetilde{\boldsymbol{K}} = \boldsymbol{T}_{01}\boldsymbol{K}\boldsymbol{T}_{01}^{\mathrm{T}}$$

式中，带波浪线的字母表示顺序调整后的量。

图 3.18 表示构建顺序调整矩阵功能函数的流程图，其中 ng 表示位移约束总数，nk 表示总自由度数。

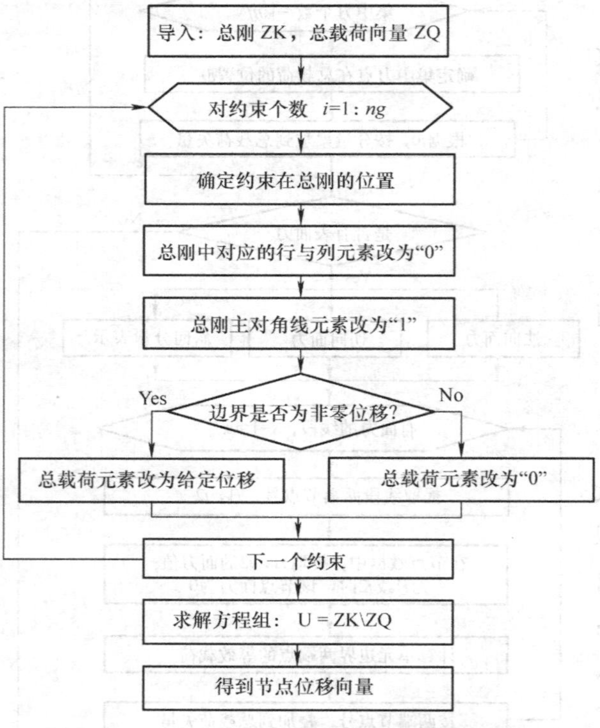

图 3.17　置“1”法求解有限元方程的流程图

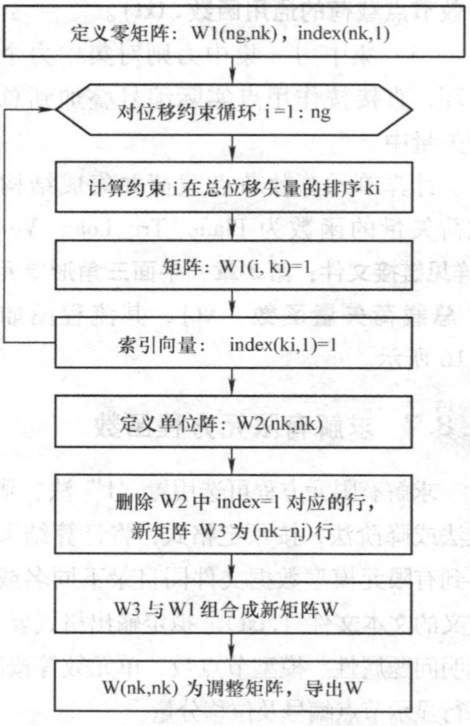

图 3.18　构建顺序调整矩阵功能函数的流程图

3.8.8 计算应力的功能函数

预设功能：①计算单元应力分量；②计算单元的主应力和 Mises 应力；③统计各单元应力分量、主应力、Mises 应力的极大值、极小值；④采用绕点加权平均法，计算节点的应力

分量、主应力和 Mises 应力；⑤将应力结果以设定格式保存到预定的文件中。

计算应力的功能函数为 Plane_Tri_Stress（**详见链接文件：第 3 章　平面三角形单元\ 9. 计算单元应力分量函数 . txt**），调用计算应变矩阵函数 Plane_B3_Matrix、弹性矩阵函数 Elastic_Matrix、计算主应力及 Mises 应力函数 Main_Stress（**详见链接文件：第 3 章　平面三角形单元\ 10. 计算主应力函数 . txt**）等 3 个函数，应力分析函数程序流程图如图 3. 19 所示。

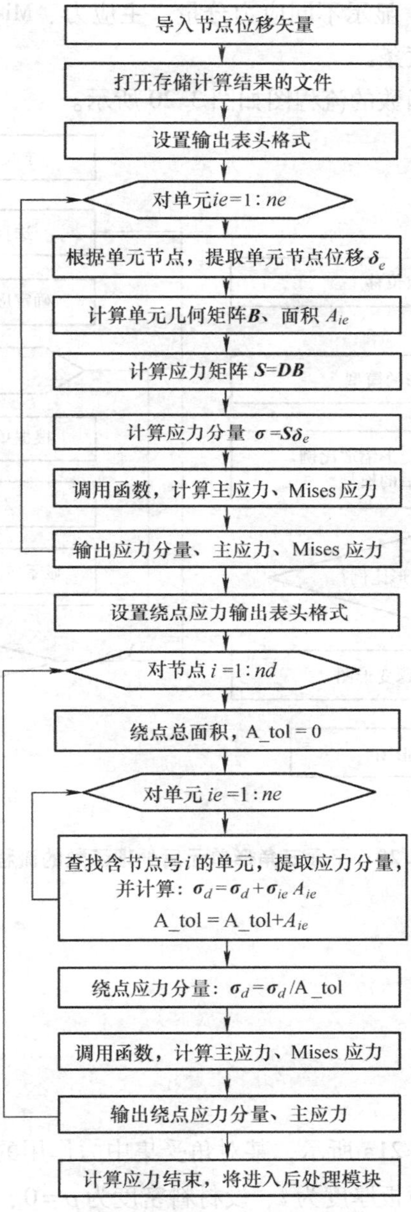

图 3. 19　计算单元应力及应力处理流程图

3.8.9 平面三角形单元后处理函数

后处理函数的功能包含显示变形图、显示应力分布云图两部分。

(1) 显示变形图　显示未变形网格，根据图幅尺寸及变形量初步确定变形的放大系数，显示变形后网格，变形放大系数可调整。

(2) 显示应力分布云图　显示不同应力分量、主应力、Mises 应力的分布云图，图中有标明应力大小的颜色参考刻度条。

平面三角形单元后处理函数的流程图如图 3.20 所示。

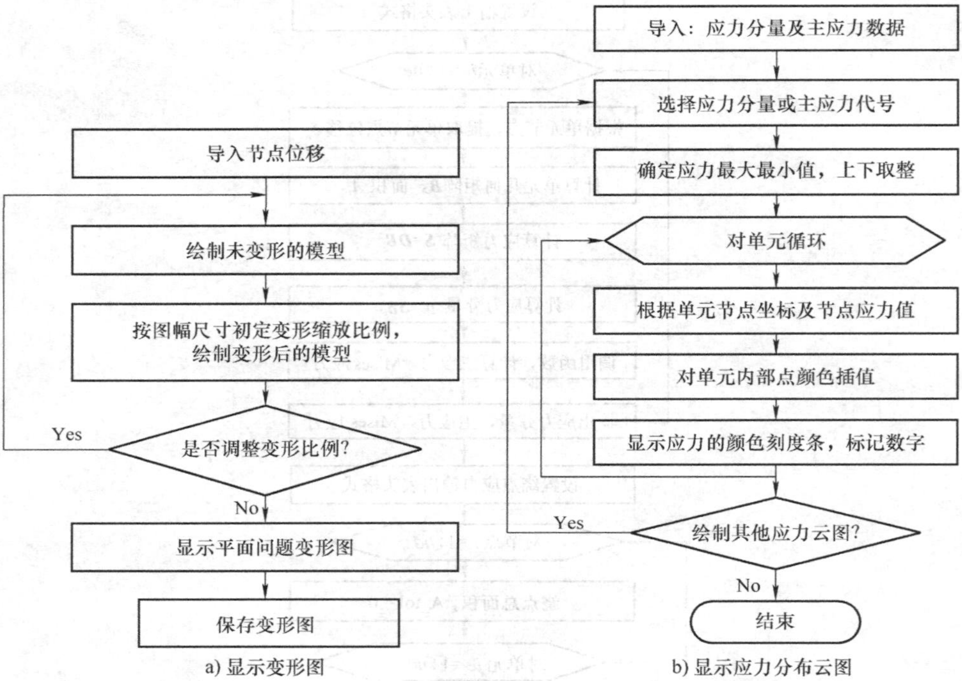

图 3.20　平面三角形单元后处理函数的流程图

3.9 应用算例

3.9.1 手算案例

【应用算例 3.1】　如图 3.21a 所示，某对角受集中力作用的正方形薄板，集中力沿厚度均匀分布，设 $Oa=Ob=2$、薄板厚度为 t、设材料密度为 $\rho=0$、弹性模量为 E、泊松比为 0。试用有限元法求解。

解：该问题属于平面应力问题，选用三角形单元。考虑结构对称性，取 1/4 作为研究对象，其他部分的作用以位移约束来替代。建立坐标系，对节点和单元分别编号，单元编号时加圈，如图 3.21b 所示。

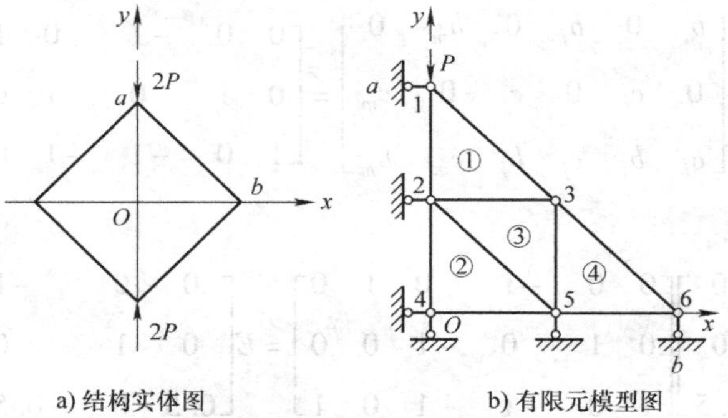

图 3.21　正方形薄板与单元网格

1. 有限元模型数据

（1）节点坐标数据（最好按节点编号竖向排列）：

节点号 i	1	2	3	4	5	6
x_i	0	0	1	0	1	2
y_i	2	1	1	0	0	0

（2）单元表示信息数据（不是唯一的）：

单元号 e	i	j	m
①	1	2	3
②	2	4	5
③	5	3	2
④	3	5	6

2. 弹性矩阵

该问题为平面应力问题，且假定泊松比 $\mu=0$，则弹性矩阵为

$$\boldsymbol{D}=\frac{E}{1-\mu^2}\begin{bmatrix}1 & \mu & 0\\ \mu & 1 & 0\\ 0 & 0 & \dfrac{1-\mu}{2}\end{bmatrix}=E\begin{bmatrix}1 & 0 & 0\\ 0 & 1 & 0\\ 0 & 0 & 0.5\end{bmatrix}$$

3. 对单元循环

目的是计算单元刚度矩阵，包括应变矩阵、应力矩阵。

单元①的 3 个节点：$i, j, m=1, 2, 3$；单元面积：$A=0.5$。

（1）计算系数

$$b_i=y_j-y_m=y_2-y_3=0,\qquad c_i=x_m-x_j=x_3-x_2=1$$

$$b_j=y_m-y_i=y_3-y_1=-1,\qquad c_j=x_i-x_m=x_1-x_3=-1$$

$$b_m=y_i-y_j=y_1-y_2=1,\qquad c_m=x_j-x_i=x_2-x_1=0$$

(2) 应变矩阵

$$\boldsymbol{B}=\frac{1}{2A}\begin{bmatrix} b_i & 0 & b_j & 0 & b_m & 0 \\ 0 & c_i & 0 & c_j & 0 & c_m \\ c_i & b_i & c_j & b_j & c_m & b_m \end{bmatrix}=\begin{bmatrix} 0 & 0 & -1 & 0 & 1 & 0 \\ 0 & 1 & 0 & -1 & 0 & 0 \\ 1 & 0 & -1 & -1 & 0 & 1 \end{bmatrix}$$

(3) 应力矩阵

$$\boldsymbol{S}=\boldsymbol{DB}=E\begin{bmatrix} 1 & 0 & 0 \\ 0 & 1 & 0 \\ 0 & 0 & 0.5 \end{bmatrix}\begin{bmatrix} 0 & 0 & -1 & 0 & 1 & 0 \\ 0 & 1 & 0 & -1 & 0 & 0 \\ 1 & 0 & -1 & -1 & 0 & 1 \end{bmatrix}=E\begin{bmatrix} 0 & 0 & -1 & 0 & 1 & 0 \\ 0 & 1 & 0 & -1 & 0 & 0 \\ 0.5 & 0 & -0.5 & -0.5 & 0 & 0.5 \end{bmatrix}$$

(4) 单元刚度矩阵(先将应力矩阵转置)

$$\boldsymbol{K}_1=At\boldsymbol{S}^{\mathrm{T}}\boldsymbol{B}=\frac{E}{2}\begin{bmatrix} 0 & 0 & 0.5 \\ 0 & 1 & 0 \\ -1 & 0 & -0.5 \\ 0 & -1 & -0.5 \\ 1 & 0 & 0 \\ 0 & 0 & 0.5 \end{bmatrix}\begin{bmatrix} 0 & 0 & -1 & 0 & 1 & 0 \\ 0 & 1 & 0 & -1 & 0 & 0 \\ 1 & 0 & -1 & -1 & 0 & 1 \end{bmatrix}$$

$$=\frac{E}{4}\begin{bmatrix} 1 & 0 & -1 & -1 & 0 & 1 \\ 0 & 2 & 0 & -2 & 0 & 0 \\ -1 & 0 & 3 & 1 & -2 & -1 \\ -1 & -2 & 1 & 3 & 0 & -1 \\ 0 & 0 & -2 & 0 & 2 & 0 \\ 1 & 0 & -1 & -1 & 0 & 1 \end{bmatrix}$$

按上述(1)~(4)的步骤计算其他单元的刚度矩阵。

经计算可见,只要按上表的节点排列顺序,单元②、单元④与单元①的应变矩阵、应力矩阵、单刚均相同;单元③的应变矩阵、应力矩阵不同,但单刚相同。

4. 形成总刚度矩阵

(1) 将单元刚度矩阵分块

$$\boldsymbol{K}_e=\begin{array}{c} \quad i \qquad j \qquad m \\ \begin{bmatrix} \boldsymbol{K}_{ii} & \boldsymbol{K}_{ij} & \boldsymbol{K}_{im} \\ \boldsymbol{K}_{ji} & \boldsymbol{K}_{jj} & \boldsymbol{K}_{jm} \\ \boldsymbol{K}_{mi} & \boldsymbol{K}_{mj} & \boldsymbol{K}_{mm} \end{bmatrix} \begin{matrix} i \\ j \\ m \end{matrix} \end{array}$$

(2) 将单刚组装到总刚度矩阵中的位置

单刚子矩阵 $\boldsymbol{K}_{rs}$ 是基本操作元素,单元刚度矩阵是按节点编号 i、j、m 的相对顺序排列的，子矩阵 $\boldsymbol{K}_{rs}$（r，$s=i$，j，m）在单刚矩阵中的位置固定，总刚度矩阵（$2n\times 2n$）是按自然数的顺序排列，单刚子矩阵 $\boldsymbol{K}_{rs}$ 在总刚度矩阵中需要按 r、s 的实际编号叠加到总刚度矩阵中的绝对位置。本案例将各单元刚度矩阵组装到总刚度矩阵的位置。

1	2	3	4	5	6	
$\boldsymbol{K}_{ii}^{(1)}$	$\boldsymbol{K}_{ij}^{(1)}$	$\boldsymbol{K}_{im}^{(1)}$				1
$\boldsymbol{K}_{ji}^{(1)}$	$\boldsymbol{K}_{jj}^{(1)}+\boldsymbol{K}_{ii}^{(2)}+\boldsymbol{K}_{mm}^{(3)}$	$\boldsymbol{K}_{jm}^{(1)}+\boldsymbol{K}_{mj}^{(3)}$	$\boldsymbol{K}_{ij}^{(2)}$	$\boldsymbol{K}_{im}^{(2)}+\boldsymbol{K}_{mi}^{(3)}$		2
$\boldsymbol{K}_{mi}^{(1)}$	$\boldsymbol{K}_{mj}^{(1)}+\boldsymbol{K}_{jm}^{(3)}$	$\boldsymbol{K}_{mm}^{(1)}+\boldsymbol{K}_{jj}^{(3)}+\boldsymbol{K}_{ii}^{(4)}$		$\boldsymbol{K}_{ji}^{(3)}+\boldsymbol{K}_{ij}^{(4)}$	$\boldsymbol{K}_{im}^{(4)}$	3
	$\boldsymbol{K}_{ji}^{(2)}$		$\boldsymbol{K}_{jj}^{(2)}$	$\boldsymbol{K}_{jm}^{(2)}$		4
	$\boldsymbol{K}_{mi}^{(2)}+\boldsymbol{K}_{im}^{(3)}$	$\boldsymbol{K}_{ij}^{(3)}+\boldsymbol{K}_{ji}^{(4)}$	$\boldsymbol{K}_{mj}^{(2)}$	$\boldsymbol{K}_{mm}^{(2)}+\boldsymbol{K}_{ii}^{(3)}+\boldsymbol{K}_{jj}^{(4)}$	$\boldsymbol{K}_{jm}^{(4)}$	5
		$\boldsymbol{K}_{mi}^{(4)}$		$\boldsymbol{K}_{mj}^{(4)}$	$\boldsymbol{K}_{mm}^{(4)}$	6

说明：框外数字表示节点号，框中上标括号内的数字表示在此叠加的单元号，下标为单元刚度子矩阵的编号。

（3）总刚度矩阵

$$
\boldsymbol{K}=\frac{E}{4}
\begin{array}{c}
\begin{array}{cccccc}
\overbrace{\qquad\quad}^{1} & \overbrace{\qquad\quad}^{2} & \overbrace{\qquad\quad}^{3} & \overbrace{\qquad\quad}^{4} & \overbrace{\qquad\quad}^{5} & \overbrace{\qquad\quad}^{6}
\end{array}\\
\left[\begin{array}{cccccccccccc}
1 & 0 & -1 & -1 & 0 & 1 & 0 & 0 & 0 & 0 & 0 & 0\\
0 & 2 & 0 & -2 & 0 & 0 & 0 & 0 & 0 & 0 & 0 & 0\\
-1 & 0 & 6 & 1 & -4 & -1 & -1 & -1 & 0 & 1 & 0 & 0\\
-1 & -2 & 1 & 6 & -1 & -2 & 0 & -2 & 1 & 0 & 0 & 0\\
0 & 0 & -4 & -1 & 6 & 1 & 0 & 0 & -2 & -1 & 0 & 1\\
1 & 0 & -1 & -2 & 1 & 6 & 0 & 0 & -1 & -4 & 0 & 0\\
0 & 0 & -1 & 0 & 0 & 0 & 3 & 1 & -2 & -1 & 0 & 0\\
0 & 0 & -1 & -2 & 0 & 0 & 1 & 3 & 0 & -1 & 0 & 0\\
0 & 0 & 0 & 1 & -2 & -1 & -2 & 0 & 6 & 1 & -2 & -1\\
0 & 0 & 1 & 0 & -1 & -4 & -1 & -1 & 1 & 6 & 0 & -1\\
0 & 0 & 0 & 0 & 0 & 0 & 0 & 0 & -2 & 0 & 2 & 0\\
0 & 0 & 0 & 0 & 1 & 0 & 0 & 0 & -1 & -1 & 0 & 1
\end{array}\right]
\end{array}
\begin{array}{l}
\\
\left.\begin{matrix}\\ \\ \end{matrix}\right\}1\\
\left.\begin{matrix}\\ \\ \end{matrix}\right\}2\\
\left.\begin{matrix}\\ \\ \end{matrix}\right\}3\\
\left.\begin{matrix}\\ \\ \end{matrix}\right\}4\\
\left.\begin{matrix}\\ \\ \end{matrix}\right\}5\\
\left.\begin{matrix}\\ \\ \end{matrix}\right\}6
\end{array}
$$

5. 等效节点载荷

总的节点载荷矢量为 $2n$ 阶列阵。本案例外载荷简单，只有1号节点 y 方向的一个集中力，作用方向与坐标轴相反为负值，其余均为0。

$$
\boldsymbol{F}=\{0\quad -P\quad 0\quad 0\quad 0\quad 0\quad 0\quad 0\quad 0\quad 0\quad 0\quad 0\}^{\mathrm{T}}
$$

6. 位移约束及有限元方程的求解

（1）有限元方程

$$
\frac{E}{4}\begin{bmatrix}
1 & 0 & -1 & -1 & 0 & 1 & 0 & 0 & 0 & 0 & 0 & 0\\
0 & 2 & 0 & -2 & 0 & 0 & 0 & 0 & 0 & 0 & 0 & 0\\
-1 & 0 & 6 & 1 & -4 & -1 & -1 & -1 & 0 & 1 & 0 & 0\\
-1 & -2 & 1 & 6 & -1 & -2 & 0 & -2 & 1 & 0 & 0 & 0\\
0 & 0 & -4 & -1 & 6 & 1 & 0 & 0 & -2 & -1 & 0 & 1\\
1 & 0 & -1 & -2 & 1 & 6 & 0 & 0 & -1 & -4 & 0 & 0\\
0 & 0 & -1 & 0 & 0 & 0 & 3 & 1 & -2 & -1 & 0 & 0\\
0 & 0 & -1 & -2 & 0 & 0 & 1 & 3 & 0 & -1 & 0 & 0\\
0 & 0 & 0 & 1 & -2 & -1 & -2 & 0 & 6 & 1 & -2 & -1\\
0 & 0 & 1 & 0 & -1 & -4 & -1 & -1 & 1 & 6 & 0 & -1\\
0 & 0 & 0 & 0 & 0 & 0 & 0 & 0 & -2 & 0 & 2 & 0\\
0 & 0 & 0 & 0 & 1 & 0 & 0 & 0 & -1 & -1 & 0 & 1
\end{bmatrix}
\begin{Bmatrix} u_1\\ v_1\\ u_2\\ v_2\\ u_3\\ v_3\\ u_4\\ v_4\\ u_5\\ v_5\\ u_6\\ v_6 \end{Bmatrix}
=
\begin{Bmatrix} 0\\ -P\\ 0\\ 0\\ 0\\ 0\\ 0\\ 0\\ 0\\ 0\\ 0\\ 0 \end{Bmatrix}
$$

（2）位移约束　因为原结构左右对称，$x=0$ 上的点只能上下移动，不能左右移动，即 $x=0$：$u_1=u_2=u_4=0$；又因为原结构上下对称，$y=0$ 上的点只能左右移动，不能上下移动，即 $y=0$：$v_4=v_5=v_6=0$。

（3）位移约束处理　采用紧缩法，将上述 6 个约束对应的总刚度矩阵中主对角线所在的行与列所有元素划掉，得到

$$
\frac{E}{4}\begin{bmatrix}
2 & -2 & 0 & 0 & 0 & 0\\
-2 & 6 & -1 & -2 & 1 & 0\\
0 & -1 & 6 & 1 & -2 & 0\\
0 & -2 & 1 & 6 & -1 & 0\\
0 & 1 & -2 & -1 & 6 & -2\\
0 & 0 & 0 & 0 & -2 & 2
\end{bmatrix}
\begin{Bmatrix} v_1\\ v_2\\ u_3\\ v_3\\ u_5\\ u_6 \end{Bmatrix}
=
\begin{Bmatrix} -P\\ 0\\ 0\\ 0\\ 0\\ 0 \end{Bmatrix}
$$

求解方程，确定

$$
\begin{Bmatrix} v_1\\ v_2\\ u_3\\ v_3\\ u_5\\ u_6 \end{Bmatrix}
=\frac{P}{E}
\begin{Bmatrix} -3.252\\ -1.252\\ -0.088\\ -0.374\\ 0.176\\ 0.176 \end{Bmatrix}
$$

此时所有节点的位移分量均为已知量。

7. 计算应力分量

在确定节点位移之后，计算每个单元的应变分量和应力分量。例如，单元①：

（1）节点编号为 i，j，$m=1$，2，3，从总的节点位移矢量中提取这些节点的位移分量，组成单元节点位移矢量

$$\boldsymbol{\delta}_1=\begin{Bmatrix}u_1\\v_1\\u_2\\v_2\\u_3\\v_3\end{Bmatrix}=\frac{P}{E}\begin{Bmatrix}0\\-3.252\\0\\-1.252\\-0.088\\-0.374\end{Bmatrix}$$

（2）计算应变分量　根据前面已经计算出的单元①的应变矩阵，则应变分量为

$$\boldsymbol{\varepsilon}^{(1)}=\begin{Bmatrix}\varepsilon_x\\\varepsilon_y\\\gamma_{xy}\end{Bmatrix}=\begin{bmatrix}0&0&-1&0&1&0\\0&1&0&-1&0&0\\1&0&-1&-1&0&1\end{bmatrix}\begin{Bmatrix}u_1\\v_1\\u_2\\v_2\\u_3\\v_3\end{Bmatrix}=\frac{P}{E}\begin{Bmatrix}-0.088\\-2.000\\0.880\end{Bmatrix}$$

（3）应力分量为

$$\boldsymbol{\sigma}^{(1)}=\begin{Bmatrix}\sigma_x\\\sigma_y\\\tau_{xy}\end{Bmatrix}=E\begin{bmatrix}1&0&0\\0&1&0\\0&0&0.5\end{bmatrix}\begin{Bmatrix}\varepsilon_x\\\varepsilon_y\\\gamma_{xy}\end{Bmatrix}=P\begin{Bmatrix}-0.088\\-2.000\\0.440\end{Bmatrix}$$

结构分析时，更关注应力，不必计算应变分量，直接由应力矩阵 $\boldsymbol{S}$（见步骤3）计算应力分量 $\boldsymbol{\sigma}=\boldsymbol{S}\boldsymbol{\delta}_e$，结果与上述数值一致。

依次计算单元②、③、④的应力分量，分别为

$$\boldsymbol{\sigma}^{(2)}=P\begin{Bmatrix}0.176\\-1.252\\0\end{Bmatrix},\ \boldsymbol{\sigma}^{(3)}=P\begin{Bmatrix}-0.088\\-0.374\\0.307\end{Bmatrix},\ \boldsymbol{\sigma}^{(4)}=P\begin{Bmatrix}0\\-0.374\\-0.132\end{Bmatrix}$$

计算出各个单元的应力分量以后，可以进行各种深入分析及结构改进或方案比较。

3.9.2 程序应用算例

【应用算例3.2】 采用平面三角形单元 Plane_Triangular_Element 分析平面应力问题。问题概况：如图3.22所示的一个平面异形板，板厚度为2mm，图中长度单位为mm。材料的属性弹性模量 $E=206\text{GPa}$、泊松比为0.3、密度为7850kg/m^3。有两个集中载荷 $P_x=1\text{kN}$、$P_y=2\text{kN}$；在斜边上线性分布法向表面力，设3#节点面力为 $q_3=4.0\times10^4\text{kN/m}^2$，8#节点面力为 $q_8=2.0\times10^4\text{kN/m}^2$。

解：

1. 有限元模型数据

建立如图3.22所示的坐标系。单元网格划分：节点数8个，单元个数7个；位移约束5

个，这里用［1］，［2］，…表示位移约束号。集中载荷有两个，在3#节点上作用x向集中力$P_x=1\mathrm{kN}$，在8#节点上作用y向集中力$P_y=2\mathrm{kN}$。在3－6－8边界上作用线性分布的表面力，设3#节点面力为$q_3=40.0\mathrm{N/mm^2}$，6#节点为$q_6=30.0\mathrm{N/mm^2}$，8#节点为$q_8=20.0\mathrm{N/mm^2}$。

边界条件：$x=0$边上的点$u=0$，$y=0$边上的点$v=0$。

采用mm－N单位制，钢的密度为$7.85\times10^{-6}\mathrm{kg/mm^3}$，重度为$7.7\times10^{-5}\ \mathrm{N/mm^3}$。

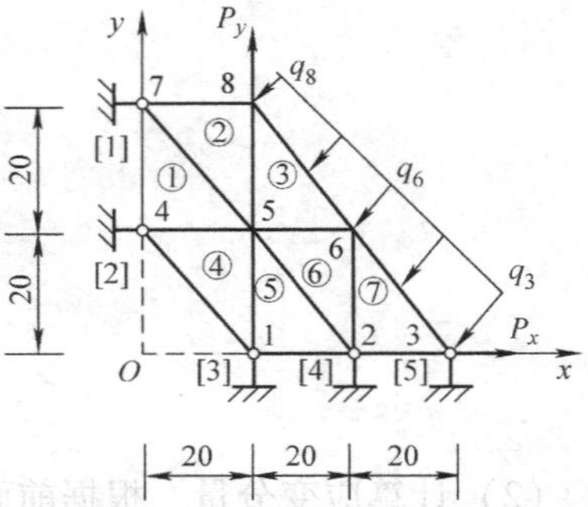

图3.22 某小型平面问题算例图

参考表3.6及表3.11的格式要求，完成该有限元模型数据的文本数据（**详见链接文件：第3章 平面三角形单元\ 11. 算例3.2模型数据文档.sjxdy.txt**）。

2. 程序运行

运行平面线性三角形单元主函数Plane_Triangular_Element（**详见链接文件：第3章 平面三角形单元\ 12. 平面三角形单元主函数（简版）.txt**），程序会弹出如图3.9所示的图形用户界面（**详见链接文件：第3章 平面三角形单元\ 13. 平面三角形单元程序使用说明.txt**），选择相应的有限元模型数据文件（**详见链接文件：第3章 平面三角形单元\ 14. 算例3.2模型数据的函数.txt**）。

通过数据匹配性检查，屏幕上将会显示有限元模型（见图3.13）。人工检查模型网格、位移约束、集中力、面力均正确无误，确认后程序自动完成后续计算。

3. 查看变形云图

在MATLAB环境下，可以查看有限元分析结果的变形云图。由于实际结构变形量很小，为突出变形特征，初定变形放大系数为200倍，可根据用户需求多次调整变形放大系数，直到满意为止。最终显示变形前后结构的网格图，如图3.23所示，将变形图保存为图片文件。

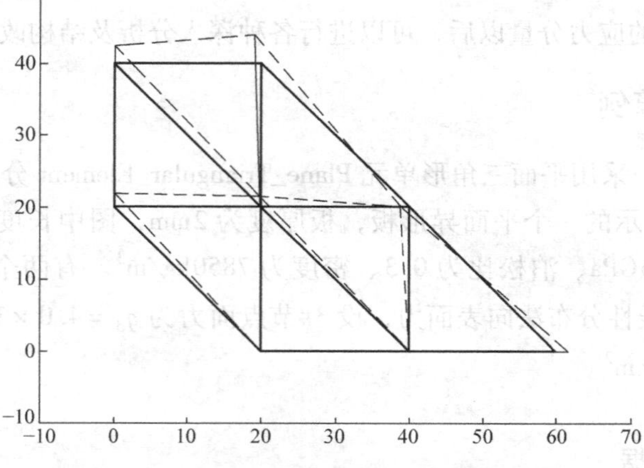

图3.23 采用三角形单元分析的平面问题变形图

4. 查看应力云图

在平面三角形单元分析程序 Plane_Triangular_Element 中，应力云图是按节点应力值确定的应力梯度进行绘制的。节点应力值采用环绕节点加权平均法计算。可以选择查看不同应力分量或主应力的分布云图（**详见链接文件：第 3 章　平面三角形单元 \ 15. 算例 3. 2 平面三角形单元模型图及结果云图 . docx**），图 3. 24a ~ c 为经过绕点处理后的三个应力分量的分布云图；图 3. 24d ~ e 为第一、第二主应力图；图 3. 24f 为 Mises 应力云图。

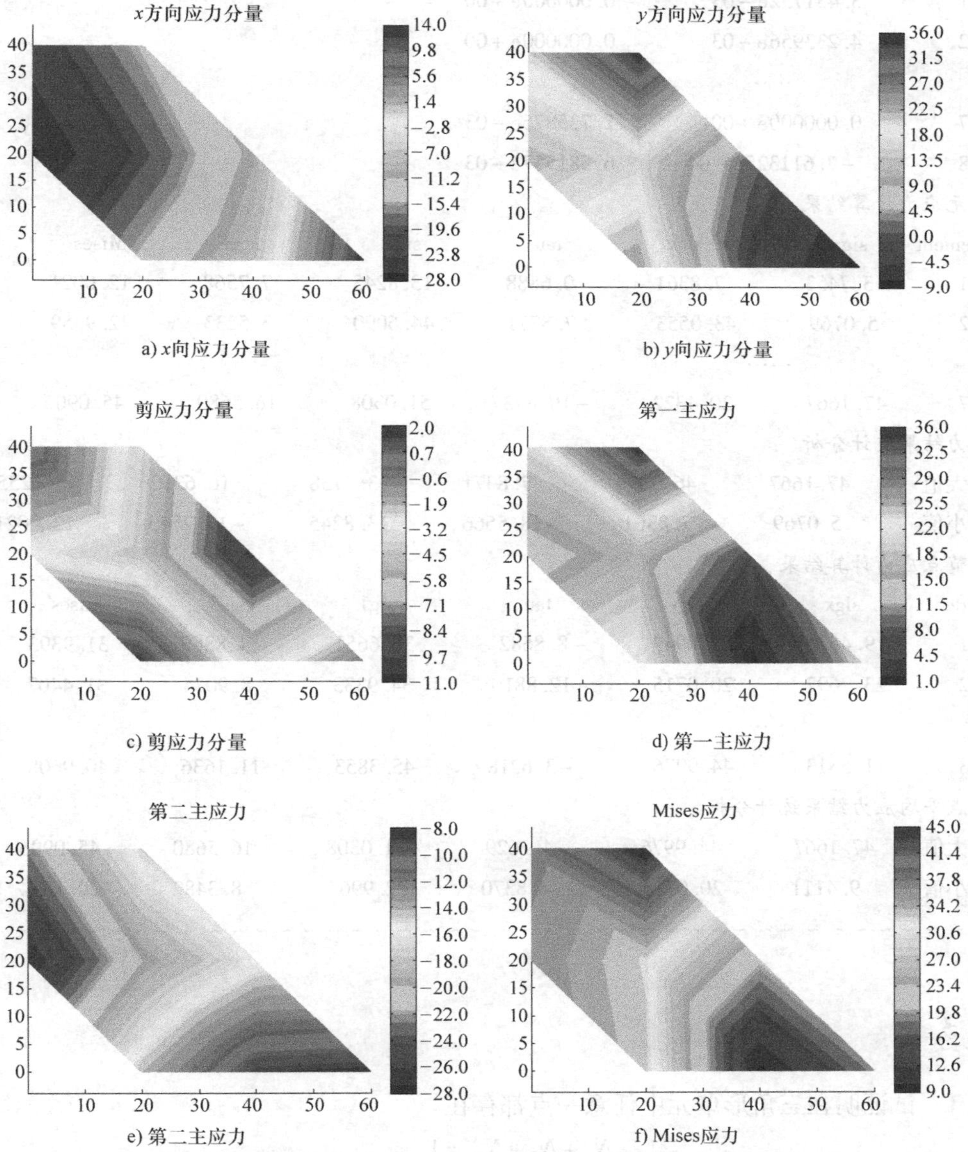

图 3. 24　平面三角形单元后处理应力云图

5. 查看计算结果文件

查看计算结果数据文件（**详见链接文件：第 3 章　平面三角形单元 \ 16. 算例 3. 2 平面**

问题计算结果数据文件.txt)。计算结果输出到一个文本文件(.txt)如下:

~~~~~~

平面问题有限元计算结果

平面问题类别:平面应力, 节点总数:8, 单元总数:7

节点位移计算结果

Node	Ux	Uy
1	3.431752e-03	0.000000e+00
2	4.233956e-03	0.000000e+00
	……	
7	0.000000e+00	2.735876e-03
8	-7.611325e-04	6.581557e-03

单元应力计算结果

Element	sigx	sigy	tau	sig1	sig3	Mises
1	13.7453	7.8361	0.6888	13.8245	7.7568	12.0021
2	5.0769	43.0553	7.8371	44.6090	3.5233	42.9559
	……					
7	47.1667	20.4322	-10.8737	51.0308	16.5680	45.0906

应力结果统计分析

最大值	47.1667	46.9399	7.8371	53.3738	16.6312	48.6255
最小值	5.0769	7.8361	-18.5566	13.8245	-11.2743	12.0021

绕节点应力计算结果

Node	sigx	sigy	tau	sig1	sig3	Mises
1	19.4571	32.0949	-8.8682	36.6651	14.8869	31.9393
2	23.7692	20.0715	-12.8810	34.9333	8.9074	31.4407
		……				
8	11.5513	44.9976	-3.6218	45.3853	11.1636	40.9608

绕点平均应力结果统计分析

最大值	47.1667	44.9976	4.2629	51.0308	16.5680	45.0906
最小值	9.4111	20.0715	-14.8370	22.9964	8.3482	20.1694

~~~~~~

习题3

3.1 试证明在三角形单元中任意一点都存在

$$N_i + N_j + N_m = 1$$

$$N_i x_i + N_j x_j + N_m x_m = x$$

$$N_i y_i + N_j y_j + N_m y_m = y$$

3.2 以平面问题常应变三角形单元为例,证明单元刚度矩阵的任何一行(或列)元素的总和为零。

3.3　简述单元刚度矩阵的性质，根据其性质将单元刚度矩阵 $\boldsymbol{K}_e$ 中缺少的元素填上。

$$\boldsymbol{K}_e = E\begin{bmatrix} 3 & (\ ) & -1 & 0 & -2 & 1 \\ & 3 & 1 & (\ ) & 0 & -1 \\ & & (\ ) & 0 & 0 & (\ ) \\ & & & (\ ) & (\ ) & 0 \\ & & & & 2 & 0 \\ & & & & & 1 \end{bmatrix}$$

3.4　如图 3.25 所示，两个三角形单元组成平行四边形，已知单元①按局部编码 i、j、m 的单元刚度矩阵 $\boldsymbol{K}_e$ 为 3.3 题给出的形式，按图示单元②的局部编码，写出其单元刚度矩阵。

3.5　如图 3.26 所示，单元网格划分相同，但节点编码顺序不同，分别计算总刚的半带宽。

3.6　试分析在单元刚度矩阵组装总刚的过程中，主对角线位置累加的次数与什么有关，非对角线位置添加次数为 0、1、2 各表示什么意义？对于平面问题，说说各个位置的最多添加次数。

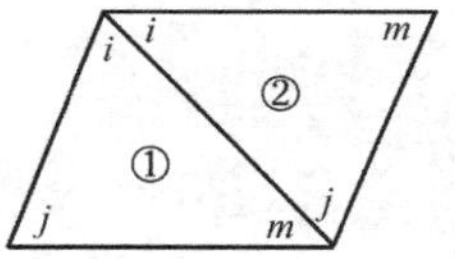

图 3.25　习题 3.4 图

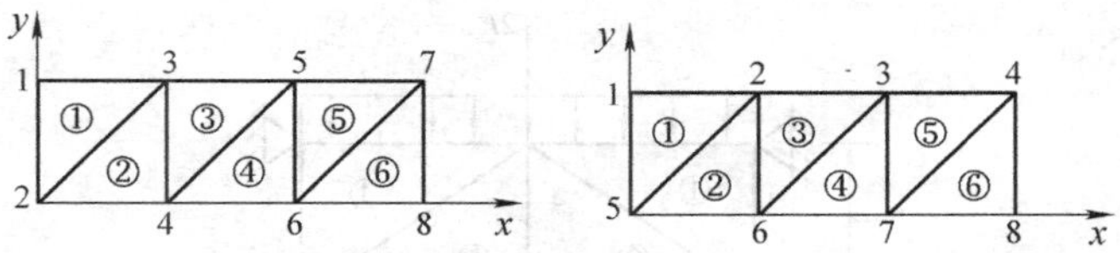

图 3.26　习题 3.5 图

3.7　如图 3.27 所示，三种不同形式的面载荷，在 j、m 节点值 q_1、q_2，在 jm 边上的作用均为线性分布，试分别求单元节点载荷矢量，并进行分析比较。

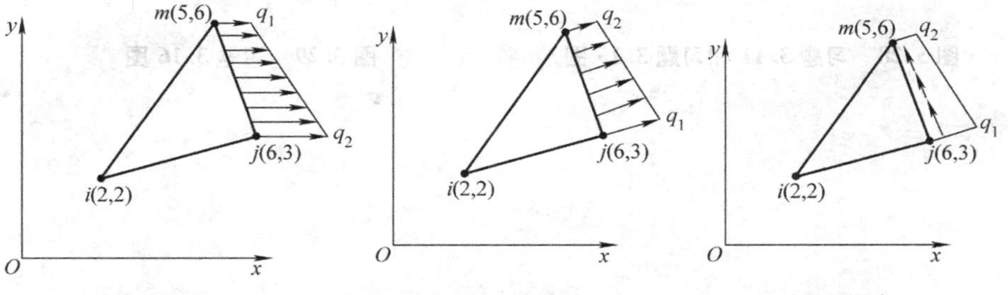

a) 水平方向　　b) 垂直边界面　　c) 在边界面内

图 3.27　习题 3.7 图

3.8　某平面应力问题三角形单元节点坐标为 i（20，20）、j（60，30）、m（50，60），弹性模量为 E，泊松比为 0.3，厚度为 t，u_i = 2.0mm，v_i = 1.1mm，u_j = 2.2mm，v_j = 1.2mm，u_m = 2.1mm，v_m = 1.3mm，试求单元内一点的应变和应力。

3.9　如果 3.8 题为平面应变问题，其他条件不变，试求单元内一点的应变和应力，并与上题结果比较。

3.10 试编写从文本文件（*.txt）或 Excel 文件中读取不同格式数据，并按预定的格式输出数据的程序段。

3.11 （实践练习）编写计算和输出平面问题的应变矩阵、应力矩阵、单元刚度矩阵的 MATLAB 程序段，计算如图 3.28 所示的单元应变矩阵、应力矩阵、刚度矩阵。

3.12 分析单元刚度矩阵组装总刚度矩阵程序段中语句的含义。

3.13 参考表 3.7 和表 3.8，编写由坐标投影分量表示的表面力数据。

3.14 参考线性分布正压力的等效节点载荷程序，编写线性分布切向面力的等效节点载荷程序。

3.15 如图 3.28 所示，平面应力问题的有限元模型图，弹性模量为 E，泊松比为 $\mu=0$，厚度为 t，材料重度为 ρg，在 1 – 6 边上作用均布载荷 q，节点 4 处作用集中力 $2P$。试用有限元法求 4、5 点处的位移及单元的应力。

3.16 试用调试后的平面三角形单元程序，分析如图 3.29 所示的某水坝断面应力及变形。设水坝上顶宽度为 3m，下底宽 5m，高 6m，两侧面坡度均为 1∶6。材料泊松比为 0.2，弹性模量为 30GPa，密度为 2.5t/m^3，水位高距坝顶 2m。要求：单元网格划分合理，边界条件、载荷正确。

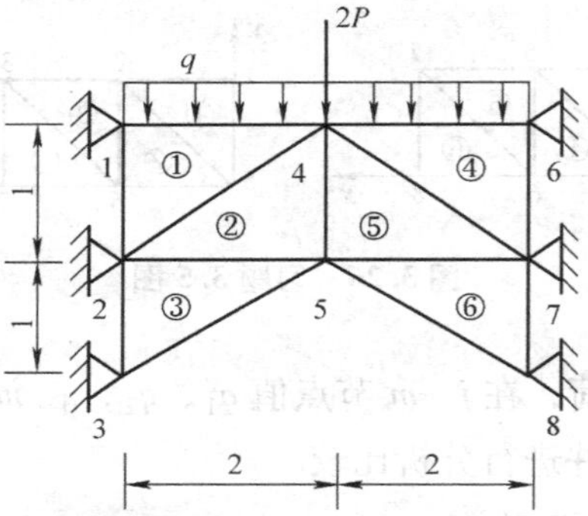

图 3.28　习题 3.11 和习题 3.15 图

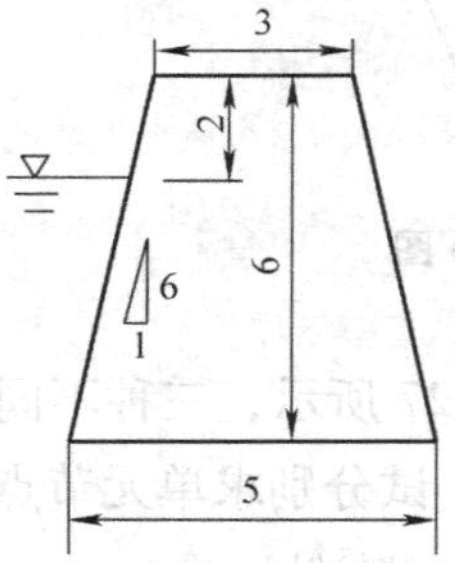

图 3.29　习题 3.16 图

第 4 章 Chapter 4

平面四边形单元与收敛准则

常应变三角形单元由于计算简便、适应性强，而被广泛应用，但由于三角形单元的位移模式是最简单的线性函数，导致单元内应变、应力是常量，不能反映出单元内应变和应力的变化，精度较低，所以反映弹性体内应力变化的能力较差。当弹性体内应力梯度较大时，往往需要把单元网格划分得很细小，才能反映出应力分布状态，这样就加大了有限元模型的规模，增加了计算工作量。为了提高有限元法的计算精度，更好地反映弹性体中的位移状态和应力状态，需要采用一些精度较高的单元。

本章介绍矩形单元、四节点等参单元及高阶单元，介绍有限元收敛条件以及高斯数值积分方法。

4.1 矩形单元

某矩形单元边长为 $2a \times 2b$，按逆时针顺序，四个节点编号依次为 i、j、m、p。为了简便起见，对矩形单元建立一个局部坐标系 Oxy，原点取在矩形的形心上，且 x、y 轴分别与矩形的两边平行，如图 4.1 所示。在局部坐标系下定义节点位移，用 x、y 方向的位移分量表示，即 $\boldsymbol{f}_i = \{u_i \quad v_i\}^{\mathrm{T}}$，下标可取 i、j、m、p，则单元的节点位移矢量为

$$\boldsymbol{\delta}_e = \{u_i \quad v_i \quad u_j \quad v_j \quad u_m \quad v_m \quad u_p \quad v_p\}^{\mathrm{T}}$$

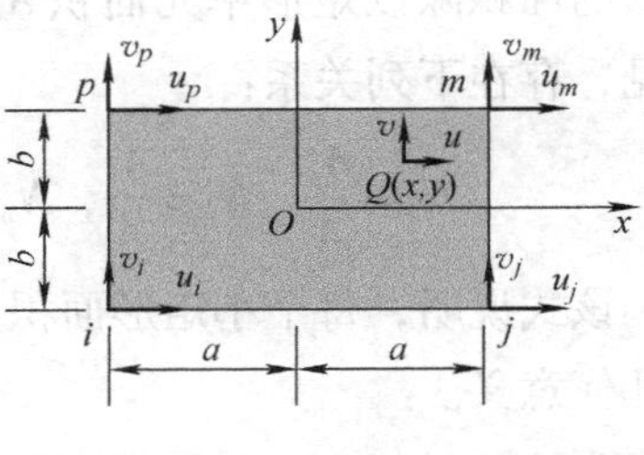

图 4.1 矩形单元

4.1.1 位移模式

单元内任意一点 $Q(x, y)$ 的位移，即矩形单元的位移模式假定为

$$\begin{aligned} u &= \alpha_1 + \alpha_2 x + \alpha_3 y + \alpha_4 xy \\ v &= \beta_1 + \beta_2 x + \beta_3 y + \beta_4 xy \end{aligned} \tag{4.1}$$

其中，α_1，…，β_4 为 8 个待定系数。由节点坐标与节点位移分量共 8 个关系式来确定，其

方法与确定三角形单元位移模式系数方法相同。经整理，矩形单元的位移模式为

$$u = N_i u_i + N_j u_j + N_m u_m + N_p u_p$$
$$v = N_i v_i + N_j v_j + N_m v_m + N_p v_p \tag{4.2}$$

式中，形函数分别为

$$
\begin{aligned}
N_i(x,y) &= \frac{1}{4ab}(a-x)(b-y)\\
N_j(x,y) &= \frac{1}{4ab}(a+x)(b-y)\\
N_m(x,y) &= \frac{1}{4ab}(a+x)(b+y)\\
N_p(x,y) &= \frac{1}{4ab}(a-x)(b+y)
\end{aligned}
\tag{4.3}
$$

位移模式(4.2)可以写成通式

$$\boldsymbol{f} = \boldsymbol{N}\boldsymbol{\delta}_e \tag{4.4}$$

矩形单元的形函数矩阵

$$\boldsymbol{N} = \begin{bmatrix} N_i & 0 & N_j & 0 & N_m & 0 & N_p & 0 \\ 0 & N_i & 0 & N_j & 0 & N_m & 0 & N_p \end{bmatrix} \tag{4.5}$$

亦可写成

$$\boldsymbol{N} = [N_i\boldsymbol{I} \quad N_j\boldsymbol{I} \quad N_m\boldsymbol{I} \quad N_p\boldsymbol{I}]$$

其中，$\boldsymbol{I}$ 为二阶单位矩阵。

矩形单元的形函数也可用小区域面积与单元面积之比来表示。如图 4.2 所示，过单元内一点 Q（x，y）画两条与坐标轴平行的线，将矩形分割成 4 个小矩形，将每个小矩形的面积除以矩形单元面积 $A=4ab$，与式（4.3）比较，可见，存在下列关系：

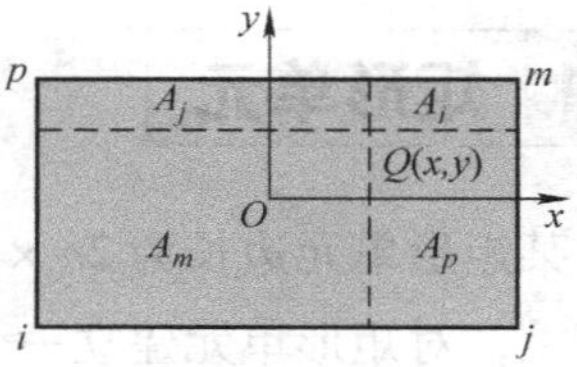

图 4.2　矩形单元分割成 4 个小矩形

$$N_i = \frac{A_i}{A},\ N_j = \frac{A_j}{A},\ N_m = \frac{A_m}{A},\ N_p = \frac{A_p}{A}$$

该式说明，每个小矩形面积与矩形单元面积之比等于对角节点的形函数，这就是形函数的几何意义。

4.1.2　单元刚度矩阵与等效节点载荷

1. 单元内一点的应变分量

将矩形单元的位移模式（4.2）代入弹性力学几何方程（2.8），则矩形单元上任意一点的应变分量，类似于三角形单元，用单元节点位移矢量表示的单元内一点的应变分量为

$$\boldsymbol{\varepsilon} = \boldsymbol{B}\boldsymbol{\delta}_e \tag{4.6}$$

单元的应变矩阵为

$$
\boldsymbol{B}=\begin{bmatrix}
\frac{\partial N_i}{\partial x} & 0 & \frac{\partial N_j}{\partial x} & 0 & \frac{\partial N_m}{\partial x} & 0 & \frac{\partial N_p}{\partial x} & 0 \\
0 & \frac{\partial N_i}{\partial y} & 0 & \frac{\partial N_j}{\partial y} & 0 & \frac{\partial N_m}{\partial y} & 0 & \frac{\partial N_p}{\partial y} \\
\frac{\partial N_i}{\partial y} & \frac{\partial N_i}{\partial x} & \frac{\partial N_j}{\partial y} & \frac{\partial N_j}{\partial x} & \frac{\partial N_m}{\partial y} & \frac{\partial N_m}{\partial x} & \frac{\partial N_p}{\partial y} & \frac{\partial N_p}{\partial x}
\end{bmatrix} \tag{4.7}
$$

对于形函数为式（4.3）的矩形，单元应变矩阵为

$$
\boldsymbol{B}=\frac{1}{4ab}\begin{bmatrix}
-(b-y) & 0 & b-y & 0 & b+y & 0 & -(b+y) & 0 \\
0 & -(a-x) & 0 & -(a+x) & 0 & a+x & 0 & a-x \\
-(a-x) & -(b-y) & -(a+x) & b-y & a+x & b+y & a-x & -(b+y)
\end{bmatrix} \tag{4.8}
$$

由式（4.8）可见，矩形单元的应变矩阵 $\boldsymbol{B}$ 中包含 x、y 的一次项，说明矩阵 $\boldsymbol{B}$ 在单元内不再是常量而是坐标的函数，矩形单元内的应变是随坐标变化的，它能够反映出单元内不同位置的应变差异。应变矩阵 $\boldsymbol{B}$ 是关于坐标 x、y 的一次函数，则能反映矩形单元内应变按线性变化的关系。

2. 单元内一点的应力分量

平面矩形单元遵循平面问题的应力应变关系 $\boldsymbol{\sigma}=\boldsymbol{D\varepsilon}$，用节点位移矢量表示的应力分量为

$$
\boldsymbol{\sigma}=\boldsymbol{DB\delta}_e=\boldsymbol{S\delta}_e \tag{4.9}
$$

弹性矩阵 $\boldsymbol{D}$ 是常量矩阵，但式（4.8）中的应变矩阵 $\boldsymbol{B}$ 是坐标的线性函数，则应力矩阵也是坐标的线性函数，单元内的应力也按线性变化。因此，就单元层面来说，矩形单元反映应变和应力的变化的能力要比三角形单元强。

3. 单元刚度矩阵

单元的应变能［式（3.24）］，对任何单元都是适用的。根据单元刚度矩阵的通式［式（3.23）］，矩形单元的积分区域为矩形区域，则曲面积分转变为二重定积分，单元刚度矩阵可写为

$$
\boldsymbol{K}_e=\int_{-a}^{a}\int_{-b}^{b}\boldsymbol{B}^{\mathrm{T}}\boldsymbol{DB}t\,\mathrm{d}x\mathrm{d}y \tag{4.10}
$$

式（4.10）中，矩形单元应变矩阵 $\boldsymbol{B}$ 是关于坐标的函数，不能直接提到积分号外面，但 $\boldsymbol{B}$ 是坐标 x、y 的线性显函数，被积函数是显函数的定积分，容易得到 8×8 的矩形单元刚度矩阵的常量显式表达。

4. 等效节点载荷

根据外力势能，采用与三角形单元类似方法，可推导出局部坐标系下矩形单元的等效节点载荷。

（1）体力的等效节点载荷　计算矩形单元的等效节点载荷，将单元域内积分变为二重定积分

$$\boldsymbol{P}_e = t\int_{-a}^{a}\int_{-b}^{b}\boldsymbol{N}^{\mathrm{T}}\boldsymbol{p}\mathrm{d}x\mathrm{d}y \tag{4.11}$$

式中，$\boldsymbol{N}$ 为式（4.5）的形函数；$\boldsymbol{p}$ 为体力分量。

（2）面力的等效节点载荷　如果在 jm 边上存在面力 $\overline{\boldsymbol{p}}$，且该边 x 为常量 a，则面力的等效节点载荷由曲线积分变为定积分：

$$\overline{\boldsymbol{P}}_e = t\int_S \boldsymbol{N}^{\mathrm{T}}\overline{\boldsymbol{p}}\mathrm{d}s = t\int_{-b}^{b}\boldsymbol{N}^{\mathrm{T}}\overline{\boldsymbol{p}}\mathrm{d}y \tag{4.12}$$

4.1.3 整体坐标系下的单元分析

需要强调的是，上述矩形单元的位移分量、位移模式、单元刚度矩阵、等效节点载荷都是基于单元中心的局部坐标系。不同单元局部坐标系的方向不尽相同，导致某些公共节点的位移分量描述不一致，图 4.3 表示两边不平行的矩形单元①和②，共同节点位移分量在各自局部坐标系下的方向不同。因此，局部坐标系下的单元刚度矩阵及等效节点载荷不能直接叠加到总刚和总载荷矢量中，而需要将所有量转换到统一的坐标系后再进行叠加，这个统一的坐标系称为整体坐标系，形成结构整体坐标系下的结构总刚度矩阵和总载荷矢量。

1. 坐标转动

设一个位移矢量 $\boldsymbol{R}$，可以在两个夹角为 ω 的不同坐标系 Oxy 和 $O\bar{x}\bar{y}$ 下描述，它的分量分别用（u，v）和（$\bar{u}$，$\bar{v}$）表示，如图 4.4 所示。在图 4.4 中，过 B 点作 $\bar{x}$ 轴的垂线 BED。根据几何关系，存在

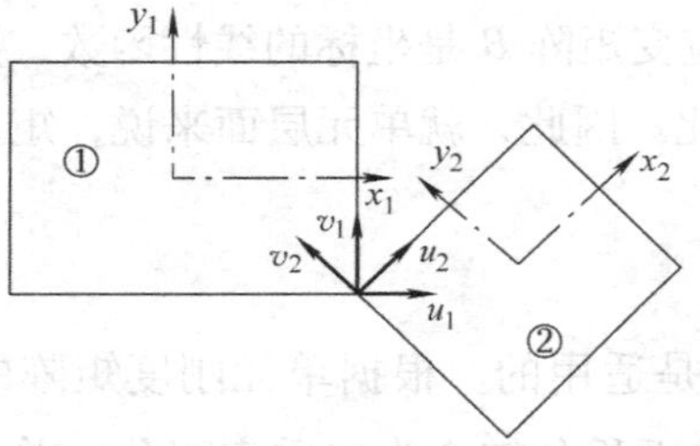

图 4.3　不平行矩形单元共节点位移分量方向

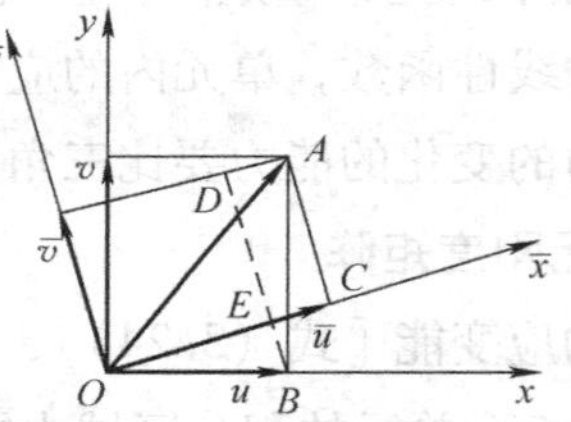

图 4.4　坐标转动

$$\bar{u} = OC = OE + EC = u\cos\omega + v\sin\omega$$

$$\bar{v} = CA = BD - BE = v\cos\omega - u\sin\omega$$

两个坐标系位移（$\bar{u}$，$\bar{v}$）与（u，v）之间的关系，写成矩阵的形式为

$$\begin{Bmatrix}\bar{u}\\ \bar{v}\end{Bmatrix} = \begin{bmatrix}\cos\omega & \sin\omega\\ -\sin\omega & \cos\omega\end{bmatrix}\begin{Bmatrix}u\\ v\end{Bmatrix} \tag{4.13}$$

式（4.13）就是在两个相差 ω 角的坐标系下位移分量之间的关系。若令

$$\boldsymbol{T}_0 = \begin{bmatrix}\cos\omega & \sin\omega\\ -\sin\omega & \cos\omega\end{bmatrix} \tag{4.14}$$

$\boldsymbol{T}_0$反映同一个矢量在不同坐标系下分量之间的内在关系，称为**坐标转换矩阵**。如果从 x

到 $\bar{x}$ 为逆时针，转角 ω 为正；反之，从 x 到 $\bar{x}$ 为顺时针，则转角 ω 取负值。$\boldsymbol{T}_0$具有如下性质：

$$\boldsymbol{T}_0^{-1} = \boldsymbol{T}_0^{\mathrm{T}}$$

2. 单元节点位移矢量转换

不同矩形单元的局部坐标系与整体坐标系夹角可能不同，但每个矩形单元的夹角是唯一的，所以矩形单元中 4 个节点的位移转换矩阵完全相同，即

$$\bar{\boldsymbol{f}}_i = \boldsymbol{T}_0 \boldsymbol{f}_i \quad (i=1,\ 2,\ 3,\ 4)$$

因此，单元节点位移矢量在局部系和整体系下的关系为

$$\bar{\boldsymbol{\delta}}_e = \boldsymbol{T}_e \boldsymbol{\delta}_e \tag{4.15}$$

式中，$\bar{\boldsymbol{\delta}}_e$为局部系下的节点位移矢量；$\boldsymbol{\delta}_e$为整体系下的节点位移矢量；$\boldsymbol{T}_e$为单元的转换矩阵。

单元的转换矩阵 $\boldsymbol{T}_e$ 为

$$\boldsymbol{T}_e = \begin{bmatrix} \boldsymbol{T}_0 & 0 & 0 & 0 \\ 0 & \boldsymbol{T}_0 & 0 & 0 \\ 0 & 0 & \boldsymbol{T}_0 & 0 \\ 0 & 0 & 0 & \boldsymbol{T}_0 \end{bmatrix} \tag{4.16}$$

其中，$\boldsymbol{T}_0$为式（4.14）。

3. 整体系下的单元刚度矩阵

单元应变能是标量，在不同坐标系下的表达式是相同的。在局部下引入式（4.15），得

$$U_e = \frac{1}{2}\bar{\boldsymbol{\delta}}_e^{\mathrm{T}} \bar{\boldsymbol{K}}_e \bar{\boldsymbol{\delta}}_e = \frac{1}{2}(\boldsymbol{T}_e \boldsymbol{\delta}_e)^{\mathrm{T}} \bar{\boldsymbol{K}}_e (\boldsymbol{T}_e \boldsymbol{\delta}_e) = \frac{1}{2}\boldsymbol{\delta}_e^{\mathrm{T}} (\boldsymbol{T}_e^{\mathrm{T}} \bar{\boldsymbol{K}}_e \boldsymbol{T}_e) \boldsymbol{\delta}_e$$

在整体系下

$$U_e = \frac{1}{2}\boldsymbol{\delta}_e^{\mathrm{T}} \boldsymbol{K}_e \boldsymbol{\delta}_e$$

比较上述两式，可确定整体坐标系下的单元刚度矩阵为

$$\boldsymbol{K}_e = \boldsymbol{T}_e^{\mathrm{T}} \bar{\boldsymbol{K}}_e \boldsymbol{T}_e \tag{4.17}$$

根据对角矩阵乘积关系，单元刚度矩阵的子矩阵具有下列关系：

$$\boldsymbol{K}_{st} = \boldsymbol{T}_0^{\mathrm{T}} \bar{\boldsymbol{K}}_{st} \boldsymbol{T}_0 \quad (s,\ t=i,\ j,\ m,\ p)$$

其中，$\boldsymbol{K}_{st}$ $(s,\ t=i,\ j,\ m,\ p)$ 为单元节点分块子矩阵。

4. 整体系下的等效节点载荷

节点载荷矢量转换与位移矢量转换方法相同，均符合式（4.15）关系。现已确定局部坐标系下的等效节点载荷，需要将其转换为整体系下的量，则要对式（4.15）求逆阵运算。单元的转换矩阵 $\boldsymbol{T}_e$具有正交性质，整体系下的单元等效节点载荷为

$$\boldsymbol{F}_e = \boldsymbol{T}_e^{\mathrm{T}} \bar{\boldsymbol{F}}_e \tag{4.18}$$

经过式（4.17）与式（4.18）的变换，将局部系下的矩形单元单刚和等效节点载荷转化为整体系下的量，再进行组装运算，就可以得到总刚和总载荷矢量。在整体坐标系下描述

位移边界条件，求解有限元方程，最终得到统一的节点位移分量，其过程方法与三角形单元完全相同。

4.2 有限元解答的收敛性准则

4.2.1 产生误差的原因

有限元法是一种数值计算方法，引起计算结果产生误差的原因是多方面的。

（1）计算机有效数位限制产生的误差　有限元分析必须借助于计算机来实现，由于计算机的有效数位（字长）限制，不可避免会产生舍入（四舍五入）和截断（原来的实际位数被截取为计算机允许的有限位数）误差，该类误差带有概率的性质，主要靠增加有效位数（如采用双精度计算）等方法来控制。

（2）相差悬殊的数值因加减运算而产生的计算误差　在程序设计时应采取一些技术处理措施，设法避免或减小因相差悬殊的数值直接加减运算而产生的计算误差。

（3）离散化模型逼近原结构的程度　实体模型曲线边界用直线单元代替，即使单元很小，在几何形状上还是会有差异；此外当有复杂的边界载荷时，在处理上也很难反映真实的受力状态。

（4）单元位移模式的误差　单元位移模式是由节点位移分量表示单元内位移场，与单元实际位移场一般不可能完全一致，是真实状态的近似表达。单元的应变、应力都基于该近似的位移场，那么确定的应变、应力也只能是近似的，其精度取决于有限元所假定的位移模式与真实位移状态的逼近程度。应变是由位移分量求导而得，因此应变的误差比位移的误差更大。应力分量是根据物理方程由应变分量计算的，因此应力与应变具有相同精度。

尽管存在以上误差，实践表明这些误差仍然是可以减小和控制的。关键在于位移模式的选择，要保证有限元解答的收敛性，即随着单元尺寸的缩小，解答趋近于真实解。

4.2.2 收敛准则

从表面上看，有限元解答的精度取决于离散化模型逼近原结构的程度，但实质上，由于在有限元分析过程中，单元的应变矩阵、刚度矩阵以及等效节点载荷的计算等都依赖于位移模式，因此有限元解的精度主要取决于有限元所采用的位移模式逼近真实位移状态的程度。

有限元的位移模式只能选取有限项的多项式，是精确解的一个近似解答。如果当单元尺寸不断减小趋于零时，有限元的解逐渐趋向于真实解，那么称有限元的解是收敛的，反之是发散的。为保证有限元解的收敛性，位移模式的选择必须满足下述准则：

1. 位移模式能够反映单元的刚体位移（条件Ⅰ）

一般来说，单元内各点的位移总是包含着两部分：一部分是由本单元自身变形引起的，另一部分是由其他单元发生变形通过节点传递过来的，本单元并未发生变形。对于后者，由于其他单元变形而产生的位移称为刚体位移，刚体位移数值可能较大。为了正确模拟单元的位移形态，位移模式必须考虑单元的刚体位移。刚体位移包括平动和转动两种状态：单元发生平动时，单元内各点的位移相等，与各点的坐标无关；单元发生转动时，单元内各点相对位置不变。选取的位移模式中必须包含常数项和一次项，因为常数项是提供平动位移的，一次项则反映刚体的转动量。

2. 位移模式能够反映单元的常应变状态（条件Ⅱ）

单元内各点处的应变一般也包含两部分：其一是单元内各点的应变相同，与坐标无关，这种应变称为常应变；其二与点的位置（坐标）有关，不同点具有大小不同的变应变。对于小变形问题，当单元划分得足够小时，单元中的应变接近于常数。根据几何方程要反映单元的常应变状态，位移模式必须保证一次项的系数不为“0”，选取的位移函数中必须包含一次项。

3. 位移模式在单元内要连续，单元之间边界上要协调（条件Ⅲ）

变形前的连续体变形后仍须为连续体，即位移是连续的。这就要求采用有限元法计算的位移无论在一个单元内部，还是在两个单元之间均应保证位移的连续性。位移模式由多项式构成，在单元内保证位移连续性是容易做到的，但要保证两个单元公共边上的位移一致性而不出现奇异却比较困难，因为它由两个不同单元计算确定，不是任意多项式都可满足的。保持相邻单元位移的连续，除了要使公共节点位移相同外，还应保证沿公共边界上位移的协调一致，该条件称为单元位移的协调性准则。将能够满足单元之间位移协调性的单元称为协调单元，不能够满足位移协调性的单元称为非协调单元。

条件Ⅰ和条件Ⅱ称为单元位移的完备性准则，满足条件Ⅰ和条件Ⅱ的单元称为完备单元。同时满足完备性和协调性条件的单元，就称之为完备协调单元。可以证明，常应变三角形单元与双线性矩形单元都是完备协调单元，利用三角形单元进行有限元分析，解答一定是收敛的。

一般情况下，所选取的位移函数必须满足完备性和协调性条件，才能保证计算结果收敛于精确解。在实际应用中，对于一些比较复杂的问题，要使位移函数完全满足完备性和协调性条件难以做到，这种情况下可以放宽对协调性的要求，采用完备而非协调单元。有时非协调单元不仅收敛，而且收敛速度比协调单元还快，精度更高，如 Wilson 非协调单元在分析梁的弯曲问题时会得到精度很高的结果。非协调单元收敛性根据能否通过分片试验来判断。

以上准则是从物理角度阐述的，从数学角度上看，收敛准则可以这样阐述：

1）当用一个完全多项式来表示一个单元中的变量时，如果“能量泛函”（即势能泛函）中该变量导数的最高阶数为 p，则该多项式的阶至少为 p，被称作完备性准则。对于平面问题，势能泛函以应变 ε_x、ε_y、γ_{xy} 为自变函数，而应变为位移分量的一次导数，因此用位移分量表示泛函时，$p=1$，要求位移插值函数至少为 x、y 的一次完全多项式，才能满足完备性准则。

2）单元的变量及它的导数有直到 $p-1$ 阶的跨单元的连续性（以保证整体分析时总势能有意义），被称作协调性准则。如 $p=1$ 时，称作 C^0 级连续；$p=2$ 时称 C^1 级连续等。C^0 级连续要求位移函数 u、v 的零阶导数（即是位移函数本身）在单元交界面上是连续的。如果位移不连续，则结构变形之后在相邻单元交界面上会产生缝隙或重叠现象，这意味着该处应变为无限大，导致有限元解不真实，不能收敛于真实解。

对于平板弯曲问题，其泛函中有曲率量，曲率为挠度的二阶导数，泛函中出现导数高于一阶导数时，则要求试探函数在单元交界面上具有一阶或更高阶的导数。C^1级连续要求平板单元交界面上的转角连续。

4.2.3 位移法有限元解的下限性

以位移为基本未知量，并基于最小势能原理建立的有限元称之为位移元。由于假定的近似位移模式与精确解总是存在一定差异，得到的系统总势能总会比真正的总势能要大。可以证明，在平衡情况下，系统总势能等于负的应变能。实质上近似解的应变能小于精确解应变能，其原因是近似解的位移总体上要小于精确解的位移，位移元得到的位移解具有下限性。

实际变形体是无限自由度的体系，当用有限元求解时，离散化模型的位移场是由节点位移参数（即节点自由度）构造的，因此离散的有限元模型是有限自由度。实际问题由无限自由度变为有限自由度，可以认为在真实位移场上增加约束，迫使它变成离散化模型的位移场，将导致体系的刚度增加，使得离散后系统的刚度矩阵 $\boldsymbol{K}$ 比实际刚度大，根据有限元方程得到的位移也将减小。随着单元的逐渐细分，模型自由度增多，相当于逐步解除约束，因而刚度减小、位移增大。协调的有限元的这种位移由小变大趋于精确解的性质称作解答的下限性。

对收敛的非协调元来说，因其变形的不协调，相当于允许出现破坏，实际上对此变形放宽了约束条件，使非协调元可能比协调元来得柔一些，导致相同单元尺寸有可能精度更高。但由于变形的不协调，其位移解答不具有单调的取向性。协调元及收敛的非协调元随单元细化趋于精确解的性质，可用图 4.5 形象地说明。利用下限性可估算精确解。

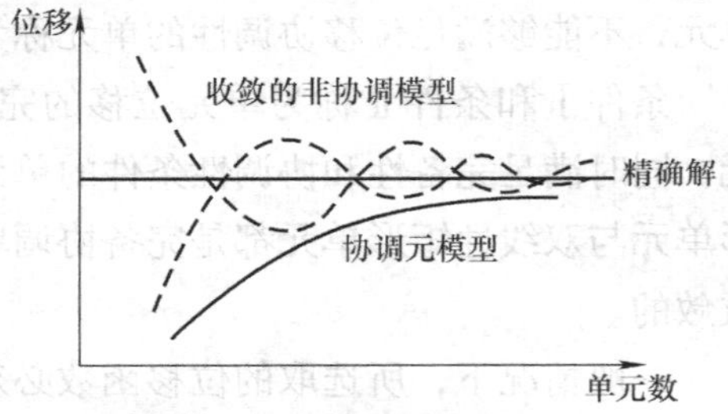

图 4.5　有限元结果下限性示意图

4.2.4 位移模式多项式的选择

1. 选择原则

位移模式一般直接采用坐标的多项式来表达，位移模式多项式的系数则需要根据单元的节点坐标与节点位移矢量来确定，因此多项式的数目由单元的节点自由度数决定。单元所包含的节点数目越多，位移模式多项式可选取的项数也就越多。为使位移函数完全满足完备性和协调性准则，位移模式多项式应从低阶向高阶逐次选取，一般低阶项全选之后，再选高阶项。如果位移模式的多项式中包含的幂次高，应变阶次就高，反映单元应变应力的变化能力就越强。

同时还要考虑位移试探函数应与局部坐标系的方位无关，这一性质称为几何各向同性，不应偏重某一个坐标方向，这就保证位移形式不随局部坐标的更换而改变。实践证实，实现几何各向同性的一种方法是，根据如图 4.6 所示的帕斯卡三角形来选择二维多项式的次方项。

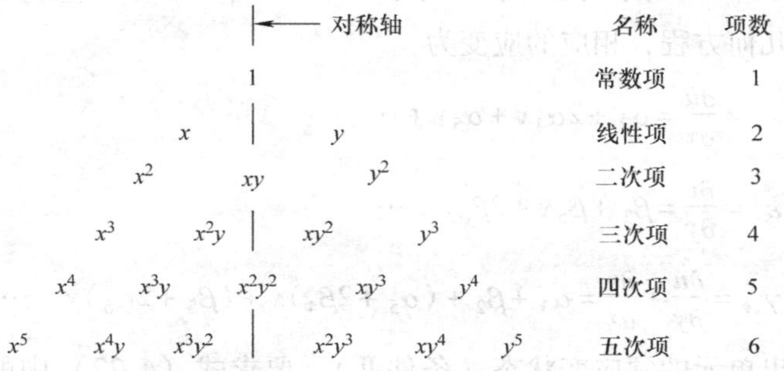

图 4.6　帕斯卡三角形

下面就位移模式是否满足收敛准则进行讨论。

2. 刚体位移的表达

刚体位移包含平动和转动两部分。如图 4.7 所示，坐标系 Oxy 中任意一点 P'（x_0，y_0），随坐标系平动（u_0，v_0）至 $O_1x_2y_2$ 坐标系，再随坐标系逆时针转动 ω 角至 $O_1x_1y_1$ 坐标系。坐标系运动过程中，P（x_0，y_0）点相对于坐标系位置保持不变，求移动后的 P 点在 Oxy 系的坐标值。

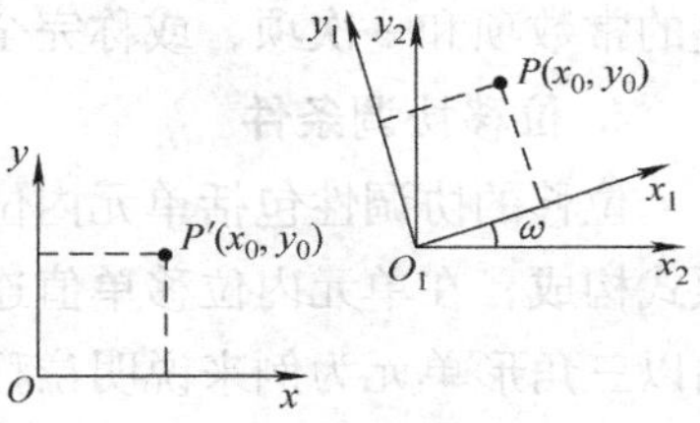

图 4.7　坐标系的平动与转动

P 点在 $O_1x_1y_1$ 系下坐标仍为（x_0，y_0），利用坐标转换关系式（4.13）计算 P 点在 $O_1x_2y_2$ 系下的坐标值，但应注意从 $O_1x_1y_1$ 到 $O_1x_2y_2$ 是顺时针转动，转角取负值。再加入平动位移量，则发生刚体位移后 P 点在 Oxy 系下的坐标为

$$\begin{Bmatrix} x \\ y \end{Bmatrix} = \begin{bmatrix} \cos\omega & -\sin\omega \\ \sin\omega & \cos\omega \end{bmatrix} \begin{Bmatrix} x_0 \\ y_0 \end{Bmatrix} + \begin{Bmatrix} u_0 \\ v_0 \end{Bmatrix} \tag{4.19}$$

在坐标系 Oxy 下，描述 P 点发生的位移，为

$$\begin{Bmatrix} u \\ v \end{Bmatrix} = \begin{Bmatrix} x \\ y \end{Bmatrix} - \begin{Bmatrix} x_0 \\ y_0 \end{Bmatrix} = \begin{Bmatrix} u_0 \\ v_0 \end{Bmatrix} + \begin{bmatrix} \cos\omega - 1 & -\sin\omega \\ \sin\omega & \cos\omega - 1 \end{bmatrix} \begin{Bmatrix} x_0 \\ y_0 \end{Bmatrix} \tag{4.20}$$

在小变形范畴内，位移量和转角均为小量，此时，$\cos\omega \approx 1$，$\sin\omega \approx \omega$，式（4.20）位移可以简化为

$$\begin{Bmatrix} u \\ v \end{Bmatrix} = \begin{Bmatrix} u_0 \\ v_0 \end{Bmatrix} + \begin{Bmatrix} -\omega y_0 \\ \omega x_0 \end{Bmatrix} \tag{4.21}$$

根据式（4.21），单元的刚体位移由常数项和一次项表达，因此为了满足有限元收敛条件 I 的要求，位移模式中必须包含常数项和一次项。

3. 常应变状态

设位移模式由高阶多项式表达：

$$u=\alpha_1+\alpha_2x+\alpha_3y+\alpha_4x^2+\alpha_5xy+\alpha_6y^2+\cdots$$

$$v=\beta_1+\beta_2x+\beta_3y+\beta_4x^2+\beta_5xy+\beta_6y^2+\cdots$$

根据弹性力学几何方程，相应的应变为

$$\begin{aligned}\varepsilon_x&=\frac{\partial u}{\partial x}=\alpha_2+2\alpha_4x+\alpha_5y+\cdots\\ \varepsilon_y&=\frac{\partial v}{\partial y}=\beta_3+\beta_5x+2\beta_6y+\cdots\\ \gamma_{xy}&=\frac{\partial u}{\partial y}+\frac{\partial v}{\partial x}=\alpha_3+\beta_2+(\alpha_5+2\beta_4)x+(\beta_5+2\alpha_6)y+\cdots\end{aligned}\tag{4.22}$$

为了能够反映出单元的常应变状态（条件Ⅱ），要求式（4.22）中的系数 α_2、α_3、β_2、β_3 不能恒等于 0。

式（4.21）与式（4.22）是有限元结果收敛的完备性要求，因此位移函数必须具有完整的常数项和一次项，或称完全一次项。

4. 位移协调条件

位移的协调性包括单元内位移单值连续性和两个单元之间变形的连续性。位移模式由多项式构成，在单元内位移单值连续性容易保证，但是单元之间变形的连续性却不易满足。下面以三角形单元为例来说明位移协调性。图 4.8a 中的单元①与单元②存在共同边$\overline{ij}$，在共同节点 i 和 j 处的位移分量是相同的，共同边$\overline{ij}$上其他点的位移分量应根据单元①和单元②的具体位移模式分别确定。由于三角形单元位移模式

$$u=\alpha_1+\alpha_2x+\alpha_3y$$

$$v=\beta_1+\beta_2x+\beta_3y$$

表述的单元内位移分量都是坐标的线性函数，因此位移在边界上也是线性变化的，如图 4.8b 所示。两条位移线端点值相同，两点唯一确定一条直线，因此在分别由单元①和单元②控制的共同边$\overline{ij}$上，其他点的位移分量亦对应相等，满足单元之间的位移协调条件，如图 4.8c 所示。

如果位移在相邻单元的共同边$\overline{ij}$上按非线性变化，如图 4.8d 所示，两条曲线不能完全重合，即不能保证每点的位移值相等，使原本连续的边界出现缝隙或重叠，如图 4.8e 所示，不再满足单元之间位移协调的要求。

综上可见，单元位移模式要满足完备性条件，必须选取完整的常数项和一次项，或称完全一次项。位移模式选取一次多项式时能够满足单元之间位移协调性，如果位移模式选取二次方及高次方多项式，则边界位移按曲线形式变化，不能满足位移的协调性。

【例 4.1】 矩形单元的位移模式为式（4.1），即

$$\begin{aligned}u&=\alpha_1+\alpha_2x+\alpha_3y+\alpha_4xy\\ v&=\beta_1+\beta_2x+\beta_3y+\beta_4xy\end{aligned}\tag{a}$$

试证明该位移模式在局部坐标系下能够满足收敛条件。

证明：根据单元收敛条件，位移模式需要满足三个条件

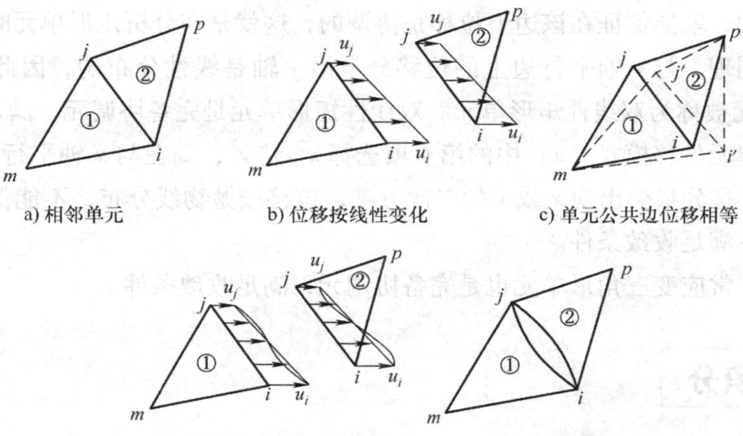

a) 相邻单元　b) 位移按线性变化　c) 单元公共边位移相等

d) 位移按曲线变化　e) 边界出现缝隙

图 4.8　相邻单元公共边上点的位移分布

1. 反映单元的刚体位移

在弹性小变形范畴内，单元内任意一点的刚体位移为式（4.21），也可写成

$$\begin{aligned} u &= u_0 - \omega y \\ v &= v_0 + \omega x \end{aligned} \tag{b}$$

将式（a）与式（b）进行比较，当

$$\begin{aligned} \alpha_1 = u_0,\ \alpha_3 = -\omega, \\ \beta_1 = v_0,\ \beta_2 = \omega \end{aligned} \tag{c}$$

时，则矩形单元的位移模式（a）能够反映出单元发生平动和转动的刚体位移。

2. 反映单元内的常应变状态

根据弹性力学几何方程，单元位移模式（a）对应的应变分量为

$$\begin{aligned} \varepsilon_x &= \alpha_2 + \alpha_4 y \\ \varepsilon_y &= \beta_3 + \beta_4 x \\ \gamma_{xy} &= \alpha_3 + \beta_2 + \alpha_4 x + \beta_4 y \end{aligned} \tag{d}$$

因此，对于通过单元节点坐标和单元节点位移矢量确定的常数 α_2、β_3、$\alpha_3 + \beta_2$，只要它们不恒为零，就能够反映出单元的常应变状态。

3. 位移协调条件

单元位移模式（a）在矩形单元内位移的单值连续性不用证明，重点分析两个单元公共边变形的连续性。参考图4.1，矩形单元的4条边分别与坐标轴平行，如 $\overline{ij}$ 与 $\overline{mp}$ 两条边与 x 轴平行，y 为常量，即 $y = \pm b$，此时的单元位移模式（a）可改写为

$$\begin{aligned} u &= (\alpha_1 \pm \alpha_3 b) + (\alpha_2 \pm \alpha_4 b)x \\ v &= (\beta_1 \pm \beta_3 b) + (\beta_2 x \pm \beta_4 b)x \end{aligned} \tag{e}$$

式（e）说明矩形单元与 x 轴平行边上的位移分量只是 x 的一次函数，即位移分量沿 x 轴是线性分布的，就能保证在该边上位移是协调的，这就是在分析矩形单元时要建立局部坐标系的原因。同理，与 y 轴平行边上的位移分量沿 y 轴是线性分布的，因此位移模式为式（a）的矩形单元被称为双线性矩形单元。双线性矩形单元是完备协调元，满足收敛条件。

如果矩形单元位移模式（a）中的第 4 项选择 x^2 或 y^2，则在与 x 轴平行的 $\overline{ij}$ 或与 y 轴平行的 $\overline{jm}$ 边上，位移分量会出现 x 或 y 的二次方项，位移按抛物线分布，不能保证相邻单元位移的协调性，不满足收敛条件。

同理可证，常应变三角形单元也是完备协调元，满足收敛条件。

4.3 高斯积分

在定积分计算中，如果被积函数繁杂，即使能用显式把它表达出来，采用直接积分也是非常麻烦的。对这类积分通常采用数值积分方法，与其他数值积分法相比，高斯积分法是最有效的一种数值积分方法，对有限元问题能达到较高的精度。所谓高斯积分即在积分区域［-1，1］内选择若干个特定的点，称为积分点，计算出被积函数在这些积分点处的函数值，然后将这些函数值分别乘上各自的加权系数，再求它们的乘积和，就可以作为该积分的近似值。

4.3.1 一维高斯积分

设某三次方函数为

$$f(\xi) = \alpha_0 + \alpha_1\xi + \alpha_2\xi^2 + \alpha_3\xi^3 \tag{a}$$

则积分为

$$I = \int_{-1}^{1} f(\xi)\,\mathrm{d}\xi = \int_{-1}^{1} (\alpha_0 + \alpha_1\xi + \alpha_2\xi^2 + \alpha_3\xi^3)\,\mathrm{d}\xi = 2\alpha_0 + \frac{2}{3}\alpha_2 \tag{b}$$

可见，三次方函数（a）在区间［-1，1］内的积分，只与 α_0、α_2 两个系数有关，与 α_1、α_3 无关。

若在积分区间［-1，1］内取两点 ξ_1、ξ_2，用对应点的函数值 $f(\xi_1)$、$f(\xi_2)$ 与各自权系数 W_1 及 W_2 的乘积之和表示积分的近似值，即

$$I_1 = \int_{-1}^{1} f(\xi)\,\mathrm{d}\xi \approx W_1 f(\xi_1) + W_2 f(\xi_2) \tag{c}$$

近似积分值（c）与精确积分值（b）之差用误差函数 e 表示为

$$e = I_1 - I = W_1(\alpha_0 + \alpha_1\xi_1 + \alpha_2\xi_1^2 + \alpha_3\xi_1^3) + W_2(\alpha_0 + \alpha_1\xi_2 + \alpha_2\xi_2^2 + \alpha_3\xi_2^3) - \left(2\alpha_0 + \frac{2}{3}\alpha_2\right) \tag{d}$$

误差函数 e 与被积函数的多项式系数 α_0、α_1、α_2、α_3 相关。欲使误差函数有最小值，则它对各个系数的偏导数应为零，于是得到下列一组关系式：

$$\begin{aligned}
&\frac{\partial e}{\partial \alpha_0}=0 \quad \Rightarrow \quad W_1+W_2=2 \\
&\frac{\partial e}{\partial \alpha_1}=0 \quad \Rightarrow \quad W_1\xi_1+W_2\xi_2=0 \\
&\frac{\partial e}{\partial \alpha_2}=0 \quad \Rightarrow \quad W_1\xi_1^2+W_2\xi_2^2=\frac{2}{3} \\
&\frac{\partial e}{\partial \alpha_3}=0 \quad \Rightarrow \quad W_1\xi_1^3+W_2\xi_2^3=0
\end{aligned} \tag{e}$$

根据方程组（e），解得实根，为

$$\begin{gathered}
W_1=W_2=1 \\
\xi_1=-\xi_2=\frac{1}{\sqrt{3}}=0.57735
\end{gathered} \tag{f}$$

上式中的 ξ_1、ξ_2 称为高斯积分点，W_1、W_2表示两个高斯积分点对应的权系数。

采用两个高斯积分点时，由于 $\xi_1=-\xi_2=0.57735$，$W_1=W_2=1$，则函数 f 的高斯积分为

$$I=\int_{-1}^{1} f(\xi)\,\mathrm{d}\xi \approx W_1 f(\xi_1)+W_2 f(\xi_2)=f(-0.57735)+f(0.57735) \tag{g}$$

一般地，含有多个高斯积分点时，函数 $f(\xi)$ 的高斯积分为

$$I=\int_{-1}^{1} f(\xi)\,\mathrm{d}\xi=\sum_{g=1}^{n} W_g\, f(\xi_g) \tag{4.23}$$

式中，n 是所取积分点的数目；ξ_g 为**高斯积分点**；W_g 为该高斯积分点对应的**权系数**。

表4.1 列出了部分高斯积分点的坐标及权系数。

表4.1 高斯积分点坐标及权系数

积分点数目 n	积分点坐标 ξ_g	积分权系数 W_g
1	0.000 000 000 000 000	2.000 000 000 000 000
2	±0.577 350 269 189 626	1.000 000 000 000 000
3	0.000 000 000 000 000 ±0.774 596 669 241 483 （$\sqrt{0.6}$）	0.888 888 888 888 889 0.555 555 555 555 556
4	±0.861136 311 594 053 ±0.339 981 043 584 856	0.347 854 845 137 454 0.652 145 154 862 546
5	0.000 000 000 000 000 ±0.906 179 845 938 664 ±0.538 469 310 105 683	0.568 888 888 888 889 0.236 926 885 056 189 0.478 628 670 499 366

分析可知，两个积分点的高斯积分，能达到被积函数为三次方多项式的积分精度。一般 n 个积分点的高斯积分可达到被积函数为（$2n-1$）次方多项式的同等积分精度。如果被积函数 $f(\xi)$ 不是多项式，则高斯求积法是不精确的，但应用的高斯积分点越多，数值积分就越精确。两个多项式的比值一般不为一个多项式，因此，高斯求积法并不能得到两个多项式

比值的精确积分。

高斯积分的权系数有一定的意义，图 4.9 表示不同数目积分点的位置以及权系数的几何意义。

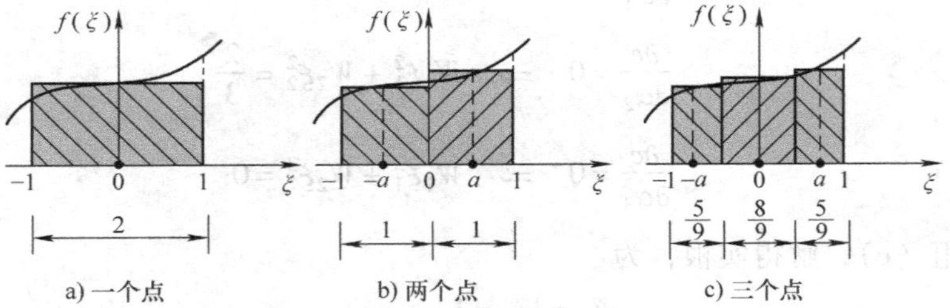

图 4.9　高斯积分点的位置及权系数的意义

定积分是被积函数曲线与横坐标轴在积分区间内构成的面积，下面通过图 4.9 来分析理解积分权系数 W_g 的意义。图 4.9a 为一个积分点的情况，取积分点 $\xi_g=0$，用该点的函数值 $f(0)$ 近似代表积分区间 $[-1,\ 1]$ 上的函数值，阴影部分面积 $S=2\times f(0)$，该面积近似代表曲线的定积分，$f(0)$ 表示阴影的高度，$W_g=2$ 表示阴影的长度。图 4.9b 为两个积分点的情况，取 $\xi_g=\pm a=\pm 0.57735$，在积分区间上 $[-1,\ 0]$，用 $f(-a)$ 代表左阴影区的高度，$W_{g1}=1$ 为该段积分区间的长度；同理，在 $[0,\ 1]$ 积分区间上，用 $f(a)$ 表示右阴影区的高度，积分区间长度为 $W_{g2}=1$；整个阴影面积 $S=1\times f(-a)+1\times f(a)$。图 4.9c 为三个积分点的情况，将该积分区间 $[-1,\ 1]$ 分成 3 段，每段长度与权系数相等，段内积分点值与段长乘积为该区域阴影面积，三部分之和即整个阴影面积表示三个积分点的高斯积分结果。

通过上述分析可见，积分点数目实质上就是将整个积分区间 $[-1,\ 1]$ 划分的段数，在每一段上取一个点（即高斯积分点）ξ_g 的函数值 $f(\xi_g)$，将其作为该段的平均值，积分权系数 W_g 则为该段的长度，计算其面积，再累加各段面积即为最终积分的近似值。含有多个积分点时，所有积分权系数 W_g 之和应为积分区间 $[-1,\ 1]$ 的总长度，因此所有积分权系数之和等于 2，即

$$\sum_{g=1}^{n} W_g = 2$$

高斯积分要求积分区间为 $[-1,\ 1]$，如果积分区间为任意 $[a,\ b]$ 时，应对被积函数做相应的修改，将原积分变量 x 改为与积分区间 $[-1,\ 1]$ 对应的变量 t，即

$$x=kt+c,\quad \mathrm{d}x=k\mathrm{d}t$$

其中，

$$k=\frac{1}{2}(b-a),c=\frac{1}{2}(b+a)$$

【例 4.2】 应用高斯求积法，计算 $I=\int_0^2(4x^3+3x^2+2x+5)\mathrm{d}x$。

解：该式的精确积分值为

$$I_{ex}=\int_0^2(4x^3+3x^2+2x+5)\mathrm{d}x=(x^4+x^3+x^2+5x)\Big|_0^2=38$$

采用高斯求积法，需将积分区间［0，2］转换为［−1，1］，则

$$k=\frac{1}{2}(b-a)=\frac{1}{2}(2-0)=1,c=\frac{1}{2}(b+a)=\frac{1}{2}(2+0)=1$$

$$x=t+1,\mathrm{d}x=\mathrm{d}t$$

采用两点高斯积分时，查表 4.1 知，$\xi_g=\pm\sqrt{3}/3$，$W_g=1$。

原积分区间转化为［−1，1］区间，并代入高斯积分点的值

$$\begin{aligned}I&=\int_{-1}^{1}[4(t+1)^3+3(t+1)^2+2(t+1)+5]\mathrm{d}t\\&=\left[4\left(-\frac{1}{\sqrt{3}}+1\right)^3+3\left(-\frac{1}{\sqrt{3}}+1\right)^2+2\left(-\frac{1}{\sqrt{3}}+1\right)+5\right]\times 1+\left[4\left(\frac{1}{\sqrt{3}}+1\right)^3\right.\\&\quad\left.+3\left(\frac{1}{\sqrt{3}}+1\right)^2+2\left(\frac{1}{\sqrt{3}}+1\right)+5\right]\times 1\\&=38\end{aligned}$$

误差：$e=0$。

4.3.2 二维和三维高斯积分

将一维高斯积分用于二维或三维数值积分时，可以采用与解析方法计算多重积分相同的方法，即在计算内层积分时，保持外层积分变量为常量。以一维高斯积分公式（4.23）为基础，可简单地得到二维问题和三维问题的数值积分。对于二维问题的积分

$$I=\int_{-1}^{1}\int_{-1}^{1}f(\xi,\eta)\mathrm{d}\xi\mathrm{d}\eta$$

首先，令 η 为常数，进行内层积分，再对外层积分，得到二维高斯积分公式为

$$\int_{-1}^{1}\int_{-1}^{1}f(\xi,\eta)\mathrm{d}\xi\mathrm{d}\eta=\sum_{i=1}^{n}\sum_{j=1}^{n}W_iW_jf(\xi_j,\eta_i) \tag{4.24}$$

式中，n 是在每个坐标方向的积分点个数；W_i、W_j 就是一维高斯积分的权系数，按表 4.1 选取。

图 4.10a、b 分别表示在正方形积分区域内的二维高斯积分，两点（$n=2$）及三点（$n=3$）高斯积分点的布置。两点高斯积分实际上有 4 个积分点位，三点高斯积分则有 9 个积分点位。一般地，一维高斯积分点为 n，那么二维高斯积分点实际的数目为 n^2，相应地划分为 n^2 个小矩形积分区（图中用虚线分割），积分权系数 W_i、W_j 即为小矩形积分区的边长。计算每个小矩形积分区的面积与对应高斯点函数值的乘积，然后再叠加，即得到二维高斯积分的数值解。

类似地，对于三维数值积分，则有

$$\int_{-1}^{1}\int_{-1}^{1}\int_{-1}^{1}f(\xi,\eta,\zeta)\mathrm{d}\xi\mathrm{d}\eta\mathrm{d}\zeta=\sum_{i=1}^{n}\sum_{j=1}^{n}\sum_{m=1}^{n}W_iW_jW_mf(\xi_i,\eta_j,\zeta_m) \tag{4.25}$$

如果

$$f(\xi,\eta,\zeta)=\sum a_{ijm}\xi^i\eta^j\zeta^m,且\ i,j,m\leqslant 2n-1$$

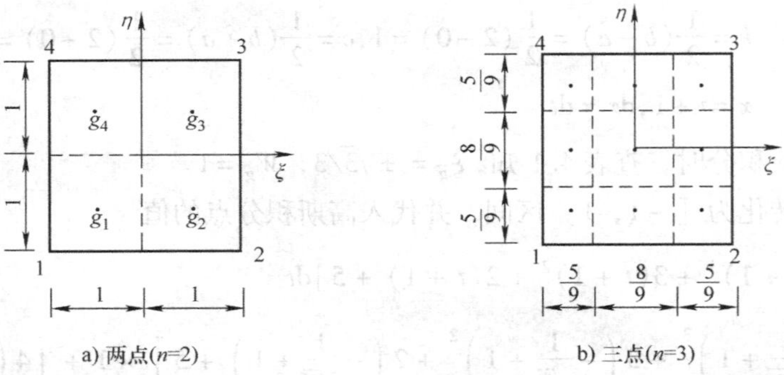

图 4.10　二维高斯积分点的位置

则由式（4.25）可以得到积分的精确值。一维高斯积分点的数目为 n，三维高斯积分点实际的数目为 n^3。

上面的讨论中，每个坐标方向上选取的积分点数目是相同的。实际上，可以根据 $f(\xi,\ \eta,\ \zeta)$ 表达式中，ξ、η 或 ζ 的幂次不同，而在不同方向上选择不同的积分点数目。根据一维高斯积分点及积分权系数的选定原则，确定相应的积分方案。

4.3.3 高斯积分的程序函数

基于 MATLAB 中的置换函数而编写的高斯积分程序函数，适用于任意被积函数在不同积分区间上的一维高斯积分。MATLAB 中置换函数 subs 的基本格式为

subs(sym(f) , findsym(sym(f)) , a)

置换函数 subs 包含三个参数：①sym（f）是待置换函数，sym 是定义基本符号对象的指令，f 是函数表达式；②findsym（sym（f））是待置换变量，findsym 是从函数 f 中寻找变量并返回该变量；③a 替代 findsym 从函数 f 中返回的变量。

调用高斯积分函数 Integral_Gauss（f，a，b，n）时（**详见链接文件：第 4 章　平面四边形单元与收敛准则 \ 1. 高斯积分函数 Integral_Gauss. txt**），被积函数 f 应有具体的表达形式，积分区间下限 a、上限 b 及高斯积分点个数 n 应为确定数。下面是利用高斯积分函数 Integral_Gauss 的算例。

1）应用两点高斯积分法，计算 $I=\int_3^5(4x^3+3x^2+2x+5)\mathrm{d}x$，调用函数的语句如下：

```
1. syms f, x                           %定义基本符号
2. f = 4 * x^3 + 3 * x^2 + 2 * x + 5   % 被积函数表达式
3. GI = Integral_Gauss（f, 3, 5, 2）   %积分区间，积分点个数，这里 n 取 2
```

运行结果：GI = 668.0000（精确值：I = 668）

2）应用三点高斯积分法，计算 $I=\int_{-1}^1\left(x^2+\cos\frac{x}{2}\right)\mathrm{d}x$，调用函数的语句如下：

```
1. syms f, x                           %定义基本符号
2. f = x^2 + cos（x/2）                % 被积函数表达式
```

3. GI = Integral_Gauss（f, -1, 1, 3） %积分区间，积分点个数，这里n取3

运行结果：GI = 2.5843 （精确值：I = 2.585）

4.4 平面四节点等参单元

三角形单元容易进行网格划分和边界形状的模拟逼近，应用灵活，其缺点是单元的应变和应力是常量，反映应变和应力变化的能力差。矩形单元的优点是单元内应变和应力是线性变化的，反映应变和应力变化的能力较强，计算精度高，但缺点也很明显，单元大小过渡困难，适应性差，应用受限。

若采用任意四边形单元，则既可保持矩形单元计算精度高，又具备三角形单元适应边界能力强等优点，但问题是不能保证单元之间位移的协调性。为了解决这个问题，通过数学上函数的映射关系，将一种图形映射成另外一种图形，可以将一个坐标系下形状复杂的几何边界映射到另一个坐标系下比较规则的几何边界，反之，也可以将简单的规则形状的几何边界映射成复杂的曲边界。这样就可以将满足收敛条件的形状规则的高精度单元作为基本单元（或称母单元），通过坐标变换映射成几何边界任意的单元，进而作为有限元分析的实际单元。这种映射必须保证实际单元与母单元之间是一一对应的关系，满足坐标变换的相容性，而且这样构造的单元，其几何特性、受力状态、力学性质都来自于真实的结构，借助于基本单元方便分析与计算。

由基本单元映射成实际单元的关系有多种，在有限元法中最普遍采用的变换方法是等参变换，即坐标变换与单元内的位移场函数采用相同数目的节点参数及相同的插值函数，等参变换方式能够满足坐标变换的相容性。通过坐标变换将任意四边形单元变换成正方形单元，变换后既保持矩形单元的反映应力变化能力强的优势，解决了矩形单元适应性差的不足，又能满足有限元解的收敛性条件。

4.4.1 坐标变换

如图4.11所示，将整体直角坐标系 Oxy 下的任意四边形（见图4.11a）变换成量纲为1的自然（局部）坐标系 $\xi\eta$ 下的正方形（见图4.11b）。无论四边形的形状和大小如何，变换后一定会变成坐标原点在形心、边长为2的正方形。变换过程中要保证：

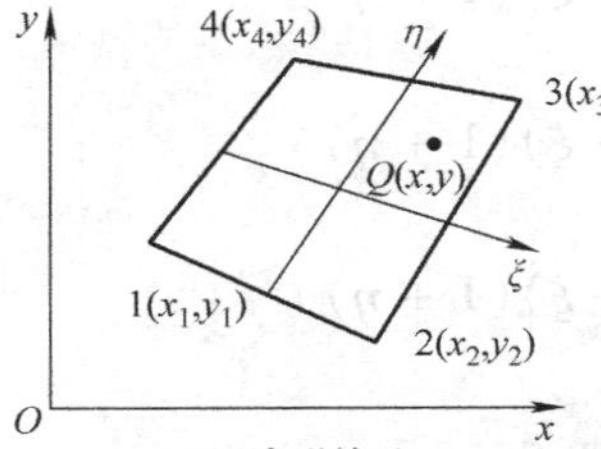

a) 四边形单元

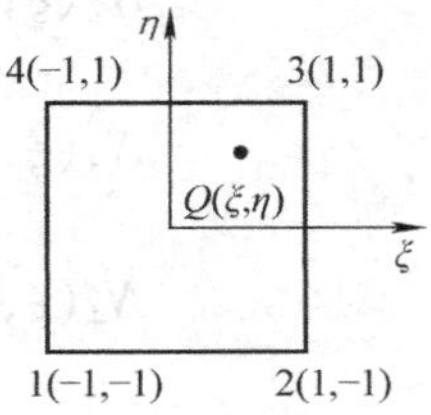

b) 基本单元或母单元

图4.11 四节点等参单元

① 四个节点仍然为节点，②原直线边仍保持直线不变，③四边形对边中点连线分别与 ξ、η 轴相对应，④四边形内任意一点 $Q(x, y)$ 与自然坐标系 $\xi\eta$ 下正方形内的点 $Q(\xi, \eta)$ 一一对应。

现在研究 $Q(x, y)$ 与 $Q(\xi, \eta)$ 的坐标变换关系。用点的自然坐标 ξ、η 来描述点的直角坐标 x 和 y，设

$$\begin{aligned} x &= \alpha_1 + \alpha_2\xi + \alpha_3\eta + \alpha_4\xi\eta \\ y &= \alpha_5 + \alpha_6\xi + \alpha_7\eta + \alpha_8\xi\eta \end{aligned} \tag{4.26}$$

式中，α_1，…，α_8 为待定系数，它们由两个坐标系下的节点坐标值来确定。

根据 $Q(x, y)$ 与 $Q(\xi, \eta)$ 在两个坐标系下的值，确定式（4.26）中第一个式的 4 个系数：

$Q \to 1$：$x_1 = \alpha_1 - \alpha_2 - \alpha_3 + \alpha_4$

$Q \to 2$：$x_2 = \alpha_1 + \alpha_2 - \alpha_3 - \alpha_4$

$Q \to 3$：$x_3 = \alpha_1 + \alpha_2 + \alpha_3 + \alpha_4$

$Q \to 4$：$x_4 = \alpha_1 - \alpha_2 + \alpha_3 - \alpha_4$

这是关于 α_1，…，α_4 的线性方程组，容易确定其值。利用同样的方法可以确定系数 α_5，…，α_8。将这些系数代入式（4.26），整理得

$$\begin{aligned} x &= N_1x_1 + N_2x_2 + N_3x_3 + N_4x_4 \\ y &= N_1y_1 + N_2y_2 + N_3y_3 + N_4y_4 \end{aligned} \tag{4.27}$$

或写成

$$\begin{aligned} x &= \sum_{i=1}^{4} N_i x_i \\ y &= \sum_{i=1}^{4} N_i y_i \end{aligned} \tag{4.28}$$

其中，

$$\begin{aligned} N_1(\xi,\eta) &= \frac{1}{4}(1-\xi)(1-\eta) \\ N_2(\xi,\eta) &= \frac{1}{4}(1+\xi)(1-\eta) \\ N_3(\xi,\eta) &= \frac{1}{4}(1+\xi)(1+\eta) \\ N_4(\xi,\eta) &= \frac{1}{4}(1-\xi)(1+\eta) \end{aligned} \tag{4.29}$$

式（4.29）可写成

$$N_i(\xi,\eta) = \frac{1}{4}(1+\xi_i\xi)(1+\eta_i\eta) \quad (i = 1,2,3,4) \tag{4.30}$$

式中，ξ_i 和 η_i 为母单元 4 个节点的量纲为 1 的自然坐标值，实质上是为了取正负号。

按照式（4.27）或式（4.28）的关系进行坐标变换，就可以将边长为2的正方形映射为直角坐标系下的任意四边形，单元内任意一点 Q（x，y）由相应的唯一的 Q（ξ，η）点表达，式（4.27）或式（4.28）称为几何模式。坐标函数还可以按下式计算：

$$\{x \quad y\} = [N_1 \quad N_2 \quad N_3 \quad N_4]\begin{bmatrix} x_1 & y_1 \\ x_2 & y_2 \\ x_3 & y_3 \\ x_4 & y_4 \end{bmatrix} \tag{4.31}$$

提醒一点，自然坐标轴 ξ、η 实质上是任意四边形单元对边的中点连线，二者不一定是垂直的，如图4.11a所示。正方形的基本单元（见图4.11b），只是为了便于理解才画出来，实际操作时并不需要画出来。

利用MATLAB的字符运算功能，根据四边形单元在直角坐标系下的四个节点的坐标值，推算坐标变换时，用量纲为1的坐标 ξ、η 表示直角坐标系 x、y 表达式的程序函数为XY_CxiEta（**详见链接文件：第4章 平面四边形单元与收敛准则\2. 推导几何模式函数XY_CxiEta.txt**）。

例如，某单元四个节点坐标值分别为1（1，1）、2（4，2）、3（3，5）、4（0，3），输入“X0 = [1; 4; 3; 0]，Y0 = [1; 2; 5; 3]”，运行程序函数XY_CxiEta后，得到：

```
x =2 +3/2 * cxi - 1/2 * eta
y =11/4 +3/4 * cxi +5/4 * eta +1/4 * cxi * eta
```

4.4.2 位移模式

任意四边形单元的节点位移是在统一的直角坐标系下定义的，单元上每个点的位移均为两个互相垂直的分量 u 和 v，如图4.12所示。若节点位移 $\boldsymbol{f}_i = \{u_i \quad v_i\}^{\mathrm{T}}$，（$i=1，2，3，4$），则单元的节点位移矢量为

$$\boldsymbol{\delta}_e = \{u_1 \quad v_1 \quad u_2 \quad v_2 \quad u_3 \quad v_3 \quad u_4 \quad v_4\}^{\mathrm{T}}$$

因为任意四边形单元不能满足位移的协调性，因此不能在 Oxy 系下直接构造位移模式。基本单元在边界上的位移插值函数退化为线性函数，能满足单元之间的位移协调性。经过式（4.27）的坐标变换后，两个坐标系下的点是一一对应的关系，基本单元完全可以表达原单元，用基本单元内的 Q（ξ，η）点代表原单元中的 $Q(x，y)$ 点构造位移模式。假设位移模式为

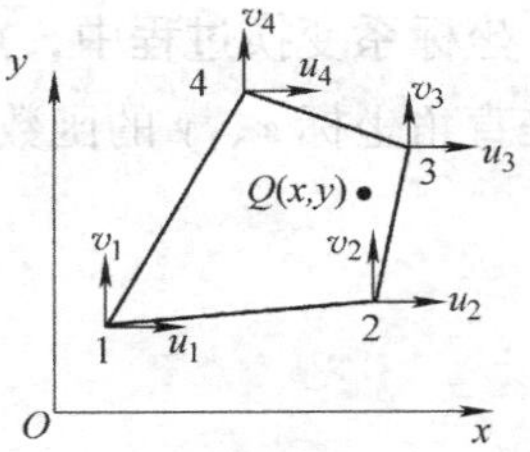

图4.12 任意四边形单元的节点位移

$$\begin{aligned} u &= \alpha_1 + \alpha_2\xi + \alpha_3\eta + \alpha_4\xi\eta \\ v &= \alpha_5 + \alpha_6\xi + \alpha_7\eta + \alpha_8\xi\eta \end{aligned} \tag{4.32}$$

其中，待定系数 α_1，…，α_8 的确定方法与矩形单元完全相同。则有

$$\begin{cases} u = N_1 u_1 + N_2 u_2 + N_3 u_3 + N_4 u_4 \\ v = N_1 v_1 + N_2 v_2 + N_3 v_3 + N_4 v_4 \end{cases} \tag{4.33}$$

其中形函数

$$N_i(\xi,\eta) = \frac{1}{4}(1+\xi_i\xi)(1+\eta_i\eta) \quad (i=1,2,3,4) \tag{4.34}$$

位移模式写成通式，即

$$\boldsymbol{f} = \boldsymbol{N}\boldsymbol{\delta}_e \tag{4.35}$$

式中，形函数矩阵 $\boldsymbol{N}$ 为 2×8 阶矩阵。

比较几何模式（4.27）与位移模式（4.33）可以发现，二者形式相同，且具有完全相同的形函数［式（4.30）与式（4.34）］，即描述几何形状函数与描述位移的阶次相同，这种变换的单元称为等参元。如果几何模式中的阶次比位移模式的阶次高，称为超参元；反之，如果几何模式中的阶次比位移模式的阶次低，则称为亚参元。

4.4.3 应变矩阵与雅可比矩阵

根据几何方程求单元上任意一点的应变分量，其应变矩阵的形式与矩形单元相同，表示为

$$\boldsymbol{B}_i = \begin{bmatrix} \dfrac{\partial N_i}{\partial x} & 0 \\ 0 & \dfrac{\partial N_i}{\partial y} \\ \dfrac{\partial N_i}{\partial y} & \dfrac{\partial N_i}{\partial x} \end{bmatrix} \quad (i=1,2,3,4)$$

应注意到，形函数 N_i 不是 x、y 的显函数，而是自然坐标 ξ、η 的显函数，而 x、y 也是自然坐标 ξ、η 的函数。直接计算形函数 N_i 对 x、y 的偏导数很困难，不过可以通过复合函数求导法则来计算应变矩阵。

坐标系变换过程中，点的映射是一一对应的，x、y 是自然坐标 ξ、η 的函数，同样 ξ、η 也是直角坐标 x、y 的函数。根据复合函数求导法则：

$$\begin{aligned} \frac{\partial N_i}{\partial \xi} &= \frac{\partial N_i}{\partial x}\frac{\partial x}{\partial \xi} + \frac{\partial N_i}{\partial y}\frac{\partial y}{\partial \xi} \\ \frac{\partial N_i}{\partial \eta} &= \frac{\partial N_i}{\partial x}\frac{\partial x}{\partial \eta} + \frac{\partial N_i}{\partial y}\frac{\partial y}{\partial \eta} \end{aligned} \quad (i=1,2,3,4)$$

写成矩阵形式为

$$\begin{Bmatrix} \dfrac{\partial N_i}{\partial \xi} \\ \dfrac{\partial N_i}{\partial \eta} \end{Bmatrix} = \begin{bmatrix} \dfrac{\partial x}{\partial \xi} & \dfrac{\partial y}{\partial \xi} \\ \dfrac{\partial x}{\partial \eta} & \dfrac{\partial y}{\partial \eta} \end{bmatrix} \begin{Bmatrix} \dfrac{\partial N_i}{\partial x} \\ \dfrac{\partial N_i}{\partial y} \end{Bmatrix} \quad (i=1,2,3,4) \tag{4.36}$$

上式中，式（4.34）对量纲为 1 的自然坐标 ξ、η 的偏导数为

$$\begin{Bmatrix} \dfrac{\partial N_i}{\partial \xi} \\ \dfrac{\partial N_i}{\partial \eta} \end{Bmatrix} = \begin{Bmatrix} \dfrac{1}{4}\xi_i(1+\eta_i\eta) \\ \dfrac{1}{4}\eta_i(1+\xi_i\xi) \end{Bmatrix} \quad (i=1,2,3,4) \tag{4.37}$$

若令

$$\boldsymbol{J} = \begin{bmatrix} \dfrac{\partial x}{\partial \xi} & \dfrac{\partial y}{\partial \xi} \\ \dfrac{\partial x}{\partial \eta} & \dfrac{\partial y}{\partial \eta} \end{bmatrix} \tag{4.38}$$

称为雅可比（Jacobian）矩阵。相应的行列式称为雅可比行列式，记为

$$|\boldsymbol{J}| = \begin{vmatrix} \dfrac{\partial x}{\partial \xi} & \dfrac{\partial y}{\partial \xi} \\ \dfrac{\partial x}{\partial \eta} & \dfrac{\partial y}{\partial \eta} \end{vmatrix} \tag{4.39}$$

将式（4.27）或式（4.28）代入式（4.38）整理，则雅可比矩阵可按下式计算：

$$\boldsymbol{J} = \begin{bmatrix} \sum\limits_{i=1}^{4} \dfrac{\partial N_i}{\partial \xi} x_i & \sum\limits_{i=1}^{4} \dfrac{\partial N_i}{\partial \xi} y_i \\ \sum\limits_{i=1}^{4} \dfrac{\partial N_i}{\partial \eta} x_i & \sum\limits_{i=1}^{4} \dfrac{\partial N_i}{\partial \eta} y_i \end{bmatrix} \tag{4.40}$$

写成矩阵相乘的形式：

$$\boldsymbol{J} = \begin{bmatrix} \dfrac{\partial N_1}{\partial \xi} & \dfrac{\partial N_2}{\partial \xi} & \dfrac{\partial N_3}{\partial \xi} & \dfrac{\partial N_4}{\partial \xi} \\ \dfrac{\partial N_1}{\partial \eta} & \dfrac{\partial N_2}{\partial \eta} & \dfrac{\partial N_3}{\partial \eta} & \dfrac{\partial N_4}{\partial \eta} \end{bmatrix} \begin{bmatrix} x_1 & y_1 \\ x_2 & y_2 \\ x_3 & y_3 \\ x_4 & y_4 \end{bmatrix} \tag{4.41}$$

这里要特别指出，每个单元有且只有一个雅可比矩阵。不同单元由于节点位置不同，雅可比矩阵一般是不同的。但两个全等的四边形单元，只有平动而无转动时，它们的雅可比矩阵相同。

雅可比行列式可直接由下式计算

$$|\boldsymbol{J}| = \frac{1}{8}\ \{x_1 \quad x_2 \quad x_3 \quad x_4\} \begin{bmatrix} 0 & 1-\eta & \eta-\xi & \xi-1 \\ \eta-1 & 0 & 1+\xi & -\xi-\eta \\ \xi-\eta & -1-\xi & 0 & 1+\eta \\ 1-\xi & \xi+\eta & -1-\eta & 0 \end{bmatrix} \begin{Bmatrix} y_1 \\ y_2 \\ y_3 \\ y_4 \end{Bmatrix} \tag{4.42}$$

根据式（4.36）得形函数对直角坐标的偏导数

$$\begin{Bmatrix} \dfrac{\partial N_i}{\partial x} \\ \dfrac{\partial N_i}{\partial y} \end{Bmatrix} = \boldsymbol{J}^{-1} \begin{Bmatrix} \dfrac{\partial N_i}{\partial \xi} \\ \dfrac{\partial N_i}{\partial \eta} \end{Bmatrix} \quad (i=1,2,3,4) \tag{4.43}$$

其中，$\boldsymbol{J}^{-1}$是雅可比矩阵$\boldsymbol{J}$的逆矩阵，可按下式计算：

$$\boldsymbol{J}^{-1}=\frac{1}{|\boldsymbol{J}|}\begin{bmatrix}\dfrac{\partial y}{\partial \eta} & -\dfrac{\partial y}{\partial \xi}\\ -\dfrac{\partial x}{\partial \eta} & \dfrac{\partial x}{\partial \xi}\end{bmatrix} \tag{4.44}$$

每个单元的雅克比逆矩阵$\boldsymbol{J}^{-1}$都是唯一的。

求得$\dfrac{\partial N_i}{\partial x}$、$\dfrac{\partial N_i}{\partial y}$之后，再按式（4.7）生成应变矩阵。综上所述，等参单元的应变矩阵的求解过程如下：

1）求出形函数对量纲为 1 的自然坐标的偏导数（4.37）；

2）计算雅可比矩阵（4.38）以及雅可比行列式（4.39）或式（4.42）；

3）计算雅可比矩阵的逆矩阵（4.44）；

4）计算形函数对整体直角坐标的偏导数（4.43）；

5）组成应变矩阵（4.7）。

利用 MATLAB 的字符运算功能，推算形函数对量纲为 1 的坐标的偏导数、雅可比矩阵、雅可比行列式表达式的程序函数 Jacobian（**详见链接文件：第 4 章　平面四边形单元与收敛准则 \ 3. 雅可比函数 Jacobian. txt**）。

仍以上述的四个节点坐标 1（1，1），2（4，2），3（3，5），4（0，3）为例，运行函数 Jacobian，结果为

```
N_cxi =
  [ -1/4 + 1/4 * eta,   1/4 - 1/4 * eta,   1/4 + 1/4 * eta,  -1/4 - 1/4 * eta]
N_eta =
  [ -1/4 + 1/4 * cxi,  -1/4 - 1/4 * cxi,   1/4 + 1/4 * cxi,   1/4 - 1/4 * cxi]
JA =
  [        3/2, 3/4 + 1/4 * eta]
  [       -1/2, 5/4 + 1/4 * cxi]
dt_JA =
  9/4 + 3/8 * cxi + 1/8 * eta
inv_JA =
  [ 2 * (5 + cxi) / (18 + 3 * cxi + eta), -2 * (3 + eta) / (18 + 3 * cxi + eta)]
  [         4/ (18 + 3 * cxi + eta),          12/ (18 + 3 * cxi + eta)]
```

4.4.4 等参变换的条件

根据式（4.28）的关系，将基本单元（见图 4.11b）映射成任意四边形单元（见图 4.11a），这是否说明任意形状的四边形都可以用作单元网格呢？还有什么限制条件吗？

基本单元的ξ、η轴实质上是不垂直的，与四边形单元对边中点连线相对应，也会随单元形状而改变，不能用于定义节点位移分量。因此，四边形单元的节点位移是在整体直角坐标系下定义的，如图 4.12 所示，这就是应变矩阵要求形函数对整体直角坐标求偏导数的

原因。

在计算形函数对整体直角坐标的偏导数（4.43）时，需要计算雅可比矩阵 $\boldsymbol{J}$ 的逆矩阵。从式（4.44）可知，如果 $|\boldsymbol{J}|=0$，雅可比矩阵的逆矩阵不存在，那么两个坐标系之间的偏导数关系式（4.43）也就不可能实现，因此雅可比行列式 $|\boldsymbol{J}|$ 不为零是等参变换的先决条件。等参变换的条件是

$$|\boldsymbol{J}| \neq 0 \tag{4.45}$$

$|\boldsymbol{J}|$ 不为零是直角坐标系与自然坐标系之间一对一变换的条件。如果 $|\boldsymbol{J}|=0$，则直角坐标系下的面积微元 $\mathrm{d}x\mathrm{d}y$ 也为 0。现在着重研究在有限元分析中出现 $|\boldsymbol{J}|=0$ 的情况。图 4.13 表示的是两个坐标系下的积分元，用 $\boldsymbol{i}$、$\boldsymbol{j}$、$\boldsymbol{k}$ 表示 x、y、z 方向的单位矢量，用 $\boldsymbol{i}'$、$\boldsymbol{j}'$ 表示 ξ、η 方向的单位矢量。根据坐标变换关系，有

$$\begin{aligned} \mathrm{d}x\boldsymbol{i} &= \frac{\partial x}{\partial \xi}\mathrm{d}\xi\boldsymbol{i}' + \frac{\partial x}{\partial \eta}\mathrm{d}\eta\boldsymbol{j}' \\ \mathrm{d}y\boldsymbol{j} &= \frac{\partial y}{\partial \xi}\mathrm{d}\xi\boldsymbol{i}' + \frac{\partial y}{\partial \eta}\mathrm{d}\eta\boldsymbol{j}' \end{aligned} \tag{a}$$

由矢量分析

$$\begin{aligned} \mathrm{d}A &= |\mathrm{d}x\boldsymbol{i} \times \mathrm{d}y\boldsymbol{j}| = \left| \left(\frac{\partial x}{\partial \xi}\mathrm{d}\xi\boldsymbol{i}' + \frac{\partial x}{\partial \eta}\mathrm{d}\eta\boldsymbol{j}'\right) \times \left(\frac{\partial y}{\partial \xi}\mathrm{d}\xi\boldsymbol{i}' + \frac{\partial y}{\partial \eta}\mathrm{d}\eta\boldsymbol{j}'\right) \right| \\ &= \begin{vmatrix} \dfrac{\partial x}{\partial \xi} & \dfrac{\partial y}{\partial \xi} \\ \dfrac{\partial x}{\partial \eta} & \dfrac{\partial y}{\partial \eta} \end{vmatrix} \mathrm{d}\xi\mathrm{d}\eta = |\boldsymbol{J}|\mathrm{d}\xi\mathrm{d}\eta \end{aligned} \tag{b}$$

如图 4.13 所示，在直角坐标系中，ξ、η 两轴并不垂直，面积微元为两轴矢量的叉乘，可直接写出

$$\begin{aligned} \mathrm{d}A &= |\mathrm{d}\xi\boldsymbol{i}' \times \mathrm{d}\eta\boldsymbol{j}'| \\ &= |\mathrm{d}\xi| \cdot |\mathrm{d}\eta| \sin(\mathrm{d}\xi\boldsymbol{i}', \mathrm{d}\eta\boldsymbol{j}') \end{aligned} \tag{c}$$

式中，$|\mathrm{d}\xi|$ 和 $|\mathrm{d}\eta|$ 分别为 $\mathrm{d}\xi$ 和 $\mathrm{d}\eta$ 的长度。将式（c）与式（b）比较，得

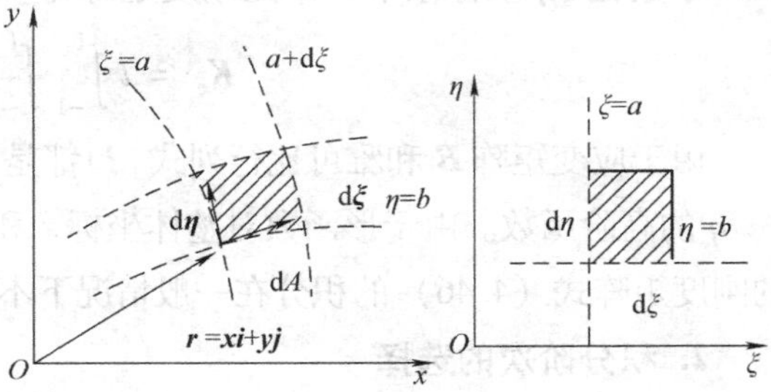

图 4.13　面积微元示意图

$$|\boldsymbol{J}| = \frac{|\mathrm{d}\xi| \cdot |\mathrm{d}\eta| \sin(\mathrm{d}\xi\boldsymbol{i}', \mathrm{d}\eta\boldsymbol{j}')}{\mathrm{d}\xi\mathrm{d}\eta} \tag{d}$$

从上式可见，导致出现 $|\boldsymbol{J}|=0$ 的情况有三种，即

$$|\mathrm{d}\xi| = 0, \quad |\mathrm{d}\eta| = 0, \quad \sin(\mathrm{d}\xi\boldsymbol{i}', \mathrm{d}\eta\boldsymbol{j}') = 0 \tag{e}$$

结合图 4.14 说明式（e）的几种单元形状：

① 图 4.14a 是一般正常单元划分情况 $|\boldsymbol{J}| \neq 0$；②图 4.14b 表示单元节点 3 与 4 退化为一个节点，在该点 $|\mathrm{d}\xi|=0$；③图 4.14c 表示单元节点 2 与 3 退化为一个节点，在该点 $|\mathrm{d}\eta|=0$；④图 4.14d 中单元节点 1、节点 2 和节点 3 的内角都小于 180°，$\sin(\mathrm{d}\xi\boldsymbol{i}', \mathrm{d}\eta\boldsymbol{j}')>0$；但节点 4 的内角大于 180°，$\sin(\mathrm{d}\xi\boldsymbol{i}', \mathrm{d}\eta\boldsymbol{j}')<0$，因为正弦是连续函数，所以在单元内必定存在一点，使得 $\sin(\mathrm{d}\xi\boldsymbol{i}', \mathrm{d}\eta\boldsymbol{j}')=0$。

如果单元网格出现类似于图 4.14b、c、d 的情况，都将使单元出现 $|\boldsymbol{J}|=0$ 的现象，导致等参变换失败。因此在进行单元划分时，应使四边形的边长尽量接近，内角相差也要小些；应避免出现过分歪曲的单元、一个边尺寸过小、内角接近 180°或内凹形状，以防发生 $|\boldsymbol{J}|=0$ 的情况。

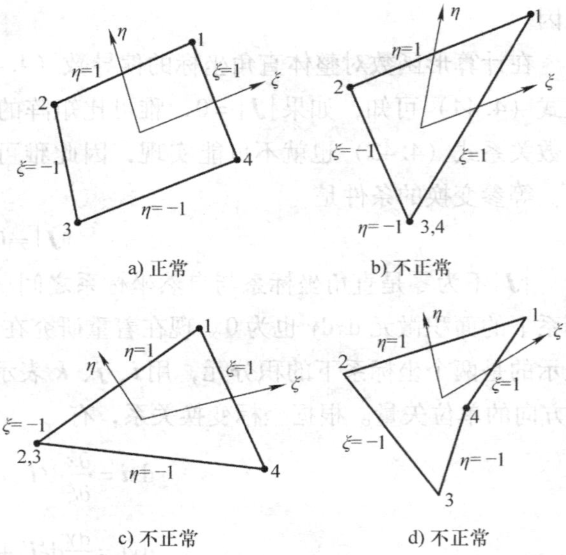

图 4.14　单元划分的几种情况

4.4.5 单元刚度矩阵

1. 单元刚度矩阵表达式

平面四节点等参单元的刚度矩阵仍可表达为

$$\boldsymbol{K}_e = \iint_{\Omega} \boldsymbol{B}^{\mathrm{T}}\boldsymbol{D}\boldsymbol{B}\ t\mathrm{d}x\mathrm{d}y$$

积分域为 Oxy 系下的四边形单元范围。应变矩阵是 ξ、η 的函数，可将 Oxy 系下的积分转化为 $\xi\eta$ 坐标系下的定积分，在母单元范围内进行积分计算相对容易。由矢量分析，两个坐标系下积分元的关系为

$$\mathrm{d}x\mathrm{d}y = |\boldsymbol{J}|\mathrm{d}\xi\mathrm{d}\eta$$

于是在 $\xi\eta$ 坐标系下，单元刚度矩阵为

$$\boldsymbol{K}_e = t\int_{-1}^{1}\int_{-1}^{1} \boldsymbol{B}^{\mathrm{T}}\boldsymbol{D}\boldsymbol{B}\,|\boldsymbol{J}|\mathrm{d}\xi\mathrm{d}\eta \tag{4.46}$$

由于应变矩阵 $\boldsymbol{B}$ 和雅可比行列式 $|\boldsymbol{J}|$ 都是 ξ、η 的函数，所以式（4.46）中的被积函数是 ξ、η 的高阶函数。由于形函数对整体坐标 x 和 y 的求导中包含雅可比矩阵的逆矩阵，等参单元的刚度矩阵式（4.46）的积分在一般情况下不能得到显式，所以采用高斯积分方法计算。

2. 积分阶次的选择

采用数值积分代替精确积分时，积分阶次的选取应适当，因为它直接影响计算精度、计算工作量，甚至关系到计算的成败。积分点数目 n 过少计算精度低，n 过大将导致计算工作量会随着积分点数目增多而急剧地增加。选择积分点数目 n 主要从两方面考虑：一是要保证积分的精度，尽量不损失收敛性；二是要避免引起结构总刚度矩阵的奇异性，导致计算的失败。

用高斯积分法积分时，取 n 个积分点，可得到被积函数是（$2n-1$）阶多项式的精确积分结果，利用该特点，通过分析被积多项式的阶次可确定应取积分点个数。对于一维问题，若形函数 $\boldsymbol{N}$ 为 p 阶多项式，在计算应变矩阵 $\boldsymbol{B}$ 时微分算子的最高阶导数为 m 阶，则 $\boldsymbol{B}$ 中元素为 $p-m$ 阶多项式，$\boldsymbol{B}^{\mathrm{T}}\boldsymbol{D}\boldsymbol{B}$ 中元素则为 2（$p-m$）阶多项式。如果雅可比行列式为常数，那么刚度矩阵中的被积函数为 2（$p-m$）阶多项式。要做到精确积分，积分点个数应为 $n=$

$(p-m+1)$。

若形函数为 p 阶完全多项式，对于二维问题中的矩形单元和平行四边形单元以及三维问题中的正六面体单元和平行六面体单元，$|\boldsymbol{J}|$是常数，就可得到单刚的精确积分。但对于一般二维或三维问题单元，$|\boldsymbol{J}|$不是常数，而且形函数中还可能包含高于 p 阶的非完全项，刚度矩阵中被积函数的阶次高于 $2(p-m)$ 阶，具体的阶次通常是不易确定的。若按 $2(p-m)$ 阶计算，积分结果的精度将达不到精确积分的要求。但在多数情况下，选择低于精确积分的积分阶次（称为减缩积分方案）的有限元分析结果要好于按精确积分得到的结果，同时也缩短了计算时间。

有限元分析的精度与完全多项式的阶次有关，非完全的高次项一般不能提高精度，而且还会有不利影响。从这个意义上说，只要能保证形函数的完全多项式部分的精确积分，就不会因积分误差而对有限元分析的精度产生影响。由于非完全的高次项在积分时得不到保证，相当于对原位移函数做了调整，改善了单元分析的精度。这种减缩积分方案是以保证完全多项式的积分精度来确定积分阶次的方案，因此称为优化积分方案。

由于位移法有限元解答的下限性，离散模型的刚度要高于实际模型，减缩积分方案相当于降低了离散模型的刚度，因而会改善计算精度。采用减缩积分方案时，应注意防止由于不精确积分而引起的总刚度矩阵在引入边界条件后成为奇异矩阵，导致计算失败。这一点在采用精确积分时是不会发生的，原因是当总刚度矩阵 $\boldsymbol{K}$ 为 h 阶时，要使它非奇异，应提供 h 个节点参数之间的独立线性关系。如果所有积分点所能提供的独立关系的个数少于 h 的话，则总刚度矩阵 $\boldsymbol{K}$ 一定是奇异的。

实际计算结果表明，如果在划分网格时，形状不过分扭曲，一般单元的$|\boldsymbol{J}|$偏离常数的条件不远，不会增加积分阶次对计算结果精度的影响，在工程中通常是可以接受的。表 4.2 给出了二维四边形等参单元刚度矩阵推荐采用的积分阶数，也可推广到一维或三维单元刚度矩阵的计算。

表 4.2　二维等参单元刚度矩阵推荐采用的积分阶数

单元节点数	单元	图例	常用积分阶数	最高积分阶数
4	矩形	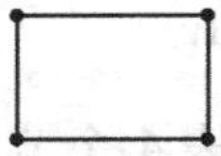	2×2	3×3
	任意四边形	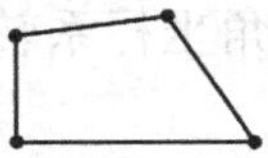	2×2	3×3
8	矩形		2×2	3×3
	曲边形		3×3	4×4

（续）

单元节点数	单元	图例	常用积分阶数	最高积分阶数
9	矩形		2×2	3×3
	曲边形	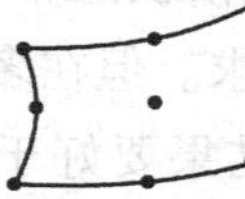	3×3	4×4

3. 采用高斯积分法计算平面四节点等参单元的单元刚度矩阵

在平面四节点等参单元的单元刚度矩阵（4.46）中，被积函数复杂往往得不到显示表达，采用高斯积分法，计算式为

$$\boldsymbol{K}_e = t\sum_{i=1}^{n}\sum_{j=1}^{n} W_i \times W_j[\boldsymbol{B}(\xi_i,\eta_j)]^{\mathrm{T}}\boldsymbol{D}[\boldsymbol{B}(\xi_i,\eta_j)]\,|\boldsymbol{J}(\xi_i,\eta_j)| \tag{4.47}$$

式中，n 为积分阶数；ξ_i、η_j 为高斯积分点坐标；W_i、W_j 为权系数。

参考表4.2，采用2×2阶高斯积分计算平面四节点等参单元的单元刚度矩阵能得到很好的结果。当 $n=2$ 时，积分点的位置如图4.10a所示，坐标值 ξ_g，$\eta_g = \pm 0.57735$，积分权系数 $W_g=1$，式（4.47）简化为

$$\boldsymbol{K}_e = t\sum_{r=1}^{2}\sum_{s=1}^{2}[\boldsymbol{B}(\xi_r,\eta_s)]^{\mathrm{T}}\boldsymbol{D}[\boldsymbol{B}(\xi_r,\eta_s)]\,|\boldsymbol{J}(\xi_r,\eta_s)|$$

4.4.6 等效节点载荷

与三角形单元类似，四边形单元的等效节点载荷是将分布载荷转换为节点载荷。通常集中力作用点都选取为节点，直接添加到总的载荷矢量中。

1. 体力的等效节点载荷

如果单元内体力为 $\boldsymbol{p}$，则平面问题体力的等效节点载荷为

$$\boldsymbol{P}_e = \iint \boldsymbol{N}^{\mathrm{T}}\boldsymbol{p}\; t\mathrm{d}x\mathrm{d}y$$

式中，四节点等参单元的 $\boldsymbol{P}_e$ 是8×1阶的列矢量，代表4个节点的等效载荷分量。将两个坐标系下积分元的关系 $\mathrm{d}x\mathrm{d}y = |\boldsymbol{J}|\mathrm{d}\xi\mathrm{d}\eta$ 代入上式，直角坐标系转换为自然坐标系下四节点等参单元体力的等效节点载荷为

$$\boldsymbol{P}_e = t\int_{-1}^{1}\int_{-1}^{1}\boldsymbol{N}^{\mathrm{T}}\boldsymbol{p}\,|\boldsymbol{J}|\mathrm{d}\xi\mathrm{d}\eta \tag{4.48}$$

采用2×2阶高斯积分法，计算式为

$$\boldsymbol{P}_e = t\sum_{r=1}^{2}\sum_{s=1}^{2}[\boldsymbol{N}(\xi_r,\eta_s)]^{\mathrm{T}}\boldsymbol{p}\,|\boldsymbol{J}(\xi_r,\eta_s)| \tag{4.49}$$

2. 面力的等效节点载荷

设单元的某一条边上作用面力为 $\bar{\boldsymbol{p}}$，则面力的等效节点载荷为

$$\overline{\boldsymbol{P}}_e = t\int_S \boldsymbol{N}^{\mathrm{T}}\,\overline{\boldsymbol{p}}\mathrm{d}s$$

在计算上式边界积分时，需要将边线微元 ds 在两个坐标系中进行转换。假设在单元的 2#与 3#节点边上有面力作用，该边 $\xi=1$，可以证明，直角坐标系与自然坐标系下边线微元的关系为

$$\mathrm{d}s = \frac{1}{2}s_{23}\mathrm{d}\eta \tag{4.50}$$

式中，s_{23}表示四边形单元 2#与 3#节点的边长，由下式计算

$$s_{23} = \sqrt{(x_3-x_2)^2+(y_3-y_2)^2}$$

面力在 $\xi=1$ 边上的等效节点载荷为

$$\overline{\boldsymbol{P}}_e = \frac{1}{2}t\cdot s_{23}\int_{-1}^{1}\boldsymbol{N}^{\mathrm{T}}\overline{\boldsymbol{p}}\,\mathrm{d}\eta \tag{4.51}$$

如果在 $\xi=1$ 边上的面力 $\overline{\boldsymbol{p}}=\{\overline{X}\quad\overline{Y}\}^{\mathrm{T}}$ 是常量，则其等效节点力矢量为

$$\overline{\boldsymbol{P}}_{ei} = \begin{Bmatrix}\overline{P}_{ix}\\ \overline{P}_{iy}\end{Bmatrix} = \frac{1}{2}\begin{Bmatrix}\overline{X}ts_{23}\\ \overline{Y}s_{23}\end{Bmatrix}\quad (i=2,\ 3)$$

该式说明，当面力在单元边上均匀分布时，面力等效节点载荷为单元面力的合力平均分配到相应的两个节点上，其他点上的力为零。该特点与三角形单元完全相同，因为在边界上存在 $\xi=\pm1$ 或 $\eta=\pm1$，形函数是线性的。

当面力作用在其他边上，或以其他形式分布时，可采用类似的方法计算。

~~~~~~

式（4.50）的推导过程（以下为选读内容）

变量微分

$$\mathrm{d}x = \frac{\partial x}{\partial\xi}\mathrm{d}\xi + \frac{\partial x}{\partial\eta}\mathrm{d}\eta,\quad \mathrm{d}y = \frac{\partial y}{\partial\xi}\mathrm{d}\xi + \frac{\partial y}{\partial\eta}\mathrm{d}\eta \tag{a}$$

边线微元的长度

$$\mathrm{d}s = \sqrt{(\mathrm{d}x)^2+(\mathrm{d}y)^2} \tag{b}$$

在 $\xi=\pm1$ 边上，$\mathrm{d}\xi=0$，则有

$$\mathrm{d}s = \sqrt{\left(\frac{\partial x}{\partial\eta}\right)^2+\left(\frac{\partial y}{\partial\eta}\right)^2}\mathrm{d}\eta \tag{c}$$

在 $\eta=\pm1$ 边上，$\mathrm{d}\eta=0$，则有

$$\mathrm{d}s = \sqrt{\left(\frac{\partial x}{\partial\xi}\right)^2+\left(\frac{\partial y}{\partial\xi}\right)^2}\mathrm{d}\xi \tag{d}$$

若面力在 $\xi=1$ 边上，即图 4.11 中的 2#与 3#节点边上，此时

$$N_1(\xi,\eta)=0,N_4(\xi,\eta)=0$$
$$N_2(\xi,\eta)=\frac{1}{2}(1-\eta),N_3(\xi,\eta)=\frac{1}{2}(1+\eta) \tag{e}$$

那么
~~~~~~

$$x = \sum_{i=1}^{4} N_i x_i = \frac{1}{2}x_2(1-\eta) + \frac{1}{2}x_3(1+\eta)$$
$$y = \sum_{i=1}^{4} N_i y_i = \frac{1}{2}y_2(1-\eta) + \frac{1}{2}y_3(1+\eta) \tag{f}$$

由式（c）及式（f），得到

$$\mathrm{d}s = \frac{1}{2}\sqrt{(x_3-x_2)^2+(y_3-y_2)^2}\,\mathrm{d}\eta = \frac{1}{2}s_{23}\mathrm{d}\eta$$

式中，s_{23}表示四边形单元2 #与3 #节点的边长。

4.4.7 等参单元应力的计算

在求解有限元方程之后，可以得到节点位移，再根据$\boldsymbol{\varepsilon}=\boldsymbol{B\delta}_e$、$\boldsymbol{\sigma}=\boldsymbol{D\varepsilon}=\boldsymbol{S\delta}_e$计算单元的应变、应力。四节点等参元的应变矩阵$\boldsymbol{B}$和应力矩阵$\boldsymbol{S}$都是坐标$\xi$和$\eta$的函数，单元应变和应力不是常量，单元内不同点的应力值不同。

应变矩阵$\boldsymbol{B}$是形函数$\boldsymbol{N}$对坐标进行求导后得到的矩阵。求一次导，插值多项式的次数就会降低一次，所以通过导数运算得到的应变$\boldsymbol{\varepsilon}$和应力$\boldsymbol{\sigma}$的精度较位移$\boldsymbol{\delta}$降低了，也就是说有限元法得到的应变$\boldsymbol{\varepsilon}$和应力$\boldsymbol{\sigma}$的解答可能具有较大的误差。应力解的近似性表现在：单元内部一般不满足平衡方程；单元与单元的交界面上应力一般不连续；在力的边界上一般也不满足力的边界条件。

采用位移作为未知场函数，利用系统总势能的变分得到的求解方程是系统的平衡方程，满足各个节点的平衡条件，以及各个单元和整个结构的总体平衡条件，求解方程解得到的是各个节点的位移值。而平衡方程式、力的边界条件及单元交界面上内力的连续条件是总势能泛函的欧拉方程，只有在位移变分完全任意的情况下，才能精确地满足欧拉方程。在有限元法中，只有当单元尺寸趋于零时，即自由度数趋于无穷时，才能精确地满足平衡方程、力的边界条件及单元交界面上力的连续条件。当单元尺寸的有限值时，即自由度数为有限量，这些方程只能是近似地被满足。除非实际应力变化的阶次等于或低于所采用单元的应力阶次，否则得到的只能是近似的解答。

如果位移近似解是p次多项式，且应变由位移的m阶微分定义，则应变近似解$\tilde{\boldsymbol{\varepsilon}}$或应力近似解$\tilde{\boldsymbol{\sigma}}$是$n=p-m$次多项式。在高斯积分点上的近似解$\tilde{\boldsymbol{\varepsilon}}$或$\tilde{\boldsymbol{\sigma}}$具有比本身高一次的精度，称此点为单元的最佳应力点，又称优化应力点或超收敛应力点。如果积分阶次合适，在积分点上，近似解$\tilde{\boldsymbol{\varepsilon}}$或$\tilde{\boldsymbol{\sigma}}$与精确解$\boldsymbol{\varepsilon}$或$\boldsymbol{\sigma}$相等。如图4.15所示，假定精确解$\boldsymbol{\varepsilon}$为二次方变化曲线，在采用二次方单元求解时，得到分段的线性近似解$\tilde{\boldsymbol{\varepsilon}}$，在比线性高一次（$n+1=2$）的高斯积分点上，近似解$\tilde{\boldsymbol{\varepsilon}}$与精确解$\boldsymbol{\varepsilon}$相等。

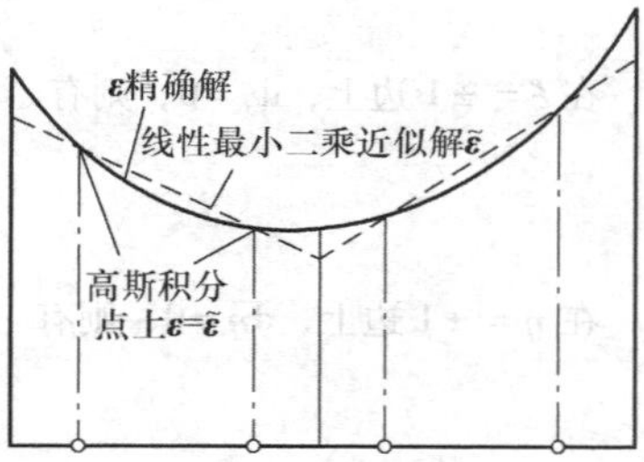

图4.15　二次方应变$\boldsymbol{\varepsilon}$与分段线性最小二乘近似解$\tilde{\boldsymbol{\varepsilon}}$

对于二维和三维单元，一般情况下$|\boldsymbol{J}|$不是常数，不能判定精确解多项式的次数，但同样存在高斯积分点上的应变或应力近似解比其他部位具有较高的精度。虽然高斯积分点的应

力精度较高，但节点上的应力更加实用，这是因为节点常常位于物体的表面，物体表面上的应力值一般要大于结构内部点的应力。另外，一个节点常被几个单元共享，由各个单元分别计算得到的节点应力差异可以用来度量分析的误差。单元内节点应力与高斯点应力的计算流程相同，只需用节点处的参考坐标值替换高斯积分点坐标即可。

一般情况下，单元间的应力是不连续的，可以采用节点平均、单元平均、总体应力磨平或单元局部应力磨平等方法进行处理，以改善所得的结果。图 4.16 为总体应力磨平前后的应力分布示意图。

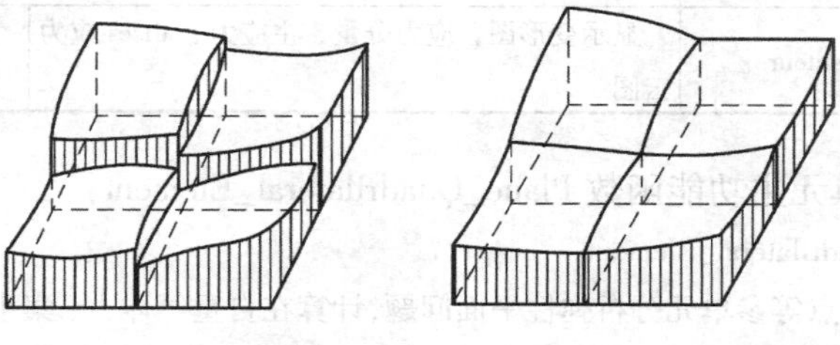

a) 磨平前的应力　　b) 磨平后的应力

图 4.16　总体应力磨平示意图

4.5　平面四节点等参单元的 MATLAB 程序

采用四节点等参单元求解平面问题的方法、步骤与平面三角形单元相同，主程序的功能及计算流程、部分程序段亦相同。下面重点讨论二者不同之处。

4.5.1　平面四节点等参单元程序的主功能函数

1. 程序预定的功能

采用四节点等参单元分析平面应力或平面应变问题的变形及应力。外载荷包括节点集中力、自重与体力、面载荷、非零位移等四种形式载荷。具有较好的自动校验与模型显示辅助检查功能，计算结果能以不同格式保存到与输入文件相对应的路径及文件名，具有可调整变形比例、云图的图形显示及后处理功能。

2. 平面四节点等参单元程序主功能函数

表 4.3 为平面四节点等参单元主功能函数 Plane_Quadrilateral_Element 调用的函数一览表。

表 4.3　主功能函数 Plane_Quadrilateral_Element 调用的函数一览表

序号	函数名称	功　能	备　注
1	File_Name	管理模型数据文件及结果输出文件名	3.8.2 节
2	Plane_Model_Data	读入模型数据并进行匹配性校核	参考 3.8.3 节
3	Plane_Model_Figure	显示模型网格、标注编号、各种外力、位移约束	3.8.4 节

（续）

序号	函数名称	功能	备注
4	Plane_Quad4_Stiff_Matrix	计算四节点等参单元的单刚，集成总刚矩阵	4.5.2节
5	Plane_Quad4_Load_Vector	计算体力、各种形式面力等效节点力，总载荷矢量	4.5.3节，面力：3.8.6节
6	Solve_FEM_Model	求解有限元方程，将节点位移保存到文件	3.8.7节
7	Plane_Quad4_Stress	计算应力分量、主应力，应力绕点处理，保存结果	4.5.4节，主应力3.8.8节
8	Plane_Quad4_Post_Contour	显示变形图，应力分量、主应力、Mises应力云图	参考3.8.9节

平面四节点等参单元主功能函数 Plane_Quadrilateral_Element：

```
function    Plane_Quadrilateral_Element
% 本程序采用四节点等参单元分析弹性平面问题,计算在自重等体力、集中力以及
% 线性分布面力作用下的变形和应力,并将结果存储到文件
% 调用以下功能函数完成:读入有限元模型数据、模型图形显示、计算结构总刚、载荷矢量
% 求解有限元方程、应力分析、位移应力后处理等功能
  [file_in, file_out, file_res] = File_Name                    %输入文件名及计算结果输出文件名
  Plane_Model_Data ( file_in ) ;                               %读入有限元模型数据并进行匹配性校核
  Plane_Model_Figure (4);                                      %显示有限元模型图形，以便于检查
  ZK = Plane_Quad4_Stiff_Matrix (2);                           %计算结构总刚
  ZQ = Plane_Quad4_Load_Vector;                                %计算总的载荷矢量
  U = Solve_1_Model (file_out, file_res, 2, ZK, ZQ);           %求解有限元方程，得到节点位移，并保存到文件
  Stress_nd = Plane_Quad4_Stress (file_out, file_res, U);      %应力分析，将结果保存到文件，并返回绕点平均应力值
  Plane_Quad4_Post_Contour (U, Stress_nd );                    %后处理模块，显示变形图、不同应力分量的云图
  fclose all;
end
```

4.5.2 计算结构总刚度矩阵程序

1. 功能要求

采用2×2阶高斯积分法计算单元的刚度矩阵，并将单元刚度矩阵分块叠加到总刚度矩阵中，生成结构总的刚度矩阵。该功能函数会调用计算弹性矩阵的函数 Elastic_Matrix，以及用高斯积分法计算单刚矩阵的函数 Gauss_Stiff_Matrix。

将四节点等参单元的单元刚度矩阵组装到总刚度矩阵的步骤与三角形单元相同，只需将前者的刚度矩阵划分为4×4块子矩阵，循环次数相应调整即可。

2. 采用高斯求积法计算四节点等参单元的单元刚度矩阵函数

采用高斯求积法计算四节点等参单元的单元刚度矩阵函数 Gauss_Stiff_Matrix（**详见链接文件：第4章 平面四边形单元与收敛准则\4. 高斯积分法计算单元刚度矩阵函数.txt**）的流程如图4.17所示。程序相对繁杂一些的是计算单元的应变矩阵的功能函数 Quad_B4_Matrix（**详见链接文件：第4章 平面四边形单元与收敛准则\5. 四节点等参单元应变矩阵.txt**）。

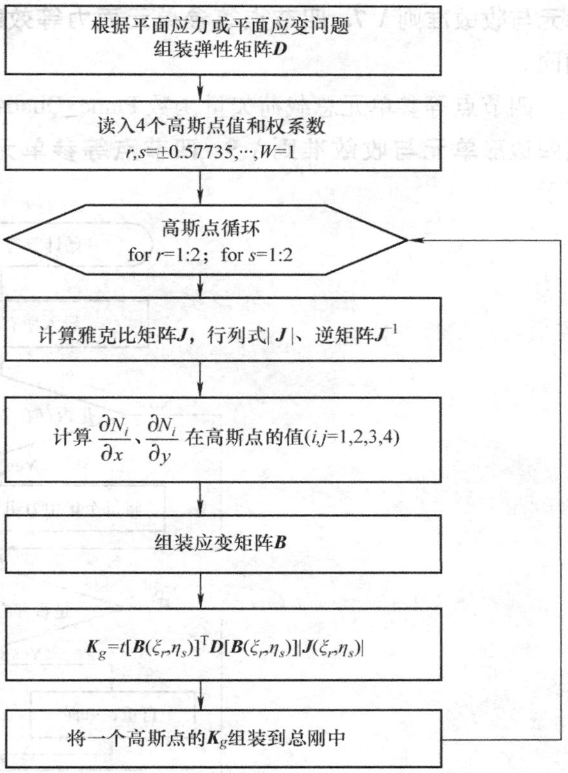

图4.17 用高斯求积法计算四节点等参单元的单元刚度流程图

对四节点等参单元采用2×2阶高斯积分法就能够满足精度要求，根据式(4.47)计算，实质上是求单元刚度矩阵在4个高斯点处的数值之和。单元刚度矩阵分块累加到总刚的计算过程，可在对4个高斯点对应的单元刚度矩阵求和之后进行，也可针对每个高斯点分别进行。求和后的组装过程，需要设一个工作矩阵，将工作矩阵分块一次组装（**详见链接文件：第4章 平面四边形单元与收敛准则\6. 四节点等参单元总刚度矩阵.txt**）。

4.5.3 计算结构总载荷矢量函数

1. 功能要求

计算总载荷矢量函数的功能是生成有限元分析计算所需的总载荷矢量。外力包括竖向重力及不均匀分布的体力、不同作用方式的线性分布面力载荷、节点集中力等三类。计算单元等效节点载荷并集成有限元分析计算所需的总载荷矢量。

该程序段分三块：

(1) 集中载荷 以集中载荷序号循环，逐一将集中力直接按作用点实际编号叠加到总载荷矢量中。

(2) 体力 体力包含重力和分布体力两种，自重方向默认为纵轴负值（$-y$向），选用高斯积分法计算体力等效节点载荷，调用函数 Equivalent_Nodal_Force_Body，对所有单元循环。

(3) 线性分布的面力 面力包括法向面力、切向面力、斜向面力三种形式。计算面力等效节点载荷的函数 Equivalent_Nodal_Force_Surface（**详见链接文件：第4章 平面四边形**

单元与收敛准则\7. 四节点等参单元面力等效载荷函数.txt）与三角形单元的面力函数相同。

四节点等参单元总载荷矢量函数 Plane_Quad4_Load_Vector（**详见链接文件：第4章 平面四边形单元与收敛准则\9. 四节点等参单元总载荷矢量函数.txt**）的流程如图 4.18 所示。

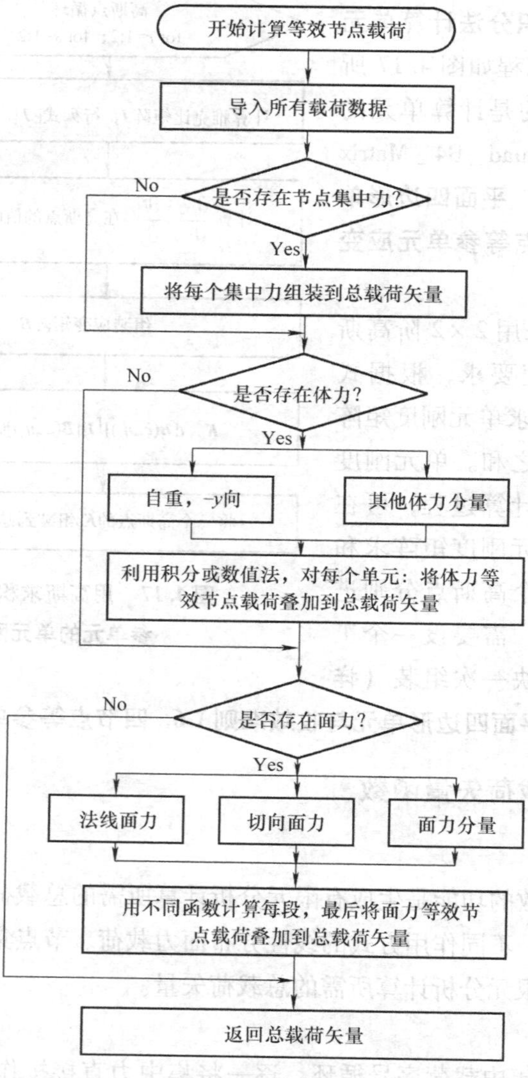

图 4.18　计算四节点等参单元总的载荷矢量函数的流程图

2. 计算体力等效节点载荷函数

体力包含重力和分布体力两种，自重方向默认为纵轴负值（$-y$ 向），重力加速度 g 取值与选用的单位制有关；体力由坐标分量表示，单元体力可以不同。采用高斯积分法计算体力等效节点载荷的函数为 Equivalent_Nodal_Force_Body（**详见链接文件：第4章 平面四边形单元与收敛准则\8. 四节点等参单元体力等效载荷函数.txt**），其程序流程图如图 4.19 所示。

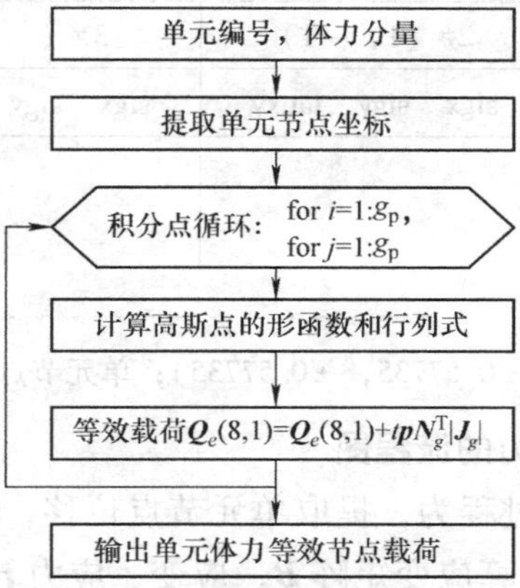

图 4.19 采用高斯积分法计算重力等效节点载荷的流程图

4.5.4 计算等参单元应力函数

1. 预定功能

计算单元在高斯点以及节点的应力分量，可按高斯点或节点计算单元的主应力、Mises应力，并将计算结果保存到预定的文件中。

计算应力结果输出预定的文件格式如下：

~~~~~~

平面四节点等参单元计算结果

问题性质：平面应力或平面应变　　　　节点数：　　　单元数：

节点位移计算结果：

Node　　Ux　　Uy

1　　（科学计数法格式）

2　　......

应力计算结果：

高斯积分点的应力分量

位置	1#（-gsd，-gsd）	2#（gsd，-gsd）	3#（gsd，gsd）	4#（-gsd，gsd）
单元号	sigx　sigy　tauxy	sigx　sigy　tauxy	sigx　sigy　tauxy	sigx　sigy　tauxy
1				
2	……			

高斯积分点的主应力、Mises 应力

位置	1#（-gsd，-gsd）	2#（gsd，-gsd）	3#（gsd，gsd）	4#（-gsd，gsd）
单元号	Sig1　Sig2　Mises	Sig1　Sig2　Mises	Sig1　Sig2　Mises	Sig1　Sig2　Mises
1				
2	……			
~~~~~~

四节点等参单元节点的应力分量

位置	1# (−1, −1)	2# (1, −1)	3# (1, 1)	4# (−1, 1)
节点号	sigx sigy tauxy	sigx sigy tauxy	sigx sigy tauxy	sigx sigy tauxy
1				
2	……			

~ ~

注：高斯点（gsd）的坐标为（±0.57735，±0.57735）；单元节点坐标为（±1，±1）。

2. 计算四节点等参单元应力的流程图

计算高斯积分点应力主要过程为，提取单元节点位移，计算雅可比矩阵 $\boldsymbol{J}$ 及其逆矩阵 $\boldsymbol{J}^{-1}$ 在每个高斯积分点值，再计算应变矩阵 $\boldsymbol{B}$、应变、应力 $\boldsymbol{\sigma}=\boldsymbol{D\varepsilon}$。计算节点应力时，$\boldsymbol{J}$ 及 $\boldsymbol{J}^{-1}$ 是节点的值。函数 Quadrilateral_Stress（**详见链接文件：第4章　平面四边形单元与收敛准则\10. 四节点等参单元应力函数.txt**）调用计算四节点等参单元的应变矩阵的函数 Quad_B4_Matrix、弹性矩阵的函数 Elastic_Matrix 和计算主应力与 Mises 应力的函数 Main_Stress。采用 2×2 阶高斯积分，每个单元可输出 4 个积分点的应力分量或节点的应力分量，计算应力分量的流程如图 4.20 所示。

求解有限元方程得到节点位移分量，计算单元应力分量，此后调用后处理功能函数，显示平面四边形单元变形图、显示不同应力分量、主应力以及 Mises 应力的分布云图。平面四边形单元的后处理功能函数与平面三角形单元的基本相同，稍做调整即可。

4.5.5 平面四节点等参单元程序的应用

【应用算例 4.1】 某悬臂梁，左端固支，右端作用一对大小相等、方向相反的水平力 F，如图 4.21 所示，梁长 100mm、高 20mm、宽度 10mm，材料的弹性模量 $E=210$GPa，泊松比为 0.3，$F=1$kN，试采用四节点等参单元程序 Plane_Quadrilateral_Element 进行有限元分析。

解：

1. 有限元模型数据

如图 4.22 所示，采用四节点等参单元建立的有限元模型。节点数 12 个、单元数 5 个、位移约束 4 个，$x=0$：$u=0$，$v=0$。集中载荷两个。

2. 查看结果

四节点等参单元程序 Plane_Quadrilateral_Element 运行后，会将有限元分析结果存于文本文件。

变形图如图 4.23 所示，节点的 σ_x 应力云图如图 4.24 所示。

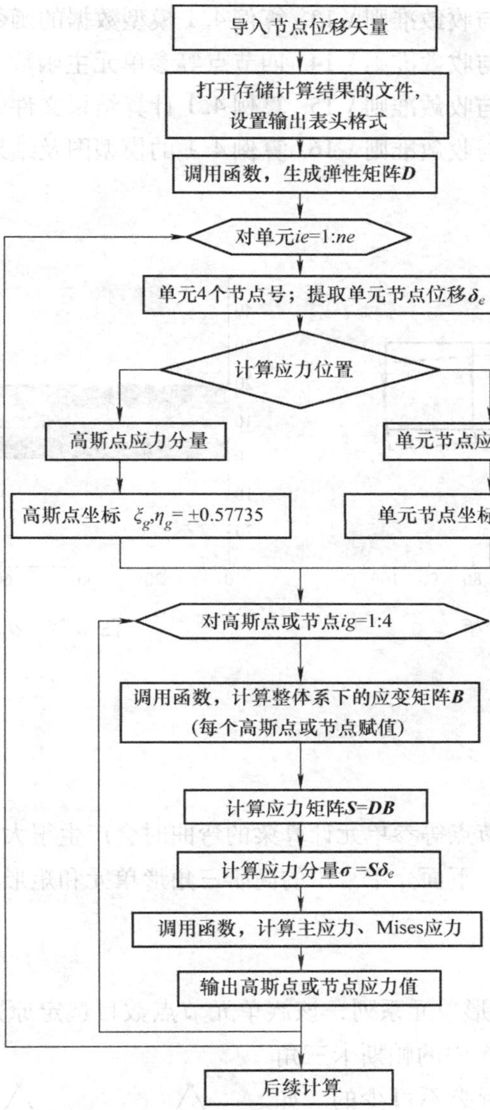

图 4.20　计算四节点等参单元应力的流程图

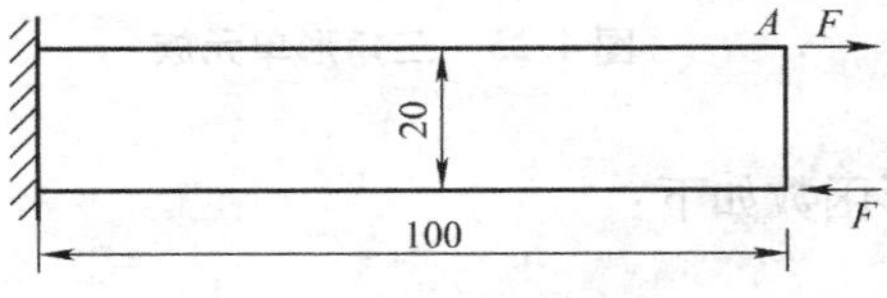

图 4.21　端部有相反力作用的悬臂梁

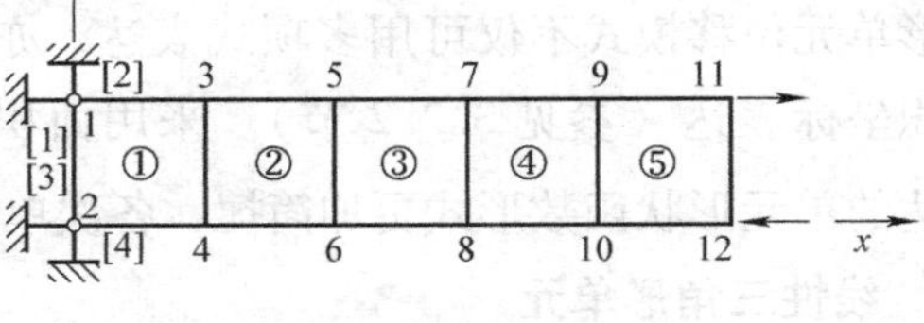

图 4.22　悬臂梁的四边形单元模型

通过链接可查看本算例所用到的以下文件：

第 4 章　平面四边形单元与收敛准则 \ 11. 四节点等参单元程序使用说明 . txt

第 4 章　平面四边形单元与收敛准则 \ 12. 算例 4. 1 模型数据 . txt
第 4 章　平面四边形单元与收敛准则 \ 13. 算例 4. 1 模型数据的函数 . txt
第 4 章　平面四边形单元与收敛准则 \ 14. 四节点等参单元主函数（简版）. txt
第 4 章　平面四边形单元与收敛准则 \ 15. 算例 4. 1 计算结果文件 . txt
第 4 章　平面四边形单元与收敛准则 \ 16. 算例 4. 1 的模型图及结果云图 . docx

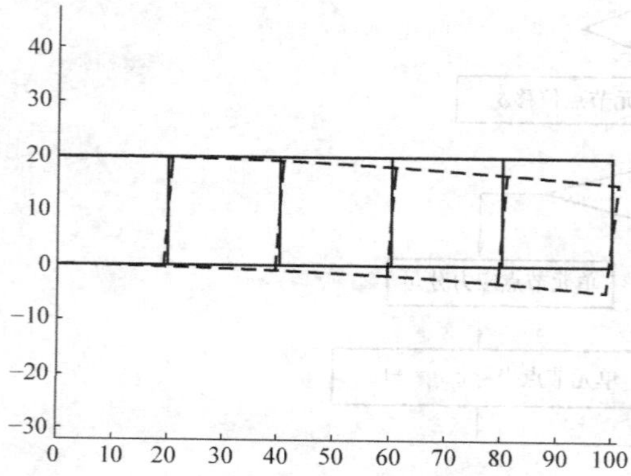

图 4. 23　采用四边形单元分析的平面问题变形图

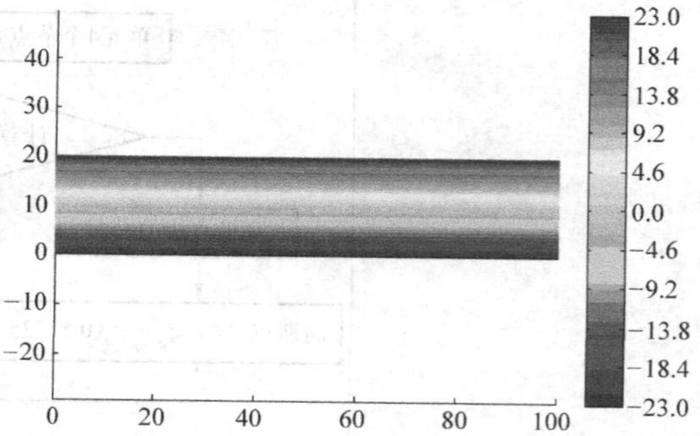

图 4. 24　σ_x 应力云图

*4. 6　高阶单元简介

采用线性三角形单元和四节点等参单元计算梁的弯曲时会产生很大的误差，而采用高阶单元则会使计算精度大大提高。下面介绍常用的高阶三角形单元和矩形单元。

4. 6. 1　三角形单元族

对于如图 4. 25 所示的三角形单元系列，该族单元节点数目选定原则是保证位移模式为完全的多项式展开式（见图 4. 6 中的帕斯卡三角形），这是满足单元间协调性所必不可少的。如完全的三次方多项式含 10 项，欲确定各项系数则需要 10 个节点，单元节点如图 4. 25c 所示。三角形单元位移模式不仅可用多项式表达，亦可用面积坐标表达（参见 3. 2. 2 节）。采用面积坐标表达的单元形状函数形式更加简捷，各次单元形函数如下：

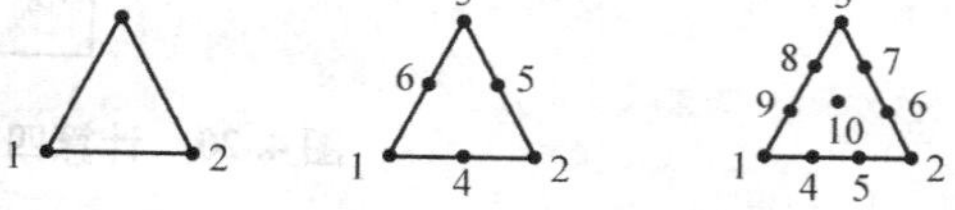

a) 线性单元　　b) 二次方单元　　c) 三次方单元

图 4. 25　三角形单元族

1. 线性三角形单元

线性单元即常应变三角形单元（见图 4. 25a），形函数为

$$N_i = L_i \quad (i=1,\ 2,\ 3) \tag{4.52}$$

式中，L_i 为面积坐标（见 3. 2. 2 节定义，以下同）。

2. 二次方三角形单元

二次方三角形单元各节点定位方式不同（见图4.25b），角节点（1、2、3）由网格划分确定，可称为主节点；各边上的节点为各边的中点（4、5、6），其坐标由相应角节点确定，可称为辅节点，各点的形函数如下。

主节点：

$$N_i = 2(L_i - 1)L_i \quad (i = 1,2,3) \tag{4.53}$$

辅节点：

$$N_4 = 4L_1L_2,\ N_5 = 4L_2L_3,\ N_6 = 4L_3L_1 \tag{4.54}$$

3. 三次方三角形单元

三次方三角形单元各边上的节点三等分边长（4、5、6、7、8、9），内部节点（10），如图4.25c所示。内部节点不与其他单元相关，在边界上贡献为零，其作用是允许采用完全的三次方多项式。各点形函数如下。

主节点：

$$N_i = \frac{1}{2}(3L_i - 1)(3L_i - 2)L_i \quad (i = 1,2,3) \tag{4.55}$$

辅节点：

$$\begin{aligned} N_4 &= \frac{9}{2}L_1L_2(3L_1 - 1),\ N_5 = \frac{9}{2}L_1L_2(3L_2 - 1) \\ N_6 &= \frac{9}{2}L_2L_3(3L_2 - 1),\ N_7 = \frac{9}{2}L_2L_3(3L_3 - 1) \\ N_8 &= \frac{9}{2}L_3L_1(3L_3 - 1),\ N_9 = \frac{9}{2}L_3L_1(3L_1 - 1) \end{aligned} \tag{4.56}$$

内部节点：

$$N_{10} = 27L_1L_2L_3 \tag{4.57}$$

4.6.2 拉格朗日族四边形单元

任意四边形单元经过坐标变换后均可转换为正方形，从而在自然坐标系下描述位移模式。根据所选定的单元节点的位置不同，构造位移模式的方法亦不同，有不同的矩形单元系列。

拉格朗日族单元的位移模式由拉格朗日多项式构成。一维坐标的拉格朗日多项式为

$$l_k^n = \frac{(\xi - \xi_0)(\xi - \xi_1)\cdots(\xi - \xi_{k-1})(\xi - \xi_{k+1})\cdots(\xi - \xi_n)}{(\xi_k - \xi_0)(\xi_k - \xi_1)\cdots(\xi_k - \xi_{k-1})(\xi_k - \xi_{k+1})\cdots(\xi_k - \xi_n)} \tag{4.58}$$

上式表示在一个坐标轴 ξ 上，有 $n+1$ 个点（编号为0，1，…，n）分成 n 段，构造一个 n 次多项式 l_k^n，只在 ξ_k 处为单位值，在其他 n 个节点处的值为零。

对于二维问题，利用上述特点，在两个坐标轴上选取适当点数构造预定阶次多项式，再将两个坐标多项式相乘，这样的乘积满足所有单元间的连续性条件，从而形成任意阶次的形状函数，这是一种简便而系统化的方法。拉格朗日族单元的阶次不受限制，如图4.26中列

出了三种单元。虽然单元比较容易建立，但它的用途却有限，这是因为它具有大量内部节点，所以高次多项式的曲线拟合性质差。形函数表达式包含一些高次项，而略去了一些低次项。

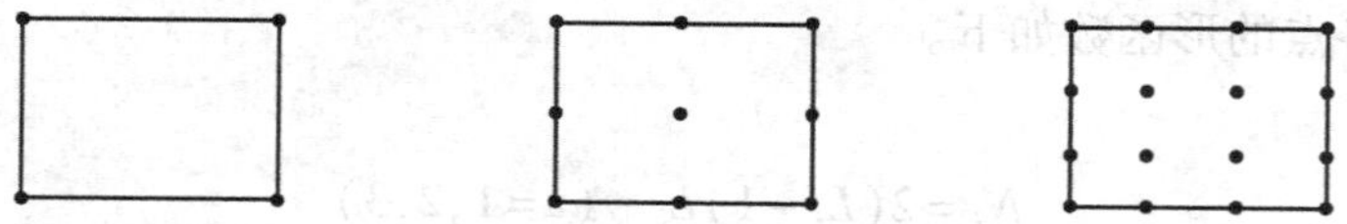

a) 线性单元　　b) 二次方单元　　c) 三次方单元

图 4.26　拉格朗日族四边形单元

4.6.3 巧凑边点族四边形单元

巧凑边点族单元选择节点原则与拉格朗日族不同，主要增加各边中点或等分点，如图 4.27 所示三种巧凑边点族单元。

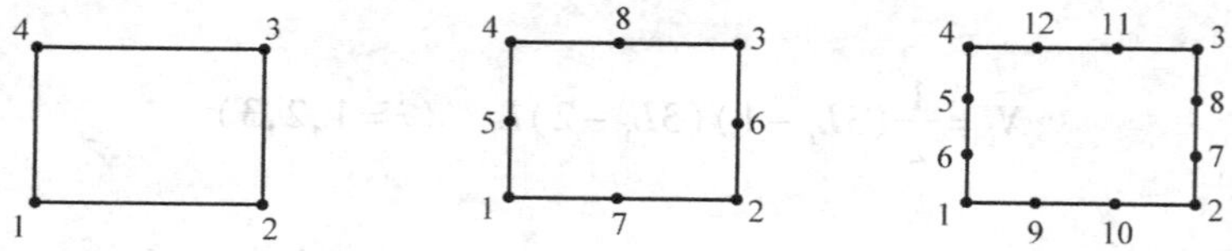

a) 线性单元　　b) 二次方单元　　c) 三次方单元

图 4.27　巧凑边点族四边形单元

1. 线性单元

线性单元即为四节点等参单元（见图 4.27a），形函数为

$$N_i=\frac{1}{4}(1+\xi_i\xi)(1+\eta_i\eta)\quad (i=1,2,3,4) \tag{4.59}$$

该形函数与拉格朗日族线性单元是相同的。

2. 二次方单元

主节点：

$$N_i=\frac{1}{4}(1+\xi_i\xi)(1+\eta_i\eta)(\xi_i\xi+\eta_i\eta-1)\quad (i=1,2,3,4) \tag{4.60}$$

辅节点：

$$\text{当 }\xi_j=0\text{ 时，}N_j=\frac{1}{2}(1-\xi^2)(1+\eta_j\eta)\quad (j=7,\ 8) \tag{4.61}$$

$$\text{当 }\eta_k=0\text{ 时，}N_k=\frac{1}{2}(1+\xi_k\xi)(1-\eta^2)\quad (k=5,\ 6) \tag{4.62}$$

3. 三次方单元

主节点：

$$N_i=\frac{1}{32}(1+\xi_i\xi)(1+\eta_i\eta)(9\xi^2+9\eta^2-10)\quad (i=1,2,3,4) \tag{4.63}$$

辅节点：

当 $\xi_j=\pm1$，$\eta_j=\pm\frac{1}{3}$时，

$$N_j=\frac{9}{32}(1+\xi_j\xi)(1+9\eta_j\eta)(1-\eta^2)\quad(j=5,6,7,8)\tag{4.64}$$

当 $\eta_k=\pm1$，$\xi_k=\pm\frac{1}{3}$时，

$$N_k=\frac{9}{32}(1-\xi^2)(1+9\xi_k\xi)(1+\eta_k\eta)\quad(k=9,10,11,12)\tag{4.65}$$

上述形函数是通过观察导出的，现在能够做出一种生成巧凑边点族单元形函数的完全系统化的方法。巧凑边点的英文名称为“Serendipity”，它是18世纪一部童话小说中创造的词，意为“发掘宝藏的本领”。如二次方单元的边中节点（5#~8#）形函数是二次方与线性的拉格朗日插值乘积，中点的值为1，如图4.28a、b所示。双线性形函数在某角节点值为1，在相邻边中点的值为0.5，如图4.28c所示，因此角节点（1#）形函数可在双线性形函数基础上减去相邻中节点形函数的一半，即

$$N_1=\frac{1}{4}(1-\xi)(1-\eta)-\frac{1}{2}N_5-\frac{1}{2}N_7\tag{4.66}$$

保证 N_1 在中节点（5#、7#）处为零值，如图4.28d所示。将 $\eta_j=-1$ 代入式（4.60）、$\xi_k=-1$ 代入式（4.61）后，式（4.65）则为式（4.59）表达的1#节点形函数。对于所有高阶单元，边节点和角节点的形函数均可通过该方法产生。

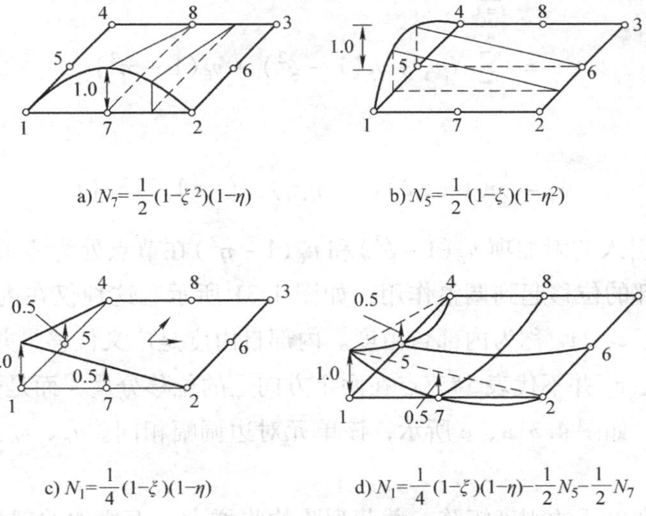

a) $N_7=\frac{1}{2}(1-\xi^2)(1-\eta)$　b) $N_5=\frac{1}{2}(1-\xi)(1-\eta^2)$

c) $N_1=\frac{1}{4}(1-\xi)(1-\eta)$　d) $N_1=\frac{1}{4}(1-\xi)(1-\eta)-\frac{1}{2}N_5-\frac{1}{2}N_7$

图4.28　巧凑边点族单元的系统化生成

4.6.4 Wilson 非协调元

图4.29a表示受纯弯矩作用的一个矩形单元，其精确位移变形状态如图4.29b所示，如果采用双线性单元分析得到的位移状态如图4.29c所示。比较图4.29b、c可见，双线性单

元存在明显的误差，直线边变形后仍保持直线而非实际的曲线，更主要的是原垂直角度发生改变，出现了原本不存在的“剪切变形”，称为“寄生剪切”，其原因是位移模式中只包含部分二次方项$\xi\eta$，而缺少了精确解中的ξ^2和η^2项。理论和计算实践证明，单元的计算精度取决于单元位移模式中所包含的完全多项式的次数，位移模式中非完全的高次项一般不能提高精度。

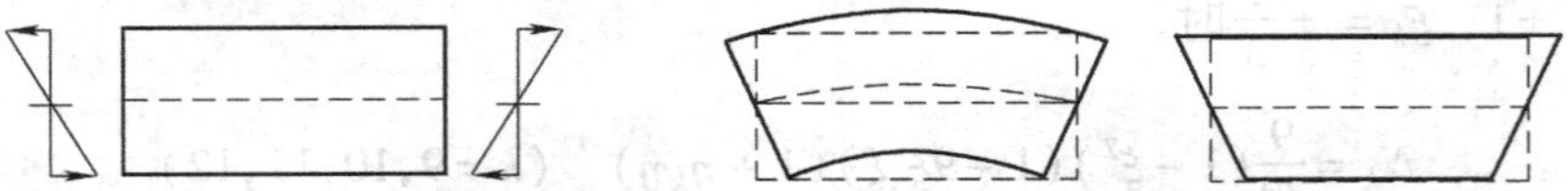

a) 纯弯曲梁段　　b) 精确变形　　c) 计算变形

图 4.29　纯弯曲梁单元及变形示意图

为了改善二维双线性单元的计算精度，Wilson 提出在单元位移模式中附加内部无节点的位移项。在自然坐标系下，等参元的附加项为（$1-\xi^2$）项和（$1-\eta^2$）项。从数学上讲，引入ξ^2和η^2项后会使位移模式中的二次方项趋于完备，从而达到提高精度目的。

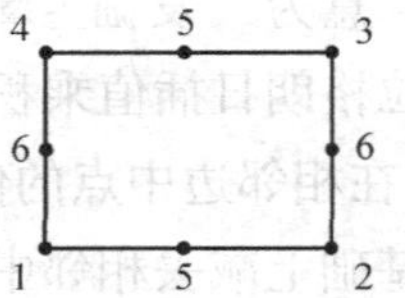

图 4.30　Wilson 非协调元

为了更好地说明 Wilson 单元，在四节点单元中增加边中点且对边中点编号相同，该单元只有 6 个节点号，因次被称为 Q6 元，如图 4.30 所示。单元的位移模式为

$$
\begin{aligned}
u &= \sum_{i=1}^{4} N_i u_i + u_5(1-\xi^2) + u_6(1-\eta^2) \\
v &= \sum_{i=1}^{4} N_i v_i + v_5(1-\xi^2) + v_6(1-\eta^2)
\end{aligned}
\tag{4.67}
$$

其中，

$$N_i = \frac{1}{4}(1+\xi_i\xi)(1+\eta_i\eta) \quad (i=1,2,3,4)$$

式（4.66）中引入的附加项$u_5(1-\xi^2)$和$u_6(1-\eta^2)$在节点处为零值，对节点位移没有影响，只对单元内部的位移起到调整作用，如图 4.31 所示。这种仅在内部定义的附加项中的待定参数u_5、u_6、v_5、v_6称为内部自由度。内部自由度是广义位移量并非实际意义上的节点位移分量，如u_5、v_5并不代表 5#节点在两个方向上的位移分量，而是代表在$\eta=\pm1$边上位移量的调整幅度，如图 4.31a、c 所示，该单元对边调幅相同。u_6、v_6同理（见图 4.31b、d）。

包含内部自由度单元的刚度矩阵、载荷列阵均将增大，而增加的部分只与本单元有关，与其他单元无关。因此，在形成总刚度矩阵及总载荷矢量之前可以消去内部自由度对应的行列，从而将内部自由度的作用转换到单元节点对应的行列之中，该过程称为内部自由度的凝聚。经凝聚后单元的自由度仍为原单元的自由度，单刚、总刚的阶次不变，此后步骤与标准步骤相同。

在 Wilson 单元位移模式中引入二次方项，导致单元与单元交界面上的位移不再满足连

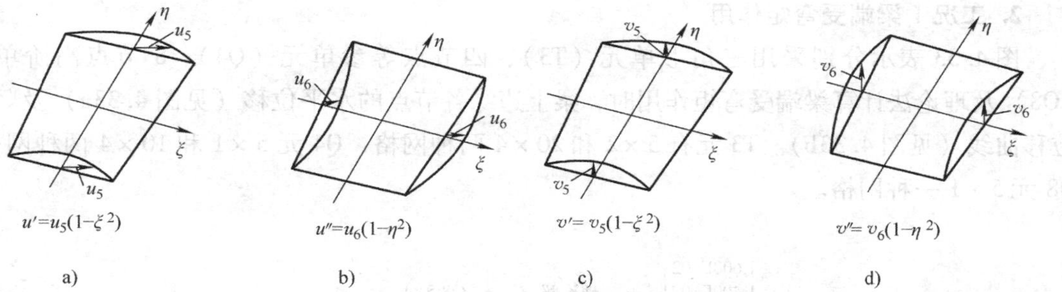

图 4.31 Wilson 单元引入的附加位移

续性，即不满足位移的协调性，该类单元称为非协调元。Wilson 单元能够通过分片试验，是收敛的且收敛速度较快。

4.7 单元类型及单元尺寸对计算精度的影响

4.7.1 工程案例的数值结果比较

以图 4.21 所示的悬臂梁为例，分别采用三角形单元、四节点等参单元及高阶单元，且划分不同网格尺寸，分析两种载荷工况，通过数值结果直观比较单元类型及单元尺寸对有限元分析精度的影响。梁的尺寸和材料参数同【算例 4.1】，且在该算例的基础上增加右端承受剪力作用的情况，即两种工况。

工况Ⅰ：受一对大小相等、方向相反的水平力 F 作用，作用点在梁的上下端，$F=1000\text{N}$；

工况Ⅱ：梁的右端面承受剪力作用，剪力 $P=300\text{N}$。

1. 有限元模型

（1）单元网格　采用三角形单元和四边形单元划分网格，如图 4.32a、b 所示，“5×2”中的两个数字分别表示梁长和梁高方向的分割段数。

（2）位移边界条件　左端所有节点的线位移均为 0，即在 $x=0$ 上，$u=0$，$v=0$。

（3）梁右端载荷的施加方法　工况Ⅰ，在梁端上下两个节点处赋值集中力；工况Ⅱ，按剪力平均分布形式，计算等效节点载荷。

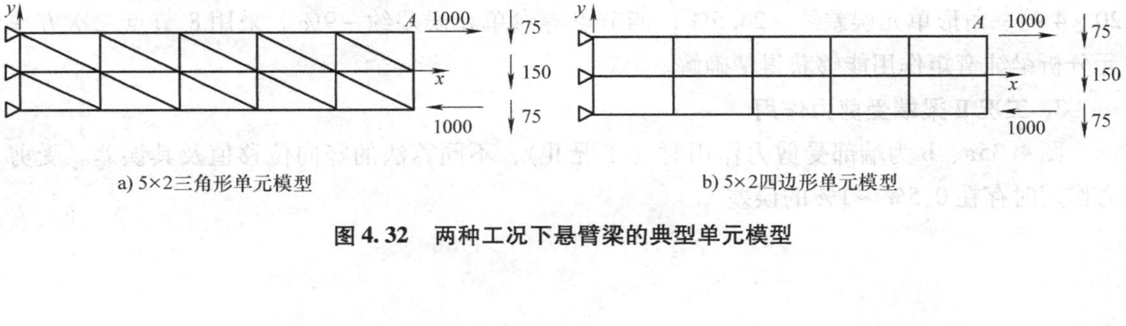

图 4.32 两种工况下悬臂梁的典型单元模型

2. 工况Ⅰ梁端受弯矩作用

图4.33表示分别采用三角形单元（T3）、四节点等参单元（Q4）、8节点高阶单元（Q8）及理论法计算梁端受弯矩作用时，梁上边缘各节点的水平位移（见图4.33a）及竖向位移曲线（见图4.33b）。T3元有5×2和20×4两种网格，Q4元5×1和10×4两种网格，Q8元5×1一种网格。

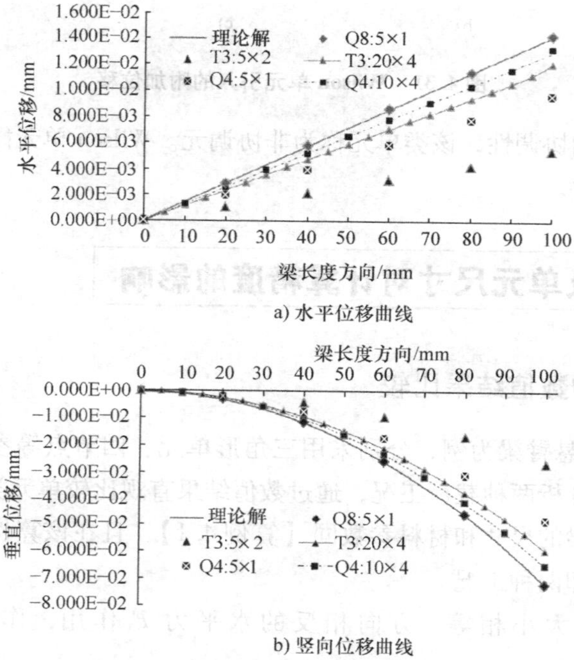

图4.33　不同单元计算的梁端受弯矩作用时梁上边缘位移曲线

从图4.33可见采用三角形单元和四节点等参单元计算的梁上边缘位移曲线与理论曲线趋势一致，但数值计算结果均小于理论解，三角形单元误差大，即使单元划分细小误差亦然较大；四节点等参单元的精度较三角形单元要高；采用8节点二次方单元，单元数量较少，亦能获得高精度。

为了进一步分析单元类型及单元尺寸的计算误差，取梁右端上边缘 A 点的竖向位移进行量化比较，采用不同单元及个数的竖向位移值及其误差，如图4.34所示。工况Ⅰ，网格20×4的三角形单元误差约－24.5%，四节点等参单元误差约－9%。采用8节点二次方单元分析梁纯弯矩作用能够获得精确解。

3. 工况Ⅱ梁端受剪力作用

图4.35a、b为端部受剪力作用时（工况Ⅱ），不同算法的竖向位移值及其误差。受剪力作用时存在0.5%～1%的误差。

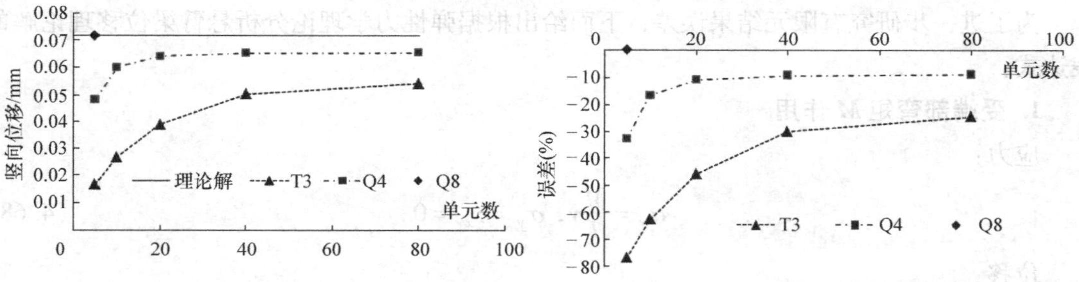

a) 纯弯作用时梁端最大位移　　b) 纯弯作用时梁端位移误差

图 4.34　工况 I：不同算法在 A 点的竖向位移值及其误差

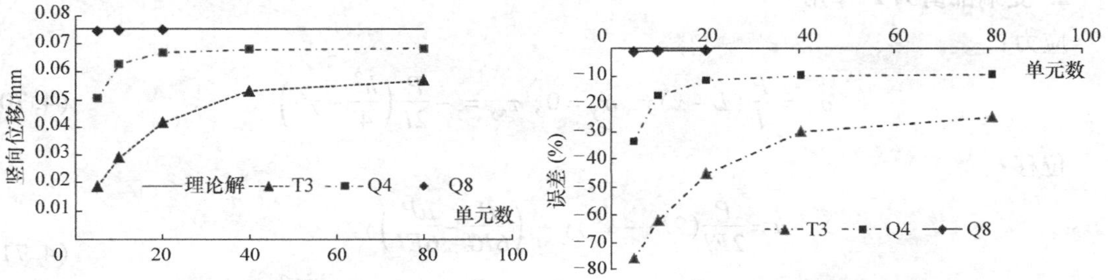

a) 剪力作用时梁端最大位移　　b) 剪力作用时梁端误差

图 4.35　工况 II：不同算法在 A 点的竖向位移值及其误差

4.7.2 单元位移模式与计算精度再讨论

由上述分析可见，在采用三角形单元和四节点等参单元分析梁的弯曲问题时，即使单元网格细小，结果误差仍较大。为反映理论解边界条件，工况 I 中，右端弯矩 M 按线性分布载荷 $p_x=1.5My$ 加载；工况 II 中，剪力 P 按抛物线分布载荷 $p_y=-0.75P\ (1-y^2)$ 加载。分别采用 6 节点三角形单元（T6）、8 节点四边形单元及 9 节点四边形单元（Q8、Q9），计算图 4.32 中梁右端 A 点在两种工况下最大竖向位移的结果，列于表 4.4。采用非线性单元分析梁在纯弯矩下的作用时可以获得精确结果；而在分析剪力作用下的工况时，单元细化后仍存在误差，实质上引起误差的主要原因是有限元位移模式中多项表达式的阶次不足。

表 4.4　梁右端 A 点最大挠度 v_{max} 计算值　（单位：10^{-2}mm）

网格	纯弯矩作用			剪力作用		
	T6	Q8	Q9	T6	Q8	Q9
5×1	7.164	7.164	7.164	7.32	7.345	7.345
5×2	7.164	7.164	7.164	7.366	7.376	7.377
10×1	7.164	7.164	7.164	7.342	7.351	7.350
10×2	7.164	7.164	7.164	7.381	7.384	7.386
理论解		7.164			7.422	

为了进一步研究有限元结果误差，下面给出根据弹性力学理论分析悬臂梁位移理论解的表达式：

1. 受端部弯矩 *M* 作用

应力：

$$\sigma_x = \frac{M}{I}y,\ \sigma_y = \tau_{xy} = 0 \tag{4.68}$$

位移：

$$u = \frac{M}{EI}xy,\ v = -\frac{M}{2EI}\ (x^2 + \mu y^2) \tag{4.69}$$

2. 受端部剪力 *P* 作用

应力：

$$\sigma_x = \frac{P}{I}(L-x)y,\ \sigma_y = 0,\ \tau_{xy} = -\frac{P}{2I}\left(\frac{h^2}{4} - y^2\right) \tag{4.70}$$

位移：

$$\begin{aligned} u &= \frac{P}{2EI}(2Lx - x^2)y + \left(\frac{P}{6IG} - \frac{\mu P}{6EI}\right)y^3 \\ v &= -\frac{P}{6EI}(3Lx^2 - x^3) - \frac{\mu P}{2EI}(L-x)y^2 - \frac{Ph^2}{8IG}x \end{aligned} \tag{4.71}$$

表4.5给出了几种单元位移模式多项式的构成，并与梁在纯弯矩作用及剪力作用时位移分量的理论解进行了比较。

表4.5　单元位移模式多项式与理论解表达式的差异分析

单元		位移模式	理论解中缺项	
			纯弯矩	剪力
理论解的最高阶次项			x^2，xy，y^2	x^3，x^2y，xy^2，y^3
三角形	T3	全一次项	二次方及以上项	二次方及以上项
	T6	全二次方项	无	无
四边形	Q4	全一次项 + xy	x^2，y^2	x^2，y^2 及以上项
	Q6	全二次方项	无	三次方项
	Q8	全二次方项 + x^2y，xy^2	无	三次方项
	Q9	全二次方项 + x^2y，xy^2，x^2y^2	无	x^3，y^3 项

通过图4.34及图4.35中的误差曲线以及表4.5中单元位移模式多项式与理论解表达式的差异分析，进一步说明了单元位移模式对计算精度的影响。T3单元的位移函数为一次完全多项式，对真实位移场的描述能力最差。Q4单元较T3单元位移函数增加了 xy 项，精度有一定改进，但因缺乏 x^2 和 y^2 项，精度仍较差。T6单元和Q6单元的位移函数为二次方完全多项式，与弯矩作用梁的位移场吻合，具有完全描述的能力，因此即使采用稀疏的网格，

也能得到精确解。Q8单元和Q9单元位移函数在二次方完全多项式基础上增加了部分三次方项甚至四次方项，对于剪力作用梁的弯曲问题，由于缺少x^3和y^3项，计算结果仍存在误差，但误差较小，说明位移模式中某些高次项的贡献较弱，如果忽略这些高次项，对结果的精度影响不会很大，但难度及工作量却大大降低。实际分析中，在进行单元类型的选择和网格的划分时，对问题的应力状态和变形特点有较深入的理解是非常必要的。

习题4

4.1 简述协调元的收敛条件，试证明三角形单元的位移插值函数

$$u=\alpha_1+\alpha_2 x+\alpha_3 y$$
$$v=\beta_1+\beta_2 x+\beta_3 y$$

满足收敛条件。

4.2 位移模式多项式中含有高阶项，反映应变与应力的能力强，试说明为什么不能采用

$$u=a_1x^2+a_2xy+a_3y^2$$
$$v=b_1x^2+b_2xy+b_3y^2$$

的方式来构造三角形单元的位移函数？

4.3 说明在矩形单元位移插值函数

$$u=\alpha_1+\alpha_2 x+\alpha_3 y+\alpha_4 xy$$
$$v=\beta_1+\beta_2 x+\beta_3 y+\beta_4 xy$$

中第4项为什么不能选x^2或y^2的原因。

4.4 用矩形单元进行分析时，为什么需要在局部坐标系下构造位移模式？而在局部坐标系下得到的单元刚度矩阵及等效节点载荷为什么不能直接形成总刚度矩阵和总载荷列阵？

4.5 图4.36中的四边形$ABCD$为平行四边形，若单元①的节点顺序为ABD，单元②的节点顺序为CDB，试证明两个单元的刚度矩阵相同，即$\boldsymbol{K}_1=\boldsymbol{K}_2$。

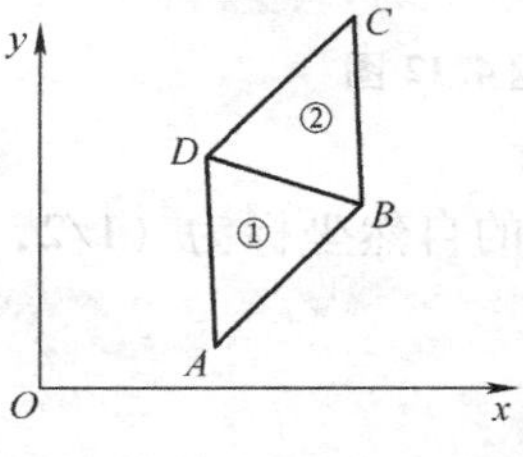

图4.36 习题4.5图

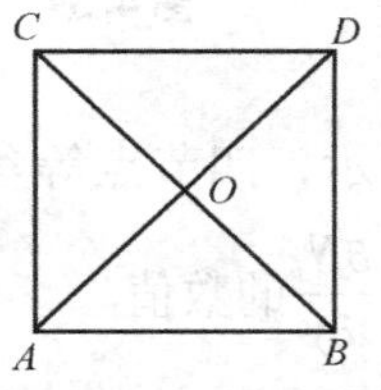

图4.37 习题4.6图

4.6 如图4.37所示，正方形$ABCD$的边长为200mm，厚度为10mm，现将其划分成4个全等的三角形单元，若$E=10^5$ MPa，泊松比取0，试计算：

（1）单元ABO的单元刚度矩阵；

（2）根据坐标轴转换关系，确定其他单元的刚度矩阵。

4.7 如图4.38所示的矩形区域，分别采用两个三角形单元或一个矩形单元，如果4个节点位移均已知，则通过两种方案计算出的中心点 C 的位移是否相同，为什么？

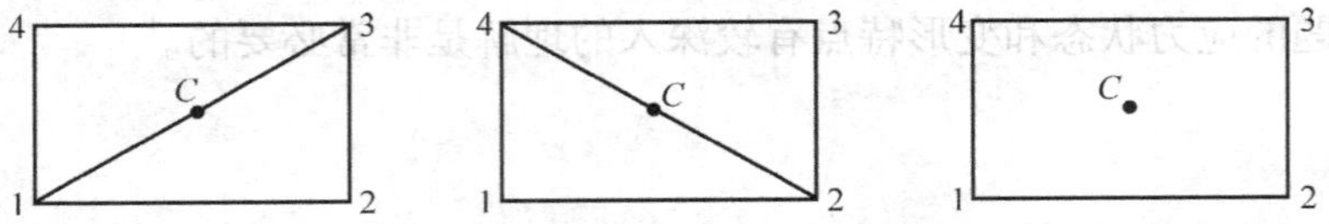

图4.38　习题4.7图

4.8 实现等参变换的基本条件是什么？划分等参单元时应注意哪些问题？

4.9 分析雅可比矩阵的意义，讨论当两个全等的四边形单元只有平动而无转动时，为什么它们的雅可比矩阵相同？

4.10 图4.39为三个形状不同的四节点等参单元，将单元变换成量纲为1的正方形，分别求下列内容，并分析比较它们的特点：

（1）单元坐标变换的几何模式；

（2）雅可比矩阵；

（3）雅可比行列式。

4.11 以某实例说明，对于任意四边形单元，若单元节点编号顺序不同，则单元坐标变换的几何模式、雅可比矩阵、雅可比行列式是否还会相同？

4.12 求如图4.39所示的四节点等参单元的应变矩阵。

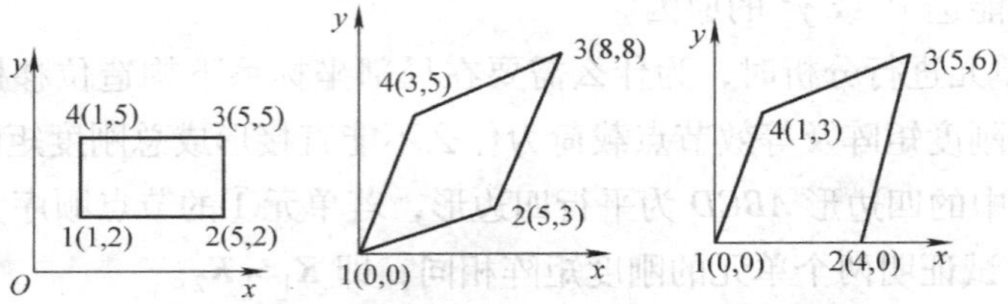

图4.39　习题4.10、习题4.12图

4.13 如图4.40所示，四节点等参单元中点 Q 的自然坐标为（1/2，1/2），试计算 Q 点及一个高斯点的$\dfrac{\partial N_i}{\partial x}$、$\dfrac{\partial N_i}{\partial y}$的数值。

4.14 如图4.40所示，若四节点等参单元的自重为 ρg，试求其等效节点载荷。

4.15 如图4.41所示，在四节点等参单元的2－3边上作用有 x 方向的线性分布面力，试求其等效节点载荷。

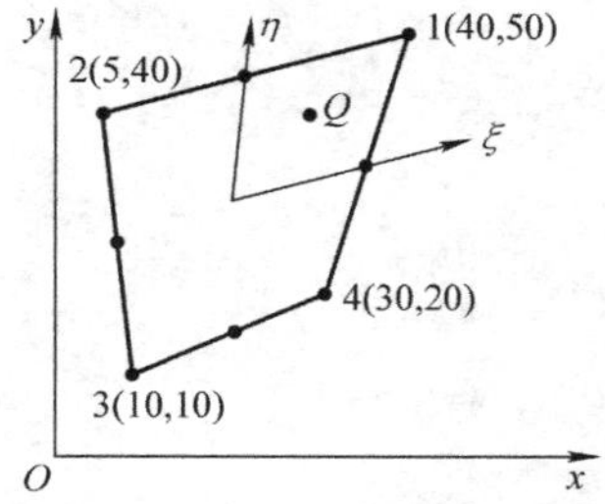

图 4.40 习题 4.13、习题 4.14 图

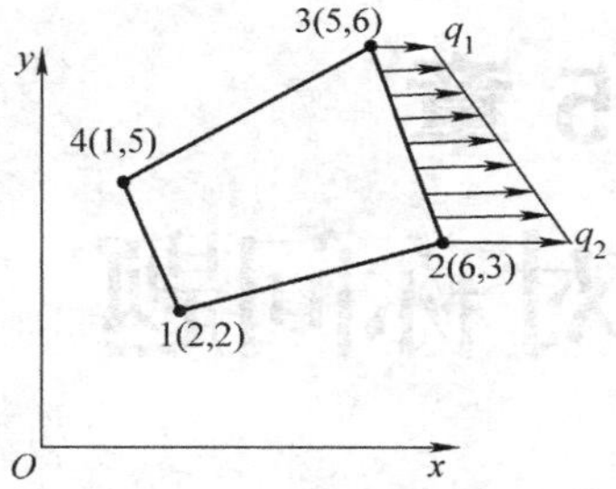

图 4.41 习题 4.15 图

4.16 试应用两点高斯积分法计算 $I = \int_2^4 (7x^3 + 5x^2 + 8x + 5)\,dx$。

4.17 试应用两点高斯积分法计算 $\int_0^4 \left[\int_{-1}^1 (5x^3y + 6x^2 + 7xy^2 + 20)\,dx\right] dy$。

4.18 利用四节点等参单元程序分析一个实际问题。

第 5 章 Chapter 5

轴对称问题

5.1 轴对称问题概述

严格来说工程中所有结构都属于空间（三维）问题，但在实际分析时可以根据几何形状及其受力特点进行不同程度的简化，譬如平面应力问题和平面应变问题是空间问题的有效简化形式。轴对称问题则是空间问题的另一种有效简化形式。

如果物体的几何形状、所受的外力及约束状态都对称于空间的某个轴（如 z 轴），则经过该轴的任何平面都是物体的对称面，物体内的所有应力、应变和位移均相对于该轴对称（见图 5.1），这类问题称为轴对称问题，它是空间问题的一种特殊情况。如飞轮、回转类的压力容器、发动机气缸套、烟囱、储油罐、储粮仓及受内压的球壳，圆形桥墩基础对周边土壤作用等无限大或半无限大半空间的弹性体也可以当作轴对称问题进行分析。

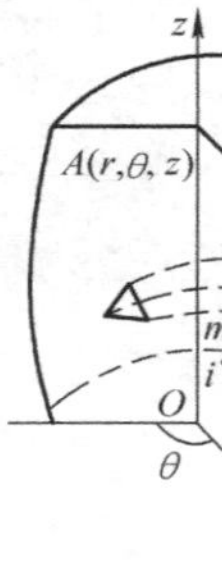

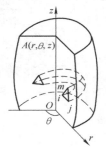

图 5.1　轴对称问题

几何轴对称形体，可认为是一个任意形状平面绕某轴旋转 360°构成的实体，该轴称为对称轴，该平面称为子午面。采用圆柱坐标系描述轴对称问题比直角坐标系方便，如图 5.1 所示，物体内的任意一点 A 的位置可用径向坐标 r、环向坐标 θ、轴向坐标 z 表示，但要求径向坐标 $r\geqslant 0$，环向坐标 $\theta\in[0,\ 2\pi]$。

由于轴对称问题的几何特征与受力特点，物体变形后仍保持轴对称，而不发生扭转。物体内任意一点 A 只能在其子午面内发生位移，即只能产生径向位移和轴向位移，不存在环向位移，且位移只是 z 和 r 的函数，与环向坐标 θ 无关，也就是说，在任意经过对称轴 z 的子午面 rOz 上的位移、应变、应力分量具有相同的结果。用子午面上的点，完全可以表达物体内任意 A 点的位移、应变和应力分布状态，因此轴对称问题就可简化为二维问题来研究。

5.1.1 基本变量

1. 位移分量

如果用 u 表示径向位移分量（沿径向坐标 r 方向），w 表示轴向位移分量（沿轴向坐标 z 方向），则任意一点的位移分量可用矢量表示为

$$\boldsymbol{f}=\{u \quad w\}^{\mathrm{T}}$$

2. 应变分量

在子午面上存在与 u、w 相对应的径向应变分量 ε_r 和轴向应变分量 ε_z，以及子午面内 r 轴与 z 轴间的切应变分量 γ_{rz}。它们的定义与平面问题相同，只是分别用 r 和 z 替换 x 和 y。因为轴对称问题的位移分量 u、w 与坐标 θ 无关，因此存在 $\gamma_{r\theta}=\gamma_{z\theta}=0$。轴对称问题没有环向位移，但在同圆周上的 A、B 两点，各自沿径向 r 发生径向位移 u 后，弧长发生变化，如图5.2所示，弧长变化量表示为

$$\varepsilon_\theta=\frac{\overset{\frown}{A'B'}-\overset{\frown}{AB}}{\overset{\frown}{AB}}=\frac{(r+u)\,\mathrm{d}\theta-r\mathrm{d}\theta}{r\mathrm{d}\theta}=\frac{u}{r} \tag{5.1}$$

上式称为环向应变。

轴对称问题虽然只有径向和轴向两个位移分量，不存在环向位移，但却有环向应变。因此轴对称问题的应变分量有四个，可表示为

$$\boldsymbol{\varepsilon}=\{\varepsilon_r \quad \varepsilon_\theta \quad \varepsilon_z \quad \gamma_{rz}\}^{\mathrm{T}}$$

3. 应力分量

如图5.3所示，考察以 A 点为顶点的微元体，由于不发生扭转形变，即沿圆周方向的切应变 $\gamma_{r\theta}=\gamma_{z\theta}=0$，则沿圆周方向的切应力 $\tau_{r\theta}$ 和 $\tau_{z\theta}$ 都等于零。在柱坐标系下，三个坐标方向亦互相垂直，切应力互等定理仍成立，所以微元体有与应变分量相对应的四个应力分量，即

$$\boldsymbol{\sigma}=\{\sigma_r \quad \sigma_\theta \quad \sigma_z \quad \tau_{rz}\}^{\mathrm{T}}$$

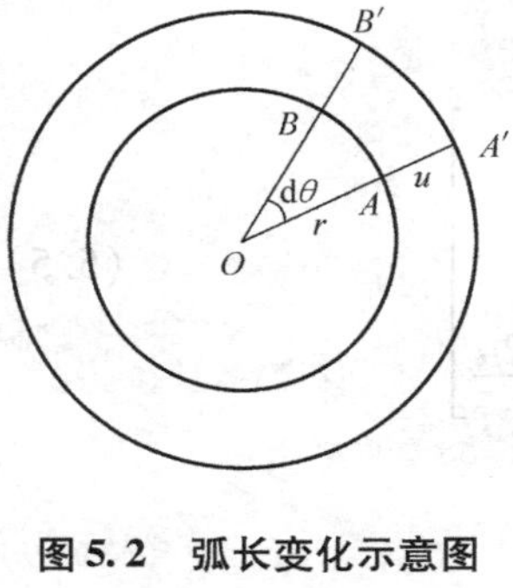

图5.2 弧长变化示意图

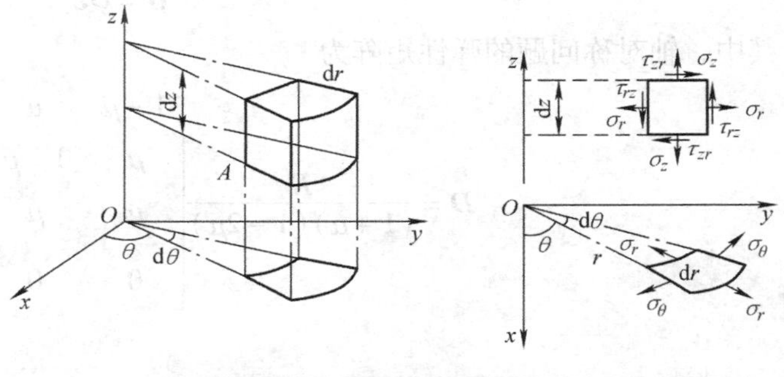

图5.3 微元体及应力分量

综上，轴对称问题的基本变量共10个，即2个位移分量、4个应力分量和4个应变分量。

5.1.2 基本方程

1. 几何方程

轴对称问题中，除了环向应变比较特别应按式（5.1）定义外，其他各应变分量与弹性力学一般问题应变定义相同，轴对称几何方程为

$$
\begin{aligned}
\varepsilon_r &= \frac{\partial u}{\partial r} \\
\varepsilon_\theta &= \frac{u}{r} \\
\varepsilon_z &= \frac{\partial w}{\partial z} \\
\gamma_{rz} &= \frac{\partial w}{\partial r} + \frac{\partial u}{\partial z}
\end{aligned}
\tag{5.2}
$$

2. 物理方程

参考空间问题的物理方程（2.2），用 r，θ，z 来替换 x，y，z，轴对称问题的物理方程为：

$$
\begin{aligned}
\varepsilon_r &= \frac{1}{E}[\sigma_r - \mu(\sigma_\theta + \sigma_z)] \\
\varepsilon_\theta &= \frac{1}{E}[\sigma_\theta - \mu(\sigma_z + \sigma_r)] \\
\varepsilon_z &= \frac{1}{E}[\sigma_z - \mu(\sigma_r + \sigma_\theta)] \\
\gamma_{rz} &= \frac{\tau_{rz}}{G} = \frac{2(1+\mu)}{E}\tau_{rz}
\end{aligned}
\tag{5.3}
$$

物理方程写成通式

$$\boldsymbol{\sigma} = \boldsymbol{D}\boldsymbol{\varepsilon} \tag{5.4}$$

其中，轴对称问题的弹性矩阵为

$$
\boldsymbol{D} = \frac{E}{(1+\mu)(1-2\mu)}\begin{bmatrix} 1-\mu & \mu & \mu & 0 \\ \mu & 1-\mu & \mu & 0 \\ \mu & \mu & 1-\mu & 0 \\ 0 & 0 & 0 & \dfrac{1-2\mu}{2} \end{bmatrix} \tag{5.5}
$$

5.2 轴对称问题的三角形单元

用有限元法分析轴对称问题时，采用的是圆环形单元。圆环形单元的截面常用三角形或四边形，由子午面 rOz 上的三角形或四边形环绕对称轴 z 回转一周得到。在相邻单元之间通过圆环形线铰连，单元的棱边是圆，称为节圆（或节线），节圆与子午面的交点称为节点，

如图 5.4a 所示。

轴对称问题的网格划分，是在子午面上（$r \geqslant 0$）形成三角形或四边形单元网格，如图 5.4b 所示，类似于平面问题在 xOy 平面的三角形或四边形网格，且子午面上的单元能够代表轴对称问题的整体位移、应变、应力状态。子午面上的点代表物体同心圆上所有点的位移、应变及应力分量，因此轴对称问题将节圆（或节线）、节点统称为节点。根据子午面上网格的形状来定义单元，如称为轴对称三角形单元或四边形单元。但必须注意，在轴对称问题中，实际单元是圆环形棱体，节点载荷是作用于圆环形的节圆上的，这与平面问题不同。三节点三角棱形环状单元适应性好，且计算简单，是分析轴对称问题的一种常用单元。

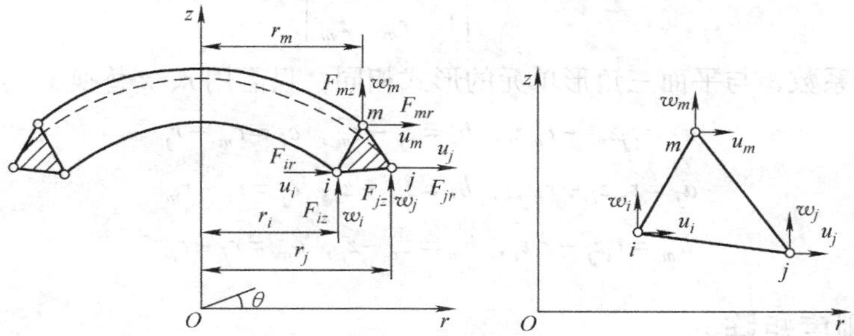

a) 柱坐标系下单元形状　　b) 子午面上

图 5.4　轴对称问题三角棱形环状单元

5.2.1 位移模式

轴对称问题分析中所使用的三节点单元，在整个弹性体中是三棱圆环体。在子午面 rOz 上任取一个截面是三角形，按逆时针顺序节点编号为 i、j、m，如图 5.4b 所示，每个节点有两个位移分量，则单元的节点位移矢量为

$$\boldsymbol{\delta}_e = \{u_i \quad w_i \quad u_j \quad w_j \quad u_m \quad w_m\}^{\mathrm{T}}$$

在子午面上构造轴对称三角形单元位移模式，其形式与平面问题的三角形单元的位移函数（3.1）相同，即位移函数为

$$\begin{aligned} u &= \alpha_1 + \alpha_2 r + \alpha_3 z \\ w &= \alpha_4 + \alpha_5 r + \alpha_6 z \end{aligned} \tag{5.6}$$

其中，α_1，α_2，…，α_6 为待定系数，确定方法与平面问题的三角形单元方法相同。得到位移模式：

$$\begin{aligned} u &= N_i u_i + N_j u_j + N_m u_m \\ w &= N_i w_i + N_j w_j + N_m w_m \end{aligned} \tag{5.7}$$

或写成

$$\boldsymbol{f} = \boldsymbol{N}\boldsymbol{\delta}_e \tag{5.8}$$

其中，形函数矩阵为

$$\boldsymbol{N}=\begin{bmatrix} N_i & 0 & N_j & 0 & N_m & 0 \\ 0 & N_i & 0 & N_j & 0 & N_m \end{bmatrix} \tag{5.9}$$

形函数为

$$N_i(r,z)=\frac{1}{2A}(a_i+b_ir+c_iz) \quad (i=i,j,m) \tag{5.10}$$

式中，A 为三棱圆环体单元横截面面积，即在子午面上的面积，为

$$A=\frac{1}{2}\begin{vmatrix} 1 & r_i & z_i \\ 1 & r_j & z_j \\ 1 & r_m & z_m \end{vmatrix} \tag{5.11}$$

形函数中的各个系数，与平面三角形单元的形式相同，只需用 r、z 替换 x、y，即

$$\begin{aligned} a_i&=r_jz_m-r_mz_j,\ b_i=z_j-z_m,\ c_i=r_m-r_j \\ a_j&=r_mz_i-r_iz_m,\ b_j=z_m-z_i,\ c_j=r_i-r_m \\ a_m&=r_iz_j-r_jz_i,\ b_m=z_i-z_j,\ c_m=r_j-r_i \end{aligned} \tag{5.12}$$

5.2.2 单元刚度矩阵

1. 单元上的应变

将位移模式（5.8）代入几何方程（5.2），得

$$\boldsymbol{\varepsilon}=\begin{Bmatrix} \varepsilon_r \\ \varepsilon_\theta \\ \varepsilon_z \\ \gamma_{rz} \end{Bmatrix}=\begin{Bmatrix} \dfrac{\partial u}{\partial r} \\ \dfrac{u}{r} \\ \dfrac{\partial w}{\partial z} \\ \dfrac{\partial w}{\partial r}+\dfrac{\partial u}{\partial z} \end{Bmatrix}=\begin{bmatrix} \dfrac{\partial N_i}{\partial r} & 0 & \dfrac{\partial N_j}{\partial r} & 0 & \dfrac{\partial N_m}{\partial r} & 0 \\ \dfrac{N_i}{r} & 0 & \dfrac{N_j}{r} & 0 & \dfrac{N_m}{r} & 0 \\ 0 & \dfrac{\partial N_i}{\partial z} & 0 & \dfrac{\partial N_j}{\partial z} & 0 & \dfrac{\partial N_m}{\partial z} \\ \dfrac{\partial N_i}{\partial z} & \dfrac{\partial N_i}{\partial r} & \dfrac{\partial N_j}{\partial z} & \dfrac{\partial N_j}{\partial r} & \dfrac{\partial N_m}{\partial z} & \dfrac{\partial N_m}{\partial r} \end{bmatrix}\begin{Bmatrix} u_i \\ w_i \\ u_j \\ w_j \\ u_m \\ w_m \end{Bmatrix} \tag{5.13}$$

轴对称问题的应变矩阵格式为

$$\boldsymbol{B}_i=\begin{bmatrix} \dfrac{\partial N_i}{\partial r} & 0 \\ \dfrac{N_i}{r} & 0 \\ 0 & \dfrac{\partial N_i}{\partial z} \\ \dfrac{\partial N_i}{\partial z} & \dfrac{\partial N_i}{\partial r} \end{bmatrix} \quad (i=i,j,m) \tag{5.14}$$

轴对称三角形单元的应变矩阵为

$$B=\frac{1}{2A}\begin{bmatrix} b_i & 0 & b_j & 0 & b_m & 0 \\ g_i & 0 & g_j & 0 & g_m & 0 \\ 0 & c_i & 0 & c_j & 0 & c_m \\ c_i & b_i & c_j & b_j & c_m & b_m \end{bmatrix} \tag{5.15}$$

式中，A 为三角形环状单元的横截面面积，由式（5.11）计算；$g_i=\dfrac{a_i+b_ir+c_iz}{r}$ $(i=i,\ j,\ m)$。

轴对称三角形单元刚度矩阵式（5.15）中，由于 g_i 是坐标 r、z 的函数，对应的应变分量 ε_θ 在单元内为变量，应变矩阵 $\boldsymbol{B}$ 不再为常量矩阵，因此轴对称问题的三角形单元不同于平面三角形单元的常应变特性。

2. 单元上一点的应力

将式（5.13）代入物理方程（5.4），得

$$\boldsymbol{\sigma}=\boldsymbol{DB\delta}_e=\boldsymbol{S\delta}_e=[\boldsymbol{S}_i\quad \boldsymbol{S}_j\quad \boldsymbol{S}_m]\boldsymbol{\delta}_e \tag{5.16}$$

由弹性矩阵 $\boldsymbol{D}$ 和应变矩阵 $\boldsymbol{B}$ 可得到应力矩阵 $\boldsymbol{S}$。轴对称三角形单元应力矩阵 $\boldsymbol{S}$ 的子矩阵的计算式为

$$\boldsymbol{S}_i=\boldsymbol{DB}_i=\frac{E(1-\mu)}{2A(1+\mu)(1-2\mu)}\begin{bmatrix} b_i+A_1g_i & A_1c_i \\ A_1b_i+g_i & A_1c_i \\ A_1(b_i+g_i) & c_i \\ A_2c_i & A_2b_i \end{bmatrix}(i=i,j,m) \tag{5.17}$$

其中，$A_1=\dfrac{\mu}{1-\mu}$，$A_2=\dfrac{1-2\mu}{2(1-\mu)}$。

由应力矩阵可知，只有切应力 τ_{rz} 为常量，而三个正应力分量均为 r、z 的函数。

3. 单元刚度矩阵

单元刚度矩阵是根据单元应变能确定的。计算轴对称单元刚度矩阵时，应在三角形环状单元的体积内积分，是沿单元的整个圆环求体积积分，即

$$\boldsymbol{K}_e=\iiint_{\Omega}\boldsymbol{B}^{\mathrm{T}}\boldsymbol{DB}r\mathrm{d}r\mathrm{d}\theta\mathrm{d}z=2\pi\iint_{A}\boldsymbol{B}^{\mathrm{T}}\boldsymbol{DB}r\mathrm{d}r\mathrm{d}z \tag{5.18}$$

由于应变矩阵 $\boldsymbol{B}$［式（5.15）］中存在 $g_i=\dfrac{a_i+b_ir+c_iz}{r}$，所以轴对称单元刚度矩阵（5.18）的被积函数表达式中包含有$\dfrac{1}{r}$、$\dfrac{z}{r}$、$\dfrac{z^2}{r}$项，不能简单求出积分。

（1）形心近似法　为简化计算，同时避免对称轴上节点 $r=0$ 所引起的奇异性，最简单的处理方法是将应变矩阵 $\boldsymbol{B}$ 中的变量 r 和 z 分别用三角形单元形心位置的坐标 r_C 与 z_C 来替代，即

$$r\approx r_C=\frac{1}{3}\ (r_i+r_j+r_m)$$

$$z\approx z_C=\frac{1}{3}\ (z_i+z_j+z_m)$$

应变矩阵 $\boldsymbol{B}$ 中与环向应变对应的项转变为常数，即

$$g_i\approx\frac{a_i+b_ir_C+c_iz_C}{r_C}\quad (i=i,\ j,\ m)$$

基于上述近似处理，应变矩阵 $\boldsymbol{B}$ 和应力矩阵 $\boldsymbol{S}$ 均变为常量矩阵，式（5.18）中的单元刚度矩阵可近似为

$$\boldsymbol{K}_e = 2\pi r_C A \boldsymbol{B}_C^{\mathrm{T}} \boldsymbol{D} \boldsymbol{B}_C = V_e \boldsymbol{B}_C^{\mathrm{T}} \boldsymbol{D} \boldsymbol{B}_C \tag{5.19}$$

式中，下标 C 表示应变矩阵中的变量用单元形心坐标替代。$2\pi r_C$ 表示单元形心点组成的圆环的周长，A 为三角形环状单元的截面面积，那么

$$V_e = 2\pi r_C A$$

就是三角棱形环状体的体积。

将单元刚度矩阵分块后的子矩阵为

$$\boldsymbol{K}_{st} = 2\pi r_C A \boldsymbol{B}_{Cs}^{\mathrm{T}} \boldsymbol{D} \boldsymbol{B}_{Ct} = \frac{\pi E(1-\mu) r_C}{2A(1+\mu)(1-2\mu)} \begin{bmatrix} K_1 & K_2 \\ K_3 & K_4 \end{bmatrix} \quad (s,t=i,j,m) \tag{5.20}$$

其中，

$$K_1 = b_s b_t + g_s g_t + A_1(b_s g_t + g_s b_t) + A_2 c_s c_t$$
$$K_2 = A_1(b_s + g_s)c_t + A_2 c_s b_t$$
$$K_3 = A_1 c_s(b_t + g_t) + A_2 b_s c_t$$
$$K_4 = A_2 b_s b_t + c_s c_t$$

涉及的系数参见式（5.12）、式（5.17）与式（5.19）。

实际计算表明，对于距离对称轴较远的区域，采用这种“形心近似法”，不仅计算方便，而且误差也不大；但对于靠近对称轴的区域，误差较大，需要将单元网格划分较细小。

（2）多块近似法　为了得到较精确的结果，在子午面上将三角形再分成4个相等的小三角形，如图5.5所示。按照上述“形心近似法”在每个小三角形区域内积分，即用小三角形的形心坐标代替坐标变量求积分，再求4个小三角形区域内积分之和，姑且称为“四分形心法”。该方法实质上是将积分域分成多个小块，再计算每个小块上的近似积分，单元刚度矩阵（5.19）修改为

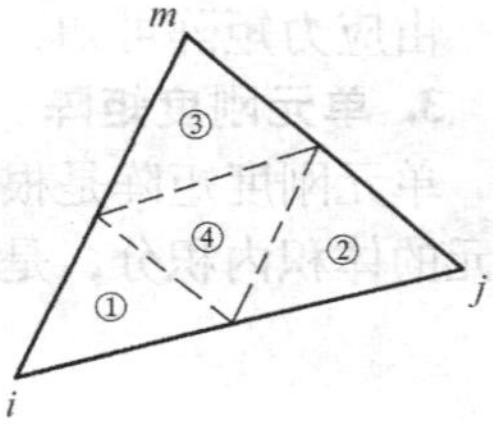

图5.5　单元划分为4个小三角形

$$\boldsymbol{K}_e = \frac{\pi A}{2} \sum_{s=1}^{4} r_{Cs} \boldsymbol{B}_{Cs}^{\mathrm{T}} \boldsymbol{D} \boldsymbol{B}_{Cs} \tag{5.21}$$

其中4个小三角形的形心坐标为

$$\begin{aligned}
r_{C1} &= \frac{1}{6}(4r_i + r_j + r_m) = \frac{1}{2}(r_i + r_C), \quad & z_{C1} &= \frac{1}{6}(4z_i + z_j + z_m) = \frac{1}{2}(z_i + z_C) \\
r_{C2} &= \frac{1}{6}(r_i + 4r_j + r_m) = \frac{1}{2}(r_j + r_C), \quad & z_{C2} &= \frac{1}{6}(z_i + 4z_j + z_m) = \frac{1}{2}(z_j + z_C) \\
r_{C3} &= \frac{1}{6}(r_i + r_j + 4r_m) = \frac{1}{2}(r_m + r_C), \quad & z_{C3} &= \frac{1}{6}(z_i + z_j + 4z_m) = \frac{1}{2}(z_m + z_C) \\
r_{C4} &= \frac{1}{3}(r_i + r_j + r_m) = r_C, \quad & z_{C4} &= \frac{1}{3}(z_i + z_j + z_m) = z_C
\end{aligned} \tag{5.22}$$

式中，r_C、z_C 为三角形单元的形心坐标。该式说明每个小三角形的形心就是对应节点与三角形单元形心连线的中点。

5.2.3 等效节点载荷的计算

轴对称问题载荷的形式有集中力、体积力、表面力三种。

1. 集中力的等效节点载荷

对于轴对称问题，即使将集中力作用点取为节点，其作用形式及等效节点载荷仍与平面问题不同。在轴对称问题中，作用在子午面上一点的集中力，在弹性体上其实质是绕对称轴 z 一周的、大小相同的力，本质上也属于分布力，只是分布区域为一个圆周线。集中力的等效节点载荷应是作用在一周节点上集中力的总和。

设在径向 r 坐标为 r_i 的节点（节圆）上，沿圆周每单位长度上的集中力分量为 F_{ri}、F_{zi}，即

$$\boldsymbol{F}_i = \begin{Bmatrix} F_{ri} \\ F_{zi} \end{Bmatrix}$$

则节点 i 的等效节点载荷为

$$\boldsymbol{P}_{0i} = \int_0^{2\pi} \boldsymbol{F}_i r_i \mathrm{d}\theta = 2\pi r_i \boldsymbol{F}_i \tag{5.23}$$

若在结构上同时有 n 个集中力作用，则总的集中力等效节点载荷为

$$\boldsymbol{P}_0 = 2\pi \begin{Bmatrix} r_1\boldsymbol{F}_1 \\ r_2\boldsymbol{F}_2 \\ \vdots \\ r_n\boldsymbol{F}_n \end{Bmatrix} \tag{5.24}$$

节点集中力的等效节点载荷可以直接添加到总的节点载荷矢量中去。

2. 体积力

设体积力分量为 $\boldsymbol{p}_e = \{p_r \quad p_z\}^{\mathrm{T}}$，则移置到单元各节点的等效节点载荷为

$$\boldsymbol{P}_e = 2\pi \iint_A \boldsymbol{N}^{\mathrm{T}} \boldsymbol{p}_e r \mathrm{d}r \mathrm{d}z \tag{5.25}$$

轴对称问题的体积力有常量与变量两种典型情况，如自重是常量体力，惯性力则是与径向半径有关的变量体力。

（1）自重　自重是一种典型的体积力，其特点是作用在轴向的常量。设物体的密度为 ρ，则单位体积重力为 ρg，记为体力分量 $\boldsymbol{p}_e = \{0 \quad -\rho g\}^{\mathrm{T}}$。根据式（5.25），则节点 i 的体力等效载荷为

$$\boldsymbol{P}_{ei} = 2\pi \iint_A \boldsymbol{N}_i^{\mathrm{T}} \boldsymbol{p}_e r \mathrm{d}r \mathrm{d}z = 2\pi \iint_A \begin{bmatrix} N_i & 0 \\ 0 & N_i \end{bmatrix} \begin{Bmatrix} 0 \\ -\rho g \end{Bmatrix} r \mathrm{d}r \mathrm{d}z = \begin{Bmatrix} 0 \\ -2\pi\rho g \iint_A N_i r \mathrm{d}r \mathrm{d}z \end{Bmatrix} \tag{a}$$

在计算式（a）中的 $\iint_A N_i r \mathrm{d}r \mathrm{d}z$ 时，参考三角形面积坐标性质（3.2.2 节），先将 r 表示为

$$r = r_i N_i + r_j N_j + r_m N_m \tag{b}$$

利用三角形面积坐标积分公式（3.10），得到：

$$\iint_A N_i r \mathrm{d}r\mathrm{d}z = \iint_A N_i(r_iN_i + r_jN_j + r_mN_m)\mathrm{d}r\mathrm{d}z$$

$$= 2A\left(\frac{1}{12}r_i + \frac{1}{24}r_j + \frac{1}{24}r_m\right) = \frac{1}{12}A(r_i + 3r_C) \tag{c}$$

其中，r_C 为三角形单元形心的径向坐标。

将（c）代入式（a）后，得到自重作用的等效载荷

$$\boldsymbol{P}_{ei} = \begin{Bmatrix} P_{ri} \\ P_{zi} \end{Bmatrix} = \begin{Bmatrix} 0 \\ -\frac{1}{6}\pi A(r_i + 3r_C)\rho g \end{Bmatrix} \quad (i = i, j, m) \tag{5.26}$$

由此可见，即使是常量体力作用时，轴对称三角形单元的 3 个节点上的等效载荷也不同。但若假定 $r_i \approx r_C$ 时，则式（5.26）可近似为

$$P_{zi} = -\frac{2}{3}\pi r_C A\rho g = -\frac{1}{3}V_e\rho g = -\frac{1}{3}W_e \tag{d}$$

式中，W_e 表示三角棱形环状单元的重力。说明当单元划分较小时，常量体力的等效载荷可近似为单元的三个节点均分。

（2）旋转机械的惯性力　轴对称结构绕 z 轴做匀速旋转运动，设物体的密度为 ρ，旋转角速度为 ω，则惯性力的体力分量为 $\boldsymbol{p}_e = \{\rho r\omega^2 \quad 0\}^{\mathrm{T}}$，旋转机械的惯性力为变量体力。节点 i 的体力等效载荷为

$$\boldsymbol{P}_{ei} = 2\pi\iint_A \boldsymbol{N}_i^{\mathrm{T}}\boldsymbol{p}_e r\mathrm{d}r\mathrm{d}z = 2\pi\iint_A \begin{bmatrix} N_i & 0 \\ 0 & N_i \end{bmatrix}\begin{Bmatrix} \rho r\omega^2 \\ 0 \end{Bmatrix} r\mathrm{d}r\mathrm{d}z = \begin{Bmatrix} 2\pi\rho\omega^2\iint_A N_i r^2\mathrm{d}r\mathrm{d}z \\ 0 \end{Bmatrix} \tag{e}$$

按式（b），将 r^2 用形函数表示，则式（e）中的积分项为

$$\iint_A N_i r^2\mathrm{d}r\mathrm{d}z = \iint_A N_i(r_iN_i + r_jN_j + r_mN_m)^2\mathrm{d}r\mathrm{d}z = \frac{1}{30}A(9r_C{}^2 + 2r_i^2 - r_jr_m) \tag{f}$$

将式（f）代入式（e）后，得到惯性力的等效载荷

$$\boldsymbol{P}_{ei} = \begin{Bmatrix} P_{ri} \\ P_{zi} \end{Bmatrix} = \begin{Bmatrix} \frac{\pi\rho\omega^2 A}{15}(9r_C^2 + 2r_i{}^2 - r_jr_m) \\ 0 \end{Bmatrix} \quad (i = i,\ j,\ m) \tag{5.27}$$

3. 表面力

设单元某边上作用的表面力为 $\boldsymbol{q}$，则移置到单元各节点的等效节点载荷为

$$\overline{\boldsymbol{P}}_e = 2\pi\int_L \boldsymbol{N}^{\mathrm{T}}\boldsymbol{q}_e r\mathrm{d}s \tag{5.28}$$

（1）均布侧压力　假设单元的 ij 边作用有均布侧压 q，若其方向以压向单元边界为正（见图5.6），则表面力分量为

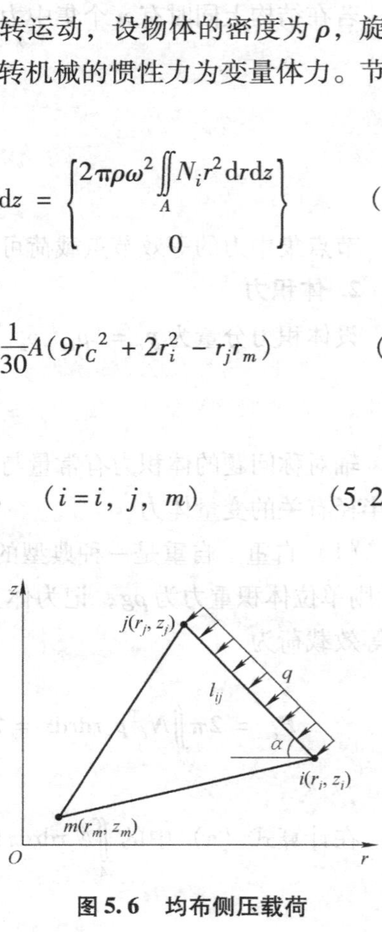

图 5.6　均布侧压载荷

$$\boldsymbol{q}_e=\begin{Bmatrix}q_r\\q_z\end{Bmatrix}=\begin{Bmatrix}-q\sin\alpha\\-q\cos\alpha\end{Bmatrix}=\frac{q}{l_{ij}}\begin{Bmatrix}z_i-z_j\\r_j-r_i\end{Bmatrix}=\frac{q}{l_{ij}}\begin{Bmatrix}b_m\\c_m\end{Bmatrix}\tag{5.29}$$

式中，$l_{ij}=\sqrt{(z_i-z_j)^2+(r_j-r_i)^2}=\sqrt{b_m^2+c_m^2}$为 ij 边的长度，其余为节点坐标值。

式（5.29）将指向单元边界的均布侧压换算为与坐标轴方向一致的表面力分量。当在 jm 或 mi 边上有均布侧压力时仍适用，只需将下标对应更换即可。

节点 i 的等效节点载荷

$$\overline{\boldsymbol{P}}_{ei}=2\pi\int_L N_i\begin{Bmatrix}q_r\\q_z\end{Bmatrix}r\mathrm{d}s=2\pi\int_L N_i\begin{Bmatrix}q\dfrac{b_m}{l_{ij}}\\q\dfrac{c_m}{l_{ij}}\end{Bmatrix}r\mathrm{d}s=2\pi\int_L N_i r\mathrm{d}s\begin{Bmatrix}q\dfrac{b_m}{l_{ij}}\\q\dfrac{c_m}{l_{ij}}\end{Bmatrix}\tag{g}$$

根据三角形面积坐标积分公式（3.11），并注意到在单元 ij 边的 $N_m=0$，式（g）中的积分为

$$\int_L N_i r\mathrm{d}s=\int_L N_i(r_iN_i+r_jN_j+r_mN_m)\mathrm{d}s=\frac{1}{6}(2r_i+r_j)l_{ij}\tag{h}$$

将式（h）代入式（g）后，得 i 节点的等效节点载荷

$$\overline{\boldsymbol{P}}_{ei}=\begin{Bmatrix}\overline{P}_{ri}\\\overline{P}_{zi}\end{Bmatrix}=\frac{1}{3}\pi q(2r_i+r_j)\begin{Bmatrix}b_m\\c_m\end{Bmatrix}=\frac{1}{3}\pi q(2r_i+r_j)\begin{Bmatrix}z_i-z_j\\r_j-r_i\end{Bmatrix}\tag{5.30}$$

同理可得，节点 j 的等效节点载荷

$$\overline{\boldsymbol{P}}_{ej}=\begin{Bmatrix}\overline{P}_{rj}\\\overline{P}_{zj}\end{Bmatrix}=\frac{1}{3}\pi q(r_i+2r_j)\begin{Bmatrix}z_i-z_j\\r_j-r_i\end{Bmatrix}\tag{5.31}$$

但 m 节点的等效节点载荷$\overline{\boldsymbol{P}}_{em}=\boldsymbol{0}$。

（2）坐标分量表示的线性分布侧压力　不失一般性，设在单元 ij 边上作用径向线性分布的表面力，i 节点的大小为 q_i，j 节点的大小为 q_j，与坐标轴正向一致为正，如图5.7所示。

类似于平面问题，对于单元的 ij 边上任意一点$Q(r,z)$，表面力大小可表示为

$$q=N_iq_i+N_jq_j\tag{i}$$

节点 i 的等效节点载荷为

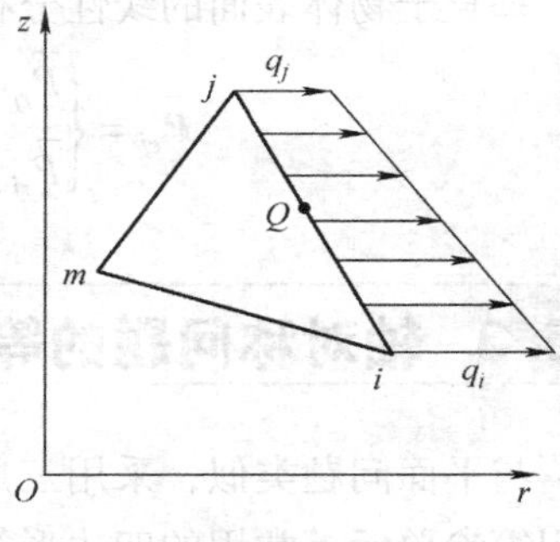

图5.7　径向线性分布的表面力

$$\overline{\boldsymbol{P}}_{ei}=2\pi\int_L N_i\begin{Bmatrix}q_r\\q_z\end{Bmatrix}r\mathrm{d}s=2\pi\int_L N_i\begin{Bmatrix}N_iq_i+N_jq_j\\0\end{Bmatrix}r\mathrm{d}s\tag{j}$$

在 ij 边上 $N_m=0$，则 $r=r_iN_i+r_jN_j$，再利用形函数积分公式（3.11），节点 i 的等效节点载荷为

$$\overline{\boldsymbol{P}}_{ei}=\begin{Bmatrix}\overline{P}_{ri}\\ \overline{P}_{zi}\end{Bmatrix}=\frac{\pi l_{ij}}{6}\begin{Bmatrix}(3r_i+r_j)q_i+(r_i+r_j)q_j\\ 0\end{Bmatrix} \tag{5.32}$$

同理可得，节点 j 的等效节点载荷为

$$\overline{\boldsymbol{P}}_{ej}=\begin{Bmatrix}\overline{P}_{rj}\\ \overline{P}_{zj}\end{Bmatrix}=\frac{\pi l_{ij}}{6}\begin{Bmatrix}(r_i+r_j)q_i+(r_i+3r_j)q_j\\ 0\end{Bmatrix} \tag{5.33}$$

（3）线性分布垂直于物体表面的表面力　沿物体表面法线分布表面力是常见面力形式，如水坝迎水面承受的水压力，始终垂直于水坝表面且与水深成正比。设在单元 ij 边上作用有垂直于物体表面的线性分布的表面力，节点 i 的大小为 q_i，节点 j 的大小为 q_j，以压向单元边界为正，如图 5.8 所示。

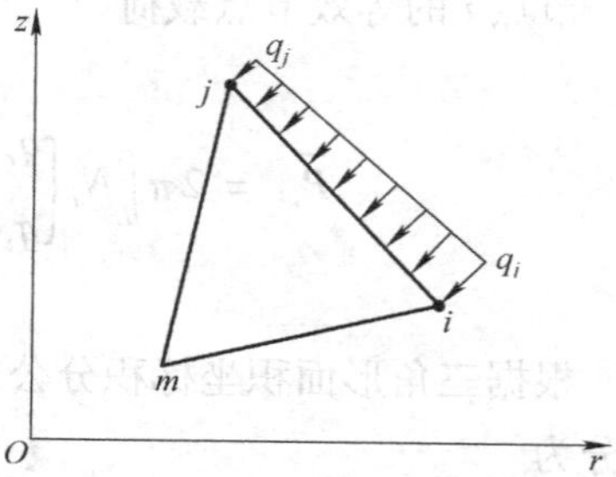

图 5.8　线性分布的压力

单元的 ij 边上任意一点表面力大小按式（5.29）分解为径向和轴向分量

$$\boldsymbol{q}_e=\begin{Bmatrix}q_r\\ q_z\end{Bmatrix}=\begin{Bmatrix}(N_iq_i+N_jq_j)\dfrac{b_m}{l_{ij}}\\ (N_iq_i+N_jq_j)\dfrac{c_m}{l_{ij}}\end{Bmatrix}$$

按照上述方法，确定垂直于物体表面的线性分布表面力节点 i 的等效节点载荷为

$$\overline{\boldsymbol{P}}_{ei}=\begin{Bmatrix}\overline{P}_{ri}\\ \overline{P}_{zi}\end{Bmatrix}=\frac{1}{6}\pi[(3r_i+r_j)q_i+(r_i+r_j)q_j]\begin{Bmatrix}z_i-z_j\\ r_j-r_i\end{Bmatrix} \tag{5.34}$$

垂直于物体表面的线性分布表面力节点 j 的等效节点载荷为

$$\overline{\boldsymbol{P}}_{ej}=\begin{Bmatrix}\overline{P}_{rj}\\ \overline{P}_{zj}\end{Bmatrix}=\frac{1}{6}\pi[(r_i+r_j)q_i+(r_i+3r_j)q_j]\begin{Bmatrix}z_i-z_j\\ r_j-r_i\end{Bmatrix} \tag{5.35}$$

*5.3　轴对称问题的等参单元

与平面问题类似，采用三角形单元分析轴对称问题计算精度往往较差。轴对称问题也可采用等参单元，常用的四边形等参单元。

5.3.1　几何模式与位移模式

1. 几何模式

轴对称问题与 θ 无关。在子午面上，只有径向 r 和轴向 z，可参照平面等参单元的方法，建立坐标系的映射关系，对于如图 5.9 所示的四节点等参单元，其几何模式为

$$r=\sum_{i=1}^{4}N_ir_i$$

$$z = \sum_{i=1}^{4} N_i z_i \tag{5.36}$$

式中的形函数与平面四节点等参单元的形函数（4.30）相同，即

$$N_i(\xi,\eta) = \frac{1}{4}(1+\xi_i\xi)(1+\eta_i\eta) \quad (i=1,2,3,4) \tag{5.37}$$

其中，ξ_i、η_i 为母单元 4 个节点的量纲为 1 的自然坐标值。

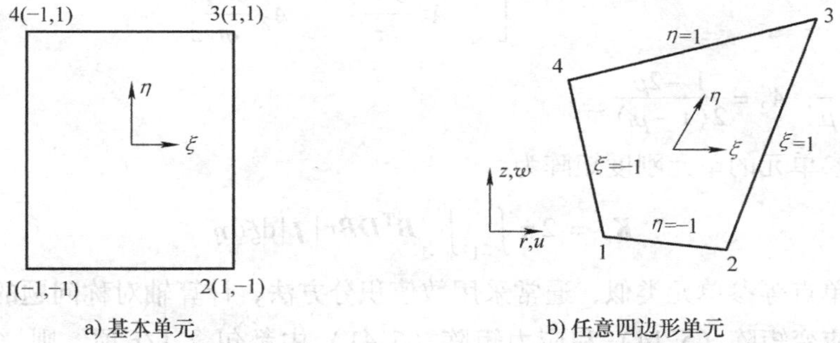

图 5.9 轴对称等参单元

2. 位移模式

轴对称四节点等参单元的位移模式为

$$u = \sum_{i=1}^{4} N_i u_i$$
$$w = \sum_{i=1}^{4} N_i w_i \tag{5.38}$$

其中形函数与几何模式的形函数相同，即为式（5.37）。

5.3.2 单元刚度矩阵

与平面等参单元类似，采用轴对称问题的等参单元，在生成应变矩阵（5.14）之前，需计算形函数对径向与轴向坐标轴的偏导数：

$$\begin{Bmatrix} \dfrac{\partial N_i}{\partial r} \\ \dfrac{\partial N_i}{\partial z} \end{Bmatrix} = \boldsymbol{J}^{-1} \begin{Bmatrix} \dfrac{\partial N_i}{\partial \xi} \\ \dfrac{\partial N_i}{\partial \eta} \end{Bmatrix} \quad (i=1,2,3,4) \tag{5.39}$$

其中，$\dfrac{\partial N_i}{\partial \xi}$、$\dfrac{\partial N_i}{\partial \eta}$及雅可比逆矩阵 $\boldsymbol{J}^{-1}$ 均可参照平面问题四节点等参单元的相应公式，即式（4.38）~式（4.44）。

单元应力分量

$$\boldsymbol{\sigma} = \boldsymbol{D}\boldsymbol{\varepsilon} = \boldsymbol{D}\boldsymbol{B}\boldsymbol{\delta}_e = \boldsymbol{S}\boldsymbol{\delta}_e \tag{5.40}$$

应力矩阵的子矩阵为

$$
\boldsymbol{S}_i=\boldsymbol{DB}_i=\frac{E(1-\mu)}{(1+\mu)(1-2\mu)}\begin{bmatrix}\dfrac{\partial N_i}{\partial r}+A_1\dfrac{N_i}{r} & A_1\dfrac{\partial N_i}{\partial z}\\ A_1\dfrac{\partial N_i}{\partial r}+\dfrac{N_i}{r} & A_1\dfrac{\partial N_i}{\partial z}\\ A_1\left(\dfrac{\partial N_i}{\partial r}+\dfrac{N_i}{r}\right) & \dfrac{\partial N_i}{\partial z}\\ A_2\dfrac{\partial N_i}{\partial z} & A_2\dfrac{\partial N_i}{\partial r}\end{bmatrix}\quad(i=1,2,3,4) \tag{5.41}
$$

其中，$A_1=\dfrac{\mu}{1-\mu}$，$A_2=\dfrac{1-2\mu}{2(1-\mu)}$。

轴对称等参单元的单元刚度矩阵为

$$
\boldsymbol{K}_e=2\pi\int_{-1}^{1}\int_{-1}^{1}\boldsymbol{B}^{\mathrm{T}}\boldsymbol{DB}r|\boldsymbol{J}|\mathrm{d}\xi\mathrm{d}\eta \tag{5.42}
$$

与平面四单点等参单元类似，通常采用数值积分方法，计算轴对称问题的单元刚度矩阵（5.42）。由于应变矩阵（5.14）和应力矩阵（5.41）中都包含 $1/r$ 项，则被积函数中存在 $1/r$ 项，在数值积分过程中，要求将其表示成量纲为1的坐标 ξ、η 的函数。采用高斯积分点计算，$r\neq0$，单元刚度矩阵不会出现奇异项。

5.3.3 等效节点载荷的计算

1. 体积力

设体积力分量为 $\boldsymbol{p}_e=\{p_r \quad p_z\}^{\mathrm{T}}$，则等效节点载荷为

$$
\boldsymbol{P}_e=2\pi\int_{-1}^{1}\int_{-1}^{1}\boldsymbol{N}^{\mathrm{T}}\boldsymbol{p}_e r|\boldsymbol{J}|\mathrm{d}\xi\mathrm{d}\eta \tag{5.43}
$$

如果体积力 $\boldsymbol{p}_e$ 是变量，则需将其表示成量纲为1的坐标 ξ、η 的函数，再通过高斯积分计算。若体积力 $\boldsymbol{p}_e$ 是常量，可右提至积分号外，体积力的等效节点载荷为

$$
\boldsymbol{P}_e=2\pi\int_{-1}^{1}\int_{-1}^{1}\boldsymbol{N}^{\mathrm{T}}r|\boldsymbol{J}|\mathrm{d}\xi\mathrm{d}\eta\boldsymbol{p}_e
$$

体力等效节点载荷对每个单元循环，采用数值积分法计算。

2. 表面力

设轴对称问题的等参单元的某条边上作用有表面力，如图5.10所示，$\overline{23}$ 边上存在常量表面力 q。

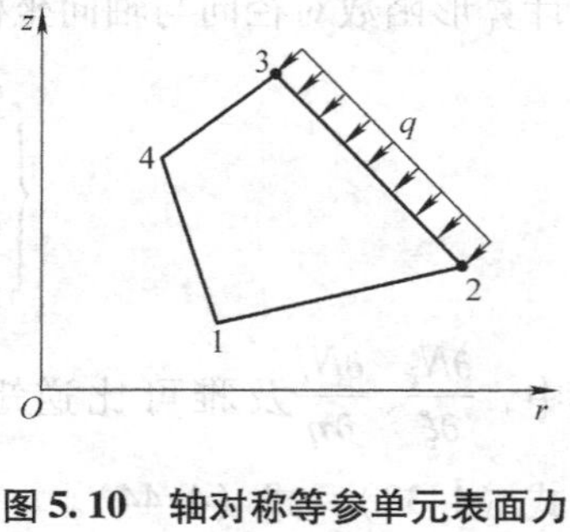

图5.10 轴对称等参单元表面力

在 $\overline{23}$ 边上，$\xi=1$，形函数

$$
N_2=\frac{1}{2}(1-\eta),N_3=\frac{1}{2}(1+\eta),N_1=N_4=0
$$

积分元变换 $\mathrm{d}s=\dfrac{1}{2}l_{23}\mathrm{d}\eta$，则节点2的等效节点载荷为

$$
\begin{aligned}
\overline{\boldsymbol{P}}_{e2} &= 2\pi\int_L N_2\begin{Bmatrix} q_r \\ q_z \end{Bmatrix} r\mathrm{d}s = 2\pi\int_{-1}^{1}\frac{1}{2}(1-\eta)\begin{Bmatrix} q_r \\ q_z \end{Bmatrix} r\,\frac{1}{2}l_{23}\,\mathrm{d}\eta \\
&= \frac{\pi l_{23}}{2}\int_{-1}^{1}(1-\eta)r\mathrm{d}\eta\begin{Bmatrix} q_r \\ q_z \end{Bmatrix}
\end{aligned} \tag{a}
$$

而

$$
r = \sum_{i=1}^{4} N_i r_i = \frac{1}{2}r_2(1-\eta) + \frac{1}{2}r_3(1+\eta) \tag{b}
$$

则

$$
\int_{-1}^{1}(1-\eta)r\mathrm{d}\eta = \int_{-1}^{1}(1-\eta)\left[\frac{1}{2}r_2(1-\eta) + \frac{1}{2}r_3(1+\eta)\right]\mathrm{d}\eta = \frac{2}{3}(2r_2+r_3) \tag{c}
$$

将式（c）代入式（a），并考虑压力在两个方向上的分量［见式（5.29）］，则有

$$
\overline{\boldsymbol{P}}_{e2} = \begin{Bmatrix} \overline{P}_{r2} \\ \overline{P}_{z2} \end{Bmatrix} = \frac{1}{3}\pi q(2r_2+r_3)\begin{Bmatrix} z_2-z_3 \\ r_3-r_2 \end{Bmatrix} \tag{5.44}
$$

同样，节点 3 的等效节点载荷为

$$
\overline{\boldsymbol{P}}_{e3} = \begin{Bmatrix} \overline{P}_{r3} \\ \overline{P}_{z3} \end{Bmatrix} = \frac{1}{3}\pi q(2r_3+r_2)\begin{Bmatrix} z_2-z_3 \\ r_3-r_2 \end{Bmatrix} \tag{5.45}
$$

虽然式（5.44）与式（5.30）推导过程不同，但最终结果表达式却是相同的，说明轴对称等参单元与轴对称三角形单元面力等效节点载荷相同。在整体坐标系下，若单元的边界及表面力是固定的，则表面力等效节点载荷也是固定不变的，不会因内部单元划分不同而改变。因此对轴对称等参单元的面力等效节点载荷，可参考三角环形单元相应公式计算。

5.4 轴对称三角形单元的 MATLAB 程序

5.4.1 程序功能与主函数程序

1. 轴对称问题程序主要功能

① 采用形心法计算三角形单元的刚度矩阵；②载荷类型包括自重、惯性力、集中力、线性分布面力；③自动处理对称轴上节点（$r=0$）径向位移恒为零的条件；④显示变形图和应力云图；⑤计算结果按格式保存为指定文件。

2. 轴对称三角形单元的主功能函数

采用三角环形单元的轴对称问题的主功能函数为 Axisymmetric_Tri_Element。

```
function Axisymmetric_Tri_Element
%  本程序为采用三角环形单元的轴对称问题
%计算在自重、惯性力、集中力、线性分布面力作用下的变形和应力
%调用以下功能函数完成：读入有限元模型数据、模型图形显示、计算结构总刚、载荷矢量、
```

```
%求解有限元方程、应力分析、位移应力后处理等功能
[file_in, file_out, file_res] = File_Name          %输入文件名及计算结果输出文件名
Axisym_Tri3_Model_Data (file_in);                  % 读入有限元模型数据并进行匹配性校核
Axisym_Tri3_Model_Figure (3);                      %显示有限元模型图形，以便于检查
ZK = Axisym_ Tri_Stiff_Matrix;                     %计算结构总刚
ZQ = Axisym_ Tri_Load_Matrix;                      %计算总的载荷矢量
U = Axisym _ Tri_Solve (ZK, ZQ);                   %求解有限元方程，得到节点位移
Axisym_ Tri_Stress (file_out, U);                  %应力分析，并将计算结果保存到文件中
Axisym_Tri3_Post_Contour (U, Stress_nd );          %后处理模块，显示变形图、不同应力分量的云图
fclose all;
end
```

在上述轴对称问题主功能函数中，一些功能函数与平面三角形单元的功能函数相同，表 5.1 中列出了轴对称三角形单元主功能函数 Axisymmetric_Tri_Element 调用的函数一览表。

表 5.1　轴对称问题三角环形单元主功能函数调用函数一览表

序号	函数名称	功能	备注
1	Fiel_Name	管理模型数据文件及结果输出文件名	3.8.2 节
2	Axisym_Tri3_Model_Data	读入模型数据并进行匹配性校核	3.8.3 节、5.4.2 节
3	Axisym_Tri3_Model_Figure	显示模型网格、标注编号、各种外力、位移约束	3.8.4 节
4	Axisym_Tri_Stiff_Matrix	计算轴对称三角形单元的单刚，集成总刚矩阵	5.4.3 节
5	Axisym_Tri_Load_Matrix	计算体力、各种形式面力等效节点载荷，集成总载荷矢量	5.4.4 节
6	Axisym _ Tri_Solve	求解有限元方程，将节点位移保存到文件	5.4.5 节
7	Axisym_Tri_Stress	计算应力分量、主应力，应力绕点处理，保存计算结果	5.4.6 节
8	Axisym_Tri3_Post_Contour	后处理：显示变形图，应力分量、主应力、Mises 应力云图	3.8.9 节

5.4.2 轴对称三角形单元的模型数据格式

轴对称问题的坐标系是在子午面内，以径向为横坐标、对称轴为纵坐标，径向 $r \geq 0$。在第Ⅰ、Ⅳ象限内划分有限元网格，准备节点坐标、单元等数据。原始数据包括总体数据、节点坐标、单元信息、位移边界约束、集中力、线性分布载荷等部分，描述格式与平面三角形模型数据几乎相同。

与平面问题数据的差异：轴对称问题不必指明问题属性及构件厚度，但在考虑惯性力时需要输入转动角速度。但为了应用平面三角形单元模型读入函数 Plane_Tri3_Model_Data，轴对称问题属性设为 3，将平面三角形单元中厚度数的位置填写轴对称问题的转动角速度，其

他总体数据位置不变。在平面三角形单元的模型函数基础上稍做调整修改，即可成为轴对称模型输入函数 Axisym_Tri3_Model_Data。表 5.2 列出了轴对称三角形单元模型的数据类型及格式。

规定：径向方向代码为 1、轴向方向代码为 2。对称轴上节点（$r=0$）的径向位移恒为零，不需要输入，程序会自动处理 **（详见链接文件：第 5 章　轴对称问题 \ 1. 轴对称模型数据格式 . txt）**

表 5.2　轴对称三角形单元模型的数据类型及格式

序号	类型	列数	数据说明	备注
1	问题属性和材料属性	5	问题属性代码、弹性模量、泊松比、转动角速度、密度	按行排列
2	节点坐标（*nd* 组）	2	*r*、*z*	
3	单元数据（*ne* 组）	3 ~ 4	三个节点（按逆时针顺序排列）、体力编组号	体力为常量，第 4 列可略
4	节点位移约束（*ng* 组）	2	位置（节点号）、约束方向代号（$r=1$、$z=2$）	
5	节点集中载荷（*nj* 组）	3	节点编号、*r* 向、*z* 向集中力分量	
6	体力（*nt* 组）	2	*r* 向、*z* 向体力分量	按组描述
7	有面力作用的节点（*md* 组）	4	节点号、面力特性代号、面力集度，或两个方向分量	参见 3.8.3 节表 3.8 的说明
8	有面力作用的边线（*mx* 组）	3	两端节点号、面力特性代号	

5.4.3 总刚度矩阵函数

采用形心法计算单元的刚度矩阵，并形成结构总的刚度矩阵。轴对称三角形单元刚度矩阵的各子阵在总刚度矩阵中的位置算法、单刚组装总刚的流程与平面三角形单元完全相同。总刚度矩阵函数 Axisym_Tri_Stiff_Matrix **（详见链接文件：第 5 章　轴对称问题 \ 2. 轴对称总刚度矩阵函数 . txt）** 调用计算轴对称问题应变矩阵函数 Axisym_B3_Matrix **（详见链接文件：第 5 章　轴对称问题 \ 3. 轴对称应变矩阵函数 . txt）**，返回轴对称三角形单元应变矩阵、单元面积及形心坐标；调用弹性矩阵函数 Elastic_Matrix。

弹性矩阵函数 Elastic_Matrix（详见 3.8.5 节），是将平面问题中的式（3.20）与式（3.21）、轴对称问题中的式（5.5）、空间问题中的式（6.15）的弹性矩阵统一的功能函数。程序规定问题属性代码：pm = 1 表示平面应力问题，pm = 2 对应平面应变问题，pm = 3 为轴对称问题，pm = 4 为空间问题，其他数字无效。

5.4.4 节点载荷矢量函数

外力的形式包括：竖向重力、惯性力、节点集中力、线性分布面力，生成有限元分析计算所需的总载荷矢量。计算等效节点载荷并集成结构总载荷矢量 Axisym_Tri_Load_Matrix **（详见**

链接文件：第 5 章 轴对称问题\4. 轴对称载荷矢量函数.txt）的流程如图 5.11 所示。

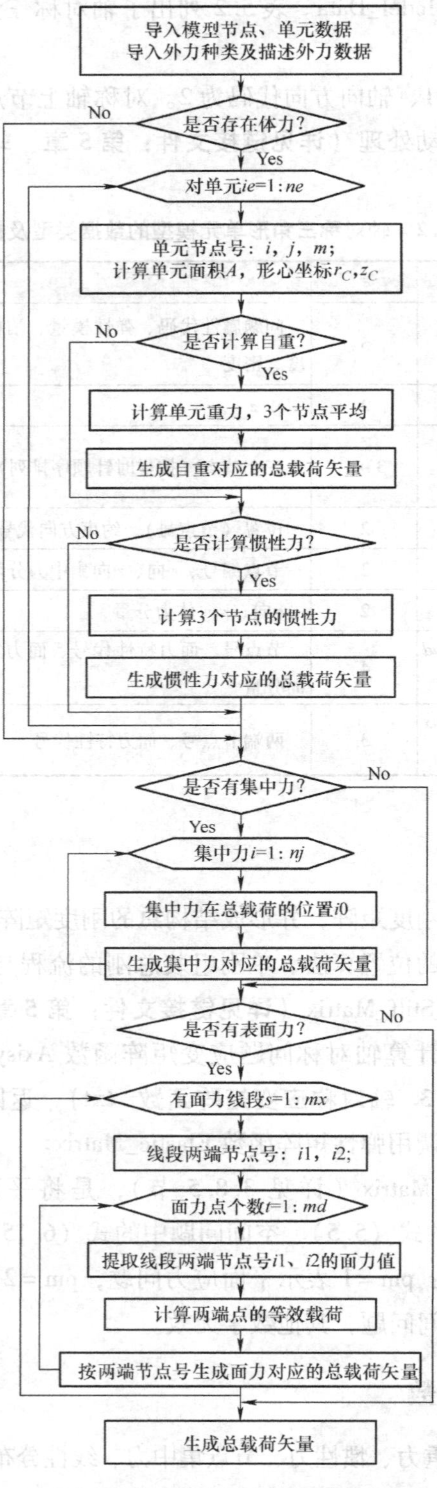

图 5.11　计算等效节点载荷并集成结构总载荷矢量的流程图

5.4.5 求解有限元方程函数

轴对称问题位移约束条件可分两类：①对称轴上节点的位移约束；②非对称轴上节点的位移条件。对称轴上的节点（$r=0$）径向位移恒为零，对称轴上节点的径向约束不需要输入，程序会进行搜索判断，将对称轴上节点的径向位移自动定义为“0”。求解有限元方程时，按平面问题类似的方法处理，得到节点轴向和径向位移分量（**详见链接文件：第5章　轴对称问题\5. 求解轴对称有限元方程.txt**）。其流程如图5.12所示。

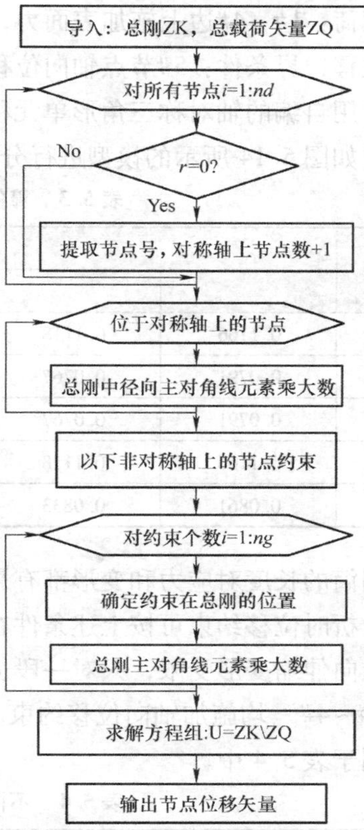

图5.12　轴对称问题求解有限元方程流程图

5.4.6 计算单元应力函数

根据单元节点位移矢量，计算单元形心点的σ_r、σ_θ、σ_z、τ_{rz}等4个应力分量，并将应力分量与节点位移分量同时存入指定的文件中（**详见链接文件：第5章　轴对称问题\6. 计算轴对称单元应力函数.txt**）。应力计算分析、绘制变形图、应力云图的流程与平面三角形单元的流程图3.19至图3.20类似。

5.5 工程案例

5.5.1 轴对称压力容器

【应用算例5.1】　如图5.13所示的厚壁长圆筒受内压作用，设内压$p=1\text{MPa}$，弹性模量$E=210\text{GPa}$，泊松比为0.3。试利用轴对称三角形单元程序，分析该圆筒的位移和应力。

厚壁长圆筒长度方向较长，为了简单起见，应用一个较粗的单元网格来说明圆筒的有限元解。只选一段，并在其子午面上把圆筒离散为如图5.14所示的4个三角形单元。

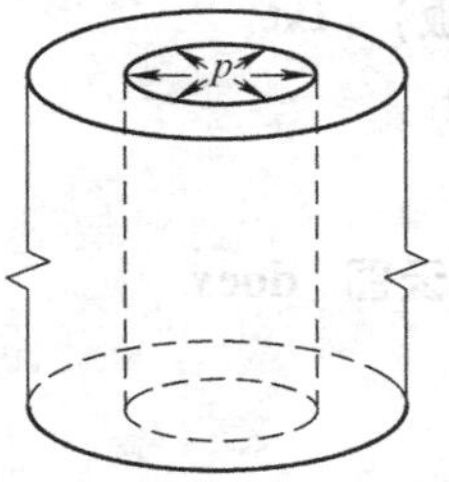

图5.13　受内压作用的厚壁圆筒

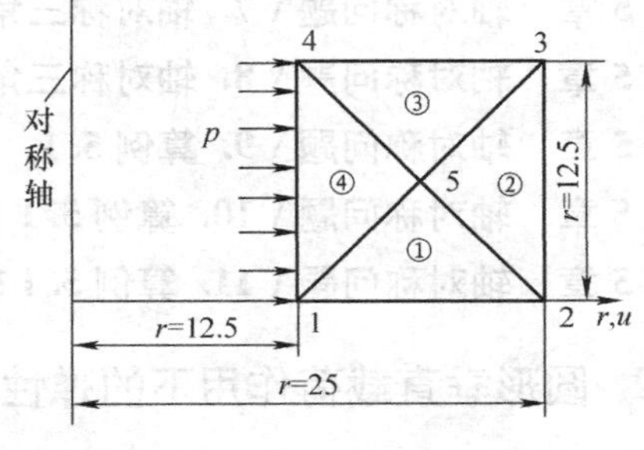

图5.14　离散后的厚壁圆筒

载荷：1#～4#边上施加表面力，$p=1\text{MPa}$。

位移边界条件：5#节点轴向位移为0，$w_5=0$。

采用自编的轴对称三角形单元程序 Axisymmetric_Tri_Element 及通用有限元软件 ANSYS，分别对如图 5.14 所示的模型进行分析计算，并将两个程序计算的位移结果列于表 5.3 中。

表 5.3　算例 5.1 中厚壁长圆筒位移的计算结果　　（单位：10^{-3}mm）

节点	径向位移			轴向位移		
	本例程序	ANSYS	相差（%）	本例程序	ANSYS	相差（%）
1	0.1166	0.1118	4.26	0.0082	0.0085	-3.71
2	0.0791	0.0767	3.10	0.0148	0.0146	1.74
3	0.0791	0.0767	3.10	-0.0148	-0.0146	1.74
4	0.1166	0.1118	4.26	-0.0082	-0.0085	-3.71
5	0.0861	0.0833	3.40	0.0	0.0	

圆筒的长度对应力和变形都有影响。短厚壁筒的长度较短，纵向可伸缩变形，采用有限元法分析时位移约束可按上述条件在中心5#节点施加 $w_5=0$。但对于长厚壁筒，若长度足够长，纵向伸缩变形受限，只对一段进行有限元分析时，图 5.14 中的模型应对上、下端面节点（1#～4#）均施加轴向位移约束。图 5.14 中的模型的两种约束方式的应力计算结果及理论解列于表 5.4 中。

表 5.4　不同约束方式厚壁圆筒应力的计算结果　　（单位：MPa）

单元	形心半径/mm	径向应力 σ_r			环向应力 σ_θ			轴向应力 σ_z		剪应力 τ_{rz}	
		一点	四点	理论解	一点	四点	理论解	一点	四点	一点	四点
1	18.75	-0.3518	-0.3510	-0.2593	0.9412	0.9413	0.9259	-0.0170	0.1771	-0.0332	-0.0688
2	22.92	-0.0288	-0.0460	-0.0634	0.7255	0.7363	0.7300	-0.0404	0.2071	0.0000	0.0000
3	18.75	-0.3518	-0.3510	-0.2593	0.9412	0.9413	0.9259	-0.0170	0.1771	0.0332	0.0688
4	14.58	-0.5740	-0.5553	-0.6463	1.3921	1.3812	1.3129	0.1071	0.2478	0.0000	0.0000

注："一点"指在5#节点施加轴向约束，"四点"指在上、下端四个节点处均施加轴向约束。

有些教材对该问题进行了较详细的分析比较，如图 5.15 所示。

通过链接可查看本算例所用到的以下文件：

第 5 章　轴对称问题\ 7. 轴对称三角形单元程序使用说明 . txt

第 5 章　轴对称问题\ 8. 轴对称三角形单元主函数（简版）. txt

第 5 章　轴对称问题\ 9. 算例 5.1　模型数据的函数 . txt

第 5 章　轴对称问题\ 10. 算例 5.1 计算结果文件 . txt

第 5 章　轴对称问题\ 11. 算例 5.1 轴对称模型图及结果云图 . docx

5.5.2 圆形垂直载荷作用下的弹性半空间

【应用算例 5.2】　弹性半空间在圆形载荷作用下的变形和应力分析是弹性力学中的经典问题，在工程中也很有实用价值，图 5.16 表示的是圆形基础对地面的压力作用。采用有限

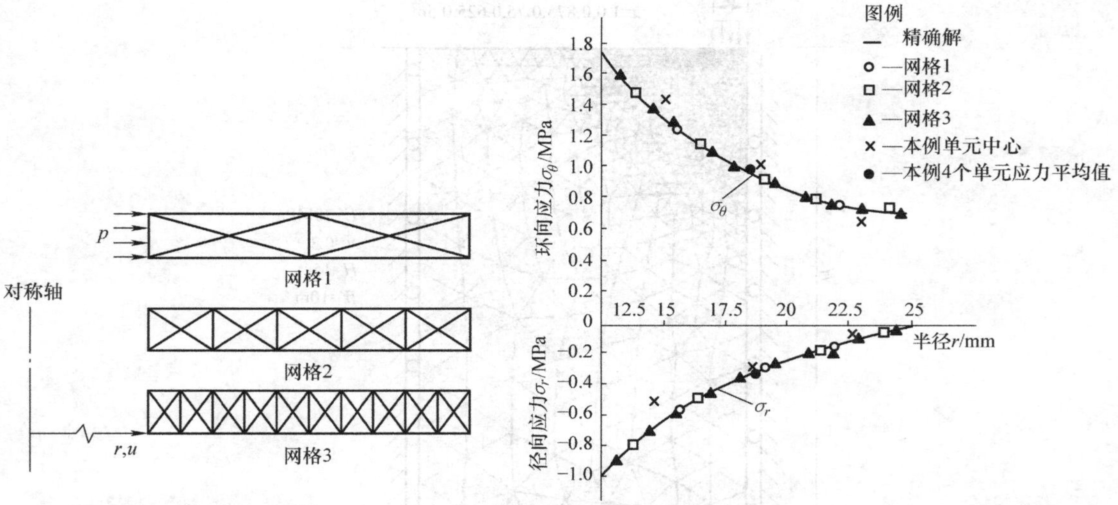

图 5.15　受内压作用厚壁圆筒对不同网格计算结果的比较

元法求解这类无限域或半无限域问题，关键是确定合理的求解区域大小。确定求解区域并没有统一的解决方法，一般要根据研究对象的性质来定，此时有限元知识、力学知识及工程经验就显得十分重要。

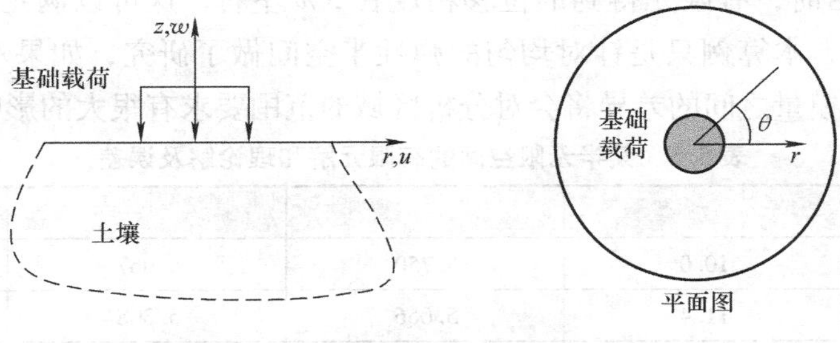

图 5.16　用轴对称单元模拟的半无限空间

利用布西内斯克（Boussinesq）给出的基本解，可以得到该问题的解析解，在分布载荷的中心点处的竖向位移为

$$w = 2qa(1-\nu^2)/E$$

式中，E、ν 分别是半空间的弹性模量和泊松比；q 是分布力；a 是分布力作用半径。

下面来分析有限元的精度与所取区域大小的关系。圆形垂直载荷作用下半无限空间的有限元网格及边界条件，如图 5.17 所示，所取区域为深 H、宽 W 的矩形区域。为了避免重新划分网格的麻烦，采用固定 H 和 W，取不同的载荷作用半径 a 进行分析，这样可以消除不同网格布局带来的影响。

表 5.5 给出了不同 a 时的解析解和有限元解，并计算了相对误差。可见，有限元误差随

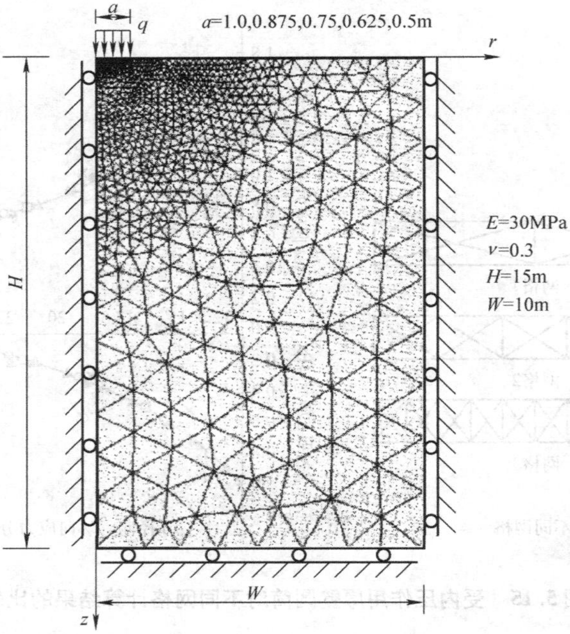

图 5.17　半无限空间的有限元模型

W/a 的变化趋势，W/a 越来越大，有限元的结果越趋近于解析解。当取分析区域为分布载荷作用半径的 10 倍时，有限元得到的位移精度在 5% 左右，这可以满足一般的工程要求。这里需要注意的是，本算例只是针对均匀的弹性半空间做了研究，如果对于分层地基的情况，那么各层弹性模量之间的差异将会对分析区域的范围要求有很大的影响。

表 5.5　某半无限空间的有限元解和理论解及误差

a/m	W/a	有限元解/mm	理论解/mm	误差（%）
1.000	10.0	5.750	6.067	−5.225
0.875	11.4	5.066	5.308	−4.559
0.750	13.3	4.368	4.550	−4.000
0.625	16.0	3.660	3.792	−3.481
0.500	20.0	2.943	3.033	−2.967

说明一点，本例采用同一个有限元网格对应不同载荷的工况，在有限元分析过程中结构的总刚度矩阵是相同的，同时边界条件不变，所以总刚可只计算一次并根据边界条件处理一次，再分别计算各种工况下的位移矢量，一次性得到与工况数相同的结构总的节点位移矢量，这种处理方法可提高计算效率。

习题 5

5.1　试比较轴对称三角形单元与平面问题三角形单元的异同点。

5.2 与对称轴距离不同的两个大小相同的单元，采用形心近似法计算其单刚时，哪个误差大，为什么？

5.3 采用多块近似法计算单刚时，根据式（5.21）计算每个小三角形区域的应变矩阵 $\boldsymbol{B}_{Cs}$，试问该式中面积 A 怎样选取？并通过实例验证。

5.4 如图5.18所示，4个轴对称三角形单元，其形状、大小、方位均相同，但位置不同。设材料弹性模量为 E，泊松比 $\nu=0.2$，试分别计算单元①～④的应变矩阵、应力矩阵、刚度矩阵（取形心坐标）。并比较下列单元之间的应变矩阵、应力矩阵、刚度矩阵是否相同：

（1）径向平移单元②与单元①；（2）轴向平移单元③与单元①；（3）翻转180°单元④与单元①。

5.5 如图5.19所示，轴对称三角形单元的质量密度为 ρ，求其在重力作用下的等效节点载荷矢量。

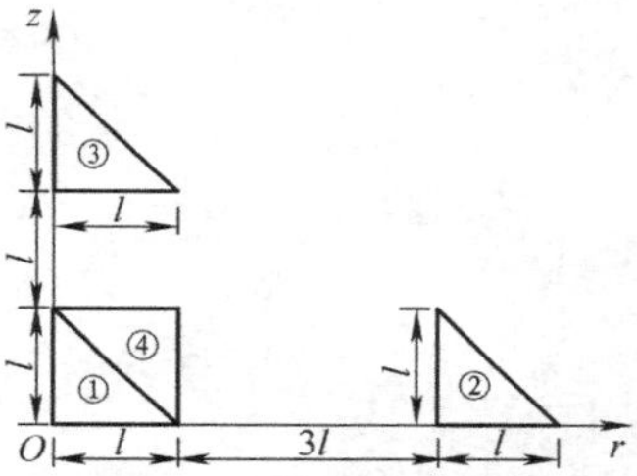

图5.18 习题5.4图

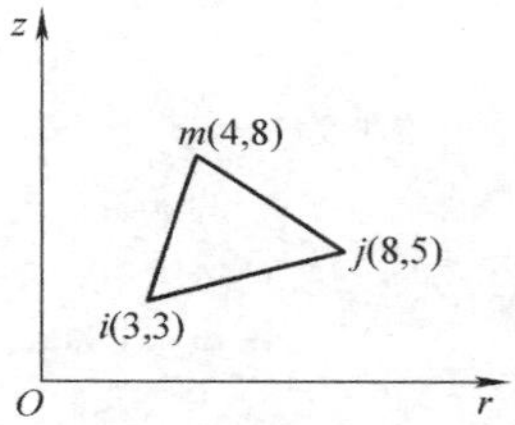

图5.19 习题5.5、习题5.6图

5.6 如图5.19所示，轴对称三角形单元的质量密度为 ρ，若绕对称轴匀速转动，角速度为 ω，求其等效节点载荷矢量。

5.7 求如图5.20所示轴对称三角形单元的边界面力作用的等效节点载荷矢量。

5.8 如图5.21所示，轴对称四节点等参单元，分别求：

（1）单元坐标变换的几何模式；（2）雅可比矩阵；（3）雅可比行列式。

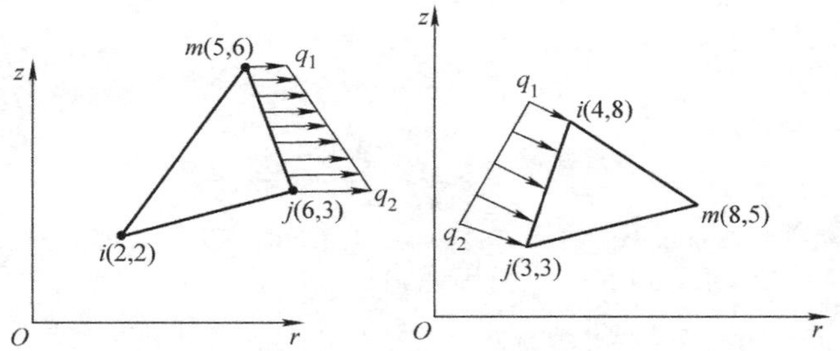

图5.20 习题5.7图

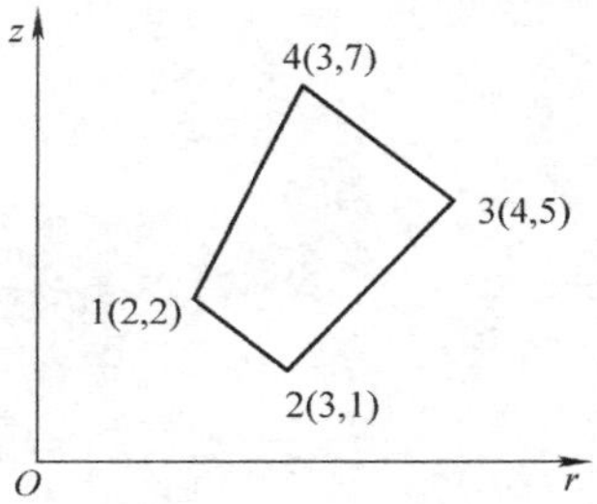

图5.21 习题5.8图

5.9 试编写形心法及四分近似法计算轴对称三角形单元刚度矩阵的MATLAB程序段。

5.10 利用习题5.9编写的两个MATLAB程序，计算图5.19中的单元①、②和④的刚度矩阵，进行对比分析，探究轴对称三角形单元径向坐标（即单元形心与对称轴的距离）对两种方法误差的影响。

5.11 参照 5.4.4 节中的节点总载荷矢量程序段 Axisym_Tri_Load_Matrix，编写可显示自重、惯性力、集中力、面力等不同类型载荷所对应的总载荷矢量程序段。

5.12 参考平面四节点等参单元分析过程，设计计算轴对称问题四节点等参单元的应变矩阵、单元刚度矩阵的流程，并编写 MATLAB 程序段。

5.13 利用程序分析一个轴对称问题的实际工程案例。

第 6 章 空间问题

Chapter 6

6.1 空间问题概述

在实际工程中，大多数结构或弹性体形状复杂，三个方向的尺寸同量级，物体的形状、尺寸和边界条件不具备某种特殊性，不能简化为平面问题或轴对称问题，必须按空间（三维）问题求解。用有限元法分析空间问题的方法与平面（二维）问题相似，只需将平面问题的分析方法稍加变更即可推广用于分析空间问题。空间问题模型的节点数量大增，同时每个节点的自由度由平面问题的 2 个增至 3 个，使得有限元方程的阶次急剧膨胀。如图 6.1a、b 所示的某平面问题与空间弹性体，二者尺寸相当，若划分单元尺寸也相当，每边取 10 个节点，平面问题模型有 81 个单元、100 个节点，总的节点位移分量为 200 个；而空间问题的节点数为 1000 个，节点位移未知量则猛增至 3000 个。

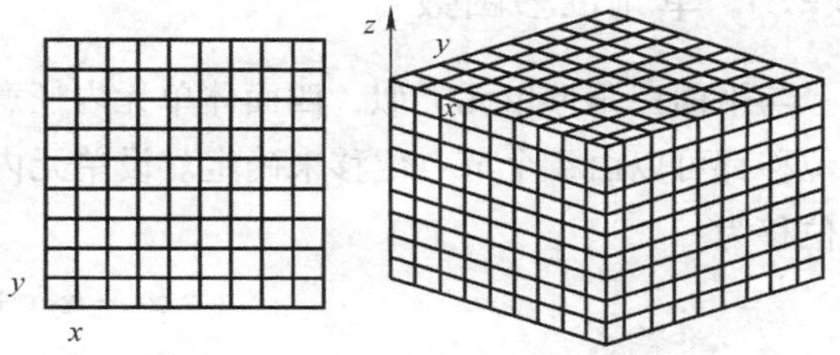

a) 平面单元　　b) 空间单元

图 6.1　平面、空间问题的单元与模型

空间问题的规模剧增，要求计算机有更大的储存空间和更长的计算时间。三维有限元模型离散化不直观，人工划分网格比较困难，容易产生错误，这些都给应用有限单元法分析空间问题带来不便。为了提高有限元计算效率，可以从两个方面采取措施：

1）充分利用结构的对称性、相似性或重复性，简化结构的计算简图，降低总未知量的个数。

2）采用高效率、高精度的空间单元，在不扩大计算规模和较短的计算时间内，获得精度适宜的解答。

常用的空间单元类型有四面体、五面体或六面体等，如含内节点的二次四面体单元，20 个节点的六面体单元等是常用的高精度空间单元。

6.2 四面体单元

空间问题的位移分量为

$$f = \{u \quad v \quad w\}^{\mathrm{T}}$$

应变分量和应力分量分别为

$$\boldsymbol{\varepsilon} = \{\varepsilon_x \quad \varepsilon_y \quad \varepsilon_z \quad \gamma_{xy} \quad \gamma_{yz} \quad \gamma_{zx}\}^{\mathrm{T}}$$

$$\boldsymbol{\sigma} = \{\sigma_x \quad \sigma_y \quad \sigma_z \quad \tau_{xy} \quad \tau_{yz} \quad \tau_{zx}\}^{\mathrm{T}}$$

对于空间问题，最简单而常用的单元是四面体单元。图 6.2 表示一个四面体单元，它以 4 个角点 i、j、m、p 作为节点，每个节点有 3 个位移分量 $\boldsymbol{f}_i = \{u_i \quad v_i \quad w_i\}^{\mathrm{T}}$，则一个单元共有 12 个自由度，四面体单元的节点位移矢量为

$$\boldsymbol{\delta}_e = \{u_i \quad v_i \quad w_i \quad \cdots \quad u_p \quad v_p \quad w_p\}^{\mathrm{T}}$$

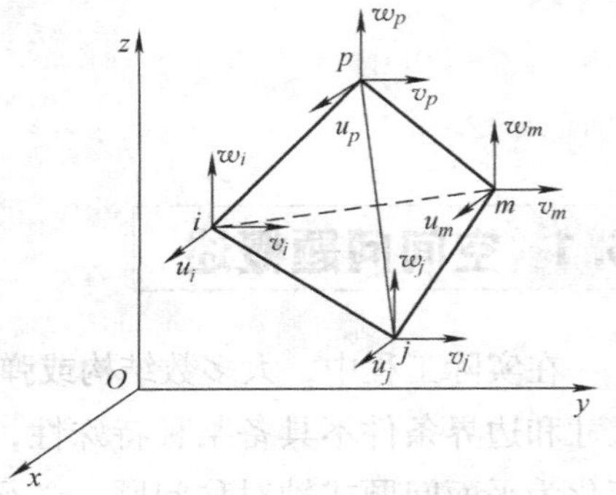

图 6.2　四面体单元

6.2.1 单元位移函数

与平面三角形单元类似，四面体单元内任意一点的位移都可以由 4 个节点位移来确定。设单元内一点的位移为

$$\begin{aligned} u &= \alpha_1 + \alpha_2 x + \alpha_3 y + \alpha_4 z \\ v &= \beta_1 + \beta_2 x + \beta_3 y + \beta_4 z \\ w &= \gamma_1 + \gamma_2 x + \gamma_3 y + \gamma_4 z \end{aligned} \tag{6.1}$$

其中，α_1，α_2，…，γ_4 均为待定系数。

采用类似平面问题确定系数的方法，确定各个系数后，单元位移模式表示为

$$\begin{aligned} u &= N_i u_i + N_j u_j + N_m u_m + N_p u_p \\ v &= N_i v_i + N_j v_j + N_m v_m + N_p v_p \\ w &= N_i w_i + N_j w_j + N_m w_m + N_p w_p \end{aligned} \tag{6.2}$$

式（6.2）亦可表示为通式

$$\boldsymbol{f} = \boldsymbol{N}\boldsymbol{\delta}_e \tag{6.3}$$

其中，形函数矩阵：

$$\boldsymbol{N} = \begin{bmatrix} N_i & 0 & 0 & N_j & 0 & 0 & N_m & 0 & 0 & N_p & 0 & 0 \\ 0 & N_i & 0 & 0 & N_j & 0 & 0 & N_m & 0 & 0 & N_p & 0 \\ 0 & 0 & N_i & 0 & 0 & N_j & 0 & 0 & N_m & 0 & 0 & N_p \end{bmatrix} \tag{6.4}$$

通常表示为

$$\boldsymbol{N} = [N_i\boldsymbol{I} \quad N_j\boldsymbol{I} \quad N_m\boldsymbol{I} \quad N_p\boldsymbol{I}] \tag{6.5}$$

其中，$\boldsymbol{I}$ 为3阶单位阵，即 $\boldsymbol{I}=\begin{bmatrix}1&0&0\\0&1&0\\0&0&1\end{bmatrix}$。

四面体单元的形函数为

$$N_i=\frac{1}{6V}(a_i+b_ix+c_iy+d_iz)\quad(i=i,j,m,p)\tag{6.6}$$

式中，V 是四面体单元的体积；a_i、b_i、c_i、$d_i(i=i,j,m,p)$ 为常量。

四面体单元的体积由下式计算

$$V=\frac{1}{6}\begin{vmatrix}1&x_i&y_i&z_i\\1&x_j&y_j&z_j\\1&x_m&y_m&z_m\\1&x_p&y_p&z_p\end{vmatrix}\tag{6.7}$$

为使体积 V 不为负值，单元的4个节点编码 i、j、m、p 应按一定规则编排，要求在 x、y、z 坐标系内符合右手法则，即从最后一个节点 p 看去，前3个节点 $i\to j\to m$ 的顺序应为逆时针。若编号任意编排时，则需将式（6.7）中的 V 改为 $|V|$。

为了方便计算系数 a_i、b_i、c_i、$d_i(i=i,\ j,\ m,\ p)$，将这些系数按一定顺序排列，组成如下行列式（符号为 XS），且与四面体单元的体积行列式进行对比，有

$$XS=\begin{vmatrix}a_i&b_i&c_i&d_i\\a_j&b_j&c_j&d_j\\a_m&b_m&c_m&d_m\\a_p&b_p&c_p&d_p\end{vmatrix}\to 6V=\begin{vmatrix}1&x_i&y_i&z_i\\1&x_j&y_j&z_j\\1&x_m&y_m&z_m\\1&x_p&y_p&z_p\end{vmatrix}$$

借用上式，将左边行列式 XS 中的各个元素与右边 $6V$ 中的元素建立起了位置上的对应关系，这样可用 $6V$ 来描述系数 a_i、b_i、c_i、$d_i(i=i,\ j,\ m,\ p)$，即 XS 中的任何一个元素等于 $6V$ 行列式中对应位置元素的代数余子式。具体表达式为

$$a_i=(-1)^{i+1}\begin{vmatrix}x_j&y_j&z_j\\x_m&y_m&z_m\\x_p&y_p&z_p\end{vmatrix},\qquad b_i=(-1)^{i}\begin{vmatrix}1&y_j&z_j\\1&y_m&z_m\\1&y_p&z_p\end{vmatrix}$$

$$c_i=(-1)^{i+1}\begin{vmatrix}1&x_j&z_j\\1&x_m&z_m\\1&x_p&z_p\end{vmatrix},\qquad d_i=(-1)^{i}\begin{vmatrix}1&x_j&y_j\\1&x_m&y_m\\1&x_p&y_p\end{vmatrix}\quad(i=i,j,m,p)\tag{6.8}$$

按顺序替换下标，计算各个代数余子式，但确定符号时 i，j，m，p 分别按1，2，3，4取值。

关于系数 a_i、b_i、c_i、d_i 的计算式，有些教材采用不同的表示方法，会引起个别系数符号不同，导致后面个别表达式将有所不同，但本质上是相同的。本书采用代数余子式，确定系数时已经引入相应正负号，更具有一般性，可将平面问题的公式推广到空间问题。

类似于平面三角形面积坐标，三维四面体的体积坐标亦存在积分公式：

$$\iiint L_i^a L_j^b L_m^c L_p^d \mathrm{d}x\mathrm{d}y\mathrm{d}z = 6V\frac{a!b!c!d!}{(a+b+c+d+3)!} \tag{6.9}$$

四面体单元的形函数与体积坐标具有相同的形式，式（6.9）适用于四面体单元形函数的积分运算。

6.2.2 单元应变矩阵和单元刚度矩阵

1. 单元上的应变

将位移模式（6.2）代入空间问题的几何方程式（2.3），即可得到单元的应变分量与单元节点位移矢量的关系的通式为

$$\boldsymbol{\varepsilon} = \boldsymbol{B}\boldsymbol{\delta}_e \tag{6.10}$$

应变矩阵 $\boldsymbol{B}$ 可写成分块形式

$$\boldsymbol{B} = [\boldsymbol{B}_i \quad \boldsymbol{B}_j \quad \boldsymbol{B}_m \quad \boldsymbol{B}_p] \tag{6.11}$$

空间问题应变矩阵的子矩阵为

$$\boldsymbol{B}_i = \begin{bmatrix} \frac{\partial N_i}{\partial x} & 0 & 0 \\ 0 & \frac{\partial N_i}{\partial y} & 0 \\ 0 & 0 & \frac{\partial N_i}{\partial z} \\ \frac{\partial N_i}{\partial y} & \frac{\partial N_i}{\partial x} & 0 \\ 0 & \frac{\partial N_i}{\partial z} & \frac{\partial N_i}{\partial y} \\ \frac{\partial N_i}{\partial z} & 0 & \frac{\partial N_i}{\partial x} \end{bmatrix} \quad (i = i,j,m,p) \tag{6.12}$$

形函数为式（6.6）的四面体单元，其应变子矩阵为

$$\boldsymbol{B}_i = \frac{1}{6V}\begin{bmatrix} b_i & 0 & 0 \\ 0 & c_i & 0 \\ 0 & 0 & d_i \\ c_i & b_i & 0 \\ 0 & d_i & c_i \\ d_i & 0 & b_i \end{bmatrix} \quad (i = i,j,m,p) \tag{6.13}$$

由式（6.13）可见，四面体单元应变矩阵 $\boldsymbol{B}$ 中的元素都是常量，单元内应变是常量，因此位移模式为式（6.1）的四面体单元是空间问题的常应变单元。

2. 单元上的应力

根据物理方程，应力与应变的关系为

$$\boldsymbol{\sigma}=\boldsymbol{D\varepsilon} \tag{6.14}$$

其中空间问题的弹性矩阵为

$$\boldsymbol{D}=\frac{E}{(1+\mu)(1-2\mu)}\begin{bmatrix} 1-\mu & \mu & \mu & 0 & 0 & 0 \\ \mu & 1-\mu & \mu & 0 & 0 & 0 \\ \mu & \mu & 1-\mu & 0 & 0 & 0 \\ 0 & 0 & 0 & \frac{1-2\mu}{2} & 0 & 0 \\ 0 & 0 & 0 & 0 & \frac{1-2\mu}{2} & 0 \\ 0 & 0 & 0 & 0 & 0 & \frac{1-2\mu}{2} \end{bmatrix} \tag{6.15}$$

单元中应力与单元节点位移矢量的关系为

$$\boldsymbol{\sigma}=\boldsymbol{DB\delta}_e=\boldsymbol{S\delta}_e \tag{6.16}$$

其中，$\boldsymbol{S}$ 为应力矩阵。可见，单元中的应力分量也是常量。

$$\boldsymbol{S}_i=\boldsymbol{DB}_i=\frac{E(1-\mu)}{6V(1+\mu)(1-2\mu)}\begin{bmatrix} b_i & A_1c_i & A_1b_i \\ A_1b_i & c_i & A_1d_i \\ A_1b_i & A_1c_i & d_i \\ A_2c_i & A_2b_i & 0 \\ 0 & A_2d_i & A_2c_i \\ A_2d_i & 0 & A_2b_i \end{bmatrix} \quad (i=i,j,m,p) \tag{6.17}$$

式中，$A_1=\dfrac{\mu}{1-\mu}$；$A_2=\dfrac{1-2\mu}{2(1-\mu)}$。

3. 单元刚度矩阵

空间问题的单元刚度矩阵为

$$\boldsymbol{K}_e=\iiint_V \boldsymbol{B}^{\mathrm{T}}\boldsymbol{DB}\mathrm{d}x\mathrm{d}y\mathrm{d}z \tag{6.18}$$

常应变四面体单元的 $\boldsymbol{B}$ 及 $\boldsymbol{D}$ 中的元素都是常量，而 $\iiint_V \mathrm{d}x\mathrm{d}y\mathrm{d}z=V$，则常应变四面体单元的刚度矩阵为

$$\boldsymbol{K}_e=V\boldsymbol{B}^{\mathrm{T}}\boldsymbol{DB} \tag{6.19}$$

按节点将单元刚度矩阵表示成分块的形式：

$$\boldsymbol{K}_e=\begin{bmatrix} \boldsymbol{K}_{ii} & \boldsymbol{K}_{ij} & \boldsymbol{K}_{im} & \boldsymbol{K}_{ip} \\ \boldsymbol{K}_{ji} & \boldsymbol{K}_{jj} & \boldsymbol{K}_{jm} & \boldsymbol{K}_{jp} \\ \boldsymbol{K}_{mi} & \boldsymbol{K}_{mj} & \boldsymbol{K}_{mm} & \boldsymbol{K}_{mp} \\ \boldsymbol{K}_{pi} & \boldsymbol{K}_{pj} & \boldsymbol{K}_{pm} & \boldsymbol{K}_{pp} \end{bmatrix}$$

其中任意一个子块 $\boldsymbol{K}_{rs}(r,s=i,j,m,p)$ 均为 3×3 阶矩阵。

单元刚度矩阵组装总刚度矩阵的方法，与平面三角形单元步骤几乎相同，即将每个单元的刚度矩阵按每个子块节点的实际编号逐个累加到总刚度矩阵中去。

6.2.3 等效节点载荷

空间问题的外载荷有体积力、表面力、集中力三种形式。集中力通常作为节点载荷直接累加到总载荷矢量之中。

1. 体积力的等效节点载荷

设在单元内存在体积力分量为 $\boldsymbol{p}=\{X \quad Y \quad Z\}^{\mathrm{T}}$，则等效节点载荷为

$$\boldsymbol{F}_e = \iiint \boldsymbol{N}^{\mathrm{T}}\boldsymbol{p}\,\mathrm{d}x\mathrm{d}y\mathrm{d}z \tag{6.20}$$

若体积力是常数，则等效节点力为

$$\boldsymbol{F}_{ie}=\begin{Bmatrix} F_{ix} \\ F_{iy} \\ F_{iz} \end{Bmatrix}=\frac{V}{4}\begin{Bmatrix} X \\ Y \\ Z \end{Bmatrix} \quad (i=i,\ j,\ m,\ p) \tag{6.21}$$

式（6.21）说明，当体积力是常数时，先求出各方向的体积力合力，再平均分配到单元的 4 个节点上。即常体积力的单元等效节点载荷为平均分配。

2. 表面力的等效节点载荷

设单元的某一边界面上有表面力 $\overline{\boldsymbol{p}}=\{\overline{X} \quad \overline{Y} \quad \overline{Z}\}^{\mathrm{T}}$，面力等效节点载荷为

$$\overline{\boldsymbol{P}_e} = \iint_A \boldsymbol{N}^{\mathrm{T}}\overline{\boldsymbol{p}}\,\mathrm{d}A \tag{6.22}$$

式中，A 为存在表面力的边界面的面积。

如果在四面体单元 e 中，以节点 i、j、m 组成的三角形面作为边界面，其上作用有呈线性分布的面力，在各节点处的集度分别为$\overline{\boldsymbol{p}}_i=\{\overline{X}_i \quad \overline{Y}_i \quad \overline{Z}_i\}^{\mathrm{T}}(i=i,j,m)$，则边界面上任意一点面力的集度为

$$\overline{\boldsymbol{p}}=N_i\overline{\boldsymbol{p}}_i+N_j\overline{\boldsymbol{p}}_j+N_m\overline{\boldsymbol{p}}_m$$

将其代入式（6.22），经过积分，等效节点载荷为

$$\overline{\boldsymbol{P}}_{i\ e}=\begin{Bmatrix} \overline{P}_{ix} \\ \overline{P}_{iy} \\ \overline{P}_{iz} \end{Bmatrix}=\frac{A_{ijm}}{12}\begin{Bmatrix} 2\overline{X}_i+\overline{X}_j+\overline{X}_m \\ 2\overline{Y}_i+\overline{Y}_j+\overline{Y}_m \\ 2\overline{Z}_i+\overline{Z}_j+\overline{Z}_m \end{Bmatrix} \quad (i=i,\ j,\ m) \tag{6.23}$$

式中，A_{ijm}为边界面三角形 ijm 的面积。第 4 个节点上无面力等效载荷作用。

6.3 六面体等参单元

线性四面体单元是常应变单元，计算精度差，不能很好地处理弯曲边界，它还有另外一个缺点，就是单元划分比较复杂，无法采用人工方法完成对复杂三维实体的单元划分。如果

采用六面体单元，则实现网格划分相对容易，且能提高有限元法的计算精度。长方体单元适应边界的能力更差，而使用任意六面体单元划分的单元则大小分级方便，更适应复杂的曲面边界，通过等参变换将任意六面体用正六面体表达，能够满足收敛性要求。空间问题等参单元与平面问题等参单元的基本概念是相同的，都是将形状规则的基本单元（母元）映射为形状不规则的单元（子元）。空间问题常用的是六面体等参单元，而六面体等参单元又有8节点和20节点之分。8节点单元是直面直棱的六面体，而20节点单元则可以是曲面曲棱的六面体，可以描述形状复杂的三维结构。

6.3.1 坐标变换

如图6.3所示，棱长为2的正方体母单元与直角坐标系下任意8节点六面体单元的坐标映射关系可假设为

$$\begin{aligned} x &= \alpha_1 + \alpha_2\xi + \alpha_3\eta + \alpha_4\zeta + \alpha_5\xi\eta + \alpha_6\eta\zeta + \alpha_7\zeta\xi + \alpha_8\xi\eta\zeta \\ y &= \beta_1 + \beta_2\xi + \beta_3\eta + \beta_4\zeta + \beta_5\xi\eta + \beta_6\eta\zeta + \beta_7\zeta\xi + \beta_8\xi\eta\zeta \\ z &= \gamma_1 + \gamma_2\xi + \gamma_3\eta + \gamma_4\zeta + \gamma_5\xi\eta + \gamma_6\eta\zeta + \gamma_7\zeta\xi + \gamma_8\xi\eta\zeta \end{aligned} \tag{6.24}$$

式中，α_i、β_i、γ_i（$i=1$，2，…，8）共24个系数，由直角坐标系下8个节点坐标 x_i、y_i、z_i（$i=1,2,\cdots,8$）来确定。整理后，得到坐标的映射关系为

$$\begin{aligned} x &= \sum_{i=1}^{8} N_i(\xi,\eta,\zeta)x_i \\ y &= \sum_{i=1}^{8} N_i(\xi,\eta,\zeta)y_i \\ z &= \sum_{i=1}^{8} N_i(\xi,\eta,\zeta)z_i \end{aligned} \tag{6.25}$$

其中，形函数为

$$N_i(\xi,\eta,\zeta) = \frac{1}{8}(1+\xi_i\xi)(1+\eta_i\eta)(1+\zeta_i\zeta) \quad (i=1,2,\cdots,8) \tag{6.26}$$

这里的 ξ_i、η_i、ζ_i（$i=1,2,\cdots,8$）是量纲为1的坐标系下母单元的节点坐标，其数值为±1，符号由节点所在局部坐标系的象限决定。

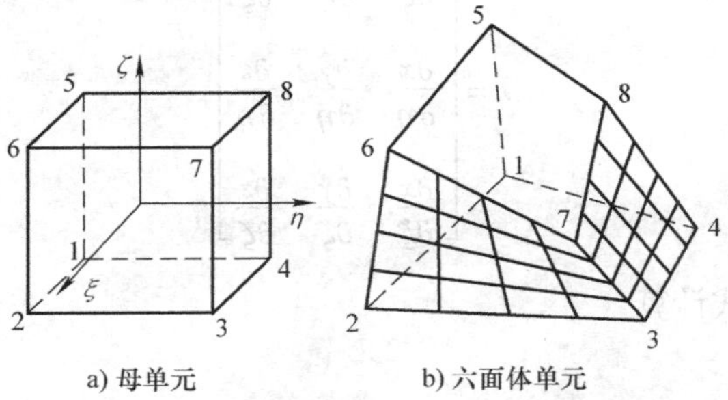

图6.3 8节点六面等参单元

6.3.2 位移模式

空间问题等参单元是在直角坐标系下定义位移分量的，每个节点有 3 个位移分量，即 $\boldsymbol{f}_i^{\mathrm{T}}=\{u_i \quad v_i \quad w_i\}^{\mathrm{T}}(i=1,2,\cdots,8)$。8 节点六面体单元共有 24 个自由度，单元的节点位移矢量为

$$\boldsymbol{\delta}_e=\{\boldsymbol{f}_1^{\mathrm{T}} \quad \boldsymbol{f}_2^{\mathrm{T}} \quad \cdots \quad \boldsymbol{f}_8^{\mathrm{T}}\}^{\mathrm{T}}$$

在母单元内构造的等参单元的位移模式为

$$\begin{aligned} u &= \sum_{i=1}^{8} N_i(\xi,\eta,\zeta)u_i \\ v &= \sum_{i=1}^{8} N_i(\xi,\eta,\zeta)v_i \\ w &= \sum_{i=1}^{8} N_i(\xi,\eta,\zeta)w_i \end{aligned} \tag{6.27}$$

写成矩阵的形式为

$$\boldsymbol{f}=\boldsymbol{N}\boldsymbol{\delta}_e$$

其中，形函数 N_i 也可以由式（6.26）表达，则形函数矩阵为

$$\boldsymbol{N}=[N_1\boldsymbol{I} \quad N_2\boldsymbol{I} \quad \cdots \quad N_8\boldsymbol{I}] \tag{6.28}$$

其中，$\boldsymbol{I}$ 为 3 阶单位阵。

6.3.3 单元应变矩阵和单元刚度矩阵

8 节点六面体等参单元的应变分量与单元节点位移矢量的关系仍为式（6.10），即 $\boldsymbol{\varepsilon}=\boldsymbol{B}\boldsymbol{\delta}_e$。应变矩阵 $\boldsymbol{B}=[\boldsymbol{B}_1 \quad \boldsymbol{B}_2 \quad \cdots \quad \boldsymbol{B}_8]$，每个子矩阵 $\boldsymbol{B}_i(i=1,2,\cdots,8)$ 均满足式（6.12）。但由于形函数（6.26）不是 x、y、z 的显式表达式，所以需要引进空间问题的雅可比矩阵：

$$\boldsymbol{J}=\begin{bmatrix} \dfrac{\partial x}{\partial \xi} & \dfrac{\partial y}{\partial \xi} & \dfrac{\partial z}{\partial \xi} \\ \dfrac{\partial x}{\partial \eta} & \dfrac{\partial y}{\partial \eta} & \dfrac{\partial z}{\partial \eta} \\ \dfrac{\partial x}{\partial \zeta} & \dfrac{\partial y}{\partial \zeta} & \dfrac{\partial z}{\partial \zeta} \end{bmatrix} \tag{6.29}$$

雅可比矩阵可由下式计算

$$
\boldsymbol{J}=\begin{bmatrix}\sum_{i=1}^{8}\frac{\partial N_i}{\partial\xi}x_i & \sum_{i=1}^{8}\frac{\partial N_i}{\partial\xi}y_i & \sum_{i=1}^{8}\frac{\partial N_i}{\partial\xi}z_i\\ \sum_{i=1}^{8}\frac{\partial N_i}{\partial\eta}x_i & \sum_{i=1}^{8}\frac{\partial N_i}{\partial\eta}y_i & \sum_{i=1}^{8}\frac{\partial N_i}{\partial\zeta}z_i\\ \sum_{i=1}^{8}\frac{\partial N_i}{\partial\zeta}x_i & \sum_{i=1}^{8}\frac{\partial N_i}{\partial\zeta}y_i & \sum_{i=1}^{8}\frac{\partial N}{\partial\zeta}z_i\end{bmatrix}=\begin{bmatrix}\frac{\partial N_1}{\partial\xi} & \frac{\partial N_2}{\partial\xi} & \cdots & \frac{\partial N_8}{\partial\xi}\\ \frac{\partial N_1}{\partial\eta} & \frac{\partial N_2}{\partial\eta} & \cdots & \frac{\partial N_8}{\partial\eta}\\ \frac{\partial N_1}{\partial\zeta} & \frac{\partial N_2}{\partial\zeta} & \cdots & \frac{\partial N_8}{\partial\zeta}\end{bmatrix}\begin{bmatrix}x_1 & y_1 & z_1\\ x_2 & y_2 & z_2\\ \vdots & \vdots & \vdots\\ x_8 & y_8 & z_8\end{bmatrix}
\tag{6.30}
$$

形函数对量纲为1的坐标的偏导数为

$$
\begin{Bmatrix}\frac{\partial N_i}{\partial\xi}\\ \frac{\partial N_i}{\partial\eta}\\ \frac{\partial N_i}{\partial\zeta}\end{Bmatrix}=\frac{1}{8}\begin{Bmatrix}\xi_i(1+\eta_i\eta)(1+\zeta_i\zeta)\\ \eta_i(1+\xi_i\xi)(1+\zeta_i\zeta)\\ \zeta_i(1+\xi_i\xi)(1+\eta_i\eta)\end{Bmatrix}\quad(i=1,2,\cdots,8)
\tag{6.31}
$$

形函数对整体坐标的偏导数为

$$
\begin{Bmatrix}\frac{\partial N_i}{\partial x}\\ \frac{\partial N_i}{\partial y}\\ \frac{\partial N_i}{\partial z}\end{Bmatrix}=\boldsymbol{J}^{-1}\begin{Bmatrix}\frac{\partial N_i}{\partial\xi}\\ \frac{\partial N_i}{\partial\eta}\\ \frac{\partial N_i}{\partial\zeta}\end{Bmatrix}\quad(i=1,2,\cdots,8)
\tag{6.32}
$$

在母单元积分区域内三重定积分，得空间问题的单元刚度矩阵为

$$
\boldsymbol{K}_e=\int_{-1}^{1}\int_{-1}^{1}\int_{-1}^{1}\boldsymbol{B}^{\mathrm{T}}\boldsymbol{D}\boldsymbol{B}\,|\boldsymbol{J}|\,\mathrm{d}\xi\mathrm{d}\eta\mathrm{d}\zeta
\tag{6.33}
$$

式中，$|\boldsymbol{J}|$为空间问题的雅可比行列式。

计算单元刚度矩阵（6.33）时，可采用$2\times2\times2$阶或$3\times3\times3$阶的三维高斯积分。

6.3.4 等效节点载荷

1. 体积力

对式（6.20）中的直角坐标系积分元进行调整，8节点六面体等参单元的体积力等效节点载荷为

$$
\boldsymbol{F}_e=\int_{-1}^{1}\int_{-1}^{1}\int_{-1}^{1}\boldsymbol{N}^{\mathrm{T}}\boldsymbol{p}\,|\boldsymbol{J}|\,\mathrm{d}\xi\mathrm{d}\eta\mathrm{d}\zeta
\tag{6.34}
$$

采用高斯积分计算体积力等效节点载荷[式(6.34)]。体积力等效节点载荷在单元每个

节点上均有载荷分量，即 $\boldsymbol{F}_{ie}=\{F_{ix}\quad F_{iy}\quad F_{iz}\}^{\mathrm{T}},(i=1,2,\cdots,8)$。

2. 表面力

表面力只作用在边界单元的边界面上。为方便起见，不妨设在 $\xi=1$ 的面上受到表面力作用，其分量为 $\bar{\boldsymbol{p}}=\{\bar{X}\quad \bar{Y}\quad \bar{Z}\}^{\mathrm{T}}$。

如图 6.3a 所示，在 $\xi=1$ 的面上，形函数（6.26）只与 η 和 ζ 有关，即

$$N_i(1,\eta,\zeta)=\frac{1}{4}(1+\eta_i\eta)(1+\zeta_i\zeta)\quad(i=2,3,6,7)$$

$$N_j=0\quad(j=1,4,5,8)$$

在应用式（6.22）计算六面体等参单元的面力等效节点载荷时，需要将边界面积微元 $\mathrm{d}A$ 用量纲为 1 的坐标表示。经推导，当 $\xi=1$ 的面上受到表面力作用时，量纲为 1 的坐标系下六面体等参单元等效节点载荷计算公式为

$$\bar{\boldsymbol{F}}_e=\int_{-1}^{1}\int_{-1}^{1}\boldsymbol{N}^{\mathrm{T}}\bar{\boldsymbol{p}}\sqrt{FG-H^2}\,\mathrm{d}\eta\mathrm{d}\zeta \tag{6.35}$$

式中，

$$F=\left(\frac{\partial x}{\partial\eta}\right)^2+\left(\frac{\partial y}{\partial\eta}\right)^2+\left(\frac{\partial z}{\partial\eta}\right)^2$$

$$G=\left(\frac{\partial x}{\partial\zeta}\right)^2+\left(\frac{\partial y}{\partial\zeta}\right)^2+\left(\frac{\partial z}{\partial\zeta}\right)^2$$

$$H=\frac{\partial x}{\partial\eta}\frac{\partial x}{\partial\zeta}+\frac{\partial y}{\partial\eta}\frac{\partial y}{\partial\zeta}+\frac{\partial z}{\partial\eta}\frac{\partial z}{\partial\zeta}$$

由于不在 $\xi=1$ 面上的节点的形函数为零，因此只有边界面上的 4 个节点（2，3，6，7）存在表面力等效节点载荷分量，其余节点（1，4，5，8）的面力等效节点载荷为零。

***式（6.35）的推导过程**

如图 6.3 所示，在 $\xi=1$ 的面上，整体坐标只与 η 和 ζ 有关，即可表示为

$$x=x(1,\eta,\zeta)$$
$$y=y(1,\eta,\zeta)$$
$$z=z(1,\eta,\zeta) \tag{a}$$

如图 6.4 所示，边界面上任意一点的切平面有两个方向的切矢量

$$\boldsymbol{r}_\eta=\frac{\partial x}{\partial\eta}\boldsymbol{i}+\frac{\partial y}{\partial\eta}\boldsymbol{j}+\frac{\partial z}{\partial\eta}\boldsymbol{k}$$

$$\boldsymbol{r}_\zeta=\frac{\partial x}{\partial\zeta}\boldsymbol{i}+\frac{\partial y}{\partial\zeta}\boldsymbol{j}+\frac{\partial z}{\partial\zeta}\boldsymbol{k} \tag{b}$$

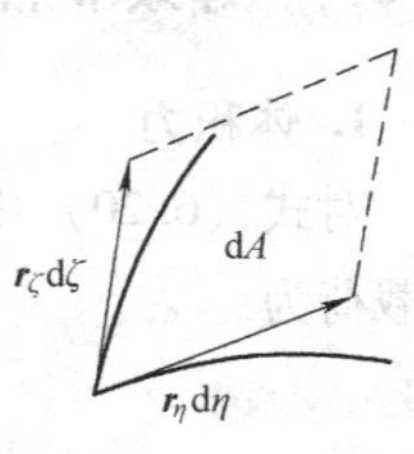

图 6.4　面积微元

图 6.4 中的面积微元 $\mathrm{d}A$ 就是由矢量 $\boldsymbol{r}_\eta\mathrm{d}\eta$ 及 $\boldsymbol{r}_\zeta\mathrm{d}\zeta$ 所构成的平行四边形的面积，则

$$\mathrm{d}A=|\boldsymbol{r}_\eta\mathrm{d}\eta\times\boldsymbol{r}_\zeta\mathrm{d}\zeta|=|\boldsymbol{r}_\eta\times\boldsymbol{r}_\zeta|\mathrm{d}\eta\mathrm{d}\zeta \tag{c}$$

由矢量乘积的定义，得

$$\boldsymbol{r}_\eta\times\boldsymbol{r}_\zeta=\left(\frac{\partial y}{\partial\eta}\frac{\partial z}{\partial\zeta}-\frac{\partial y}{\partial\zeta}\frac{\partial z}{\partial\eta}\right)\boldsymbol{i}+\left(\frac{\partial z}{\partial\eta}\frac{\partial x}{\partial\zeta}-\frac{\partial z}{\partial\zeta}\frac{\partial x}{\partial\eta}\right)\boldsymbol{j}+\left(\frac{\partial x}{\partial\eta}\frac{\partial y}{\partial\zeta}-\frac{\partial x}{\partial\zeta}\frac{\partial y}{\partial\eta}\right)\boldsymbol{k} \tag{d}$$

其中，$\boldsymbol{i}$、$\boldsymbol{j}$、$\boldsymbol{k}$ 分别表示沿 x、y、z 轴方向的单位矢量。

于是

$$|\boldsymbol{r}_\eta\times\boldsymbol{r}_\zeta|=\left[\left(\frac{\partial y}{\partial\eta}\frac{\partial z}{\partial\zeta}-\frac{\partial y}{\partial\zeta}\frac{\partial z}{\partial\eta}\right)^2+\left(\frac{\partial z}{\partial\eta}\frac{\partial x}{\partial\zeta}-\frac{\partial z}{\partial\zeta}\frac{\partial x}{\partial\eta}\right)^2+\left(\frac{\partial x}{\partial\eta}\frac{\partial y}{\partial\zeta}-\frac{\partial x}{\partial\zeta}\frac{\partial y}{\partial\eta}\right)^2\right]^{\frac{1}{2}} \tag{e}$$

经整理，并引用式（6.35）中的符号，则

$$|\boldsymbol{r}_\eta\times\boldsymbol{r}_\zeta|=\sqrt{FG-H^2} \tag{f}$$

代入式（c），得

$$\mathrm{d}A=\sqrt{FG-H^2}\,\mathrm{d}\eta\mathrm{d}\zeta \tag{g}$$

因此得到式（6.35），即六面体等参单元的表面力等效节点载荷为

$$\overline{\boldsymbol{F}}_e=\int_{-1}^{1}\int_{-1}^{1}\boldsymbol{N}^{\mathrm{T}}\overline{\boldsymbol{p}}\sqrt{FG-H^2}\,\mathrm{d}\eta\mathrm{d}\zeta \tag{h}$$

习题6

6.1 试证明位移插值函数为下式的空间四面体单元是协调单元，且满足收敛条件。

$$u=\alpha_1+\alpha_2x+\alpha_3y+\alpha_4z$$

$$v=\beta_1+\beta_2x+\beta_3y+\beta_4z$$

$$w=\gamma_1+\gamma_2x+\gamma_3y+\gamma_4z$$

6.2 空间四面体单元刚度矩阵中每行或每列元素之和是否为零？予以证明。

6.3 计算如图6.5所示的单元在自重作用下的等效节点载荷，设材料重度为 ρg。

6.4 图6.5中，若在边界面124上作用有垂直于表面的均匀压力 q，求面力的等效节点载荷。

提示：三点式平面方程为 $\begin{vmatrix} x & y & z & 1\\ x_1 & y_1 & z_1 & 1\\ x_2 & y_2 & z_2 & 1\\ x_3 & y_3 & z_3 & 1\end{vmatrix}=0$ 或

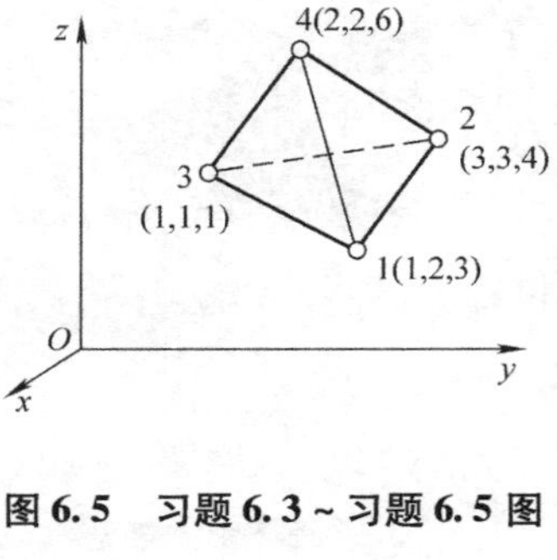

图6.5 习题6.3～习题6.5图

$\begin{vmatrix} x-x_1 & y-y_1 & z-z_1 \\ x_2-x_1 & y_2-y_1 & z_2-z_1 \\ x_3-x_1 & y_3-y_1 & z_3-z_1 \end{vmatrix}=0$，再根据平面方程的一般形式 $Ax+By+Cz+D=0$ 求方向余弦。

6.5 图 6.5 中，在边界面 124 上作用有垂直于表面的线性分布压力，各节点的压力值分别为 q_1、q_2、q_3，求面力的等效节点载荷。

6.6 概述空间高精度单元的类型及各自的优缺点。

第 7 章 Chapter 7

杆系结构

杆系结构是最常见的结构类型，如平面桁架、平面刚架、连续梁、空间桁架、空间刚架等结构均属于杆系结构。杆系结构的最大特征是构件长度要比横截面尺寸大很多。按构件截面分为等截面和变截面，按构件轴线分为直杆与曲杆，按约束状态分为铰接与刚接，按变形特征分为拉伸压缩、弯曲、扭转变形杆件等。杆系结构的变形量主要体现在长度方向上的变化，因此采用有限元法分析杆系结构时，通常采用杆单元和梁单元，以提高计算效率。本章将介绍杆件结构常用的等直截面杆单元和梁单元。

7.1 杆件结构的基本知识

采用有限元法分析杆件结构建立有限元模型离散化的方式与连续体不同。杆件结构离散方式是只沿着杆件轴线长度方向将杆件结构分割成一段一段的，在截面内不再分割，每一段即为一个杆件单元，每个杆件单元只有 2 个节点。划分单元时，通常将各种支承点、杆件汇交点、杆件截面突变点等都作为节点，有时也将集中载荷作用点作为节点。

7.1.1 基本量的描述

按杆件在空间相对位置分类，杆件结构分平面杆系和空间杆系结构。按杆件结构的变形特征划分，杆件单元分为杆单元和梁单元。杆单元只能承受轴向力作用，梁单元既可承受轴向力作用，更主要承受横向载荷作用，两种单元的基本量有所不同，但基本概念是相通的，下面以平面梁单元为例进行说明。

杆系结构通常由多个杆件组成，而各个杆件的相对位置是任意的。若在同一坐标系下描述任意一个杆单元，无论是几何位置，还是受力状态及形变特征都会很复杂。如果对每个杆单元建立一个局部坐标系，问题就会得到简化。所谓局部坐标系就是对每个杆系单元建立一个局部坐标系，坐标原点取在杆件单元的第一个节点（设节点号为 i）上，x 轴与杆件轴线重合，x 轴指向单元的第二个节点（设节点号为 j），再根据截面的对称轴，按右手法则确定 y 轴和 z 轴。

1. 节点位移分量

如图 7.1a 所示的一个平面梁单元 ij，每个节点上有 3 个位移分量，它们有序排列，并记为

$$\boldsymbol{\delta}_i = \{u_i \quad v_i \quad \theta_i\}^{\mathrm{T}} \quad (i=i,j)$$

其中，u_i 为沿 x 方向的轴向位移；v_i 为沿着 y 轴方向的横向位移；θ_i 为绕 z 轴转角。转角 θ_i 符号的确定应符合右手法则，转角有时用双箭头矢量表示，如图 7.1b 所示。

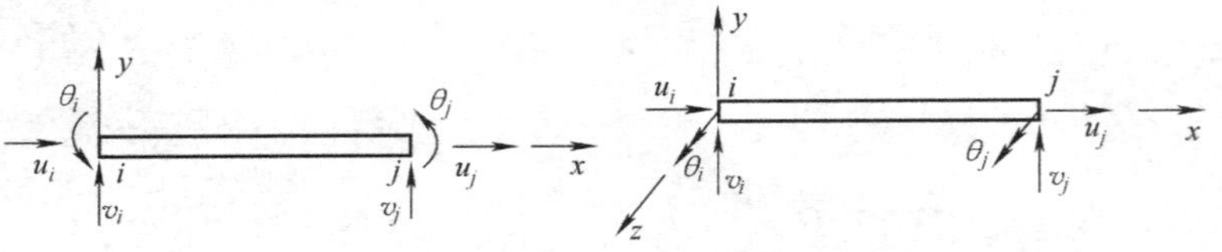

图 7.1　平面梁单元的节点位移

单元的节点位移矢量，记为

$$\boldsymbol{\delta}_e = \begin{Bmatrix} \boldsymbol{\delta}_i \\ \boldsymbol{\delta}_j \end{Bmatrix} = \{u_i \quad v_i \quad \theta_i \quad u_j \quad v_j \quad \theta_j\}^{\mathrm{T}}$$

2. 节点载荷（杆端外力）

严格来说，对于任意一个杆件单元，其节点载荷包含两部分：其一是直接作用在节点上的外力，其二是相邻单元之间通过节点的相互作用力。单元之间的相互作用力，互为作用力与反作用力，在计算杆系结构的总势能时，互相抵消，因此杆件单元的节点载荷只计算直接作用在节点上的外力，而不考虑单元之间的相互作用力。

与节点位移分量相对应，节点载荷有 3 个分量，如图 7.2a 所示，节点载荷分量记为

$$\boldsymbol{F}_i = \{F_{xi} \quad F_{yi} \quad M_i\}^{\mathrm{T}} \quad (i=i,j)$$

其中，F_{xi}为 x 方向的轴向力；F_{yi}为 y 方向的切向力；M_i 为力矩。力矩符号的确定应符合右手法则（以下同），同样，力矩用双箭头矢量表示，如图 7.2b 所示。

单元节点外力矢量记为

$$\boldsymbol{F}_e = \begin{Bmatrix} \boldsymbol{F}_i \\ \boldsymbol{F}_j \end{Bmatrix} = \{F_{xi} \quad F_{yi} \quad M_i \quad F_{xj} \quad F_{yj} \quad M_j\}^{\mathrm{T}}$$

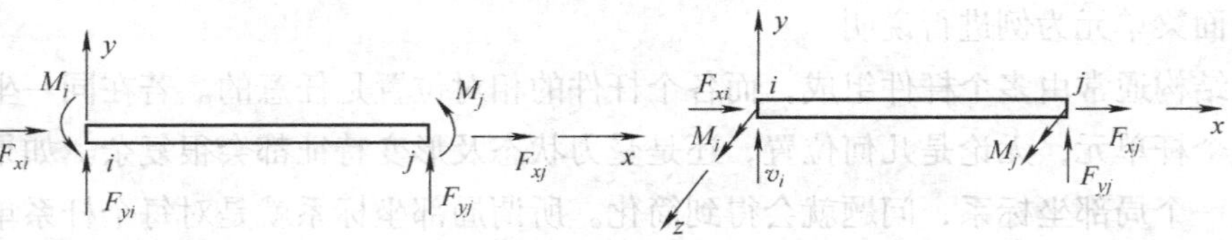

图 7.2　杆件单元的节点载荷（杆端力）

3. 单元上的分布载荷

杆件单元上的分布载荷只与轴向坐标 x 有关，与 y 轴和 z 轴无关。杆件单元上的分布载荷形式有三种，如图 7.3a、b、c 所示，分别为①沿轴向分布力，集度为 $p(x)$；②沿横向分布力，集度为 $q(x)$；③分布的力偶矩，集度为 $m(x)$。

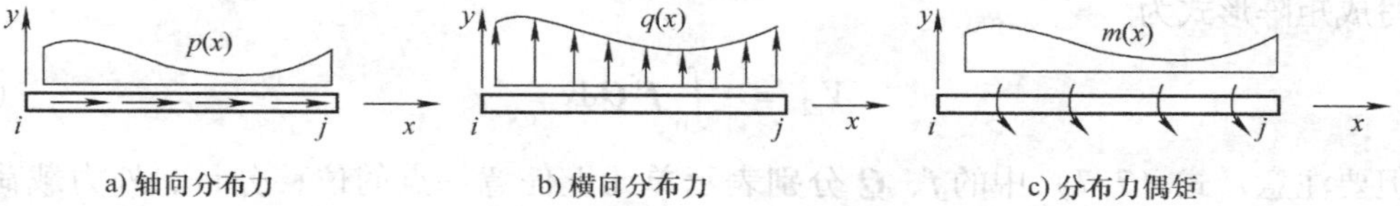

图 7.3 杆件单元上的分布载荷

4. 线应变与曲率

杆件的应变主要有线应变和曲率两种，其定义分别如下：

$$\text{线应变}\qquad \boldsymbol{\varepsilon}=\frac{\mathrm{d}u}{\mathrm{d}x} \tag{7.1}$$

$$\text{曲率}\qquad \boldsymbol{\kappa}=\frac{\mathrm{d}^2v}{\mathrm{d}x^2} \tag{7.2}$$

5. 杆件内力

杆件截面内力主要有轴向力（拉力或压力）F_{N} 和力矩 M。根据材料力学相关内容，杆件内力与杆件应变的关系为

$$F_{\mathrm{N}}=EA\boldsymbol{\varepsilon}=EA\frac{\mathrm{d}u}{\mathrm{d}x}$$

$$M=EI\boldsymbol{\kappa}=EI\frac{\mathrm{d}^2v}{\mathrm{d}x^2} \tag{7.3}$$

式中，EA、EI 分别为单元的抗拉（抗压）刚度、抗弯刚度。

7.1.2 杆系结构总势能的一般表达

1. 应变能

任意单元应变能的通式（2.22），即为

$$U_e=\frac{1}{2}\iiint_{\Omega}\boldsymbol{\sigma}^{\mathrm{T}}\boldsymbol{\varepsilon}\mathrm{d}x\mathrm{d}y\mathrm{d}z$$

对于杆件单元应变能，具体写成

$$U_e=\frac{1}{2}\int_0^l(F_{\mathrm{N}}\boldsymbol{\varepsilon}+M\boldsymbol{\kappa})\mathrm{d}x=\frac{1}{2}\int_0^l EA\left(\frac{\mathrm{d}u}{\mathrm{d}x}\right)^2\mathrm{d}x+\frac{1}{2}\int_0^l EI\left(\frac{\mathrm{d}^2v}{\mathrm{d}x^2}\right)^2\mathrm{d}x \tag{7.4}$$

2. 外力势能

（1）节点载荷的势能　节点载荷属于集中载荷形式，其势能为节点载荷与对应位移量的乘积，即

$$V_{e1}=-\sum_{i=1}^{2}(F_{xi}u_i+F_{yi}v_i+M_i\theta_i)=-\boldsymbol{\delta}_e^{\mathrm{T}}\boldsymbol{F}_e \tag{7.5}$$

（2）单元上分布外力的势能　计算单元上分布外力的势能时，需要将其与对应位移分量相乘后，在杆件长度方向上积分，即

$$V_{e2} = -\int_0^l \left[p(x)u + q(x)v + m(x)\frac{\mathrm{d}v}{\mathrm{d}x}\right]\mathrm{d}x \tag{7.6}$$

或可写成矩阵形式为

$$V_{e2} = -\int_0^l \boldsymbol{f}^{\mathrm{T}}\boldsymbol{Q}\mathrm{d}x \tag{7.7}$$

但要注意，式（7.7）中的$\boldsymbol{f}$、$\boldsymbol{Q}$分别表示单元上任意一点的位移分量、外力载荷，它们是随着x而变化的，与式（7.5）中的$\boldsymbol{\delta}_e$和$\boldsymbol{F}_e$不同。式（7.5）表示杆件单元的节点量，对于给定的单元是固定不变的。

3. 单元总势能

$$\Pi_e = U_e + V_e = \frac{1}{2}\int_0^l EA\left(\frac{\mathrm{d}u}{\mathrm{d}x}\right)^2\mathrm{d}x + \frac{1}{2}\int_0^l EI\left(\frac{\mathrm{d}^2v}{\mathrm{d}x^2}\right)^2\mathrm{d}x - \boldsymbol{\delta}_e^{\mathrm{T}}\boldsymbol{F}_e - \int_0^l \boldsymbol{f}^{\mathrm{T}}\boldsymbol{Q}\mathrm{d}x \tag{7.8}$$

7.2 局部坐标系下的杆件单元分析

局部坐标系与杆件杆单元的轴心重合，由第一个节点指向第二个节点，若杆件的长度为l，则x坐标值为［0，l］，y、z坐标始终为0。采用量纲为1的坐标系，$\xi = x/l$，则ξ取值范围为［0，1］。

7.2.1 拉压杆单元

拉压杆单元只承受轴向拉力或压力作用。单元上只有沿杆件轴线方向的轴向力作用，没有横向力和力偶矩作用，杆件两端单元节点铰接且无力偶矩作用。拉压杆单元的形变特征是杆件轴向拉伸或压缩变形，可用于模拟桁架、链杆及弹簧等。

设一个等直截面的拉压杆单元，长度为l，横截面面积为A，弹性模量为E，单元左节点为i，右节点为j，则$x_i = 0$，$x_j = l$。杆单元上只承受轴向分布载荷$p(x)$，节点力只有轴向力F_{xi}和F_{xj}，如图7.4所示。

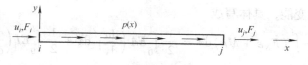

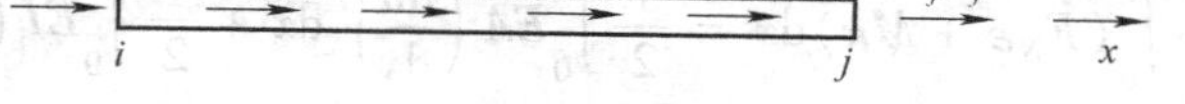

图7.4　拉压杆单元

1. 位移模式

拉压杆单元每个节点只有1个自由度，即沿杆件轴线方向的位移，节点位移分量用u_i、u_j表示，单元节点位移矢量为

$$\boldsymbol{\delta}_e = \begin{Bmatrix} u_i \\ u_j \end{Bmatrix}$$

杆元上任意一点 $P(x)$ 的位移，可假设为

$$u = \alpha_1 + \alpha_2 x \tag{7.9}$$

根据 i、j 点坐标及节点位移，容易确定：

$$\alpha_1 = u_i, \alpha_2 = \frac{1}{l}(u_j - u_i)$$

所以

$$u = \left(1 - \frac{x}{l}\right)u_i + \frac{x}{l}u_j \tag{7.10}$$

若令 $\xi = \frac{x}{l}$，则

$$u = (1 - \xi)u_i + \xi u_j \tag{7.11}$$

写成矩阵的形式

$$u = [N_i \quad N_j]\begin{Bmatrix} u_i \\ u_j \end{Bmatrix} = \boldsymbol{N}\boldsymbol{\delta}_e \tag{7.12}$$

其中，形函数为

$$N_i = 1 - \xi, \quad N_j = \xi \tag{7.13}$$

2. 应变与内力

根据几何方程，应变为

$$\varepsilon = \frac{\mathrm{d}u}{\mathrm{d}x} = \begin{bmatrix} \frac{\mathrm{d}N_i}{\mathrm{d}x} & \frac{\mathrm{d}N_j}{\mathrm{d}x} \end{bmatrix}\begin{Bmatrix} u_i \\ u_j \end{Bmatrix} = \begin{bmatrix} -\frac{1}{l} & \frac{1}{l} \end{bmatrix}\begin{Bmatrix} u_i \\ u_j \end{Bmatrix} = \boldsymbol{B}\boldsymbol{\delta}_e \tag{7.14}$$

应变矩阵为

$$\boldsymbol{B} = \begin{bmatrix} -\frac{1}{l} & \frac{1}{l} \end{bmatrix} \tag{7.15}$$

杆件内力（轴向力）为

$$F_{\mathrm{N}} = A\sigma = EA\varepsilon = EA\boldsymbol{B}\boldsymbol{\delta}_e \tag{7.16}$$

3. 单元刚度矩阵

根据式（7.4），拉压杆单元的应变能为

$$U_e = \frac{1}{2}\int_0^l F_{\mathrm{N}}\varepsilon \mathrm{d}x = \frac{1}{2}\boldsymbol{\delta}_e^{\mathrm{T}}\boldsymbol{K}_e\boldsymbol{\delta}_e$$

拉压杆单元的刚度矩阵为

$$\boldsymbol{K}_e = \frac{EA}{l}\begin{bmatrix} 1 & -1 \\ -1 & 1 \end{bmatrix} \tag{7.17}$$

4. 等效节点载荷

杆单元上只承受轴向载荷作用，有分布载荷和集中力两种形式，无横向载荷和力偶矩作用。

（1）轴向分布力　设轴向分布力集度为 $p(x)$，根据分布外力势能一般形式［式(7.6)］，轴向分布力的等效节点载荷为

$$\boldsymbol{P}_e = \begin{Bmatrix} P_i \\ P_j \end{Bmatrix} = \int_0^l \boldsymbol{N}^{\mathrm{T}} p(x)\,\mathrm{d}x = \int_0^l \begin{bmatrix} 1 - \dfrac{x}{l} \\ x/l \end{bmatrix} p(x)\,\mathrm{d}x \tag{7.18}$$

若分布力在杆单元全长上为常数，即 $p(x)=p$，由式（7.18）得

$$\boldsymbol{P}_e = \frac{1}{2}\begin{Bmatrix} pl \\ pl \end{Bmatrix} \tag{7.19}$$

即等效节点载荷为轴向力的合力平均分配到两个节点。

如果 $p(x)$ 线性分布，在节点 i、j 处的集度分别为 p_i、p_j，如图 7.5 所示，单元内任意点的集度为

$$p(x) = N_i p_i + N_j p_j = \left(1 - \frac{x}{l}\right)p_i + \frac{x}{l}p_j$$

则等效节点载荷为

$$\boldsymbol{P}_e = \int_0^1 \begin{Bmatrix} 1-\xi \\ \xi \end{Bmatrix} [p_i(1-\xi) + p_j\xi]\,l\mathrm{d}\xi = \frac{1}{6}\begin{Bmatrix} 2p_i l + p_j l \\ p_i l + 2p_j l \end{Bmatrix} \tag{7.20}$$

（2）轴向集中力　如果单元上 $x_0 = l\xi_0$ 处有一个轴向集中力 P_0，如图 7.6 所示，则等效节点载荷为

$$\boldsymbol{P}_e = P_0 \begin{Bmatrix} 1-\xi_0 \\ \xi_0 \end{Bmatrix} \tag{7.21}$$

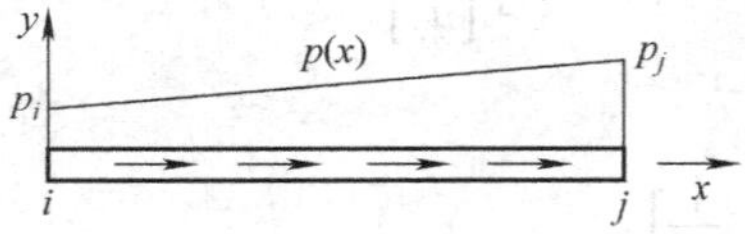

图 7.5　线性分布载荷

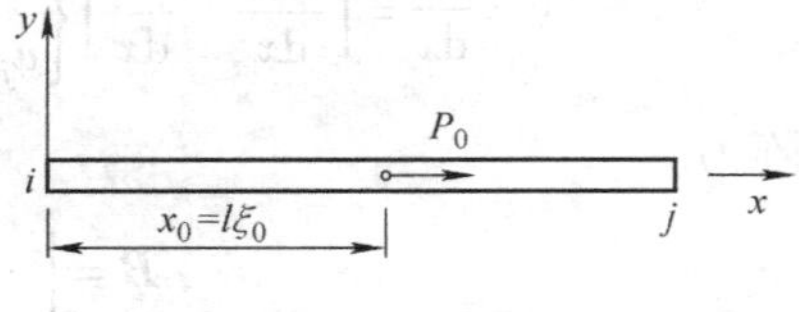

图 7.6　轴向集中载荷

7.2.2 扭转杆单元

扭转杆单元是只承受扭矩作用的等直杆单元，可用来模拟机械传动轴等只承受扭矩作用的结构。

设一个扭转杆单元，长度为 l，横截面惯性矩为 I_p，剪切模量为 G。杆端载荷分别为扭矩 M_{xi}、M_{xj}，杆单元上承受的分布扭矩集度为 $m(x)$，$m(x)$ 的右手螺旋方向为 x 方向，如图 7.7 所示。

1. 位移模式

扭转杆单元每个节点也只有 1 个自由度，即扭转角，用 φ_i、φ_j 表示。单元节点位移矢量为

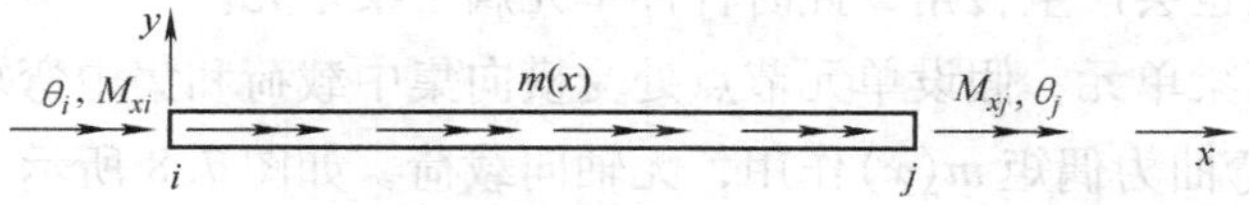

图 7.7 扭转杆单元

$$\boldsymbol{\delta}_e = \{\varphi_i \quad \varphi_j\}^{\mathrm{T}}$$

采用与拉压杆单元类似的方法，设单元上任意一点 $P(x)$ 的扭转角为

$$\varphi = \alpha_1 + \alpha_2 x \tag{7.22}$$

经推导，同样可得

$$\varphi = [N_i \quad N_j]\begin{Bmatrix}\varphi_i \\ \varphi_j\end{Bmatrix} = \boldsymbol{N}\boldsymbol{\delta}_e \tag{7.23}$$

扭转杆单元的形函数为

$$N_i = 1 - \xi,\ N_j = \xi \tag{7.24}$$

与拉压杆单元的形函数（7.13）相同。

2. 剪切角与扭矩

扭转问题的应变为剪切角，根据几何方程，剪切角为

$$\gamma = \frac{\mathrm{d}\varphi}{\mathrm{d}x} = \left[\frac{\mathrm{d}N_i}{\mathrm{d}x} \quad \frac{\mathrm{d}N_j}{\mathrm{d}x}\right]\begin{Bmatrix}\varphi_i \\ \varphi_j\end{Bmatrix} = \left[-\frac{1}{l} \quad \frac{1}{l}\right]\begin{Bmatrix}\varphi_i \\ \varphi_j\end{Bmatrix} = \boldsymbol{B}\boldsymbol{\delta}_e \tag{7.25}$$

式中，应变矩阵与拉压杆单元的应变矩阵［式（7.15）］相同。

杆件内力为扭矩，截面的扭矩为

$$M_x = GI_{\mathrm{p}}\gamma = GI_{\mathrm{p}}\boldsymbol{B}\boldsymbol{\delta}_e \tag{7.26}$$

3. 单元刚度矩阵

扭转杆单元的刚度矩阵为

$$\boldsymbol{K}_e = \int_0^l \boldsymbol{B}^{\mathrm{T}} GI_{\mathrm{p}} \boldsymbol{B}\mathrm{d}l = \frac{GI_{\mathrm{p}}}{l}\begin{bmatrix}1 & -1 \\ -1 & 1\end{bmatrix} \tag{7.27}$$

4. 等效节点载荷

扭转杆单元上只承受扭矩作用，有分布力偶矩和集中扭矩两种形式，无其他载荷作用。等效节点载荷按下式计算

$$\boldsymbol{P}_e = \begin{Bmatrix}M_i \\ M_j\end{Bmatrix} = \int_0^l \boldsymbol{N}^{\mathrm{T}} m(x)\,\mathrm{d}x \tag{7.28}$$

力偶矩 $m(x)$ 可能是均匀分布、线性分布或是集中力偶矩，针对 $m(x)$ 的具体形式，可得到与拉压杆单元等效节点载荷［式（7.19）~式（7.21）］类似的计算式。

7.2.3 只计弯曲的平面梁单元

拉压杆单元上只承受轴向载荷作用，然而当单元受到横向载荷或弯矩作用时，杆件将产

生横向位移且横截面也会产生转角，此时杆件单元属于梁单元。

只计弯曲的平面梁单元，假设单元节点处受横向集中载荷和集中弯矩，单元上有分布横向载荷 $q(x)$ 和分布弯曲力偶矩 $m(x)$ 作用，无轴向载荷，如图 7.8 所示。

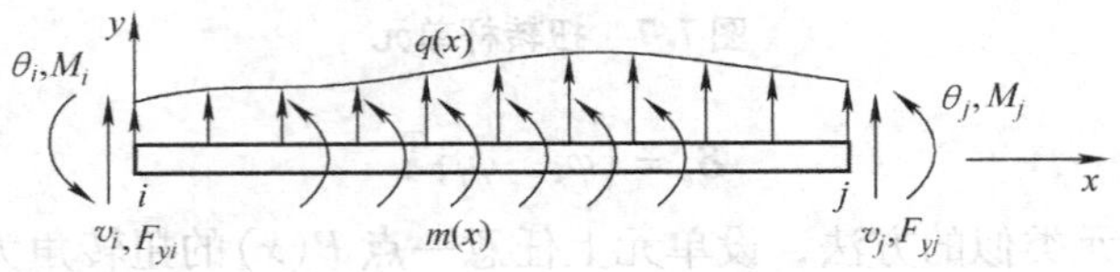

图 7.8　只计弯曲的平面梁单元

1. 位移模式

只计弯曲的平面梁单元每个节点有 2 个自由度，即横向位移和转角。节点 i 的位移分量表示为

$$\boldsymbol{\delta}_i = \begin{Bmatrix} v_i \\ \theta_i \end{Bmatrix} = \begin{Bmatrix} v_i \\ \dfrac{\mathrm{d}v_i}{\mathrm{d}x} \end{Bmatrix}$$

该单元虽然每个节点有 2 个自由度，但截面转角是由横向位移决定的，即 $\theta = \dfrac{\mathrm{d}v}{\mathrm{d}x}$，不是独立变量，因此位移模式中只有横向位移 1 个独立变量。单元的边界位移条件有 4 个，所以横向位移可取到三次方多项式，可假设为

$$v = \alpha_1 + \alpha_2 x + \alpha_3 x^2 + \alpha_4 x^3 \tag{7.29}$$

根据杆端位移条件，确定的 α_1、α_2、α_3、α_4，分别为

$$\alpha_1 = v_i，\quad \alpha_3 = -\frac{3}{l^2}v_i - \frac{2}{l}\theta_i + \frac{3}{l^2}v_j - \frac{1}{l}\theta_j$$

$$\alpha_2 = \theta_i，\quad \alpha_4 = \frac{2}{l^3}v_i + \frac{1}{l^2}\theta_i - \frac{2}{l^3}v_j + \frac{1}{l^2}\theta_j$$

横向位移模式写成矩阵形式为

$$v = [\,N_{vi} \quad N_{\theta i} \quad N_{vj} \quad N_{\theta j}\,] \begin{Bmatrix} v_i \\ \theta_i \\ v_j \\ \theta_j \end{Bmatrix} = \boldsymbol{N\delta}_e \tag{7.30}$$

式中，N_{vi}、N_{vj}表示节点 i、j 的横向位移对应的形函数；$N_{\theta i}$、$N_{\theta j}$表示节点 i、j 的转角对应的形函数，具体表达式为

$$N_{vi} = 1 - 3\xi^2 + 2\xi^3，\quad N_{\theta i} = l\xi(1-\xi)^2$$

$$N_{vj} = \xi^2(3-2\xi)，\quad N_{\theta j} = -l\xi^2(1-\xi) \tag{7.31}$$

其中，$\xi = x/l$。

这里要特别注意形函数的性质，在连续体中所有单元内任意一点都存在形函数之和等于

1 的关系，即 $\sum N_i = 1$ 。因为梁单元的节点位移矢量中，既有线位移又有转角，而转角不是独立变量，所以这种关系不再成立，但描述线位移量的形函数之和始终为 1，即 $N_{vi} + N_{vj} = 1$。对于转角的形函数

$$N_{\theta i} + N_{\theta j} = l\xi(1-\xi)(1-2\xi) \neq 0$$

只有在两个节点处，即 $\xi=0$ 或 $\xi=1$ 时，$N_{\theta i} + N_{\theta j} = 0$，才能满足所有形函数之和等于 1 的关系。

2. 曲率与弯矩

梁单元的横向位移 v 和转角 θ，只与轴向坐标轴 x 有关，因此在分析单元形变时，只考虑曲率 κ，不存在其他应变。根据曲率定义[式(7.2)]和横向位移模式[式(7.30)]，任意截面的曲率为

$$\boldsymbol{\kappa} = \frac{\mathrm{d}\theta}{\mathrm{d}x} = \frac{\mathrm{d}^2 v}{\mathrm{d}x^2} = \begin{bmatrix} \dfrac{\mathrm{d}^2 N_{vi}}{\mathrm{d}x^2} & \dfrac{\mathrm{d}^2 N_{\theta i}}{\mathrm{d}x^2} & \dfrac{\mathrm{d}^2 N_{vj}}{\mathrm{d}x^2} & \dfrac{\mathrm{d}^2 N_{\theta j}}{\mathrm{d}x^2} \end{bmatrix} \begin{Bmatrix} v_i \\ \theta_i \\ v_j \\ \theta_j \end{Bmatrix} = \boldsymbol{B\delta}_e \tag{7.32}$$

其中应变矩阵为

$$\boldsymbol{B} = \frac{1}{l^2}[-6+12\xi \quad l(-4+6\xi) \quad 6-12\xi \quad l(-2+6\xi)] \tag{7.33}$$

单元的内力为截面上的弯矩，计算式为

$$M = EI\boldsymbol{B\delta}_e \tag{7.34}$$

3. 单元刚度矩阵

根据单元内能的表达式

$$U_e = \frac{1}{2}\int_0^l M\kappa \mathrm{d}x = \frac{1}{2}\boldsymbol{\delta}_e^{\mathrm{T}}\int_0^l \boldsymbol{B}^{\mathrm{T}} EI\boldsymbol{B}\mathrm{d}x\boldsymbol{\delta}_e = \frac{1}{2}\boldsymbol{\delta}_e^{\mathrm{T}}\boldsymbol{K}_e\boldsymbol{\delta}_e$$

导出单元刚度矩阵为

$$\boldsymbol{K}_e = \frac{EI}{l^3}\begin{bmatrix} 12 & 6l & -12 & 6l \\ 6l & 4l^2 & -6l & 2l^2 \\ -12 & -6l & 12 & -6l \\ 6l & 2l^2 & -6l & 4l^2 \end{bmatrix} \tag{7.35}$$

梁单元的刚度矩阵仍为对称矩阵，由于形函数不满足 $\sum N_i = 1$ ，且单刚中同一行或列上元素的单位不尽相同，所以单元刚度矩阵的每一行或每一列元素之和不再为零，但线位移对应的元素之和仍为零。

4. 等效节点载荷

梁单元上有横向载荷及分布力偶矩作用，单元上分布载荷的等效节点载荷为

$$\boldsymbol{Q}_e = \{F_{yi} \quad M_i \quad F_{yj} \quad M_j\}_e^{\mathrm{T}} = \int_0^l q(x)\boldsymbol{N}^{\mathrm{T}}\mathrm{d}x + \int_0^l m(x)\frac{\mathrm{d}\boldsymbol{N}^{\mathrm{T}}}{\mathrm{d}x}\mathrm{d}x \tag{7.36}$$

几种特殊情况下的等效节点载荷：

(1) 满跨均布横向载荷　横向载荷 $q(x)=q$，等效节点载荷为

$$\boldsymbol{Q}_e=\left\{\frac{1}{2}ql \quad \frac{1}{12}ql^2 \quad \frac{1}{2}ql \quad -\frac{1}{12}ql^2\right\}^{\mathrm{T}} \tag{7.37}$$

单元二节点横向等效集中力相等，但等效力矩符号不同。

(2) 满跨均布弯曲力偶矩　力偶矩 $m(x)=m$，等效节点载荷为

$$\boldsymbol{Q}_e=\{-m \quad 0 \quad m \quad 0\}^{\mathrm{T}} \tag{7.38}$$

满跨均布力偶矩作用时的等效节点载荷为大小相等、方向相反的一对集中力，其数值与力偶矩大小相同，而无等效集中力矩。

(3) 梁单元上的集中力　在单元上的 $x_0=l\xi_0$ 处作用有横向集中力 Q_0，其等效节点载荷为

$$\boldsymbol{Q}_e=Q_0\{1-3\xi_0^2+2\xi_0^3 \quad l\xi_0(1-\xi_0)^2 \quad 3\xi_0^2-2\xi_0^3 \quad -l\xi_0^2(1-\xi_0)\}^{\mathrm{T}} \tag{7.39}$$

当 $\xi_0=1/2$ 时，有

$$\boldsymbol{Q}_e=Q_0\left\{\frac{1}{2} \quad \frac{1}{8}l \quad \frac{1}{2} \quad -\frac{1}{8}l\right\}^{\mathrm{T}}$$

(4) 梁单元上的集中弯矩　在梁单元中的 $x_0=l\xi_0$ 处作用有集中弯矩 M_0，其等效节点载荷为

$$\boldsymbol{Q}_e=\frac{M_0}{l}\{-6\xi_0+6\xi_0^2 \quad l-4l\xi_0+3l\xi_0^2 \quad 6\xi_0-6\xi_0^2 \quad -2l\xi_0+3l\xi_0^2\}^{\mathrm{T}} \tag{7.40}$$

当 $\xi_0=1/2$ 时，有

$$\boldsymbol{Q}_e=M_0\left\{-\frac{3}{2l} \quad -\frac{1}{4} \quad \frac{3}{2l} \quad -\frac{1}{4}\right\}^{\mathrm{T}}$$

综上可见，梁单元上的载荷不管是分布力、集中力或集中力偶矩等形式，等效节点载荷中都存在集中力和集中力偶矩（除了满跨均布力偶矩）。

7.2.4 平面一般梁单元

平面一般梁单元不仅有横向位移和转角，还考虑轴向变形，也称考虑轴向变形的平面梁单元。每个节点有 3 个自由度，分别为轴向位移 u_i、横向位移 v_i 和转角 θ_i。节点载荷有轴向力 F_{xi}、横向力 F_{yi} 和弯矩 M_i，如图 7.9 所示。节点位移分量、节点载荷分量分别记为

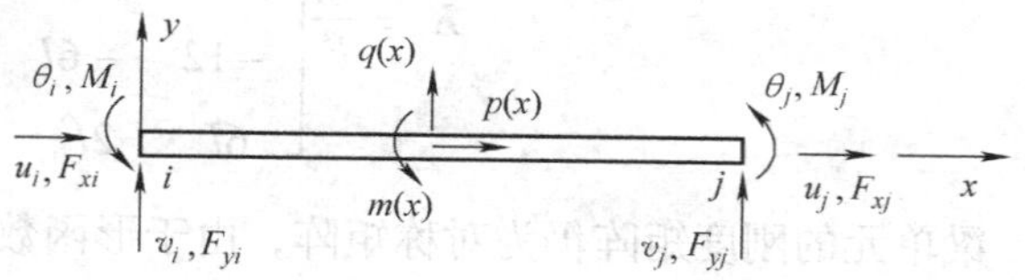

图 7.9　平面一般梁单元

$$\boldsymbol{\delta}_i=\{u_i \quad v_i \quad \theta_i\}^{\mathrm{T}},\ \boldsymbol{F}_i=\{F_{xi} \quad F_{yi} \quad M_i\}^{\mathrm{T}} \quad (i=i,j)$$

1. 位移模式

该单元有 3 个位移分量，但只有 u、v 两个独立的位移变量。单元共有 6 个位移条件，其中确定 u 有 2 个条件，确定 v 有 4 个条件，位移模式可假定为

$$u=\alpha_1+\alpha_2 x$$
$$v=\beta_1+\beta_2 x+\beta_3 x^2+\beta_4 x^3 \tag{7.41}$$

确定各个系数后，位移模式为

$$\boldsymbol{f}=\begin{Bmatrix}u\\v\end{Bmatrix}=\begin{bmatrix}N_{ui} & 0 & 0 & N_{uj} & 0 & 0\\0 & N_{vi} & N_{\theta i} & 0 & N_{vj} & N_{\theta j}\end{bmatrix}\begin{Bmatrix}u_i\\v_i\\\theta_i\\u_j\\v_j\\\theta_j\end{Bmatrix}=\boldsymbol{N\delta}_e \tag{7.42}$$

其中形函数：

1）N_{ui}、N_{uj}表示轴向位移，其计算式与拉压杆单元相同，即

$$N_{ui}=1-\xi,\ N_{uj}=\xi \tag{7.43}$$

2）N_{vi}、N_{vj}和$N_{\theta i}$、$N_{\theta j}$分别表示横向位移及转角，它们与只计弯曲的梁单元相同，即

$$N_{vi}=1-3\xi^2+2\xi^3,\quad N_{\theta i}=l\xi(1-\xi)^2$$
$$N_{vj}=\xi^2(3-2\xi),\quad N_{\theta j}=-l\xi^2(1-\xi) \tag{7.44}$$

可以认为，考虑轴向变形的梁单元其实就是轴向变形与横向变形两部分的组合，即

拉压杆单元（含 u） + 只计弯曲梁单元（包含 v、θ）⇒平面一般梁单元

2. 应变矩阵和单元刚度矩阵

平面一般梁单元的形变包含线应变和曲率，单元的应变矩阵可由拉压杆单元与只计弯曲的梁单元的应变矩阵组合而得。

$$\boldsymbol{B}=\frac{1}{l^2}\begin{bmatrix}-l & 0 & 0 & l & 0 & 0\\0 & -6+12\xi & l(-4+6\xi) & 0 & 6-12\xi & l(-2+6\xi)\end{bmatrix} \tag{7.45}$$

根据式（7.4），按类似上述的步骤，得到考虑轴向变形的梁单元的刚度矩阵为

$$\boldsymbol{K}_e=\begin{bmatrix}\frac{EA}{l} & 0 & 0 & -\frac{EA}{l} & 0 & 0\\0 & \frac{12EI}{l^3} & \frac{6EI}{l^2} & 0 & -\frac{12EI}{l^3} & \frac{6EI}{l^2}\\0 & \frac{6EI}{l^2} & \frac{4EI}{l} & 0 & -\frac{6EI}{l^2} & \frac{2EI}{l}\\-\frac{EA}{l} & 0 & 0 & \frac{EA}{l} & 0 & 0\\0 & -\frac{12EI}{l^3} & -\frac{6EI}{l^2} & 0 & \frac{12EI}{l^3} & -\frac{6EI}{l^2}\\0 & \frac{6EI}{l^2} & \frac{2EI}{l} & 0 & -\frac{6EI}{l^2} & \frac{4EI}{l}\end{bmatrix} \tag{7.46}$$

实质上该单元刚度矩阵也是拉压杆单元与只计弯曲的梁单元刚度矩阵的组合。

3. 等效节点载荷

平面一般梁单元上有轴向力、横向载荷及弯矩3种类型。每种类型的载荷又可分为集中作用或分布形式，根据单元上的载荷形式，分别按照拉压杆单元与只计弯曲梁单元等效载荷相应公式计算，然后叠加而成。等效节点载荷一般形式为

$$\boldsymbol{Q}_e = \{F_{xi} \quad F_{yi} \quad M_i \quad F_{xj} \quad F_{yj} \quad M_j\}^{\mathrm{T}} \tag{7.47}$$

7.2.5 空间梁单元

空间梁单元比平面一般梁单元所受的载荷更复杂，有轴向载荷、两个主方向上的横向载荷及弯矩，还有扭矩作用。空间梁单元每个节点上有6个自由度，分别为沿x、y、z轴方向的3个线位移u_i、v_i、w_i，绕y、z轴的2个转角θ_{yi}、θ_{zi}，以及绕x轴的扭转角φ_i，如图7.10所示，图中单箭头表示线位移和集中力方向，双箭头表示转角和力偶矩。

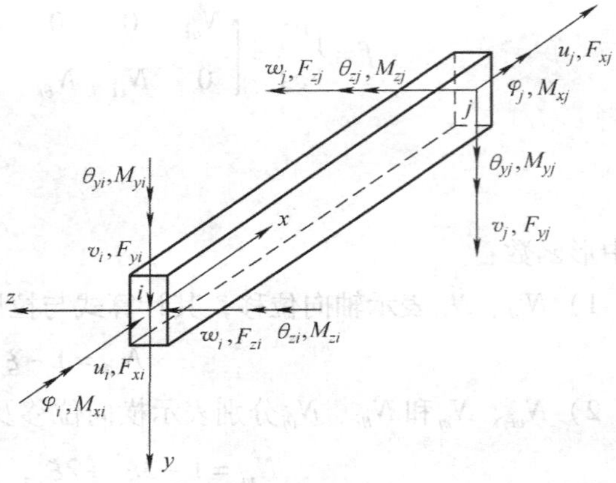

图7.10 空间梁单元

节点位移分量记为

$$\boldsymbol{\delta}_i = \{u_i \quad v_i \quad w_i \quad \varphi_i \quad \theta_{yi} \quad \theta_{zi}\}^{\mathrm{T}} \quad (i=i,j)$$

单元节点载荷分量有6个，记为

$$\boldsymbol{F}_i = \{F_{xi} \quad F_{yi} \quad F_{zi} \quad M_{xi} \quad M_{yi} \quad M_{zi}\}^{\mathrm{T}} \quad (i=i,j)$$

其中，F_{xi}、F_{yi}、F_{zi}为三个方向上的集中力；M_{xi}表示沿x轴的扭矩；M_{yi}、M_{zi}表示在xz及xy平面内的横向弯矩。

空间梁单元要求截面的几何参数包括：单元的长度l、面积A、惯性矩I_y和I_z以及极惯性矩I_{p}。其中轴向拉压刚度$EA \to u$，扭转刚度$GI_{\mathrm{p}} \to \varphi$，在$xy$平面内的弯曲刚度$EI_z \to v$、$\theta_z$，在$xz$平面内的弯曲刚度$EI_y \to w$、$\theta_y$。

1. 位移模式

空间梁单元的每个节点有6个自由度，与平面梁单元一样，转角与位移是相关的。图7.10中规定了各个线位移、转角及集中力、力偶矩的正向。在xy平面内，θ_z与位移v的正向增量方向一致，但在xz平面内θ_y与位移w的正向增量方向相反，则转角与位移的关系为

$$\theta_y = -\frac{\mathrm{d}w}{\mathrm{d}x}, \ \theta_z = \frac{\mathrm{d}v}{\mathrm{d}x} \tag{7.48}$$

空间梁单元有4个是独立位移分量，其中轴向位移u与扭转角φ各有2个确定条件，横向位移v和w各有4个确定条件。位移分量都只是x的函数，根据不同个数的位移条件，位移模式假设为

$$\begin{aligned} u &= \alpha_1 + \alpha_2 x \\ v &= \beta_1 + \beta_2 x + \beta_3 x^2 + \beta_4 x^3 \\ w &= \gamma_1 + \gamma_2 x + \gamma_3 x^2 + \gamma_4 x^3 \\ \varphi &= \eta_1 + \eta_2 x \end{aligned} \tag{7.49}$$

确定各系数后，形函数矩阵的子矩阵为

$$\boldsymbol{N}_i=\begin{bmatrix} N_{ui} & 0 & 0 & 0 & 0 & 0 \\ 0 & N_{vi} & 0 & 0 & 0 & N_{\theta zi} \\ 0 & 0 & N_{wi} & 0 & N_{\theta yi} & 0 \\ 0 & 0 & 0 & N_{\varphi i} & 0 & 0 \end{bmatrix}\quad (i=i,\ j) \tag{7.50}$$

其中，N_{ui}、$N_{\varphi i}$ $(i=i,\ j)$ 与拉压杆单元或扭转杆单元的形函数[式(7.13)或式(7.24)]相同。

N_{vi}、$N_{\theta zi}$及N_{wi}、$N_{\theta yi}(i=i,j)$可参考只计弯曲平面梁单元的形函数[式(7.31)]计算，但$N_{\theta yi}$和$N_{\theta zj}$的符号相反。

为便于应用，各形函数列于下方

$$\begin{aligned} &N_{ui}=N_{\varphi i}=1-\xi, && N_{uj}=N_{\varphi j}=\xi \\ &N_{vi}=N_{wi}=1-3\xi^2+2\xi^3, && N_{vj}=N_{wj}=\xi^2(3-2\xi) \\ &N_{\theta zi}=-N_{\theta yi}=l\xi(1-\xi)^2, && N_{\theta zj}=-N_{\theta yj}=-l\xi^2(1-\xi) \end{aligned} \tag{7.51}$$

其中，$\xi=x/l$。

2. 空间梁单元在局部坐标系下的刚度矩阵

$$\boldsymbol{K}_e=\begin{bmatrix}
\frac{EA}{l} & 0 & 0 & 0 & 0 & 0 & -\frac{EA}{l} & 0 & 0 & 0 & 0 & 0 \\
0 & \frac{12EI_z}{l^3} & 0 & 0 & 0 & \frac{6EI_z}{l^2} & 0 & -\frac{12EI_z}{l^3} & 0 & 0 & 0 & \frac{6EI_z}{l^2} \\
0 & 0 & \frac{12EI_y}{l^3} & 0 & -\frac{6EI_y}{l^2} & 0 & 0 & 0 & -\frac{12EI_y}{l^3} & 0 & -\frac{6EI_y}{l^2} & 0 \\
0 & 0 & 0 & \frac{GI_p}{l} & 0 & 0 & 0 & 0 & 0 & -\frac{GI_p}{l} & 0 & 0 \\
0 & 0 & -\frac{6EI_y}{l^2} & 0 & \frac{4EI_y}{l} & 0 & 0 & 0 & \frac{6EI_y}{l^2} & 0 & \frac{2EI_y}{l} & 0 \\
0 & \frac{6EI_z}{l^2} & 0 & 0 & 0 & \frac{4EI_z}{l} & 0 & -\frac{6EI_z}{l^2} & 0 & 0 & 0 & \frac{2EI_z}{l} \\
-\frac{EA}{l} & 0 & 0 & 0 & 0 & 0 & \frac{EA}{l} & 0 & 0 & 0 & 0 & 0 \\
0 & -\frac{12EI_z}{l^3} & 0 & 0 & 0 & -\frac{6EI_z}{l^2} & 0 & \frac{12EI_z}{l^3} & 0 & 0 & 0 & -\frac{6EI_z}{l^2} \\
0 & 0 & -\frac{12EI_y}{l^3} & 0 & \frac{6EI_y}{l^2} & 0 & 0 & 0 & \frac{12EI_y}{l^3} & 0 & \frac{6EI_y}{l^2} & 0 \\
0 & 0 & 0 & -\frac{GI_p}{l} & 0 & 0 & 0 & 0 & 0 & \frac{GI_p}{l} & 0 & 0 \\
0 & 0 & -\frac{6EI_y}{l^2} & 0 & \frac{2EI_y}{l} & 0 & 0 & 0 & \frac{6EI_y}{l^2} & 0 & \frac{4EI_y}{l} & 0 \\
0 & \frac{6EI_z}{l^2} & 0 & 0 & 0 & \frac{2EI_z}{l} & 0 & -\frac{6EI_z}{l^2} & 0 & 0 & 0 & \frac{4EI_z}{l}
\end{bmatrix} \tag{7.52}$$

将其分块后为

$$\boldsymbol{K}_e=\begin{bmatrix} \boldsymbol{K}_{ii} & \boldsymbol{K}_{ij} \\ \boldsymbol{K}_{ji} & \boldsymbol{K}_{jj} \end{bmatrix}$$

从式（7.52）中可见，$\boldsymbol{K}_{ii}\neq\boldsymbol{K}_{jj}$，$\boldsymbol{K}_{ij}=\boldsymbol{K}_{ji}^{\mathrm{T}}$。

与平面梁单元相似，空间梁单元的刚度矩阵是对称矩阵，但同一行或列上元素的单位不尽相同，每一行列元素之和不为零。空间梁单元刚度矩阵（7.52）包含了前面介绍的所有单元的刚度矩阵。①刚度矩阵 $\boldsymbol{K}_e$ 的第1、7行与列相交位置元素组成的矩阵，为拉压杆单元刚度矩阵（7.17）；②$\boldsymbol{K}_e$ 的第4、10行与列相交位置元素组成的矩阵，为扭转杆单元刚度矩阵（7.27）；③$\boldsymbol{K}_e$ 的第2、6、8、12行与列相交位置元素组成的矩阵，是 xy 平面内只计弯曲的梁单元刚度矩阵（7.35），将式（7.35）中的 I 改为 I_z 即可；④同样，$\boldsymbol{K}_e$ 的第3、5、9、11行与列相交位置元素组成的矩阵，则是 xz 平面内只计弯曲的梁单元刚度矩阵（7.35），将式（7.35）中的 I 改为 I_y 即可。但这里要注意的是，空间梁单元刚度矩阵中在 θ_{yi}、θ_{yj} 或 M_{yi}、M_{yj} 对应的元素与式（7.35）中的相应元素符号相反。

3. 等效节点载荷

空间梁单元载荷有轴向力、两个方向的横向载荷及弯矩、扭矩等多种类型。空间梁单元的等效节点载荷可由相应单元等效节点载荷组合叠加计算：①F_{xi}、F_{xj} 表示空间梁单元两个节点的轴向力，由轴向拉压杆单元的等效节点载荷[式(7.18)~式(7.21)]计算；②M_{xi}、M_{xj} 表示节点扭矩，由扭转杆单元的等效节点载荷[式(7.28)]计算；③F_{yi}、M_{zi}、F_{yj}、M_{zj} 表示 xy 平面内的横向集中力及弯矩，参考只计弯曲的梁单元的等效节点载荷[式(7.36)~式(7.40)]计算；④F_{zi}、M_{yi}、F_{zj}、M_{yj} 表示 xz 平面内的横向集中力及弯矩，亦可参考只计弯曲的梁单元的等效节点载荷[式(7.36)~式(7.40)]计算。在应用时要注意 xz 平面内与 xy 平面内弯曲的区别。

7.3 杆系结构的整体分析

上节所讨论的各种杆系单元，均假定 x 轴与杆件的轴线重合，位移、载荷均是在局部坐标系下定义的。但实际结构中的每个杆件方位各不相同，为了描述节点或单元在结构中的绝对位置，描述及分析结构的整体特征状态，考虑节点位移协调、受力平衡，必须建立统一的坐标系，称为整体坐标系。在整体坐标系下建立节点位移与外载荷矢量关系的有限元方程。

整体坐标系只能有一个，每个单元有一个局部坐标系，两种坐标系下的对应物理量间存在相互转换关系，将局部系下的量转换成整体坐标系下的量，或将整体的量转换成局部的量，该过程称为坐标转换。

符号约定：局部坐标下的物理量用上画线来标记，例如$\overline{\boldsymbol{\delta}}_i$，$\overline{\boldsymbol{F}}_i$，$\overline{\boldsymbol{K}}_e$ 等；整体坐标下的物理量没有上画线，例如 $\boldsymbol{\delta}_i$，$\boldsymbol{F}_i$，$\boldsymbol{K}_e$ 等。

7.3.1 单位矢量间的转换关系

图7.11为同原点两坐标系示意图，由矢量代数可得两组坐标单位矢量间的转换关系为

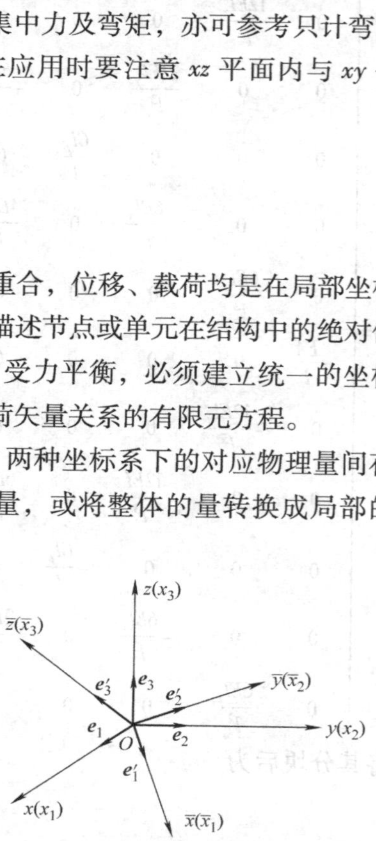

图7.11 同原点两坐标系示意图

$$\begin{aligned} \boldsymbol{e}'_1 &= l_{11}\boldsymbol{e}_1 + l_{12}\boldsymbol{e}_2 + l_{13}\boldsymbol{e}_3 & \qquad \boldsymbol{e}_1 &= l_{11}\boldsymbol{e}'_1 + l_{21}\boldsymbol{e}'_2 + l_{31}\boldsymbol{e}'_3 \\ \boldsymbol{e}'_2 &= l_{21}\boldsymbol{e}_1 + l_{22}\boldsymbol{e}_2 + l_{23}\boldsymbol{e}_3 \quad \text{或} & \qquad \boldsymbol{e}_2 &= l_{12}\boldsymbol{e}'_1 + l_{22}\boldsymbol{e}'_2 + l_{32}\boldsymbol{e}'_3 \\ \boldsymbol{e}'_3 &= l_{31}\boldsymbol{e}_1 + l_{32}\boldsymbol{e}_2 + l_{33}\boldsymbol{e}_3 & \qquad \boldsymbol{e}_3 &= l_{13}\boldsymbol{e}'_1 + l_{23}\boldsymbol{e}'_2 + l_{33}\boldsymbol{e}'_3 \end{aligned} \tag{7.53}$$

式中，l_{ij}是局部坐标系 $\bar{x}_i(=\bar{x},\bar{y},\bar{z})$轴与整体坐标系 $x_i(=x,y,z)$轴间的方向余弦。

写成矩阵形式

$$\begin{Bmatrix} \boldsymbol{e}'_1 \\ \boldsymbol{e}'_2 \\ \boldsymbol{e}'_3 \end{Bmatrix} = \begin{bmatrix} l_{11} & l_{12} & l_{13} \\ l_{21} & l_{22} & l_{23} \\ l_{31} & l_{32} & l_{33} \end{bmatrix} \begin{Bmatrix} \boldsymbol{e}_1 \\ \boldsymbol{e}_2 \\ \boldsymbol{e}_3 \end{Bmatrix} = \boldsymbol{\lambda} \begin{Bmatrix} \boldsymbol{e}_1 \\ \boldsymbol{e}_2 \\ \boldsymbol{e}_3 \end{Bmatrix}, \quad \begin{Bmatrix} \boldsymbol{e}_1 \\ \boldsymbol{e}_2 \\ \boldsymbol{e}_3 \end{Bmatrix} = \begin{bmatrix} l_{11} & l_{21} & l_{31} \\ l_{12} & l_{22} & l_{32} \\ l_{13} & l_{23} & l_{33} \end{bmatrix} \begin{Bmatrix} \boldsymbol{e}'_1 \\ \boldsymbol{e}'_2 \\ \boldsymbol{e}'_3 \end{Bmatrix} = \boldsymbol{\lambda}^{\mathrm{T}} \begin{Bmatrix} \boldsymbol{e}'_1 \\ \boldsymbol{e}'_2 \\ \boldsymbol{e}'_3 \end{Bmatrix} \tag{7.54}$$

其中矩阵 $\boldsymbol{\lambda}$

$$\boldsymbol{\lambda} = \begin{bmatrix} l_{11} & l_{12} & l_{13} \\ l_{21} & l_{22} & l_{23} \\ l_{31} & l_{32} & l_{33} \end{bmatrix} \tag{7.55}$$

称为变换矩阵。对于直角坐标系存在

$$\boldsymbol{\lambda}^{-1} = \boldsymbol{\lambda}^{\mathrm{T}} \tag{7.56}$$

即变换矩阵是正交矩阵。

基于单位矢量之间的关系，设矢量 $\boldsymbol{a}$ 在图 7.11 所示的两坐标系下可表示为

$$\boldsymbol{a} = \sum_{i=1}^{3} a_i \boldsymbol{e}_i = \sum_{i=1}^{3} a'_i \boldsymbol{e}'_i \tag{7.57}$$

则存在

$$\boldsymbol{a}' = \boldsymbol{\lambda a} \tag{7.58}$$

有时在不同坐标系下描述同一矢量的元素个数可能不同，如设矢量 $\boldsymbol{a}' = \{a'_1 \quad a'_2\}^{\mathrm{T}}$ 有 2 个元素，而矢量 $\boldsymbol{a}$ 有 3 个元素，$\boldsymbol{a} = \{a_1 \quad a_2 \quad a_3\}^{\mathrm{T}}$，此时矢量转换关系式（7.58）仍然成立，但 $\boldsymbol{\lambda}$ 不是方阵。只有当 $\boldsymbol{a}'$ 与 $\boldsymbol{a}$ 的元素个数相同时，$\boldsymbol{\lambda}$ 才是方阵。

矢量之间的转换关系不仅适用于线位移，同样适用于角位移，但角位移与线位移之间不存在耦合关系。对于非同原点的矢量，可经过坐标平移变成同原点的矢量，坐标的平移对转换关系无影响。

7.3.2 不同坐标系下各物理量的关系

1. 位移转换

节点位移是有限元分析的基本量，需要用整体坐标系下的位移量 $\boldsymbol{\delta}_e$ 描述局部系下的位移量 $\bar{\boldsymbol{\delta}}_e$。根据式（7.58），每个节点的位移变换关系为

$$\bar{\boldsymbol{\delta}}_i = \boldsymbol{\lambda \delta}_i \quad (i = i,\ j)$$

将单元的两个节点位移合并，则不同坐标系下单元（空间梁单元除外）节点位移矢量的关系为

$$\bar{\boldsymbol{\delta}}_e=\begin{Bmatrix}\bar{\boldsymbol{\delta}}_i\\ \bar{\boldsymbol{\delta}}_j\end{Bmatrix}=\begin{bmatrix}\boldsymbol{\lambda} & \mathbf{0}\\ \mathbf{0} & \boldsymbol{\lambda}\end{bmatrix}\begin{Bmatrix}\boldsymbol{\delta}_i\\ \boldsymbol{\delta}_j\end{Bmatrix}=\boldsymbol{\delta}_e \tag{7.59}$$

若令

$$\boldsymbol{T}=\begin{bmatrix}\boldsymbol{\lambda} & \mathbf{0}\\ \mathbf{0} & \boldsymbol{\lambda}\end{bmatrix} \tag{7.60}$$

$\boldsymbol{T}$ 称为单元坐标变换矩阵，则局部系下的位移量 $\bar{\boldsymbol{\delta}}_e$ 用整体坐标系下的位移量 $\boldsymbol{\delta}_e$ 表述为

$$\bar{\boldsymbol{\delta}}_e=\boldsymbol{T}\boldsymbol{\delta}_e \tag{7.61}$$

下面讨论各种杆系单元变换矩阵 $\boldsymbol{\lambda}$ 的形式。

（1）平面拉压杆单元　在局部坐标下，$\bar{x}$ 轴与杆件轴心线重合，轴向拉压杆单元只有1个轴向位移 $\bar{u}$，如图7.12所示。而在平面整体坐标系 Oxy 下，杆件轴心线与坐标轴不再平行，节点的位移在两个坐标轴上都存在位移分量，记为 u、v。变换矩阵 $\boldsymbol{\lambda}$ 为

$$\boldsymbol{\lambda}=[l_{11}\quad l_{12}]=[\cos\alpha\quad \sin\alpha] \tag{7.62}$$

式中，α 为整体到局部坐标之间的夹角，规定逆时针为正。

（2）空间拉压杆单元　在局部坐标下，空间拉压杆单元同样只有一个轴向位移 $\bar{u}$，但在整体系 $Oxyz$ 下，有3个位移分量，如图7.13所示。变换矩阵 $\boldsymbol{\lambda}$ 为

$$\boldsymbol{\lambda}=[l_{11}\quad l_{12}\quad l_{13}] \tag{7.63}$$

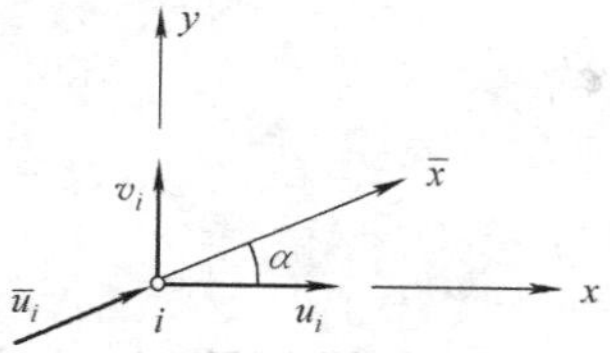

图7.12　平面拉压杆单元位移

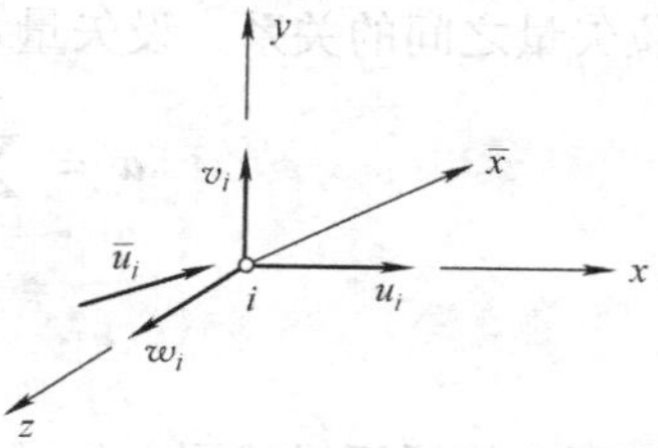

图7.13　空间拉压杆单元位移

（3）平面只计弯曲梁单元　在局部坐标下，平面只计弯曲梁单元有一个横向位移 $\bar{v}$ 和一个转角 $\bar{\theta}$，局部系 $\bar{z}$ 轴与整体系 z 轴重合，如图7.14所示，整体系下有两个线位移 u、v 和一个转角 θ。变换矩阵 $\boldsymbol{\lambda}$ 为

$$\boldsymbol{\lambda}=\begin{bmatrix}l_{21} & l_{22} & l_{23}\\ l_{31} & l_{32} & l_{33}\end{bmatrix}=\begin{bmatrix}-\sin\alpha & \cos\alpha & 0\\ 0 & 0 & 1\end{bmatrix} \tag{7.64}$$

式中，α 的规定与式（7.62）相同，即整体到局部坐标逆时针为正。

（4）平面一般梁单元　对于如图7.15所示的平面一般梁单元，与只计弯曲梁单元的区别在于，在局部系和整体系下都有两个线位移 $\bar{u}$、$\bar{v}$ 以及一个转角 $\bar{\theta}$。局部系 $\bar{z}$ 轴与整体系 z 轴重合，则变换矩阵 $\boldsymbol{\lambda}$ 为

$$\boldsymbol{\lambda}=\begin{bmatrix}l_{11} & l_{12} & l_{13}\\ l_{21} & l_{22} & l_{23}\\ l_{31} & l_{32} & l_{33}\end{bmatrix}=\begin{bmatrix}\cos\alpha & \sin\alpha & 0\\ -\sin\alpha & \cos\alpha & 0\\ 0 & 0 & 1\end{bmatrix} \tag{7.65}$$

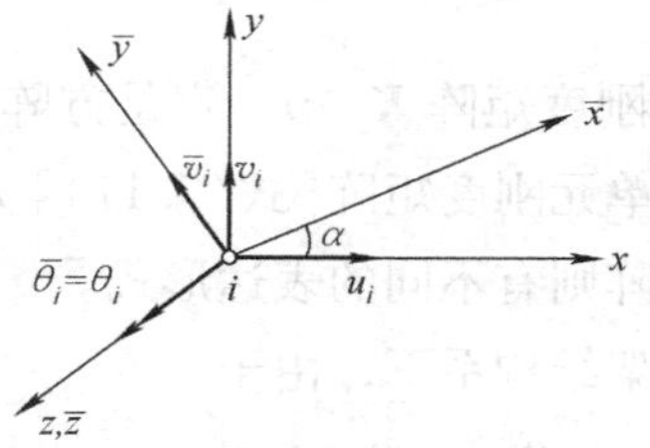

图 7.14　平面只计弯曲梁单元位移

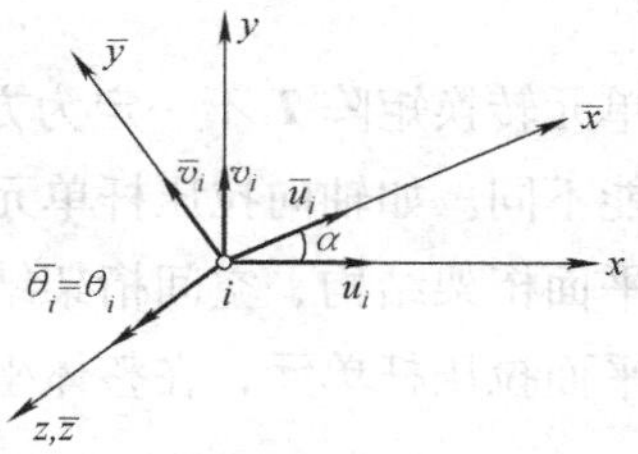

图 7.15　平面一般梁单元位移

（5）空间梁单元　在局部坐标系及整体坐标系下，空间梁单元节点位移均包含 3 个线位移和 3 个转角位移，若将节点位移分成线位移矢量$\bar{\boldsymbol{\delta}}_{ui}$和转角矢量$\bar{\boldsymbol{\delta}}_{\theta i}$两部分。参见图 7.11，线位移矢量的转换关系满足式（7.54），即

$$\bar{\boldsymbol{\delta}}_{ui}=\boldsymbol{\lambda}\boldsymbol{\delta}_{ui} \tag{7.66}$$

其中，矩阵 $\boldsymbol{\lambda}$ 为式（7.55）。

转角位移矢量转换：当以右手螺旋法则将转角位移以双箭头矢量表示时，其方向沿着坐标轴方向，转角矢量的转换关系同样满足式（7.54），即

$$\bar{\boldsymbol{\delta}}_{\theta i}=\boldsymbol{\lambda}\boldsymbol{\delta}_{\theta i} \tag{7.67}$$

将式（7.66）与式（7.67）两式合起来就是节点 i 的位移分量，单元节点位移矢量关系写为式（7.61）时，空间梁单元坐标变换矩阵 $\boldsymbol{T}$ 为

$$\boldsymbol{T}=\begin{bmatrix}\boldsymbol{\lambda} & \boldsymbol{0} & \boldsymbol{0} & \boldsymbol{0}\\ \boldsymbol{0} & \boldsymbol{\lambda} & \boldsymbol{0} & \boldsymbol{0}\\ \boldsymbol{0} & \boldsymbol{0} & \boldsymbol{\lambda} & \boldsymbol{0}\\ \boldsymbol{0} & \boldsymbol{0} & \boldsymbol{0} & \boldsymbol{\lambda}\end{bmatrix} \tag{7.68}$$

由于不同类型的杆件单元在局部系和整体系下的节点位移个数不同，由式（7.62）~式（7.68）可见，变换矩阵 $\boldsymbol{\lambda}$ 不一定为方阵，所以单元坐标变换矩阵 $\boldsymbol{T}$ 不为方阵。

单元节点位移也可由局部系下的量描述整体系下的量，由式（7.61），得

$$\boldsymbol{\delta}_e=\boldsymbol{T}^{\mathrm{T}}\bar{\boldsymbol{\delta}}_e \tag{7.69}$$

2. 力的转换

杆系结构单元的等效节点载荷及杆端力通常都是在局部坐标系下计算的，需将其转换为整体系，这就要求用局部系下的载荷量描述整体系下的载荷量。由于节点载荷与节点位移是一一对应的，将图 7.12 ~ 图 7.15 中的位移换成载荷，可得到各类单元的载荷转换关系

$$\boldsymbol{F}_e=\boldsymbol{T}^{\mathrm{T}}\bar{\boldsymbol{F}}_e \tag{7.70}$$

式中，$\boldsymbol{F}_e$ 包括杆端力与单元上分布力的等效节点力。

3. 单元刚度矩阵的转换

在将单元刚度矩阵组装成总刚度矩阵之前，需要将 7.2 节中介绍的局部系下的单元刚度矩阵，转换为整体坐标系的量。单元刚度矩阵变换的原理与连续体一样，根据应变能推演，存在

$$\boldsymbol{K}_e = \boldsymbol{T}^{\mathrm{T}} \overline{\boldsymbol{K}}_e \boldsymbol{T} \tag{7.71}$$

尽管单元转换矩阵 $\boldsymbol{T}$ 不一定为方阵，但所有单元的刚度矩阵 $\boldsymbol{K}_e$ 却一定是方阵，但与 $\overline{\boldsymbol{K}}_e$ 的大小可能不同。如轴向拉压杆单元在局部坐标系下的单元刚度矩阵[式(7.17)]为 2×2 阶的，但在平面桁架结构、空间桁架结构中，单元刚度矩阵则有不同的表达形式。

对于平面拉压杆单元，在整体坐标系下，即平面桁架结构系下，由于

$$\boldsymbol{\lambda} = [\cos\alpha \quad \sin\alpha], \boldsymbol{T} = \begin{bmatrix} \cos\alpha & \sin\alpha & 0 & 0 \\ 0 & 0 & \cos\alpha & \sin\alpha \end{bmatrix}$$

经推导，整体系下的单元刚度矩阵为

$$\boldsymbol{K}_e = \frac{EA}{l}\begin{bmatrix} c^2 & cs & -c^2 & -cs \\ cs & s^2 & -cs & -s^2 \\ -c^2 & -cs & c^2 & cs \\ -cs & -s^2 & cs & s^2 \end{bmatrix} \tag{7.72}$$

为简化书写，式中令 $c=\cos\alpha$，$s=\sin\alpha$。

任意倾角 α 时的桁架单元整体坐标系下的刚度矩阵[式(7.72)]还可以写为

$$\boldsymbol{K}_e = \frac{EA}{l}\begin{bmatrix} \boldsymbol{t} & -\boldsymbol{t} \\ -\boldsymbol{t} & \boldsymbol{t} \end{bmatrix} \tag{7.73}$$

式中，$\boldsymbol{t} = \begin{bmatrix} c^2 & cs \\ cs & s^2 \end{bmatrix}$。

空间杆单元的单元刚度矩阵仍可用式（7.73）表示，$\boldsymbol{t}$ 的表达式为

$$\boldsymbol{t} = \begin{bmatrix} cx^2 & cx\cdot cy & cx\cdot cz \\ cy\cdot cx & cy^2 & cy\cdot cz \\ cz\cdot cx & cz\cdot cy & cz^2 \end{bmatrix} \tag{7.74}$$

其中，cx、cy、cz 分别表示方向余弦 $\cos(x, x')$、$\cos(y, y')$、$\cos(z, z')$。

7.4 特殊边界条件处理

将局部坐标系下的单元刚度矩阵及等效节点载荷，分别按式（7.71）及式（7.70）转换到整体坐标系下，再根据节点叠加原则，形成结构总的刚度矩阵和总的节点载荷矢量，得到杆系结构的有限元方程

$$\boldsymbol{K\delta} = \boldsymbol{F} \tag{7.75}$$

其中，$\boldsymbol{K}$、$\boldsymbol{\delta}$、$\boldsymbol{F}$ 分别为整体坐标系下的结构总的刚度矩阵、总的节点位移矢量、总的载荷矢量。

杆系结构有限元方程的求解方法与连续体有限元法相同，引入边界条件，采用降阶法(紧缩法)、置大数法或置“1”法，对总刚度矩阵进行处理，然后求解方程，得到所有节点的位移矢量。

这种在建立有限元方程之后，再对边界约束进行处理的方法，称为后处理法。连续体有限元都采用后处理法。由于杆系结构的特殊性，还可以在组装总刚度矩阵之前，对单元刚度矩阵按照位移约束进行处理，将处理后的单刚组装到总刚度矩阵中，该法称为先处理法。先处理法将单元刚度矩阵中与位移约束有关的节点所对应的行列忽略，只将与位移约束无关的节点所对应的行列元素叠加到总刚度矩阵中，得到不包含位移约束的有限元方程，可以直接求解。有关先处理法，可参考其他教材，这里不赘述。实质上先处理法与后处理法的最终结果是相同的。

实际工程中，杆系结构中经常存在弹性支承和斜支承边界情况。

7.4.1 弹性支承点

杆系结构上某些节点置于可变形的弹性体上时，该点的位移会受到一定的限制，但与该点所受力的大小有关，这类节点称为弹性支承点。将弹性支座看作是位于结构约束点沿约束方向的一个弹簧，利用弹簧模拟支座变形与约束力，如图7.16所示。

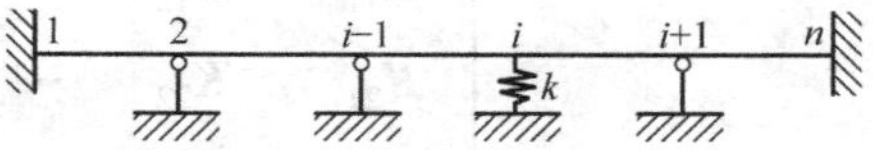

图7.16 弹性支承点

设结构的第 i 个节点某个方向位移分量 Δ_i 为弹性支座约束，弹簧的刚度系数为 k，则产生 Δ_i 位移时所引起的支座反力为

$$F_{Ri} = -k\Delta_i \tag{7.76}$$

负号表示支座反力方向与约束点位移方向相反。

F_{Ri}作用在弹性约束点上，是节点外力的一部分。根据杆系结构的有限元方程（7.75），Δ_i 所对应的平衡方程为

$$k_{i1}\Delta_1 + k_{i2}\Delta_2 + \cdots + k_{ii}\Delta_i + \cdots + k_{in}\Delta_n = F_i + F_{Ri}$$

将式（7.76）代入上式，移项后，得到对应弹性支承点的有限元方程修正为

$$k_{i1}\Delta_1 + k_{i2}\Delta_2 + \cdots + (k_{ii} + k)\Delta_i + \cdots + k_{in}\Delta_n = F_i \tag{7.77}$$

式中，k_{ij}是总刚度矩阵中的元素。

从式（7.77）可见，弹性支座约束处理的方法，是将总刚度矩阵中节点 i 的弹性支承方向所对应的主对角线元素改为 $(k_{ii} + k)$。这种处理方法既适用于线位移，也适用于角位移的弹性约束，同样也适用于多点弹性支座。

7.4.2 斜支承边界

某节点上存在位移约束，但该限定位移方向与结构整体坐标系的坐标轴方向不一致，存在一定的倾斜角度，称为斜支承边界约束。设第 i 个节点为具有斜支承的约束节点。节点 i 可沿着与 x 轴夹角为 α_0 的斜面滑动，在垂直斜面的方向位移为零，如图7.17所示。

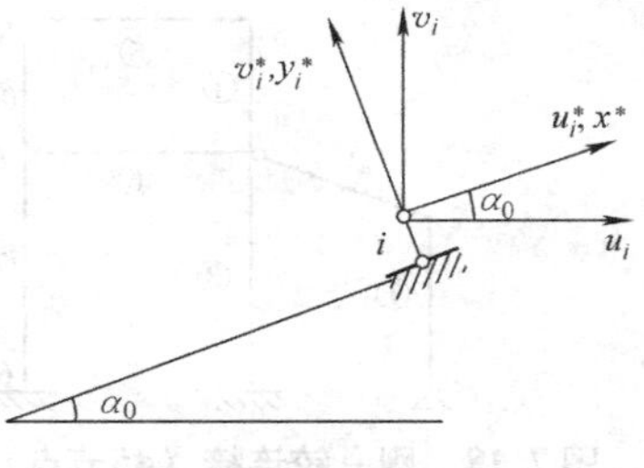

图7.17 斜支承边界

为了描述该点的位移状况，建立一个新的节点 i 坐标

系 x^*y^*，节点 i 的位移分量为 u^*、v^*，节点力为 F_{ui}^*、F_{vi}^*。根据坐标转换关系，可得位移为

$$\begin{Bmatrix} u_i \\ v_i \end{Bmatrix} = \begin{bmatrix} \cos\alpha_0 & -\sin\alpha_0 \\ \sin\alpha_0 & \cos\alpha_0 \end{bmatrix} \begin{Bmatrix} u_i^* \\ v_i^* \end{Bmatrix} \quad 或 \quad \boldsymbol{\delta}_i = \boldsymbol{L}\boldsymbol{\delta}_i^* \tag{7.78}$$

节点载荷为

$$\begin{Bmatrix} F_{xi} \\ F_{yi} \end{Bmatrix} = \begin{bmatrix} \cos\alpha_0 & -\sin\alpha_0 \\ \sin\alpha_0 & \cos\alpha_0 \end{bmatrix} \begin{Bmatrix} F_{xi}^* \\ F_{yi}^* \end{Bmatrix} \quad 或 \quad \boldsymbol{F}_i = \boldsymbol{L}\boldsymbol{F}_i^* \tag{7.79}$$

$\boldsymbol{L}$ 具有正交性，即 $\boldsymbol{L}^{-1} = \boldsymbol{L}^{\mathrm{T}}$。

将式（7.78）和式（7.79）代入有限元方程（7.75），整理得

$$\begin{bmatrix} \boldsymbol{K}_{11} & \boldsymbol{K}_{12} & \cdots & \boldsymbol{K}_{1i}\boldsymbol{L} & \cdots & \boldsymbol{K}_{1n} \\ \boldsymbol{K}_{21} & \boldsymbol{K}_{22} & \cdots & \boldsymbol{K}_{2i}\boldsymbol{L} & \cdots & \boldsymbol{K}_{2n} \\ \vdots & \vdots & & \vdots & & \vdots \\ \boldsymbol{L}^{\mathrm{T}}\boldsymbol{K}_{i1} & \boldsymbol{L}^{\mathrm{T}}\boldsymbol{K}_{i2} & \cdots & \boldsymbol{L}^{\mathrm{T}}\boldsymbol{K}_{ii}\boldsymbol{L} & \cdots & \boldsymbol{L}^{T}\boldsymbol{K}_{in} \\ \vdots & \vdots & & \vdots & & \vdots \\ \boldsymbol{K}_{n1} & \boldsymbol{K}_{n2} & \cdots & \boldsymbol{K}_{ni}\boldsymbol{L} & \cdots & \boldsymbol{K}_{nn} \end{bmatrix} \begin{Bmatrix} \boldsymbol{\delta}_1 \\ \boldsymbol{\delta}_2 \\ \vdots \\ \boldsymbol{\delta}_i^* \\ \vdots \\ \boldsymbol{\delta}_n \end{Bmatrix} = \begin{Bmatrix} \boldsymbol{F}_1 \\ \boldsymbol{F}_2 \\ \vdots \\ \boldsymbol{F}_i^* \\ \vdots \\ \boldsymbol{F}_n \end{Bmatrix} \tag{7.80}$$

式中，$\boldsymbol{K}_{ij}$ 为总刚度矩阵中 i、j 节点对应的子矩阵。

由式（7.80）可见，有限元方程中有斜支承的第 i 个节点所对应的位移、节点载荷均采用节点 i 坐标系 x^*y^* 下的量 $\boldsymbol{\delta}_i^*$、$\boldsymbol{F}_i^*$，将总刚度矩阵中节点 i 对应的各列子矩阵右乘 $\boldsymbol{L}$，节点 i 对应的各行子矩阵左乘 $\boldsymbol{L}^{\mathrm{T}}$，即可引入斜支承约束条件。例如，图 7.17 所示的节点 i 的斜支承约束条件为 $v_i^* = 0$，可按前述方法进行处理。

7.4.3 主从节点关系

如图 7.18 所示的结构中，右侧刚架在 4#节点处有三个单元（③、④、⑥）刚性连接，该节点有 3 个自由度，即线位移及转角的协调性要求；而左侧杆件②在 4#节点铰接于右侧刚架，而单元②在 4#节点有 2 个自由度，即线位移协调而不限制转角，这种连接方式称为刚 - 铰连接。桥梁工程中常见刚 - 铰连接的案例，如悬浮体系斜拉桥主梁与桥塔交界处的竖向支座等，如图 7.19 所示。

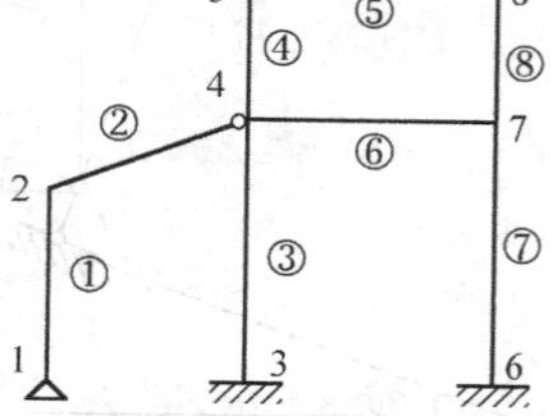

图 7.18　刚 - 铰连接（4#节点）示意图

图 7.19　桥梁与桥墩支座点竖向位移相等

对于刚 – 铰连接形式，有的资料采用先处理方法，按一刚一铰的梁单元形式，释放转角约束，对刚度矩阵及等效节点载荷进行修正，左铰梁与右铰梁修正的刚度矩阵不同，该法虽然简单，但通用性不强，每种连接方式要具体表达。

通过定义主从节点的方式将图 7.18 和图 7.19 所示的两种连接形式统一起来。将连接点采用两个节点编号，构成一个"主从节点对"；重要结构上、起主导作用的点定为"主节点"，处于从属地位的点定为"从节点"。图 7.18 中 4# 节点位置设为主从节点对，右侧刚架上的节点为主节点，梁单元②上的节点为从节点，此处，梁单元③、④、⑥之间为刚性连接，而梁单元②与之为铰接。图 7.19 中桥塔竖向支座为主节点，斜拉桥主梁上交界点为从节点。

主从节点之间通过变形的位移协调关系建立联系。设两个自由度之间有某种约束关系：

$$\delta_i + \alpha \delta_j = \beta \tag{7.81}$$

参考有关资料，将式（7.81）代入有限元方程，即可引入位移约束关系。不失一般性，仅以较小的 5 阶矩阵代表，把 i 写在第 2 位，j 写在第 4 位，矩阵中的"…"表示未改变的原矩阵元素：

$$
\begin{matrix} & & i & & j & \\ \end{matrix}
$$

$$
\begin{array}{c} \\ i \\ \\ \\ j \\ \\ \end{array}
\begin{bmatrix}
\cdots & 0 & \cdots & k_{1j} - \alpha k_{1i} & \cdots \\
0 & 1 & 0 & \alpha & 0 \\
\cdots & 0 & \cdots & k_{3j} - \alpha k_{3i} & \cdots \\
k_{j1} - \alpha k_{1i} & \alpha & k_{j3} - \alpha k_{3i} & k_{jj}^* & k_{j5} - \alpha k_{5i} \\
\cdots & 0 & \cdots & k_{5j} - \alpha k_{5i} & \cdots
\end{bmatrix}
\begin{Bmatrix}
\delta_1 \\ \delta_i \\ \vdots \\ \delta_j \\ \vdots
\end{Bmatrix}
=
\begin{Bmatrix}
f_1 - \beta k_{1i} \\ \beta \\ f_3 - \beta k_{3i} \\ f_j^* \\ f_5 - \beta k_{5i}
\end{Bmatrix}
\tag{7.82}
$$

其中，

$$k_{jj}^* = k_{jj} - 2k_{ji} + \alpha^2 (k_{ii} + 1)$$

$$f_j^* = f_j - \alpha f_i - \beta k_{ji} + \alpha \beta (k_{ii} + 1)$$

为了使程序简单，规定每个主从节点对只描述一个方向位移分量的协调关系，或称一个自由度协调关系，ANSYS 软件中称为节点位移耦合。这里定义的"主从节点对"指两个节点的自由度相等，式（7.81）中的 $\alpha = -1$，$\beta = 0$，则式（7.82）写为

$$
\begin{matrix} & & i & & j & \\ \end{matrix}
$$

$$
\begin{array}{c} \\ i \\ \\ \\ j \\ \\ \end{array}
\begin{bmatrix}
\cdots & 0 & \cdots & k_{1j} + k_{1i} & \cdots \\
0 & 1 & 0 & -1 & 0 \\
\cdots & 0 & \cdots & k_{3j} + k_{3i} & \cdots \\
k_{j1} + k_{1i} & -1 & k_{j3} + k_{3i} & k_{jj} + k_{ii} - 2k_{ji} + 1 & k_{j5} + k_{5i} \\
\cdots & 0 & \cdots & k_{5j} + k_{5i} & \cdots
\end{bmatrix}
\begin{Bmatrix}
\delta_1 \\ \delta_i \\ \vdots \\ \delta_j \\ \vdots
\end{Bmatrix}
=
\begin{Bmatrix}
f_1 \\ 0 \\ f_3 \\ f_j + f_i \\ f_5
\end{Bmatrix}
$$

式（7.83）中包含 $\delta_i=\delta_j$，这里 δ_j 为主节点，δ_i 为从节点。

图 7.18 中的 4#节点处刚－铰连接点的 2 个线位移相等，则需要用 2 个主从节点对分别表示；图 7.19 中主梁与桥塔只有竖向位移，只需要 1 个主从节点对表示。

7.5 支座反力与单元内力

7.5.1 支座反力

杆系结构的支座反力，是进行支座设计或支承结构设计的基础数据，因此计算支座反力是杆系结构分析的必要过程。

有限元方程 $\boldsymbol{K\delta}=\boldsymbol{F}$ 中的载荷矢量 $\boldsymbol{F}$ 包含所有外界因素对分析对象的作用。虽然在计算等效节点载荷时，未讨论位移边界条件上因限定节点自由移动而产生的约束力，但实质上载荷矢量 $\boldsymbol{F}$ 中已包含该部分作用，只因在求解有限元方程时要对位移约束所对应的总刚度矩阵及载荷矢量元素进行处理而不必体现出来。在位移约束方向上载荷矢量 $\boldsymbol{F}$ 包含两部分，即不含位移约束的总等效节点载荷矢量 $\boldsymbol{F}_{eq}$ 与位移约束力 $\boldsymbol{R}$。

位移约束处的约束力为

$$\boldsymbol{R}=\boldsymbol{K\delta}-\boldsymbol{F}_{eq} \tag{7.84}$$

位移约束力是外界对所研究对象的作用，无位移约束节点的值为零。支座反力则是指所研究对象在位移约束点对外界的反作用，二者互为作用力与反作用力。

7.5.2 单元杆端内力

根据单元节点编号，从结构节点位移矢量中提取单元 e 的在整体系位移矢量 $\boldsymbol{\delta}_e$，根据单元相关信息形成转换矩阵 $\boldsymbol{T}$，再由式（7.61）求出局部系下的单元节点位移矢量 $\overline{\boldsymbol{\delta}}_e$，即

$$\overline{\boldsymbol{\delta}}_e=\boldsymbol{T\delta}_e$$

在单元局部坐标系下，根据单元平衡条件，存在

$$\overline{\boldsymbol{K}}_e\,\overline{\boldsymbol{\delta}}_e=\overline{\boldsymbol{F}}_e \tag{7.85}$$

实质上 $\overline{\boldsymbol{F}}_e$ 包含两部分：①单元等效节点载荷或固端力引起的杆端力，它可以根据等效节点载荷的相应公式计算得到，用 $\overline{\boldsymbol{F}}_{Ee}$ 表示；②杆端位移引起的杆端力，用 $\overline{\boldsymbol{F}}_{De}$ 表示。$\overline{\boldsymbol{F}}_{De}$ 与结构变形有关，单元杆端内力为

$$\overline{\boldsymbol{F}}_{De}=\overline{\boldsymbol{K}}_e\,\overline{\boldsymbol{\delta}}_e-\overline{\boldsymbol{F}}_{Ee} \tag{7.86}$$

对于平面刚架结构，单元杆端内力有 3 项，即轴力、剪力、弯矩。但应注意，单元杆端内力与单元节点载荷的符号规定方法不同，二者存在差异。单元节点载荷是根据坐标轴的方向来确定其符号的，与坐标轴正向一致时为正。而单元杆端内力则是根据单元的变形特征来规定符号的：①杆件轴力以受拉为正；②剪力使单元绕其内部任意点有顺时针方向的转动趋势时为正；③弯矩使单元向下凸（坐标轴 $\bar{y}$ 负向）时为正，如图 7.20 所示。

单元杆端内力与单元节点载荷的符号不完全一致，梁单元杆端轴力、剪力、弯矩与单元

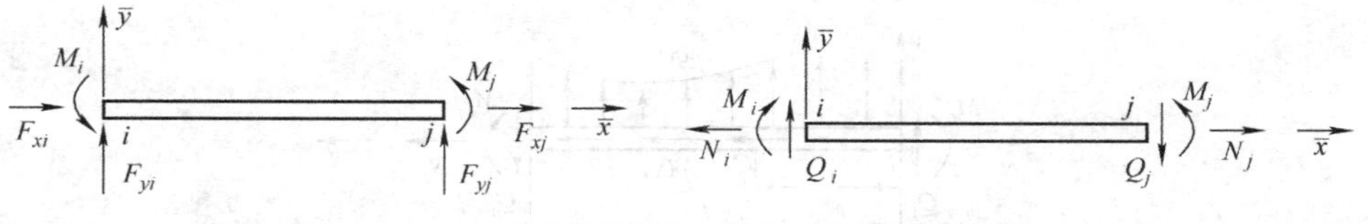

a) 单元节点载荷　　　　b) 单元杆端内力

图 7.20　单元节点载荷与杆端内力正向的示意图

节点载荷矢量之间的关系如下：

$$
\begin{aligned}
&N_i = -F_{xi} = -\overline{\boldsymbol{F}}_{De}(1), \quad && N_j = F_{xj} = \overline{\boldsymbol{F}}_{De}(4) \\
&Q_i = F_{yi} = \overline{\boldsymbol{F}}_{De}(2), && Q_j = -F_{yj} = -\overline{\boldsymbol{F}}_{De}(5) \\
&M_i = -\overline{\boldsymbol{F}}_{De}(3), && M_j = \overline{\boldsymbol{F}}_{De}(6)
\end{aligned}
\tag{7.87}
$$

式中，$\overline{\boldsymbol{F}}_{De}$为杆端位移引起的杆端力，由式（7.86）计算，括号内的数字表示各个内力在矢量$\overline{\boldsymbol{F}}_{De}$中的排序。

7.5.3 单元内任意截面的内力

在杆系结构的实际设计和计算中，更感兴趣的是结构内力，包括轴力、剪力、弯矩等，结构内力通常在局部坐标系下计算。对于杆系结构，在确定杆端内力的基础上，可将单元视为静定梁，利用截面法列平衡方程，求出单元内任意截面的内力。在计算单元上任意截面$\bar{x} = \bar{x}_k$处的内力时，用假想截面将单元分成两段，取梁单元左段或右段进行平衡分析，如图 7.21a 所示。选取单元左段或右段作为研究对象时，虽然推导出的计算截面内力的表达式不同，但最终确定的截面内力结果是相同的。

（1）单元左段分析　如图 7.21b 所示，以单元左杆端内力表示的轴力、剪力、弯矩计算公式：

$$
\begin{aligned}
N_{\bar{x}_k} &= N_i - \int_0^{\bar{x}_k} p(x)\,\mathrm{d}x \\
Q_{\bar{x}_k} &= Q_i + \int_0^{\bar{x}_k} q(x)\,\mathrm{d}x \\
M_{\bar{x}_k} &= M_i + Q_i \bar{x}_k + \int_0^{\bar{x}_k} q(x)(\bar{x}_k - x)\,\mathrm{d}x
\end{aligned}
\tag{7.88}
$$

（2）单元右段分析　如图 7.21c 所示，以单元右杆端内力表示的轴力、剪力、弯矩计算公式：

$$
\begin{aligned}
N_{\bar{x}_k} &= N_j + \int_{\bar{x}_k}^{l} p(x)\,\mathrm{d}x \\
Q_{\bar{x}_k} &= Q_j - \int_{\bar{x}_k}^{l} q(x)\,\mathrm{d}x \\
M_{\bar{x}_k} &= M_j - Q_j(l - \bar{x}_k) + \int_{\bar{x}_k}^{l} q(x)(x - \bar{x}_k)\,\mathrm{d}x
\end{aligned}
\tag{7.89}
$$

梁单元上的载荷$p(x)$、$q(x)$属于外力范畴，其符号按坐标轴正向定义。若将它们的变

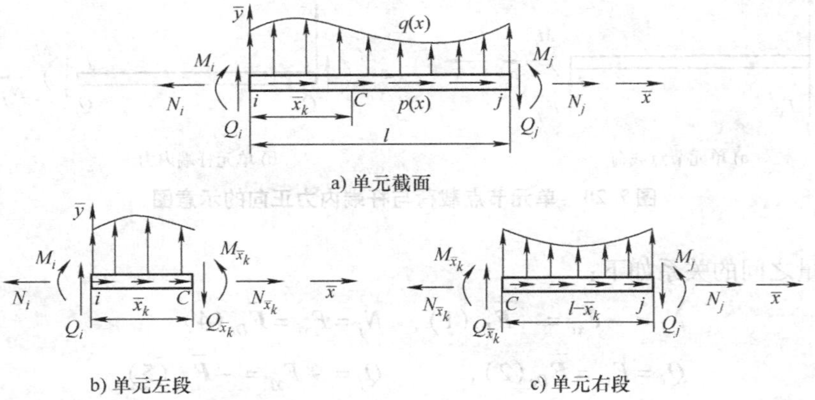

图 7.21　单元内任一截面的内力示意图

化能用函数表达，那么根据式（7.88）或式（7.89）即可确定相应载荷作用下的内力规律，亦可画出内力变化曲线。

7.6　桁架结构的 MATLAB 程序

7.6.1　程序功能与主程序函数

1. 程序功能

（1）适用范围　①自动识别平面与空间桁架结构，并进行变形与强度分析；②适用于由多种材料、多种截面规格组成的桁架结构；③边界条件包含节点支承、弹性支座、平面斜支承等三种类型；④外载荷包含节点集中载荷、杆件上某点集中力和杆件上线性分布力三种形式，以及施加支座位移载荷。

（2）辅助功能　①程序能够进行数据匹配性自检，图形显示桁架结构模型、边界约束、载荷作用位置及方向等内容便于辅助检查模型的正确性；②具有较好的后处理功能，显示结构变形、杆件轴力图等。

2. 主程序段

桁架结构主程序包含数据文件名管理、桁架模型数据读取、显示桁架模型、生成结构总刚度矩阵、生成载荷矢量、求解有限元方程计算节点位移及支座反力、计算杆元轴力或应力、后处理结构变形图与轴力图等功能函数。表 7.1 列出了桁架结构分析主功能函数 Truss_Structure_Analysis 调用的功能函数。

桁架结构分析程序，主程序函数 Truss_Structure_Analysis：

```
function  Truss_Structure_Analysis
%  平面与空间桁架结构分析的统一程序
%  应用杆单元分析桁架结构，确定各节点的位移、计算杆件轴力或应力及支座反力、变形图与轴力图
```

```
%  计算结果存储到文本文件（ * _RES. txt）
% 调用以下功能函数：
[file_in, file_out] = File_Name ;                %输入文件名及计算结果输出文件名
Truss_Model_Data ( file_in ) ;                   % 读入有限元模型数据并图形显示
ZK = Truss_Stiffness_Matrix;                     %计算结构总刚
ZQ = Truss_Load_Matrix;                          %计算总的载荷矢量
U = Truss_Solve_Model (file_out, ZK, ZQ);        %求解有限元方程，得到节点位移
ZL = Truss_Internal_Force (file_out, U);         %计算杆件内力及支座反力，并保存到文件中
Truss_Post_Process (U, ZL);                      %后处理模块，画变形图、杆件轴力图
end
```

表 7.1　桁架结构分析主功能函数调用函数一览表

序号	函数名称	功能	备注
1	File_Name	管理模型数据文件及结果输出文件名	3.8.2 节
2	Truss_Model_Data	读入模型数据并进行匹配性校核、显示桁架模型图	7.6.2 节、7.6.7 节，调用两个函数
3	Truss_Stiffness_Matrix	计算各杆元单刚，集成总刚矩阵	7.6.3 节
4	Truss_Load_Matrix	计算不同载荷等效节点力，集成总载荷矢量	7.6.4 节
5	Truss_Solve_Model	引入弹性支座、斜支承边界条件，求解有限元方程	7.6.5 节，调用两个函数
6	Truss_Internal_Force	计算杆件内力及支座反力	7.6.6 节
7	Truss_Post_Process	后处理模块，画变形图、杆件轴力图	7.6.7 节

7.6.2　桁架结构模型数据输入程序函数

1. 桁架结构模型数据

桁架结构由杆件铰接而成。组成桁架的杆件规格有多种，截面面积不同，有时可能杆件材料也不同。为适应不同桁架结构分析的需要，桁架结构模型数据包括 10 类：分别为材料属性、截面参数、节点坐标、单元数据、普通位移约束、弹性支座位移约束、斜支承边界条件、节点集中力、杆内集中力、杆内线性分布力等，各类模型数据的格式及顺序要求见表 7.2。

表 7.2　桁架结构模型数据的类型及格式

序号	类型	列数	数据说明	其他
1	材料数据	1	弹性模量	
2	截面参数	1	杆件截面面积	组数不限
3	节点坐标	2~3	x、y、z	平面2列
4	单元数据	2~4	左节点号、右节点号、截面组别号、材料组别号	截面、材料组别号可略
5	普通位移约束	3	位置（节点号）、约束方向代号、已知位移值	默认为“0”值
6	弹性支座位移约束	3	弹性支承位置、方向代号、支座弹性系数（力/长度）	
7	斜支承边界条件	2	斜支承位置、夹角	
8	节点集中力	3	位置节点号、方向代号、集中力大小	整体系
9	杆内集中力	3	杆元编号、至 i 点的距离比、大小	局部系
10	杆内线性分布力	3	杆元编号、起点集度、终点集度	局部系

对表 7.2 中桁架结构模型数据的几点说明：

1）程序统一约定，位移约束、节点集中力方向代码相同，即 x 方向为 1，y 方向为 2，z 方向为 3；

2）在整体坐标系下描述节点集中力时，外力分量与坐标轴正向一致的分量为正，反向的为负；

3）在局部坐标系下描述杆内集中力、杆内分布力时，其方向自 1#节点指向 2#节点为正，反向为负。

平面桁架模型的数据格式请参见本章的算例 7.2。

2. 桁架结构模型数据输入程序函数流程图

桁架模型读入及核验函数，调用显示平面桁架模型图形函数 Truss_2D_Figure。平面桁架结构数据输入及核验函数的流程图如图 7.22 所示。

7.6.3 刚度矩阵函数

1. 杆单元的刚度矩阵

无论是平面桁架还是空间桁架，在局部坐标系下杆单元的单刚都是相同的，均为式（7.17），但是按式（7.71）转换为整体系下的单刚式（7.72）却与式（7.74）不同。如果能够将矢量转换矩阵统一，则无论是平面桁架还是空间桁架，它们的单元刚度矩阵在整体系下也将统一算法。计算杆元长度及方位的函数为 Bar_Length_Angle（**详见链接文件：第 7 章　杆系结构\1. 杆元长度及方位函数.txt**），它很好地解决了该问题，计算整体坐标系下的单元刚度矩阵也不用参考式（7.72）与式（7.74）的具体形式，只需根据节点坐标的列数，自动实现平面桁架和空间桁架在整体系下单元刚度矩阵的统一（**详见链接文件：第 7**

章 杆系结构\2. 杆元刚度矩阵.txt)。

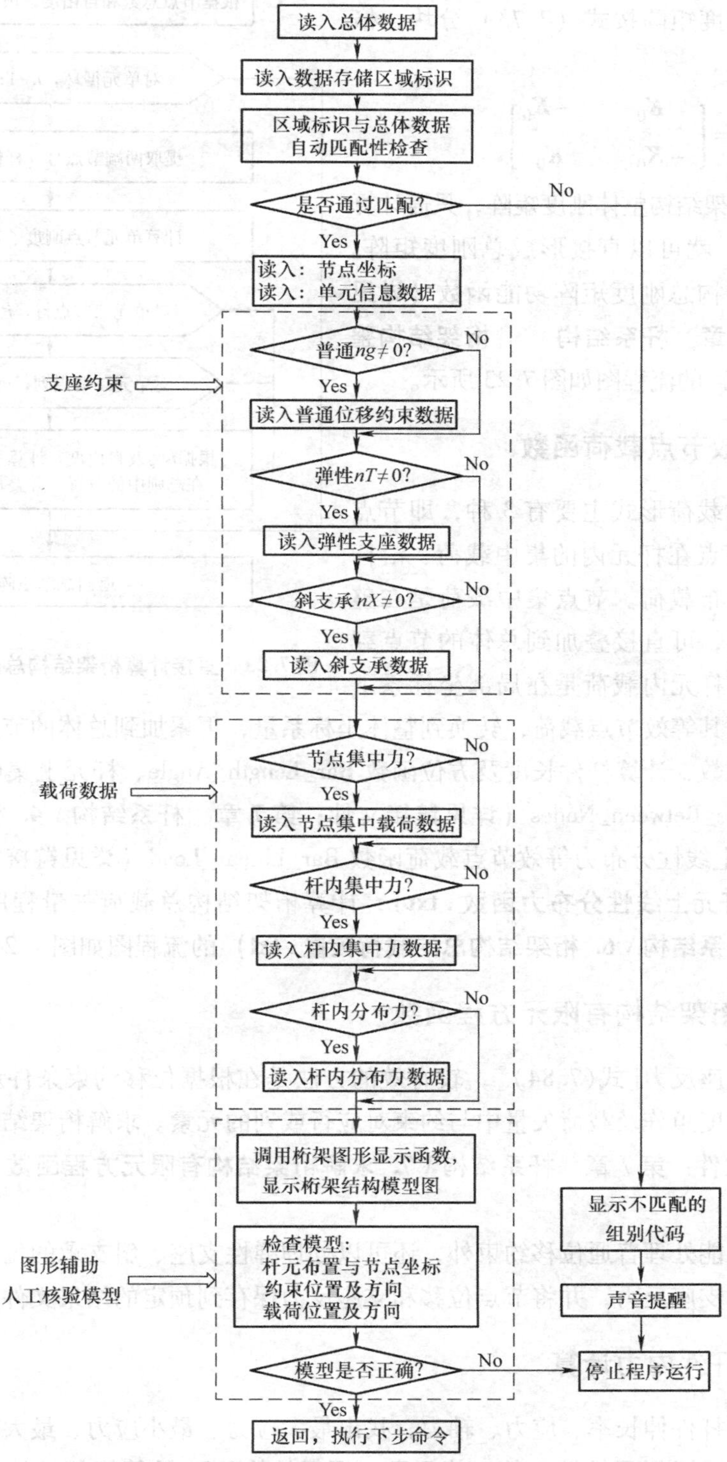

图7.22 桁架模型数据输入及核查流程图

2. 总刚度矩阵

杆单元的刚度矩阵按式（7.73）分块，格式为

$$K_e = \begin{bmatrix} K_0 & -K_0 \\ -K_0 & K_0 \end{bmatrix}$$

所以形成桁架结构整体刚度矩阵，只需计算一个子矩阵 K_0，就可以直接形成总刚度矩阵。直接计算桁架结构总刚度矩阵功能函数（**详见链接文件：第 7 章　杆系结构\3. 桁架结构整体刚度矩阵.txt**）的流程图如图 7.23 所示。

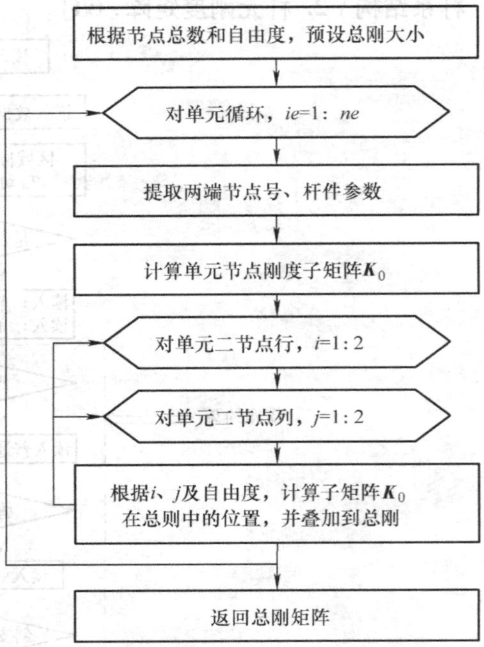

图 7.23　直接计算桁架结构总刚度矩阵流程图

7.6.4 总等效节点载荷函数

桁架结构的载荷形式主要有 3 种，即节点集中载荷、作用点在杆元内的集中载荷、沿杆元长度变化的分布载荷。节点集中载荷是在整体坐标系下描述，可直接叠加到总体的节点载荷矢量；后两种杆元内载荷是在局部坐标系下描述，需先计算其等效节点载荷，转换到整体坐标系量，再累加到总体的节点载荷矢量中。

调用三个函数，计算杆件长度及方位函数 Bar_Length_Angle、杆元上集中力等效节点载荷函数 Bar_Force_Between_Nodes（**详见链接文件：第 7 章　杆系结构\4. 杆元上集中力函数.txt**）、杆元上线性分布力等效节点载荷函数 Bar_Linear_Load（**详见链接文件：第 7 章　杆系结构\5. 杆元上线性分布力函数.txt**），计算桁架结构总载荷矢量程序（**详见链接文件：第 7 章　杆系结构\6. 桁架结构总的载荷矢量.txt**）的流程图如图 7.24 所示。

7.6.5 求解桁架结构有限元方程函数

为了计算支座反力[式(7.84)]，较有效的方法是在根据位移约束条件对总刚进行处理之前，保存总刚度矩阵及载荷矢量中与约束对应行或列的元素。求解桁架结构有限元方程程序（**详见链接文件：第 7 章　杆系结构\7. 求解桁架结构有限元方程函数.txt**）的流程如图 7.25 所示。

该程序除了能处理普通位移约束外，还可以处理弹性支座、斜支承的位移约束。能够求解包含斜支承的支座反力，并将节点位移和支座反力保存到预定的结果文件。

7.6.6 桁架杆件内力计算

该函数计算杆件伸长率、应力、轴力，找出最大应力、最小应力、最大轴力、最小轴力的值及其杆件编号（**详见链接文件：第 7 章　杆系结构\8. 计算桁架杆件内力函数.txt**）。杆件内力是按杆件轴线方向表达，拉伸为正，压缩为负。需要注意的是，应将杆元两点的位

移量转换到单元局部坐标系下，流程如图 7.26 所示。

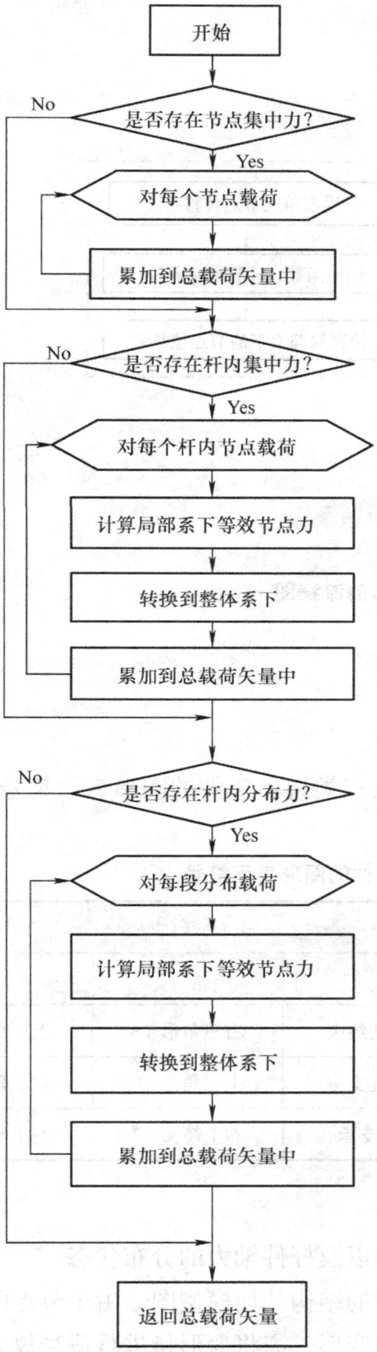

图 7.24　计算桁架结构总载荷矢量流程图

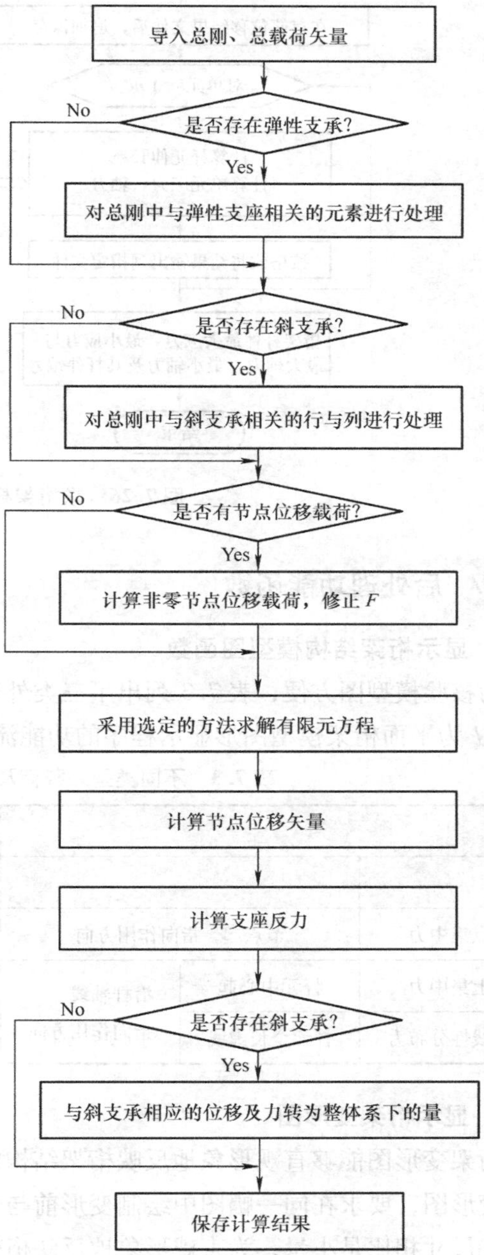

图 7.25　求解桁架结构有限元方程的流程图

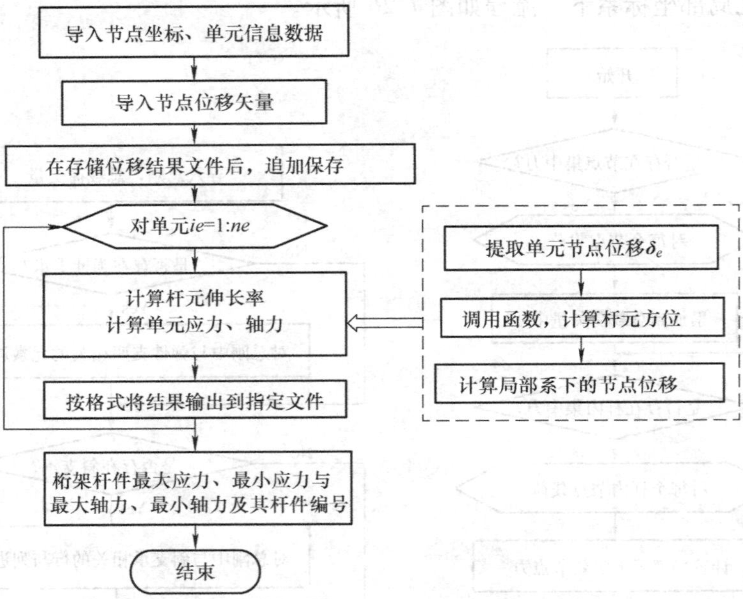

图 7.26　求桁架杆件内力的流程图

7.6.7 后处理功能函数

1. 显示桁架结构模型图函数

为核验模型图方便，表 7.3 列出了三类外载荷及三类边界条件的图形表示符号的约定。图 7.27 为平面桁架模型图形显示程序的功能流程图。

表 7.3　不同类型外载荷及边界条件的图形表示符号

外载荷（红色）			边界条件（粉色）		
类型	表示方法		类型	x 方向	y 方向
节点集中力	节点起，指向作用方向		普通约束	右三角形 ▷	上三角形 △
杆上集中力	杆元中心起	沿杆轴线指向作用方向	弹性支座	上三角号 ∧	左三角号 ∠
杆上线性分布力	杆元全长虚线		斜支承	右上箭头 ↗	左上箭头 ↖

2. 显示桁架变形图

桁架变形图能够直观形象地反映桁架结构的变形以及杆件轴力的分布状态。

变形图，要求在同一幅图中绘制变形前与变形后的结构几何模型图。由于节点的位移量与杆件尺寸相比是小量，为直观形象地反映桁架结构变形，需将变形量进行适当放大。程序会先预设一个放大系数，可根据显示状态进行缩放调整。显示桁架变形图函数的流程如图 7.28所示。

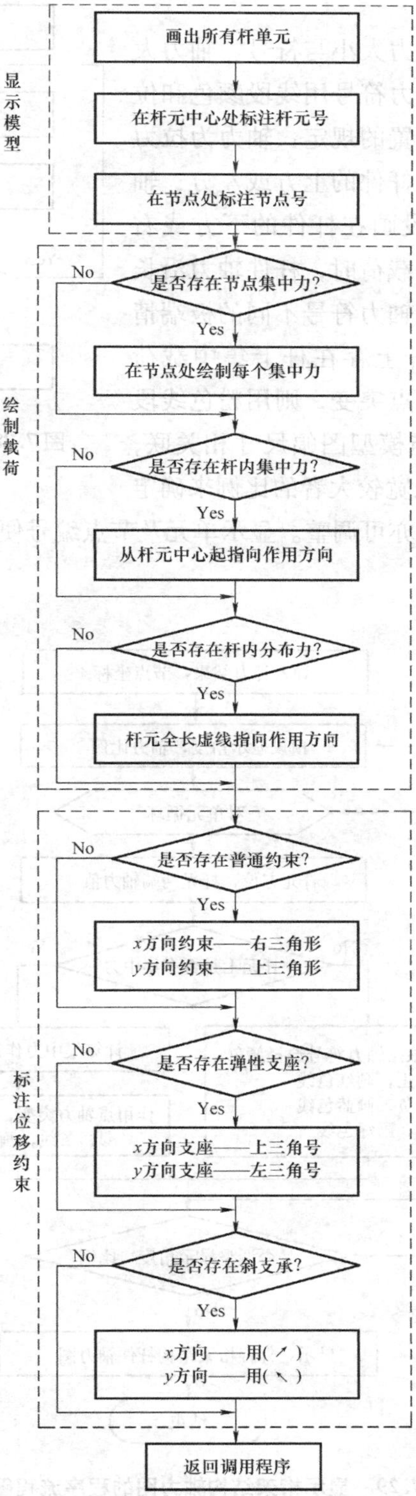

图 7.27　平面桁架模型图形显示流程图

3. 显示轴力图

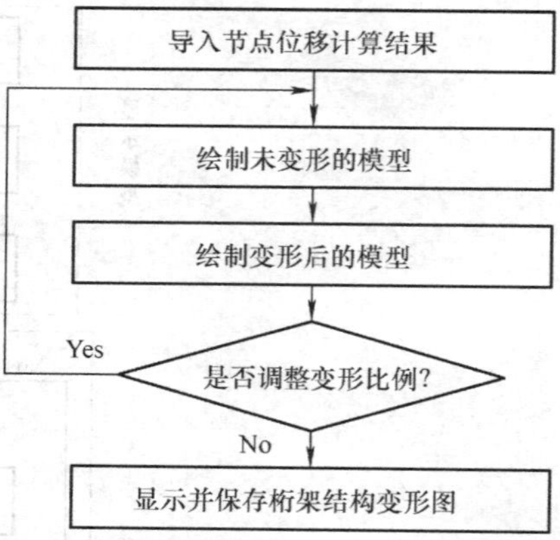

图 7.28　显示桁架结构变形图的程序流程图

轴力图能够反映杆件的轴力大小与符号。轴力大小用线段的相对长度表示，轴力符号用线段颜色和位置表示。轴力图线段颜色及位置的规定：轴力为拉力时符号为正，用红色线段画在杆件的上方或左方；轴力为压力时为负，用蓝色线段画在杆件的下方或右方；如果杆件上存在杆上分布载荷时，杆件轴力沿长度方向变化，若出现杆件两端轴力符号不同的极端情况，则用绿色线表示；如果杆上存在杆上集中载荷时，杆件轴力将在集中力作用点突变，则用粉色线段表示。轴力大小的线段长度与模型图幅尺寸相关联，按轴力绝对值最大值与图幅长宽较大者的比例来确定各杆件的轴力幅度，预设比例亦可调整。显示单元及节点编号便于了解杆件轴力。程序的流程图如图 7.29 所示。

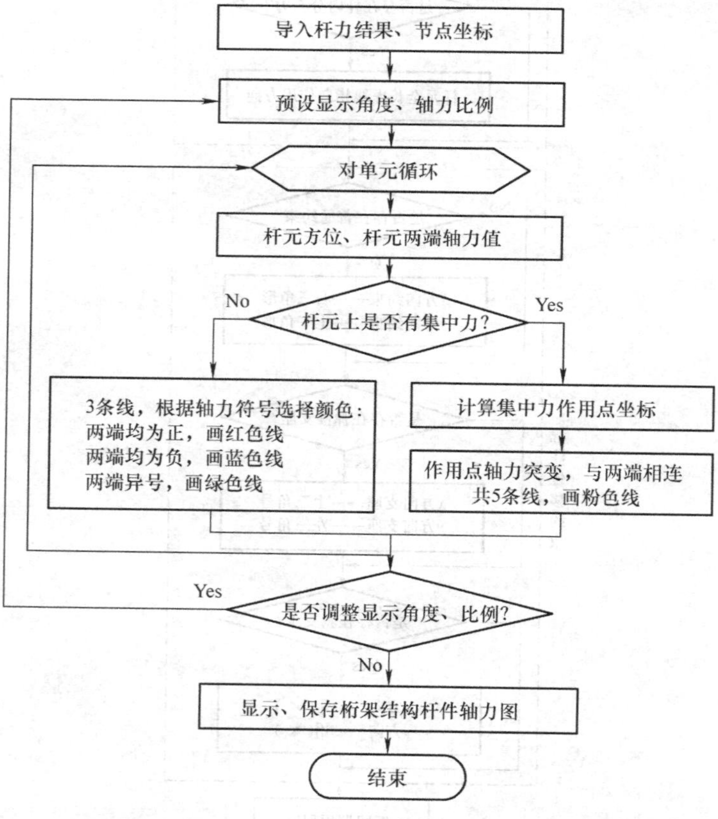

图 7.29　显示桁架结构轴力图的程序流程图

7.7 杆系结构应用举例

7.7.1 平面桁架结构

【应用算例 7.1】 如图 7.30 所示，平面桁架结构由 6 根杆件组成，各杆 $EA=1.2\times10^6\text{kN}$，杆件①、②的长度均为 $l=2\text{m}$，在 4#节点作用水平方向集中力 $F=2\text{kN}$，试选用杆单元对该桁架进行分析。

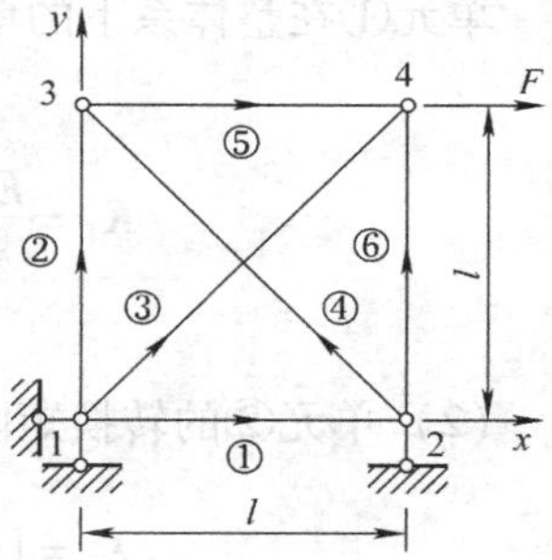

图 7.30 平面桁架结构

解：建立整体坐标系，各单元按箭头方向表示起止节点，即图中箭头方向为局部坐标轴 $\bar{x}$ 方向。

1. 局部系下的单元刚度矩阵

单元①，$\dfrac{EA}{l}=\dfrac{1.2\times10^6}{2}=6\times10^5\text{kN/m}$，根据式（7.17），

则单元①的单元刚度矩阵为

$$\overline{\boldsymbol{K}}_1=\frac{EA}{l}\begin{bmatrix}1 & -1\\ -1 & 1\end{bmatrix}=6\times10^5\begin{bmatrix}1 & -1\\ -1 & 1\end{bmatrix}\text{kN/m}$$

单元②、⑤、⑥的截面特性、杆件长度与单元①相同，局部坐标系的单元刚度矩阵也相同。

单元③的杆件长度为$\sqrt{2}l$，则

$$\overline{\boldsymbol{K}}_3=\frac{EA}{\sqrt{2}l}\begin{bmatrix}1 & -1\\ -1 & 1\end{bmatrix}=\frac{1.2\times10^6}{2\sqrt{2}}\begin{bmatrix}1 & -1\\ -1 & 1\end{bmatrix}=4.24\times10^5\begin{bmatrix}1 & -1\\ -1 & 1\end{bmatrix}\text{kN/m}$$

单元④与单元③的单元刚度矩阵相同。

2. 整体系下的单元刚度矩阵

虽然单元①、②、⑤和⑥的在局部系下的单元刚度矩阵相同，但由于它们在整体坐标系下的方位不同，即与坐标轴的夹角不同，所以同一单元的节点顺序不同，整体系下的单元刚度矩阵也不同。为了计算方便，将单元的两端节点号及与 x 轴的夹角列于下表。

单元号	节点 i	节点 j	夹角 α	$\cos\alpha$	$\sin\alpha$
①	1	3	0	1	0
②	1	2	90°	0	1
③	1	4	45°	0.707	0.707
④	2	3	135°	−0.707	0.707
⑤	2	4	0	1	0
⑥	3	4	90°	0	1

（1）单元①的转换矩阵为

$$\boldsymbol{\lambda}_1=[\cos\alpha \quad \sin\alpha]=[1 \quad 0]$$

根据式（7.73），有

$$\boldsymbol{t}_1=\begin{bmatrix} c^2 & cs \\ cs & s^2 \end{bmatrix}=\begin{bmatrix} 1 & 0 \\ 0 & 0 \end{bmatrix}$$

单元①在整体系下的单元刚度矩阵为

$$\boldsymbol{K}_1=\frac{EA}{l}\begin{bmatrix} \boldsymbol{t} & -\boldsymbol{t} \\ -\boldsymbol{t} & \boldsymbol{t} \end{bmatrix}=6\times10^5\begin{bmatrix} 1 & 0 & -1 & 0 \\ 0 & 0 & 0 & 0 \\ -1 & 0 & 1 & 0 \\ 0 & 0 & 0 & 0 \end{bmatrix}\text{kN/m}$$

（2）单元②的转换矩阵为

$$\boldsymbol{\lambda}_2=[\cos\alpha \quad \sin\alpha]=[0 \quad 1],\ \boldsymbol{t}_2=\begin{bmatrix} c^2 & cs \\ cs & s^2 \end{bmatrix}=\begin{bmatrix} 0 & 0 \\ 0 & 1 \end{bmatrix}$$

单元②在整体系下的单元刚度矩阵为

$$\boldsymbol{K}_2=\frac{EA}{l}\begin{bmatrix} \boldsymbol{t} & -\boldsymbol{t} \\ -\boldsymbol{t} & \boldsymbol{t} \end{bmatrix}=6\times10^5\begin{bmatrix} 0 & 0 & 0 & 0 \\ 0 & 1 & 0 & -1 \\ 0 & 0 & 0 & 0 \\ 0 & -1 & 0 & 1 \end{bmatrix}\text{kN/m}$$

（3）单元③的转换矩阵为

$$\boldsymbol{\lambda}_3=[\cos\alpha \quad \sin\alpha]=[0.707 \quad 0.707],\boldsymbol{t}_3=\begin{bmatrix} c^2 & cs \\ cs & s^2 \end{bmatrix}=\begin{bmatrix} 0.5 & 0.5 \\ 0.5 & 0.5 \end{bmatrix}$$

单元③在整体系下的单元刚度矩阵为

$$\boldsymbol{K}_3=2.12\times10^5\begin{bmatrix} 1 & 1 & -1 & -1 \\ 1 & 1 & -1 & -1 \\ -1 & -1 & 1 & 1 \\ -1 & -1 & 1 & 1 \end{bmatrix}\text{kN/m}$$

（4）单元④的转换矩阵为

$$\boldsymbol{\lambda}_4=[\cos\alpha \quad \sin\alpha]=[-0.707 \quad 0.707],\boldsymbol{t}_4=\begin{bmatrix} c^2 & cs \\ cs & s^2 \end{bmatrix}=\begin{bmatrix} 0.5 & -0.5 \\ -0.5 & 0.5 \end{bmatrix}$$

单元④在整体系下的单元刚度矩阵为

$$\boldsymbol{K}_4=2.12\times10^5\begin{bmatrix} 1 & -1 & -1 & 1 \\ -1 & 1 & 1 & -1 \\ -1 & 1 & 1 & -1 \\ 1 & -1 & -1 & 1 \end{bmatrix}\text{kN/m}$$

整体坐标系下单元⑤与单元①、单元⑥与单元②单元刚度矩阵相同。

3. 总刚度矩阵

按图 7.30，将单元刚度矩阵组装成总刚度矩阵 $\boldsymbol{ZK}$（8×8 阶）

$$ZK = \begin{bmatrix} 8.12 & 2.12 & -6 & 0 & 0 & 0 & -2.12 & -2.12 \\ 2.12 & 8.12 & 0 & 0 & 0 & -6 & -2.12 & -2.12 \\ -6 & 0 & 8.12 & -2.12 & -2.12 & 2.12 & 0 & 0 \\ 0 & 0 & -2.12 & 8.12 & 2.12 & -2.12 & 0 & -6 \\ 0 & 0 & -2.12 & 2.12 & 8.12 & -2.12 & -6 & 0 \\ 0 & -6 & 2.12 & -2.12 & -2.12 & 8.12 & 0 & 0 \\ -2.12 & -2.12 & 0 & 0 & -6 & 0 & 8.12 & 2.12 \\ -2.12 & -2.12 & 0 & -6 & 0 & 0 & 2.12 & 8.12 \end{bmatrix} \times 10^5 \mathrm{kN/m}$$

4. 求解有限元方程

位移约束条件为 $u_1 = 0$，$v_1 = v_2 = 0$。采用降阶法引入边界条件，修正后的有限元方程为

$$1.0 \times 10^5 \times \begin{bmatrix} 8.12 & -2.12 & 2.12 & 0 & 0 \\ -2.12 & 8.12 & -2.12 & -6 & 0 \\ 2.12 & -2.12 & 8.12 & 0 & 0 \\ 0 & -6 & 0 & 8.12 & 2.12 \\ 0 & 0 & 0 & 2.12 & 8.12 \end{bmatrix} \begin{Bmatrix} u_2 \\ u_3 \\ v_3 \\ u_4 \\ v_4 \end{Bmatrix} = \begin{Bmatrix} 0 \\ 0 \\ 0 \\ 2 \\ 0 \end{Bmatrix}$$

求解有限元方程后得到节点位移，统一列出各节点位移分量如下。

节点号	1	2	3	4
Ux/（$\times 10^{-6}$）m	0	1.32	6.38	7.70
Uy/（$\times 10^{-6}$）m	0	0	1.32	-2.01

5. 支座反力和杆件轴力

支座反力

$$R_{x1} = -2\mathrm{kN},\ R_{y1} = -2\mathrm{kN},\ R_{y2} = 2\mathrm{kN}$$

杆件轴力

$$N1 = 0.793\mathrm{kN},\ N2 = 0.793\mathrm{kN},\ N3 = 1.707\mathrm{kN}$$
$$N4 = -1.121\mathrm{kN},\ N5 = 0.793\mathrm{kN},\ N6 = -1.207\mathrm{kN}$$

根据计算结果绘制出的桁架变形图、轴力图，如图7.31所示。

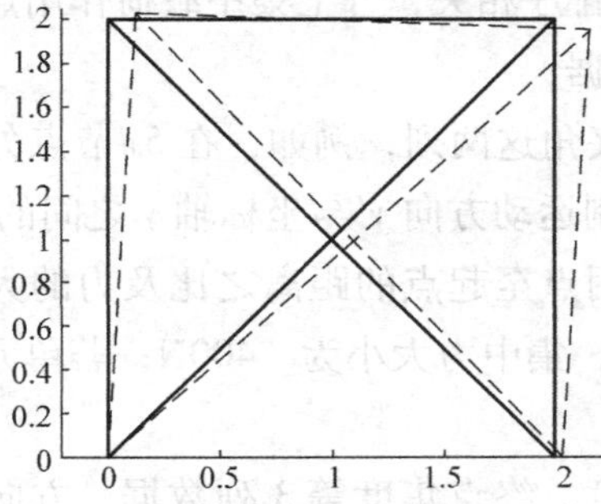

a) 平面桁架结构变形图

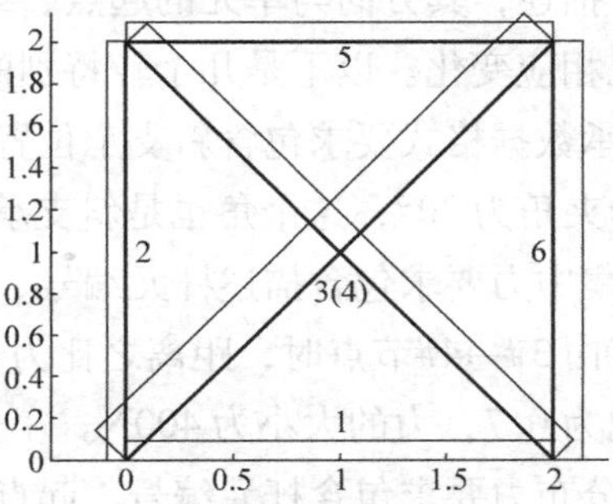

b) 平面桁架结构轴力图

图7.31 算例7.1变形图与轴力图

利用 Plane_Truss_ Analysis 分析该桁架。

通过链接可查看本算例所用到的以下文件：

第 7 章　杆系结构 \ 9. 平面桁架结构程序使用说明 . txt

第 7 章　杆系结构 \ 10. 平面桁架主功能函数 . txt

第 7 章　杆系结构 \ 11. 算例 7. 1 桁架模型数据的函数 . txt

第 7 章　杆系结构 \ 12. 算例 7. 1 桁架结构结果文件 . txt

7.7.2 具有斜支承和杆上集中力的平面桁架结构

【应用算例 7. 2】 如图 7. 32 所示，一个小型平面桁架结构由 5 个节点、7 个杆件组成，水平杆的截面面积为 30mm^2、斜杆的截面面积为 25mm^2，左下节点（1#）两个方向为铰接，右下节点（5#）为斜支承，斜杆倾角为 60°。上部节点（2#与 4#）处作用有集中力 P = 1000N；在斜杆⑤有杆内线性分布载荷，2#端集度为 10N/mm、3#端集度为 20N/mm；杆元⑥上有集中力 F = 400N，作用点至3#节点的距离与杆长之比为 0. 3。利用桁架结构分析程序 Plane_Truss_ Analysis 分析该平面桁架结构。

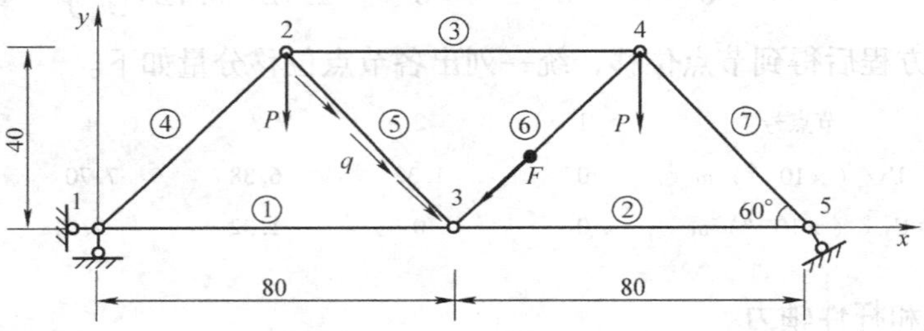

图 7. 32　某小型平面桁架结构（单位：mm）

解：桁架有限元模型图与图 7. 32 一致，将每根杆件作为一个单元，模型有 5 个节点、7 个单元。坐标系直接标注在图 7. 32 中。

根据 7. 6. 2 节规定及表 7. 2 要求，编写桁架结构模型数据（**详见链接文件：第 7 章　杆系结构 \ 13. 算例 7. 2 平面桁架模型数据 hj_2D. txt**）。提醒一点，杆上作用的载荷数据均在局部坐标系下描述，其方向与单元的起点、终点排序相关，杆上集中载荷作用点至起点距离与杆长之比也相应变化。以下是几个较特别的数据：

1）斜支承数据格式要求包含斜支承位置及夹角这两列，例如，在 5#节点处，斜支承的斜面与 x 轴的夹角为 30°，这个角也是斜支承限制运动方向 y'与坐标轴 y 之间的夹角。

2）杆上集中力要求包含描述杆元编号、作用点至起点的距离之比及力的大小等 3 列数据。如杆元⑥由 3#→4#节点时，距离之比为 0. 3，集中力大小为 -400N；若单元节点顺序颠倒；则距离比为 0. 7，力的大小为 400N。

3）杆上分布力要求包含杆元编号、起点集度、终点集度等 3 列数据，方向与杆元局部坐标一致时为正。

程序 Plane_Truss_ Analysis 运行中，显示图 7. 33a 所示的桁架模型以便进行检查。

后处理功能可以显示变形图、轴力图，当认为图形显示比例合适后，将结果图保存为 Figure 文件（.fig）或图片，变形图如图 7.33b 所示，轴力图如图 7.33c 所示。

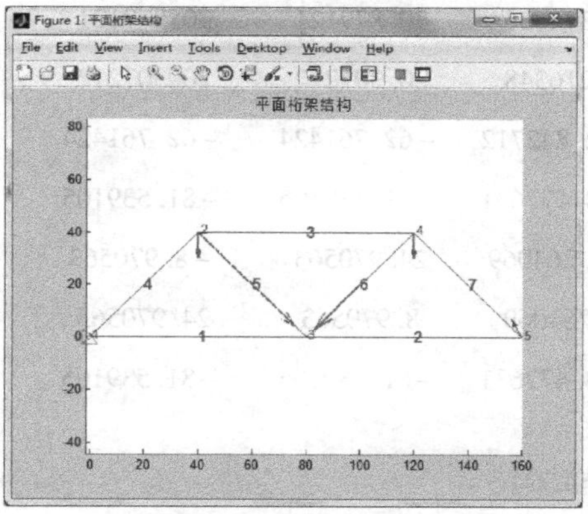

a) 显示平面桁架结构模型图

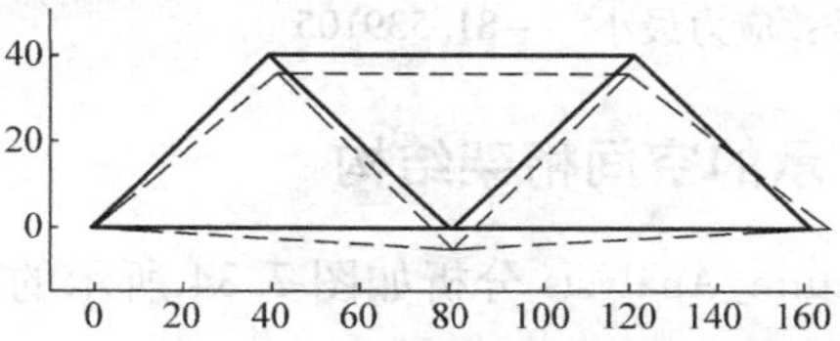

b) 平面桁架结构变形图

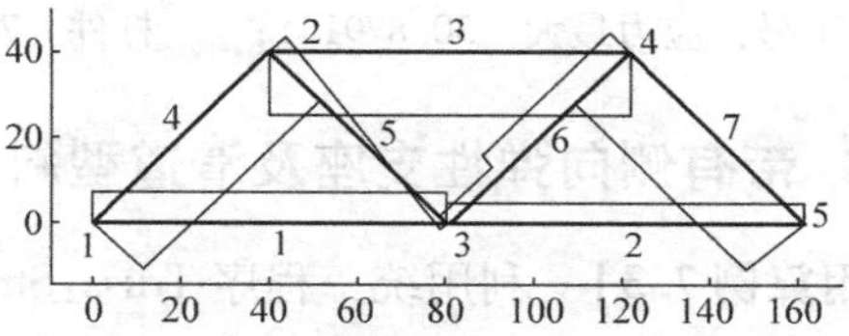

c) 平面桁架结构轴力图

图 7.33 算例 7.2 分析结果图

将计算结果按格式保存到指定的文本文件（*.txt）中，形式如下：

桁架结构（2 维）有限元分析结果

桁架结构 材料种类：1，杆件截面类型数：2，节点总数：5，杆件总数：7

边界条件 普通约束个数：2，弹性支座数：0，斜支承数：1

载荷 节点集中力数：2，杆元内集中力数：1，杆内线性分布力数：1

支座反力

节点号	方向（1/x，2/y，3/z）	大小
1	1	515.0477
1	2	1441.4214

斜支承反力及位移量

节点号	斜面角度 /°	反力方向 /°	反力大小/N	滑移量 /mm
5	30.00	120.00	1664.4100	2.295335e-002

节点位移计算结果

节点号	Ux	Uy
1	0.000000e+000	0.000000e+000
2	2.128155e-002	-5.294722e-002
3	1.199189e-002	-6.607595e-002
4	-3.091822e-003	-4.315900e-002
5	1.987819e-002	1.147668e-002

桁架结构杆件内力计算结果

杆件号	1#端轴力	2#端轴力	1#端应力	2#端应力	平均伸长率（%）
1	926.373636	926.373636	30.879121	30.879121	1.498986e-002
2	609.216348	609.216348	20.307212	20.307212	9.857870e-003
3	-1882.842712	-1882.842712	-62.761424	-62.761424	-3.046671e-002
4	-2038.477631	-2038.477631	-81.539105	-81.539105	-3.958209e-002
5	624.264069	-224.264069	24.970563	-8.970563	4.798844e-003
6	224.264069	624.264069	8.970563	24.970563	9.791535e-003
7	-2038.477631	-2038.477631	-81.539105	-81.539105	-3.958209e-002

内力计算极值结果汇总

杆件 1号：轴力最大 926.373636； 杆件 7号：轴力最小 -2038.477631

杆件 1号：应力最大 30.879121； 杆件 7号：应力最小 -81.539105

*7.7.3 带有侧向弹性支座及滑道型斜支承的空间桁架结构

【应用算例7.3】 利用统一程序 Truss_Structure_Analysis 分析如图7.34所示的带有侧向弹性支座及滑道型斜支承的小型空间桁架结构。该桁架共10个节点，24个杆件，材料一种，弹性模量为206GPa，杆件截面规格3种，与 x 轴平行上下弦杆（①~⑥）的截面面积为40mm²，斜杆（⑳~㉔）的截面面积为25mm²，其他为30mm²；左下2个支座垂向与纵向为固定铰接，侧向为弹性支座、弹性系数为700N/mm；右下2个支座为滑道型斜支承，滑道平行 xz 平面，与 x 轴夹角为30°，上部4个节点作用垂向力 $P=1000$N，上前部2个节点作用水平侧向力 $F=500$N，虚线表示被遮挡的杆件。

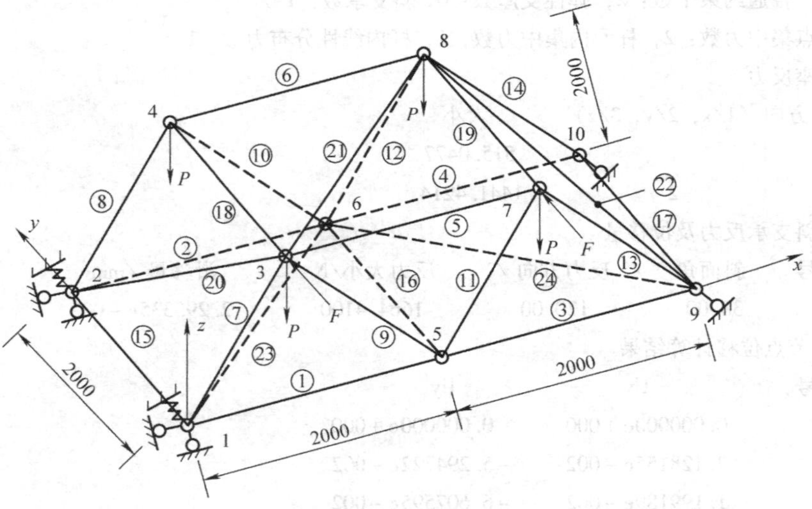

图7.34 带有弹性支座及滑道型斜支承的空间桁架结构（单位：mm）

空间桁架模型的坐标如图 7.34 所示，每根杆件作为一个单元，共 10 个节点，24 个杆元，包含弹性支座与滑道支承两种特殊边界。

运行平面与空间桁架统一分析程序 Truss_Structure_Analysis，图 7.35 表示桁架结构分析程序运行中，从不同角度显示的模型图及变形图、轴力图。

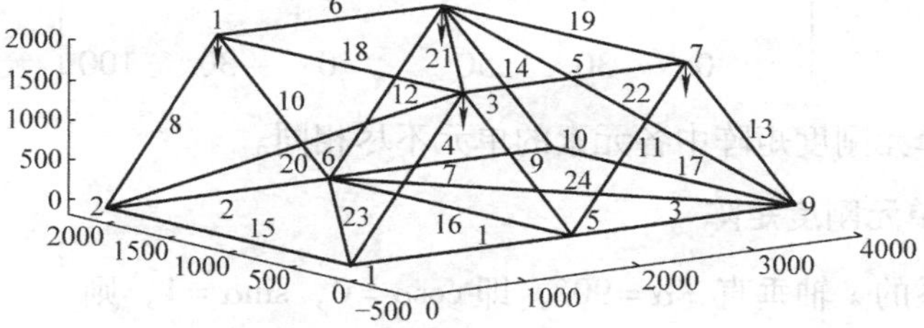

a) 空间桁架结构模型

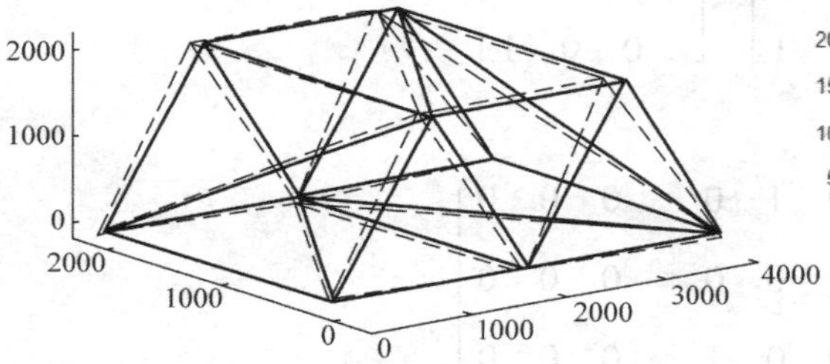

b) 空间桁架结构变形图

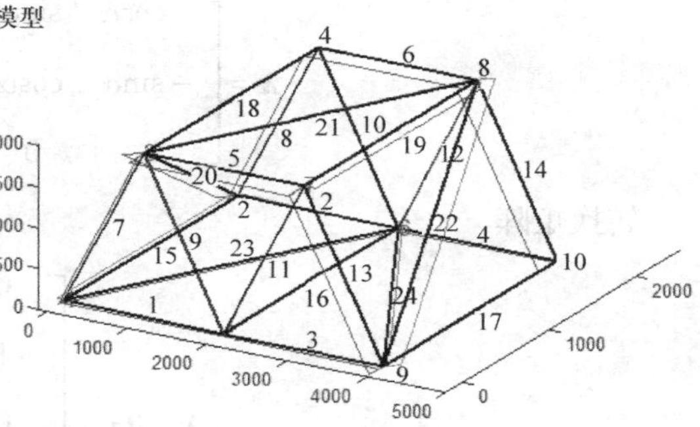

c) 空间桁架结构轴力图

图 7.35　算例 7.3 的从不同角度显示的模型图、变力图及轴力图

7.7.4 简单刚架分析

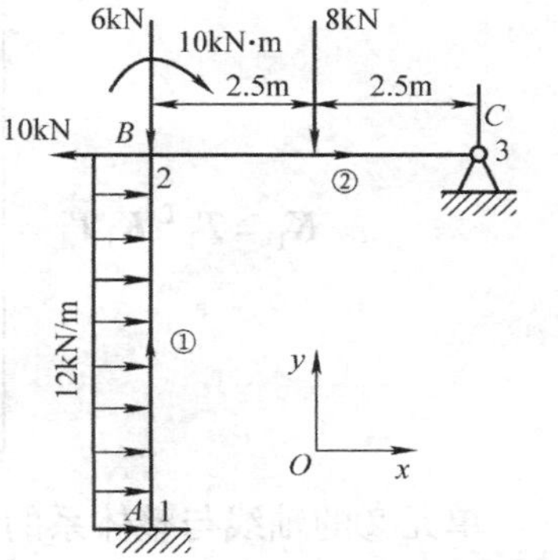

图 7.36　平面刚架结构

【应用算例 7.4】 如图 7.36 所示，平面刚架结构的各杆截面尺寸相同，材料相同，长度 $l=5\text{m}$，面积 $A=0.5\text{m}^2$，截面惯性矩 $I=1/24\text{m}^4$，弹性模量 $E=3\times10^4\text{MPa}$，受有集中力、均布力、集中力偶矩作用，试用有限元法求解。

解：该平面刚架结构受有横向力和轴向力的作用，构件将发生弯曲变形和轴向变形，选用平面一般梁单元分析计算。建立整体坐标系 Oxy，结构划分成两个单元。

1. 局部坐标系下的单元刚度矩阵

$EA=1.5\times10^7\text{kN}$，$EI=1.25\times10^6\text{kN}\cdot\text{m}^2$

单元①与单元②的尺寸规格完全相同，局部坐标系下的单元刚度矩阵相同。由式（7.46）得

$$\overline{\boldsymbol{K}}_1=\overline{\boldsymbol{K}}_2=\begin{bmatrix}300 & 0 & 0 & -300 & 0 & 0\\ 0 & 12 & 30 & 0 & -12 & 30\\ 0 & 30 & 100 & 0 & -30 & 50\\ -300 & 0 & 0 & 300 & 0 & 0\\ 0 & -12 & -30 & 0 & 12 & -30\\ 0 & 30 & 50 & 0 & -30 & 100\end{bmatrix}\times 10^4$$

说明一点，梁单元刚度矩阵中各元素的单元不尽相同。

2. 整体系下的单元刚度矩阵

单元①与整体系的 x 轴垂直，$\alpha=90°$，即 $\cos\alpha=0$，$\sin\alpha=1$，则

$$\boldsymbol{\lambda}=\begin{bmatrix}\cos\alpha & \sin\alpha & 0\\ -\sin\alpha & \cos\alpha & 0\\ 0 & 0 & 1\end{bmatrix}=\begin{bmatrix}0 & 1 & 0\\ -1 & 0 & 0\\ 0 & 0 & 1\end{bmatrix}$$

转换矩阵

$$\boldsymbol{T}_1=\begin{bmatrix}\boldsymbol{\lambda} & \boldsymbol{0}\\ \boldsymbol{0} & \boldsymbol{\lambda}\end{bmatrix}=\begin{bmatrix}0 & 1 & 0 & 0 & 0 & 0\\ -1 & 0 & 0 & 0 & 0 & 0\\ 0 & 0 & 1 & 0 & 0 & 0\\ 0 & 0 & 0 & 0 & 1 & 0\\ 0 & 0 & 0 & -1 & 0 & 0\\ 0 & 0 & 0 & 0 & 0 & 1\end{bmatrix}$$

单元①在整体坐标系下的单元刚度矩阵为

$$\boldsymbol{K}_1=\boldsymbol{T}_1{}^{\mathrm{T}}\overline{\boldsymbol{K}}_1\boldsymbol{T}_1=\begin{bmatrix}12 & 0 & -30 & -12 & 0 & -30\\ 0 & 300 & 0 & 0 & -300 & 0\\ -30 & 0 & 100 & 30 & 0 & 50\\ -12 & 0 & 30 & 12 & 0 & 30\\ 0 & -300 & 0 & 0 & 300 & 0\\ -30 & 0 & 50 & 30 & 0 & 100\end{bmatrix}\times 10^4$$

单元②的轴线与整体系的 x 轴平行，$\alpha=0°$，$\cos\alpha=1$，$\sin\alpha=0$，则

$$\boldsymbol{\lambda}=\begin{bmatrix}\cos\alpha & \sin\alpha & 0\\ -\sin\alpha & \cos\alpha & 0\\ 0 & 0 & 1\end{bmatrix}=\begin{bmatrix}1 & 0 & 0\\ 0 & 1 & 0\\ 0 & 0 & 1\end{bmatrix}$$

所以可得到单元②在整体系下与局部系下的单元刚度矩阵是相同的，即

$$K_2 = \overline{K}_2$$

3. 整体刚度矩阵

与连续体相同的方法，将整体系下的单元刚度矩阵按节点分块，叠加到总刚度矩阵中，得

$$K = \begin{bmatrix} 12 & 0 & -30 & -12 & 0 & -30 & 0 & 0 & 0 \\ 0 & 300 & 0 & 0 & -300 & 0 & 0 & 0 & 0 \\ -30 & 0 & 100 & 30 & 0 & 50 & 0 & 0 & 0 \\ -12 & 0 & 30 & 312 & 0 & 30 & -300 & 0 & 0 \\ 0 & -300 & 0 & 0 & 312 & 30 & 0 & -12 & 30 \\ -30 & 0 & 50 & 30 & 30 & 200 & 0 & -30 & 50 \\ 0 & 0 & 0 & -300 & 0 & 0 & 300 & 0 & 0 \\ 0 & 0 & 0 & 0 & -12 & -30 & 0 & 12 & -30 \\ 0 & 0 & 0 & 0 & 30 & 50 & 0 & -30 & 100 \end{bmatrix} \times 10^4$$

4. 等效节点力的计算

对于作用在节点上的载荷，可以直接加在最终总的节点载荷矢量中。而对于作用在单元上的载荷，先计算在局部系下的等效节载荷，再转换到整体系。

(1) 局部系下的等效节点力　单元①：作用满跨均布横向载荷，$\overline{q}(x) = -12\text{kN/m}$，参考式(7.37)，等效节点载荷为

$$\overline{Q}_1 = \left\{0 \quad \frac{1}{2}ql \quad \frac{1}{12}ql^2 \quad 0 \quad \frac{1}{2}ql \quad -\frac{1}{12}ql^2\right\}^{\mathrm{T}} = \{0 \quad -30 \quad -25 \quad 0 \quad -30 \quad 25\}^{\mathrm{T}}$$

单元②：在梁的中间 $\xi_0 = \dfrac{1}{2}$ 处作用集中力，$Q_0 = -8\text{kN}$，根据式（7.39），等效节点载荷为

$$\overline{Q}_2 = Q_0\left\{0 \quad \frac{1}{2} \quad \frac{1}{8}l \quad 0 \quad \frac{1}{2} \quad -\frac{1}{8}l\right\}^{\mathrm{T}} = \{0 \quad -4 \quad -5 \quad 0 \quad -4 \quad 5\}^{\mathrm{T}}$$

(2) 整体系下的等效节点力　根据整体系与局部系下节点载荷的关系（7.70）：

$$F_e = T^{\mathrm{T}}\overline{F}_e$$

单元①在整体系下的等效节点力为

$$
\boldsymbol{F}_1=\boldsymbol{T}_1^{\mathrm{T}}\boldsymbol{Q}_1=\begin{bmatrix}0&-1&0&0&0&0\\1&0&0&0&0&0\\0&0&1&0&0&0\\0&0&0&0&-1&0\\0&0&0&1&0&0\\0&0&0&0&0&1\end{bmatrix}\begin{Bmatrix}0\\-30\\-25\\0\\-30\\25\end{Bmatrix}=\begin{Bmatrix}30\\0\\-25\\30\\0\\25\end{Bmatrix}
$$

同样，单元②在整体系下的等效节点力为

$$
\boldsymbol{F}_2=\overline{\boldsymbol{Q}}_2=\{0\quad -4\quad -5\quad 0\quad -4\quad 5\}^{\mathrm{T}}
$$

（3）总的节点载荷矢量

$$
\boldsymbol{F}=\sum\boldsymbol{F}_e+\boldsymbol{F}_0=\begin{Bmatrix}F_{x1}\\F_{y1}\\M_1\\F_{x2}\\F_{y2}\\M_2\\F_{x3}\\F_{y3}\\M_3\end{Bmatrix}=\begin{Bmatrix}30\\0\\-25\\30-10\\-4-6\\25-5-10\\0\\-4\\5\end{Bmatrix}=\begin{Bmatrix}30\\0\\-25\\20\\-10\\10\\0\\-4\\5\end{Bmatrix}
$$

因为支座对单元的约束力在求解有限元方程时会被处理掉，所以以上总的节点载荷中不包含支座对梁单元的作用。

5. 有限元方程及其求解

将总刚度矩阵和总的节点载荷矢量结合起来，若包含约束力写成有限元方程如下：

$$
10^4\times\begin{bmatrix}12&0&-30&-12&0&-30&0&0&0\\0&300&0&0&-300&0&0&0&0\\-30&0&100&30&0&50&0&0&0\\-12&0&30&312&0&30&-300&0&0\\0&-300&0&0&312&30&0&-12&30\\-30&0&50&30&30&200&0&-30&50\\0&0&0&-300&0&0&300&0&0\\0&0&0&0&-12&-30&0&12&-30\\0&0&0&0&30&50&0&-30&100\end{bmatrix}\begin{Bmatrix}u_1\\v_1\\\theta_1\\u_2\\v_2\\\theta_2\\u_3\\v_3\\\theta_3\end{Bmatrix}=\begin{Bmatrix}R_{x1}+30\\R_{y1}+0\\M_{R1}-25\\20\\-10\\10\\R_{x3}+0\\R_{y3}-4\\5\end{Bmatrix}
$$

式中，带 R 的项表示为约束力，与位移约束有关，实际上也可以不列出。

位移约束的处理：根据约束状态，u_1、v_1、θ_1、u_3、v_3 等5个量均为0。将有限元方程中与这5个位移分量相对应的行与列（第1、2、3、7、8行与列）全部划掉后，得到处理后不包含已知位移量的方程

$$10^4\times\begin{bmatrix}312 & 0 & 30 & 0\\ 0 & 312 & 30 & 30\\ 30 & 30 & 200 & 50\\ 0 & 30 & 50 & 100\end{bmatrix}\begin{Bmatrix}u_2\\ v_2\\ \theta_2\\ \theta_3\end{Bmatrix}=\begin{Bmatrix}20\\ -10\\ 10\\ 5\end{Bmatrix}$$

解该方程，得到未知的位移分量

$$\begin{Bmatrix}u_2\\ v_2\\ \theta_2\\ \theta_3\end{Bmatrix}=\begin{Bmatrix}6.0654\\ -3.9729\\ 3.5865\\ 4.3986\end{Bmatrix}\times10^{-6}$$

此时，得到了4个位移量，再加上前面已给定的5个位移约束数值，所有的节点位移均为已知，这些位移量均是在整体坐标系下的。

6. 支座反力的计算

全部的节点位移均为已知后，可以求出单元中任意一点的变形及内力，也可以求支座反力。根据总刚度矩阵和全部的节点位移矢量求出整体系下的支座反力时，应减去作用在单元上载荷的等效节点力。如

$$R_{x1}=\sum_{j=1}^{9}K_{1j}\delta_j-F_{x1}=(-12\times6.0654-30\times3.5865)\times10^4\times10^{-6}-30=-31.804\text{kN}$$

类似方法，求出其他支座反力，写成矢量形式：

$$\{R\}_1=\begin{Bmatrix}R_{x1}\\ R_{y1}\\ M_{R1}\end{Bmatrix}=\begin{Bmatrix}-31.804\text{kN}\\ 11.919\text{kN}\\ 28.613\text{kN}\cdot\text{m}\end{Bmatrix},\ \{R\}_3=\begin{Bmatrix}R_{x3}\\ R_{y3}\\ M_{R3}\end{Bmatrix}=\begin{Bmatrix}-18.196\text{kN}\\ 2.081\text{kN}\\ 0\end{Bmatrix}$$

支座反力 R_x 和 R_y 是相对于整体坐标系而言的，对杆件是轴向力或是横向剪力，还要根据杆件的方位来确定。例如，1号节点的支座反力 R_{x1}、R_{y1} 对单元①分别为横向剪力和轴力，而3号节点的支座反力 R_{x3}、R_{y3} 对单元②却分别为轴力和横向剪力。

7. 杆件内力的计算

求杆系单元中任意一点的变形及内力，通常是在局部坐标系下进行的。这要求将单元在整体系下的节点位移量通过式（7.61）转换为局部系下的位移量

$$\overline{\boldsymbol{\delta}}_e=\boldsymbol{T}\boldsymbol{\delta}_e$$

（1）单元形变　局部系下梁单元的形变为

$$\boldsymbol{\varepsilon}=\overline{\boldsymbol{B}}\ \overline{\boldsymbol{\delta}}_e$$

参见式（7.45），梁单元的应变矩阵是变量，说明梁单元上的形变及内力都是变化的。

（2）杆端内力

$$\overline{\boldsymbol{F}}_e=\overline{\boldsymbol{K}}_e\overline{\boldsymbol{\delta}}_e-\overline{\boldsymbol{Q}}_e$$

其中，$\overline{\boldsymbol{Q}}_e$ 为单元的等效节点载荷。

单元①

$$\boldsymbol{\delta}_1 = \{u_1 \quad v_1 \quad \theta_1 \quad u_2 \quad v_2 \quad \theta_2\}^{\mathrm{T}}$$
$$= \{0 \quad 0 \quad 0 \quad 6.0654 \quad -3.9729 \quad 3.5865\}^{\mathrm{T}} \times 10^{-6}$$

$$\overline{\boldsymbol{F}}_e = \overline{\boldsymbol{K}}_e \overline{\boldsymbol{\delta}}_e - \overline{\boldsymbol{Q}}_e = \overline{\boldsymbol{K}}_1 \boldsymbol{T}_1 \boldsymbol{\delta}_1 - \overline{\boldsymbol{Q}}_1$$

$$= 10^{-2} \times \begin{bmatrix} 300 & 0 & 0 & -300 & 0 & 0 \\ 0 & 12 & 30 & 0 & -12 & 30 \\ 0 & 30 & 100 & 0 & -30 & 50 \\ -300 & 0 & 0 & 300 & 0 & 0 \\ 0 & -12 & -30 & 0 & 12 & -30 \\ 0 & 30 & 50 & 0 & -30 & 100 \end{bmatrix} \begin{bmatrix} 0 & 1 & 0 & 0 & 0 & 0 \\ -1 & 0 & 0 & 0 & 0 & 0 \\ 0 & 0 & 1 & 0 & 0 & 0 \\ 0 & 0 & 0 & 0 & 1 & 0 \\ 0 & 0 & 0 & -1 & 0 & 0 \\ 0 & 0 & 0 & 0 & 0 & 1 \end{bmatrix} \begin{Bmatrix} 0 \\ 0 \\ 0 \\ 6.0654 \\ -3.9729 \\ 3.5865 \end{Bmatrix} -$$

$$\begin{Bmatrix} 0 \\ -30 \\ -25 \\ 0 \\ -30 \\ 25 \end{Bmatrix} = \begin{Bmatrix} 11.92\mathrm{kN} \\ 31.80\mathrm{kN} \\ 28.61\mathrm{kN \cdot m} \\ -11.92\mathrm{kN} \\ 28.20\mathrm{kN} \\ -19.59\mathrm{kN \cdot m} \end{Bmatrix}$$

单元②局部坐标与整体坐标平行，节点位移不需要转换，可自行计算。

注意 1 号节点，在单元①中的杆端力与支座反力不同，数值不仅符号不同，排列顺序也不同。这主要是由于所描述的坐标系不同而引起的表象差异，实质上是相同的。

根据所求的结果，画出位移曲线及内力曲线，如图 7.37 所示。

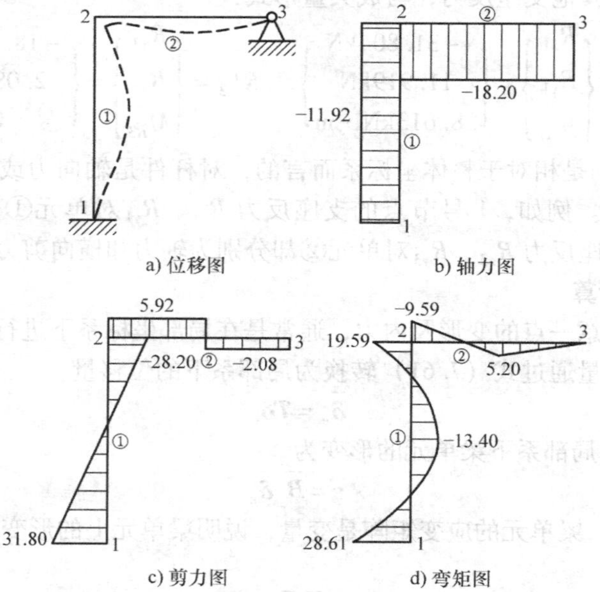

图 7.37　算例 7.4 位移曲线和内力曲线图

*7.7.5 复杂载荷作用的刚架结构

【应用算例7.5】 图7.38所示的平面刚架体系，左侧①②拐刚架的端点（3#）铰接于刚架中立柱（5#-4#-6#）侧面的4#位置，1#、9#为铰接点，5#、8#为固支点。载荷有节点集中载荷、梁上集中载荷、梁上分布载荷三种形式共6组，2#与6#节点作用集中力矩，杆件⑤作用梁上集中载荷，杆件①作用全长上线性分布横向力，杆件②、⑦在部分长度范围作用线性分布横向力，载荷具体形式及位置如图所示，图中长度单位为m。计算选取参数：弹性模量210GPa，泊松比0.3，梁截面面积78.48cm^2，惯性矩490cm^4。

利用刚架结构分析程序Frame_Structure_Analysis，可以将刚架有限元模型的单元数量减为最少。构件相交点应作为节点划分单元，不与其他杆件连接的直杆件则可作为一个梁单元，不必考虑其上载荷的形式及数量。本例的结构中有5个杆件，考虑杆件几何关系最少划分7个单元，一般情况下每个交点为1个节点，当节点约束条件不同时，应将公共节点视为两个节点分别编号，如图中3#与4#节点坐标相同但隶属不同单元，其中单元②右节点为铰接，单元③与④间为刚接，此处有两个节点编号。

运行刚架结构分析程序Frame_Structure_Analysis，显示图7.39所示的模型，图中单箭头表示集中力（如6#）、斜向双箭头表示集中力矩（如1#~2#）、倾斜线加箭头线表示线性分布载荷（如1#、2#或7#），1#下端及7#右端表示两个方向位移约束、3#及6#下端表示全约束，4#位置有两个方向的位移耦合。检查模型图中杆件、载荷、边界约束均都与预期相同，说明模型及原始数据正确，完成计算过程，并将计算结果保存在预定的文件中。

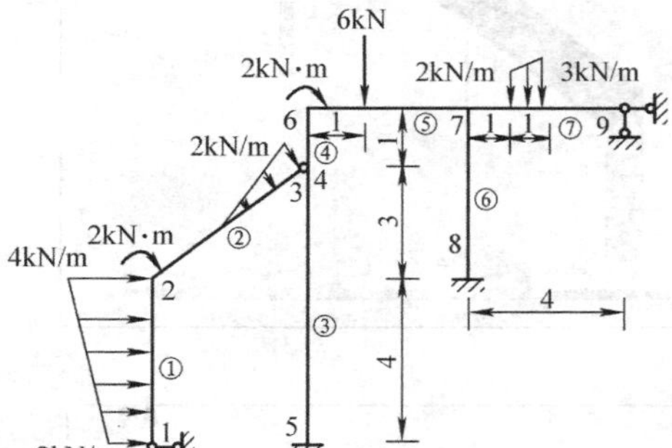

图7.38 带主从节点的刚架结构示意图

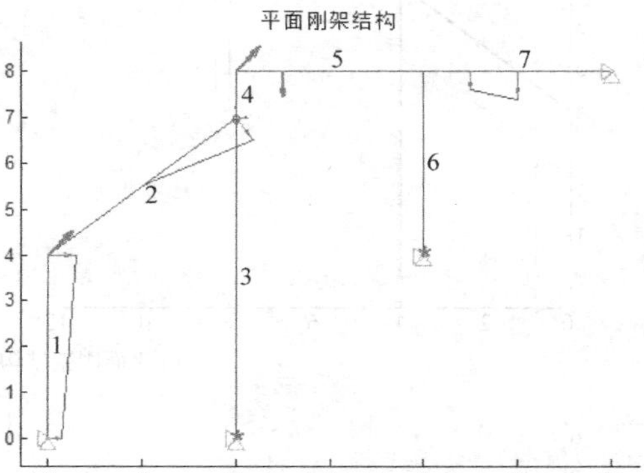

图7.39 显示的带主从节点刚架有限元模型图

为了考察刚架结构分析程序对分析带有耦合节点、多种非节点载荷结果的适用性及结果正确性，利用通用商业软件ANSYS对该刚架结构进行分析对比。利用ANSYS软件的模型，考虑了非节点载荷作用位置、分布载荷作用区间等因素，每段杆件划分4段，共28个单元，30个节点。图7.40a~d中并列绘制了两种程序分析的弯矩图、剪力图、轴力图、变形图，每组图中左侧图为自编刚架程序结果，右侧图为ANSYS结果图。

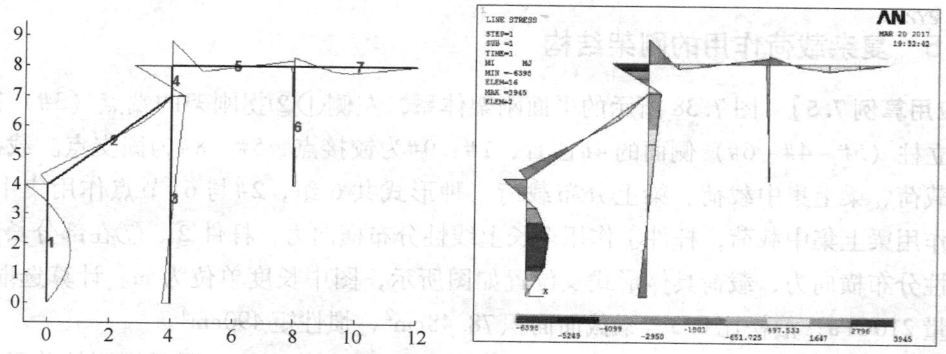

a) 平面刚架结构弯矩图

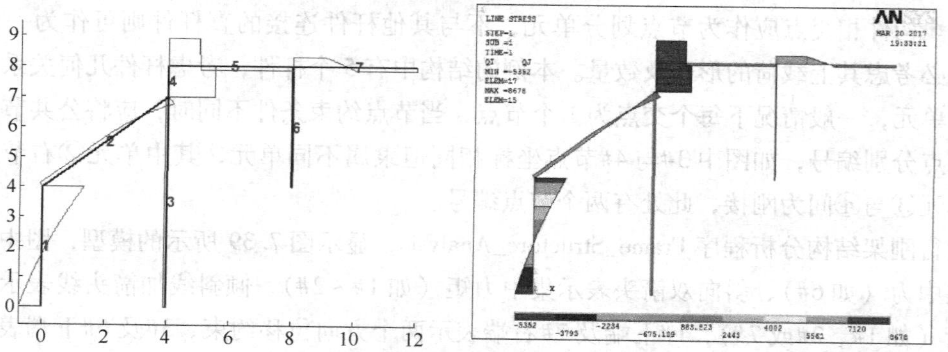

b) 平面刚架结构剪力图

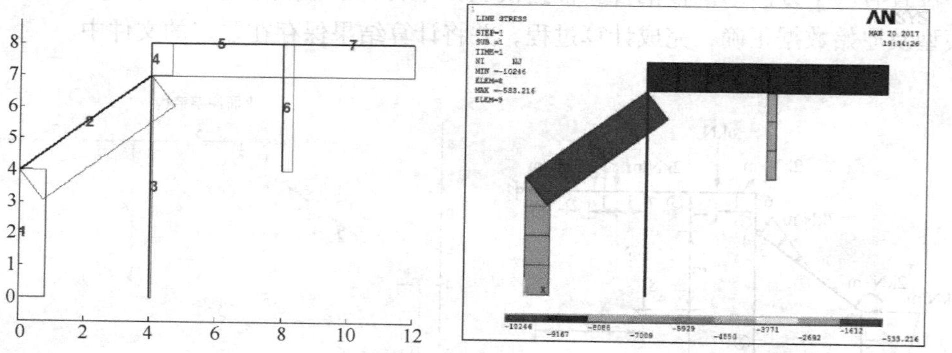

c) 平面刚架结构轴力图

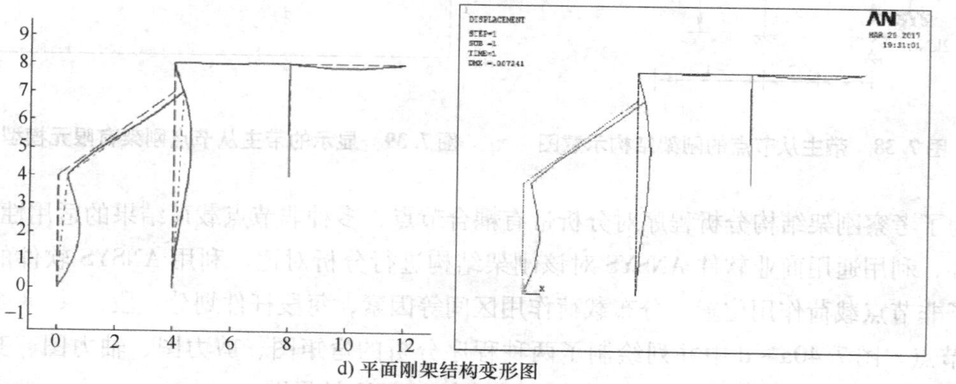

d) 平面刚架结构变形图

图 7.40　自编刚架程序与 ANSYS 计算的后处理图

从图7.40可见，自编程序Frame_Structure_Analysis与ANSYS软件得到的弯矩图、剪力图、轴力图、变形图规律完全一致，从计算结果提取的支座反力、杆端内力、节点位移数值相同。图7.40d左图中的虚线表示不计入梁单元上载荷作用效应只按节点值绘制的梁单元变形曲线，ANSYS绘制的变形图其实也只考虑节点值。程序Frame_Structure_Analysis考虑主从节点位移关系，适用于梁上任意载荷类型、不同作用方式的平面刚架结构分析，具有一定优点：

① 考虑各种梁上载荷的等效节点载荷，不管梁上作用载荷形式、作用的位置、载荷组数如何，建立有限元模型时，只要是杆件中间无交叉杆件或位移约束，单元尺寸就尽可能大，通常都可按构件交接处划分单元，如此，不管载荷怎样改变，只需调整载荷数据项，而不必修改模型。②引入奇异函数，在绘制弯矩图、剪力图、轴力图、变形图等后处理过程中，不仅考虑节点值，也考虑梁上载荷作用，可以通过较大的单元尺寸得到连续曲线，而不必为了绘制较平滑的曲线而将单元尺寸细化。

习题7

7.1 平面梁单元的单元刚度矩阵为什么可由拉压杆刚度矩阵和只计弯曲梁单元的单元刚度矩阵组合而成？如果节点位移如图7.41所示，单元刚度矩阵 $\boldsymbol{K}_e$ 应如何表示？

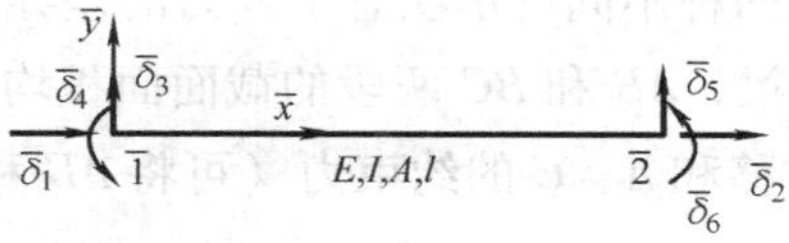

图7.41 习题7.1图

7.2 求如图7.42所示的单元等效节点载荷。

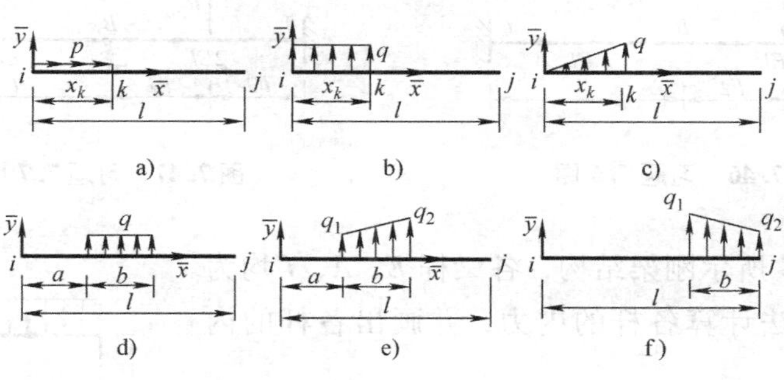

图7.42 习题7.2图

7.3 试写出如图7.43所示的空间刚架单元的等效节点载荷矢量。

7.4 试求图7.44所示桁架各杆轴力，各杆 E、A、l 相同。（1）外力与杆件①的夹角 $\theta=45°$；（2）外力与杆件①间的夹角 θ 在30°到90°之间变化。

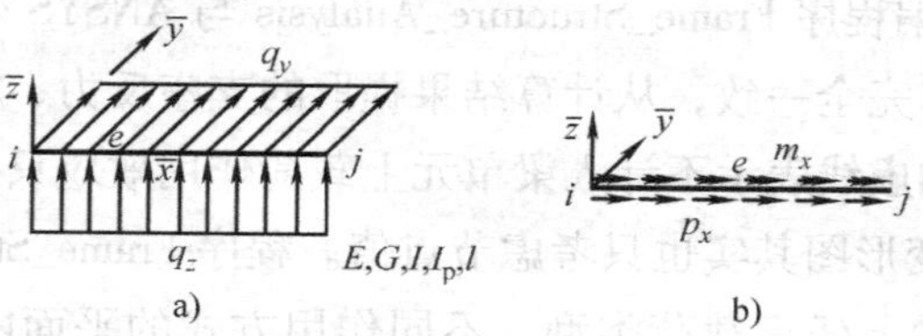

图 7.43　习题 7.3 图

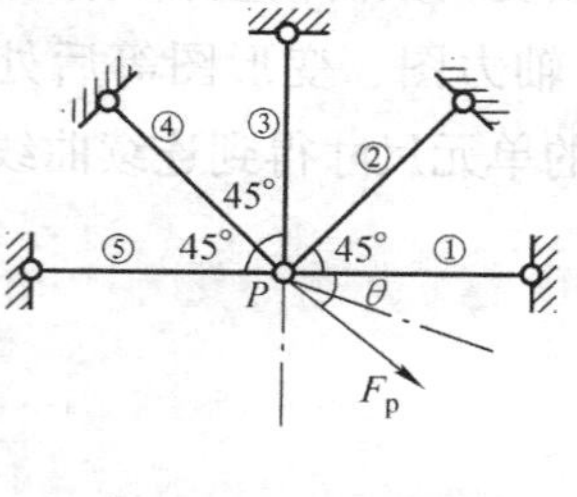

图 7.44　习题 7.4 图

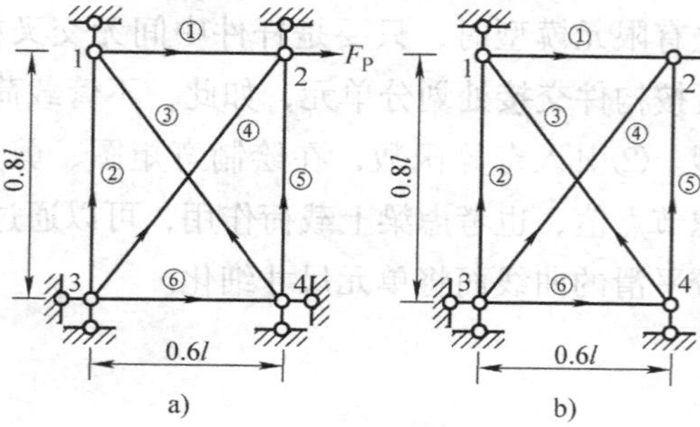

图 7.45　习题 7.5 图

7.5　如图 7.45 所示桁架结构，各杆 EA 均为常数。试用有限元法计算图 7.45a、b 中各杆的内力和支座反力，并比较两种不同支承状态下杆力的差异。

7.6　如图 7.46 所示平面梁，AB 和 BC 两段的截面面积均为 A，抗弯刚度分别为 $2EI$ 和 EI，试用有限元法求 B 点的位移和 A、C 的约束力（可将 AB 和 BC 视为两个单元）。

7.7　如图 7.47 所示，若在 B 点设有弹性支座，弹性系数为 $k=\dfrac{EI}{l^3}$，其他条件与习题 7.6 完全相同，B 点的位移将有何变化？

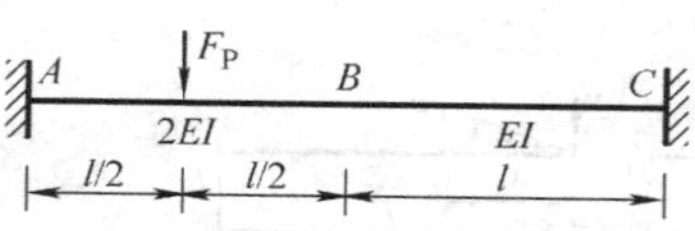

图 7.46　习题 7.6 图

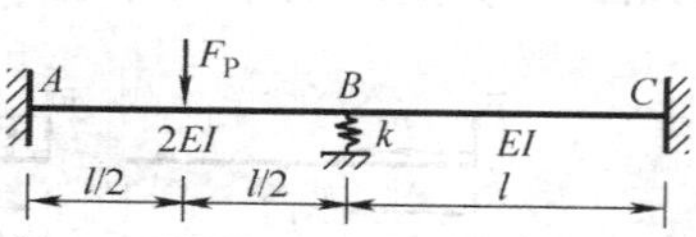

图 7.47　习题 7.7 图

7.8　如图 7.48 所示刚架结构，各梁杆 E、A、I 均为常数。试用有限元法计算各杆的内力，并画出各杆的内力图。

7.9　根据式（7.73），试编写计算任意位置杆单元的单元刚度矩阵程序。

7.10　利用自编的程序，计算习题 7.4 和习题 7.5 中各杆元的单刚、内力及支座反力。

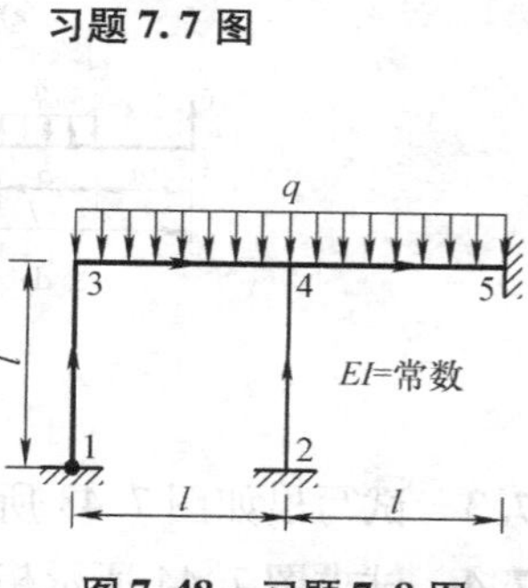

图 7.48　习题 7.8 图

7.11　在平面桁架程序基础上，试编写空间桁架结构的有限元分析程序。

7.12 如图7.49所示的下承式平面桁架结构，水平杆长均为2m，高度为2m，上部4个节点作用力$F=5\text{kN}$，初选杆截面面积$A=30\text{mm}^2$，材料弹性模量为200GPa，许用应力为150MPa，试用MATLAB程序完成：

（1）计算平面桁架结构的杆件内力、节点位移、支座反力，并验算杆件是否安全；（2）根据轴力大小重新选择杆件截面；（3）解除右支座的水平方向约束，即整体为静定结构，分析杆件内力的变化。

7.13 如图7.50所示的平面桁架结构，下部3个节点作用力$P=10\text{kN}$，初选杆截面面积$A=50\text{mm}^2$，材料弹性模量为200GPa，许用应力为150MPa，试用MATLAB程序完成：

（1）分析该桁架结构的是否安全；（2）不考虑构造方面的要求，在保证安全的前提下优化杆件布置与截面；（3）解除右支座的水平方向约束后，前面分析的结果是否还适用？由此探讨有限元模型中位移约束对有限元分析结果的影响。

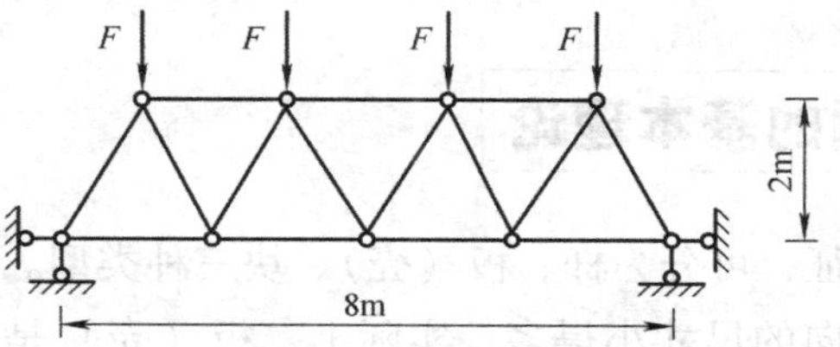

图7.49 习题7.12图

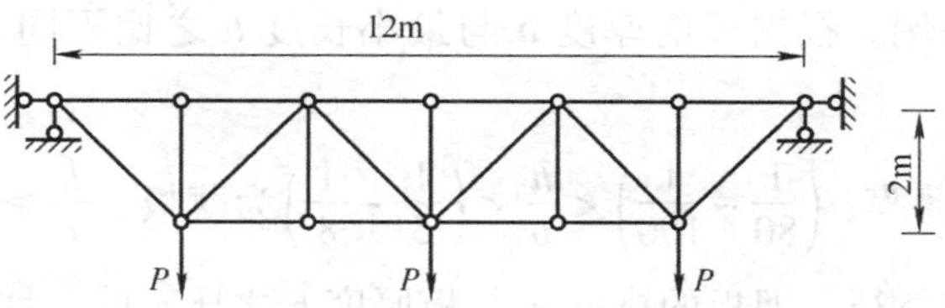

图7.50 习题7.13图

第 8 章 平板弯曲问题

Chapter 8

8.1 薄板弯曲问题的基本理论

按工程构件的几何特征，可分为杆、板（壳）、块三种类型。板（壳）在几何上的显著特点是厚度比其他两个方向的尺寸小得多。实际上，板（壳）是由两个十分靠近的表面所围成的物体，两个表面间的垂直距离称为厚度。若两表面彼此光滑平行，则为等厚度板（壳）。板（壳）体内平分厚度的面称为中面，中面是平面的称为平板，中面为曲面的则为壳体，平板是壳体的特例。根据板的厚度 h 与最小长度 b 之比不同，分薄膜、薄板、厚板三类：

$\frac{h}{b}<\left(\frac{1}{80}\sim\frac{1}{100}\right)$为薄膜；$\left(\frac{1}{80}\sim\frac{1}{100}\right)<\frac{h}{b}<\left(\frac{1}{5}\sim\frac{1}{8}\right)$为薄板；$\frac{h}{b}\geqslant\left(\frac{1}{5}\sim\frac{1}{8}\right)$为厚板。

根据板的变形状态特征，即板的挠度 w 与板厚度 h 之比不同，划分为刚性板和柔性板：

$\frac{w_{\max}}{h}\leqslant\frac{1}{5}$为刚性板；$\frac{1}{5}<\frac{w_{\max}}{h}<5$ 为柔性板；$\frac{w_{\max}}{h}\geqslant 5$ 时为绝对柔性板。

薄板有不同的分类方式：①根据板的中面形状可分为矩形板、圆形板、杂形板等；②根据材料特性可分为各向同性板、各向异性板、正交异性板等；③根据板的构造特征可分为等厚度板、变厚度板、加筋板、夹心板等；④根据边界支承特征可分为简支板、固支板、弹性地基板等。

在平板问题的分析中引入一些合理假设，可将平板弯曲问题简化为二维问题。这种简化不仅是为了便于用解析方法求解，而且从数值求解角度考虑也是必要的，可使计算工作量得到很大缩减，同时还可避免因系数矩阵元素间相差过大而造成求解方程的困难。

具有代表性的平板理论有两个：

1. Kirchhoff 板理论

Kirchhoff 板理论的最大特点是直法线假设，即假设变形前垂直于板中面的直线段，在变形后仍为直线段，且仍垂直于变形后的中曲面，直线段长度不变。该理论实质上忽略板的横向剪切变形，是薄板理论。

基于 Kirchhoff 假设的板壳单元，由于在单元交界面上不仅要保持位移（C_0）的连续性，而且还要求保持转角（位移一阶导数 C_1）的连续性，这将给单元的构造带来相当大的困难。板壳单元的构造将比 C_0 型的实体单元复杂得多，因此采用有限元法分析板壳问题的关键是如何构造符合要求的单元。

2. Mindlin 板理论

Mindlin 板理论考虑板的横向剪切变形，认为中面法线在变形后不再垂直于中面，适合于厚跨比（板的厚度与跨度之比）较大的板，也常被称为 Reissner 板理论或中厚板理论。

基于 Mindlin 板理论考虑板的横向剪切变形的影响，包含相互耦合的中面挠度和中面法线的两个转角位移，看上去比 Kirchhoff 板理论更为复杂，但是在构造单元时，有时反而比 Kirchhoff 板理论更容易实现位移协调。

根据薄板的变形特征，分薄板的小挠度弯曲理论及大挠度弯曲理论。

8.1.1 薄板的变形与几何方程

1. Kirchhoff 假设

Kirchhoff 假设是弹性薄板的小挠度弯曲理论的基础，基本假设如下：

1）假设薄板材料是均匀、连续的理想弹性体；

2）假定薄板弯曲时，板的中面不发生面内的变形，即没有伸缩或剪切变形；

3）直法线假设，变形前垂直于板中面的直线段，在变形后仍为直线段，且仍垂直于变形后的中曲面，直线段长度不变；

4）假定板的各平行层间不相互挤压，即忽略垂直于平板中面的法向应力 σ_z，不计板厚度的变化。

2. 位移分量

以板的中面为 xOy 平面、z 轴垂直于中面，建立坐标系，如图 8.1a 所示。基于 Kirchhoff 假设，在薄板中面（$z=0$）内各点的平面内位移均为 0，即 $u(x,y,0)=0$ 和 $v(x,y,0)=0$；薄板中面的法线在变形后仍保持为法线，同时法线上各点竖向位移的变化可以忽略，即 $w(x,y,z)\approx w(x,y,0)$。

如图 8.1b 所示，薄板中平面变形后为曲面，曲面沿 x 方向和沿 y 方向有不同的倾角。

曲面沿 x 方向的倾角为$\dfrac{\partial w}{\partial x}$，可认为是法线绕 y 轴的转角，按右手法则，旋转方向与 y 轴正方向相反冠以负号，$\theta_y=-\dfrac{\partial w}{\partial x}$；曲面沿 y 方向的倾角为$\dfrac{\partial w}{\partial y}$，可以认为是法线绕 x 轴的转角，旋转方向与 x 轴相同，$\theta_x=\dfrac{\partial w}{\partial y}$。

参见图 8.1c，在小变形情况下，平板内任意一点 $A(x,\ y,\ z)$ 的位移分量都可由板中面的挠度 w 表示：

$$
\begin{aligned}
u(x,y,z) &= -z\frac{\partial w}{\partial x}\\
v(x,y,z) &= -z\frac{\partial w}{\partial y}\\
w(x,y,z) &\approx w(x,y,0) = w(x,y)
\end{aligned}
\tag{8.1}
$$

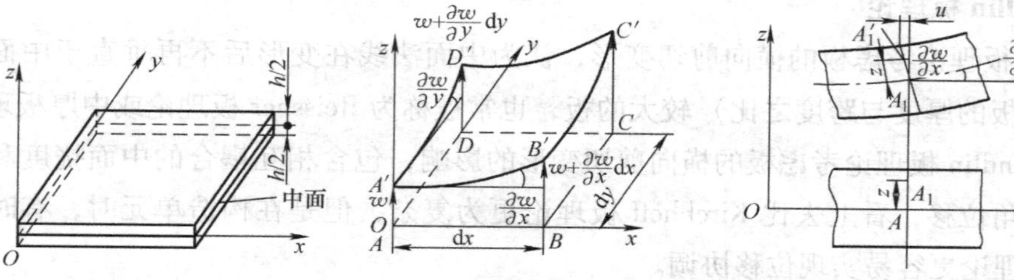

a) 板中面　　b) 板中平面变形后的曲面　　c) x方向的倾角与位移

图8.1　平板及其变形

3. 应变分量与曲率

薄板内距中面为 z 的平面称 z 平面。板弯曲问题主要研究 z 平面上的三个应变分量 ε_x、ε_y、γ_{xy}，且用挠度表示它们，根据几何方程，存在：

$$
\begin{aligned}
\varepsilon_x &= \frac{\partial u}{\partial x} = -z\frac{\partial^2 w}{\partial x^2}\\
\varepsilon_y &= \frac{\partial v}{\partial y} = -z\frac{\partial^2 w}{\partial y^2}\\
\gamma_{xy} &= \frac{\partial u}{\partial y}+\frac{\partial v}{\partial x} = -2z\frac{\partial^2 w}{\partial x\partial y}
\end{aligned}
\tag{8.2}
$$

或写成：

$$
\begin{Bmatrix}\varepsilon_x\\ \varepsilon_y\\ \gamma_{xy}\end{Bmatrix} = -z\begin{Bmatrix}\dfrac{\partial^2 w}{\partial x^2}\\ \dfrac{\partial^2 w}{\partial y^2}\\ 2\dfrac{\partial^2 w}{\partial x\partial y}\end{Bmatrix}
\tag{8.3}
$$

式（8.2）或式（8.3）是板 z 平面的应变与挠度间关系的几何方程。

在小变形的情况下，$-\dfrac{\partial^2 w}{\partial x^2}$和$-\dfrac{\partial^2 w}{\partial y^2}$代表弹性曲面在 x 方向和 y 方向的曲率，$-2\dfrac{\partial^2 w}{\partial x\partial y}$代表弹性曲面在 x 和 y 方向的扭率。这三个参数反映薄板中面发生弹性变形成为曲面的弯扭变形分量，能够完全确定 z 平面内各点的应变，称为曲扭率，常简称为曲率。薄板的曲率与挠度的关系，用矩阵表示为

$$\boldsymbol{\chi}=\begin{Bmatrix}\chi_x\\ \chi_y\\ \chi_{xy}\end{Bmatrix}=\begin{Bmatrix}-\dfrac{\partial^2 w}{\partial x^2}\\ -\dfrac{\partial^2 w}{\partial y^2}\\ -2\dfrac{\partial^2 w}{\partial x\partial y}\end{Bmatrix} \tag{8.4}$$

式（8.3）可写成薄板 z 平面上应变与曲率的关系

$$\boldsymbol{\varepsilon}=z\boldsymbol{\chi} \tag{8.5}$$

8.1.2 薄板的内力与物理方程

1. 薄板的应力与内力

一般情况下，板不同截面上的应力分量 σ_x、σ_y、τ_{xy}、τ_{yz}、τ_{xz} 分布如图 8.2a 所示。从图中可见，不带下标 z 的应力分量在厚度方向上均呈三角形线性分布，而带下标 z 的 τ_{yz} 和 τ_{xz} 则呈抛物线分布。在平板理论中，经常将各个应力分量在厚度方向上积分转变为内力：

$$M_x=\int_{-h/2}^{h/2}\sigma_x z\mathrm{d}z,\ M_y=\int_{-h/2}^{h/2}\sigma_y z\mathrm{d}z,\ M_{xy}=\int_{-h/2}^{h/2}\tau_{xy}z\mathrm{d}z,\ Q_x=\int_{-h/2}^{h/2}\tau_{xz}\mathrm{d}z,\ Q_y=\int_{-h/2}^{h/2}\tau_{yz}\mathrm{d}z \tag{8.6}$$

在上述 5 个量中，M_x、M_y 分别是垂直于 x 轴和 y 轴的截面上单位长度的弯矩，M_{xy}（$=M_{yx}$）是垂直 x 或 y 轴的截面上单位长度的扭矩，Q_x、Q_y 分别是 x 截面和 y 截面剪力。板内力的符号是根据变形特征规定的，以作用后使板中面产生正向挠度的为正，图 8.2b 表示板内力的正方向，图中单箭头表示力，双箭头表示力矩。

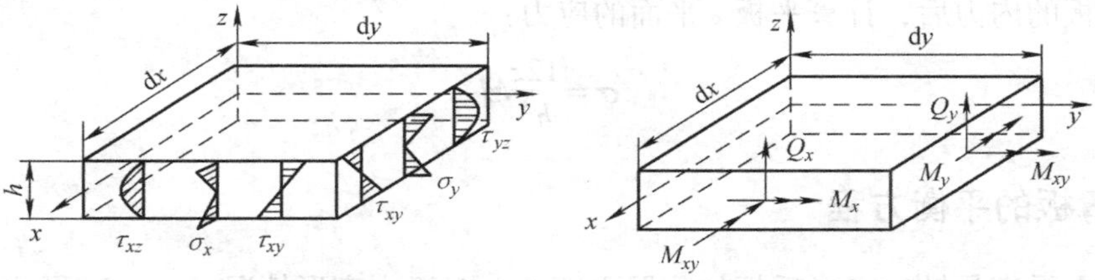

图 8.2 板横截面上应力分布与内力

横向剪应力 τ_{yz}、τ_{xz} 与面内应力 σ_x、σ_y、τ_{xy} 相比一般小很多，因此薄板通常不考虑横向剪应力 τ_{yz}、τ_{xz}，但在中厚板分析时应考虑。薄板小挠度弯曲时，主要分析板内的三个应力分量 σ_x、σ_y、τ_{xy}，相应地，板的内力只有两个弯矩和一个扭矩，即为式（8.6）中的前三项，统称弯扭矩，或简称弯矩，写成矢量形式：

$$\boldsymbol{M}=\begin{Bmatrix}M_x\\ M_y\\ M_{xy}\end{Bmatrix}=\begin{Bmatrix}\int_{-h/2}^{h/2}\sigma_x z\mathrm{d}z\\ \int_{-h/2}^{h/2}\sigma_y z\mathrm{d}z\\ \int_{-h/2}^{h/2}\tau_{xy}z\mathrm{d}z\end{Bmatrix} \tag{8.7}$$

2. 物理方程

对于各向同性材料的薄板，小挠度弯曲问题属于弹性问题，应力－应变关系为 $\boldsymbol{\sigma}=\boldsymbol{D\varepsilon}$，薄板的应力状态属于平面应力问题，其弹性矩阵与平面应力问题相同，即式（3.20）。

将平板 z 平面的应变式（8.3）代入 $\boldsymbol{\sigma}=\boldsymbol{D\varepsilon}$ 得到应力分量与弯扭变形分量之间的关系，再按式（8.7）在板厚度方向积分，即可得到平板弯曲时内力与弯扭变形分量之间的关系：

$$\begin{Bmatrix} M_x \\ M_y \\ M_{xy} \end{Bmatrix}=\frac{h^3E}{12(1-\mu^2)}\begin{bmatrix} 1 & \mu & 0 \\ \mu & 1 & 0 \\ 0 & 0 & \dfrac{1-\mu}{2} \end{bmatrix}\begin{Bmatrix} \chi_x \\ \chi_y \\ \chi_{xy} \end{Bmatrix} \tag{8.8}$$

上式表示弯扭矩与曲扭率的关系，写成矩阵形式为

$$\boldsymbol{M}=\boldsymbol{D}_b\boldsymbol{\chi} \tag{8.9}$$

其中，平板弯曲问题的弹性矩阵

$$\boldsymbol{D}_b=\frac{h^3E}{12(1-\mu^2)}\begin{bmatrix} 1 & \mu & 0 \\ \mu & 1 & 0 \\ 0 & 0 & \dfrac{1-\mu}{2} \end{bmatrix} \tag{8.10}$$

令

$$D=\frac{h^3E}{12(1-\mu^2)} \tag{8.11}$$

D 称为薄板的弯曲刚度，其因次是[力]·[长度]。

在确定板的内力后，计算平板 z 平面的应力：

$$\boldsymbol{\sigma}=\frac{12z}{h^3}\boldsymbol{M} \tag{8.12}$$

8.1.3 薄板的平衡方程

板的静力平衡是针对变形后板的位置而言的。对于小变形情况，由于变形位移量比板的最小尺寸（即板厚）小得多，因此仍可按平板未变形时的状态来建立平衡关系。参考图 8.2b，板的内力共有 5 个未知量，即式（8.6）表达的弯矩及剪力。板在静力平衡状态下，存在 $\sum X=0, \sum Y=0, \sum M_z=0$ 三个恒等于零的关系式，可用来确定未知内力的平衡条件只有三个，即

$$\sum Z=0,\ \sum M_x=0,\ \sum M_y=0$$

而弯矩、剪力共有 5 个未知量，因此平板弯曲属于内部静不定问题，需要用几何变形方程和物理方程作为补充条件来建立平板的基本微分方程。薄板小挠度弯曲基本微分方程有两种表达形式：

1. 用弯矩表示的弯曲微分方程

$$\frac{\partial^2 M_x}{\partial x^2}+2\frac{\partial^2 M_{xy}}{\partial x\partial y}+\frac{\partial^2 M_y}{\partial y^2}=-q(x,y) \tag{8.13}$$

式中，$q(x,y)$是作用于平板表面的 z 方向的分布载荷。

2. 用挠度表示的弯曲微分方程

将式（8.8）代入方程（8.13）中，并考虑曲率与挠度的关系［式（8.4）］，则得到用挠度表达的薄板小挠度弯曲基本微分方程：

$$\frac{\partial^4 w}{\partial x^4}+2\frac{\partial^4 w}{\partial x^2\partial y^2}+\frac{\partial^4 w}{\partial y^4}=\frac{q(x,y)}{D} \tag{8.14}$$

此式又称为薄板挠曲面微分方程式。利用二维拉普拉斯微分算子，可写成

$$D\,\nabla^4 w=D\,\nabla^2\nabla^2 w=q(x,y) \tag{8.15}$$

上式为非齐次双调和方程。式中拉普拉斯算子$\nabla^2=\frac{\partial^2}{\partial x^2}+\frac{\partial^2}{\partial y^2}$。

8.1.4 板的边界条件

薄板弯曲问题可以归结为求解微分方程（8.14）或式（8.15）并满足板边的边界条件，该式是4阶偏微分方程，在每条边界上只需两个条件，可由内力、力矩或位移表示。边界条件由板边支承状态决定的，板边形状复杂，支承形式多样。下面仅以矩形板为例，讨论工程结构中常见的几种边界支承形式。

1. 固定嵌入边界（简称为固定边界）

如图8.3所示，OA 边为固定嵌入边界，属于固定边，板的挠度为零，板曲面绕 y 轴的转角亦为零。$x=0$ 时，边界条件为

$$w\big|_{x=0}=0,\ \frac{\partial w}{\partial x}\bigg|_{x=0}=0$$

可推论出，固定边界上$\frac{\partial w^2}{\partial x\partial y}\equiv 0$，则扭矩为零，$M_{xy}=0$。

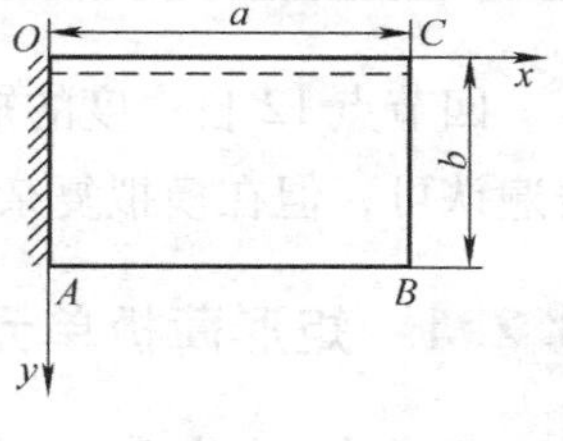

图8.3　薄板支承形式

2. 固定铰支边界（简称为铰支边）

如图8.3所示的 OC 边为铰支边界，板的挠度为零，薄板可以绕 x 轴自由转动。由于在边界的挠度和弯矩为零，因此这类边界条件包括了力的形式和位移形式的混合边界条件，$y=0$ 时，为

$$w\big|_{y=0}=0,\ M_y\big|_{y=0}=0$$

根据式（8.8），和式（8.4）有

$$M_y=D\left(\frac{\partial w^2}{\partial y^2}+\mu\frac{\partial w^2}{\partial x^2}\right)$$

该式中，由于挠度 w 沿 x 轴不变化，第二项导数为零，所以铰支边的边界条件为

$$w\big|_{y=0}=0,\ \frac{\partial w^2}{\partial y^2}\bigg|_{y=0}=0$$

3. 自由边界

如果板的边缘没有支承，能完全自由移动，即不受任何约束的自由边界，如图 8.3 所示的 AB 边，$y=b$ 时自由边上所有外力为零，即

$$M_y\big|_{y=b}=0,\ M_{xy}\big|_{y=b}=0,\ Q_y\big|_{y=b}=0$$

自由边上这三个边界条件与微分方程（8.14）的要求不一致，引起矛盾的原因是因为在建立薄板弯曲的近似理论时，略去了剪切变形对平板变形的影响。如果考虑这些影响，薄板弯曲的基本方程将是 6 阶的偏微分方程组，每条边上就需要 3 个边界条件。在薄板弯曲理论中，通过把自由边界条件中的后两个条件归并成一个等效横向剪力 V_y 来解决该矛盾。当 $y=b$ 时，自由边（AB）采用的边界条件为

$$M_y\big|_{y=b}=0,\ V_y\big|_{y=b}=\left(Q_y+\frac{\partial M_{xy}}{\partial x}\right)\bigg|_{y=b}=0$$

若 $x=a$ 边（BC）为自由边时，边界条件为

$$M_x\big|_{x=a}=0,\ V_x\big|_{x=a}=\left(Q_x+\frac{\partial M_{xy}}{\partial y}\right)\bigg|_{x=a}=0$$

4. 弹性支承

平板支承于梁是常用的结构形式，如钢筋混凝土结构中楼板与框架梁连接，对楼板而言属于弹性支承。弹性支承的边界条件是平板边缘处的挠度应等于支承梁的挠度，以及板边界上的弯矩应等于支承梁的扭矩。

8.2 矩形薄板单元

四节点 12 自由度的矩形单元是薄板弯曲单元中比较简单的一种，使用效果良好，得到普遍认可，但在模拟复杂边界和处理复杂载荷方面的适应性及计算精度较差。

8.2.1 矩形薄板单元的位移

矩形单元的长度和宽度分别为 $2a$ 和 $2b$，矩形的四条边分别与 x 轴和 y 轴平行，不要求坐标原点过矩形单元的形心，如图 8.4a 所示。

a) 节点位移　　　　　　　　　b) 节点力

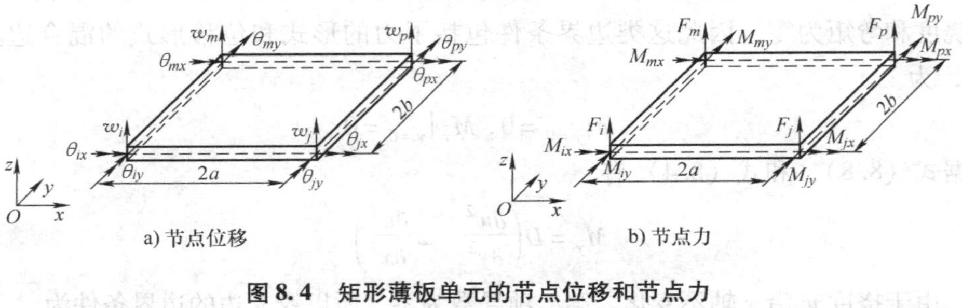

图 8.4　矩形薄板单元的节点位移和节点力

薄板单元上的每个节点都有 3 个自由度，即挠度 w、法线绕 x 轴的转角 θ_x 和绕 y 轴的转

角 θ_y，写成矢量形式为

$$f_i = \begin{Bmatrix} w_i \\ \theta_{xi} \\ \theta_{yi} \end{Bmatrix} = \begin{Bmatrix} w_i \\ \left(\dfrac{\partial w}{\partial y}\right)_i \\ -\left(\dfrac{\partial w}{\partial x}\right)_i \end{Bmatrix} \quad (i=1,2,3,4)$$

相应的节点载荷分量，如图 8.4b 所示，可表示为

$$P_i = \begin{Bmatrix} F_{zi} \\ M_{xi} \\ M_{yi} \end{Bmatrix} \quad (i=1,2,3,4)$$

薄板单元节点的 3 个自由度中，只有挠度 w 是独立变量，转角 θ_x 和 θ_y 是根据薄板挠曲面在两个坐标轴方向的倾角确定的，不是独立变量，因此矩形薄板单元的挠度插值函数 w 中可包含 12 个待定系数。参看图 4.6 所示帕斯卡三角形，取完全三次方多项式共有 10 项，为了保持对 x 轴和 y 轴的对称性，增加 x^3y 和 xy^3 这两个四次方项。矩形薄板单元的挠度函数为

$$\begin{aligned} w = {} & \alpha_1 + \alpha_2 x + \alpha_3 y + \alpha_4 x^2 + \alpha_5 xy + \alpha_6 y^2 + \\ & \alpha_7 x^3 + \alpha_8 x^2 y + \alpha_9 xy^2 + \alpha_{10} y^3 + \alpha_{11} x^3 y + \alpha_{12} xy^3 \end{aligned} \tag{8.16}$$

对上式求导，得到两个转角的表达式：

$$\begin{aligned} \theta_x &= \frac{\partial w}{\partial y} = \alpha_3 + \alpha_5 x + 2\alpha_6 y + \alpha_8 x^2 + 2\alpha_9 xy + 3\alpha_{10} y^2 + \alpha_{11} x^3 + 3\alpha_{12} xy^2 \\ \theta_y &= -\frac{\partial w}{\partial x} = -\alpha_2 - 2\alpha_4 x - \alpha_5 y - 3\alpha_7 x^2 - 2\alpha_8 xy - \alpha_9 y^2 - 3\alpha_{11} x^2 y - \alpha_{12} y^3 \end{aligned} \tag{8.17}$$

根据式（8.16）和式（8.17）在矩形薄板单元 4 个节点的坐标及位移分量，确定 12 个系数 $\alpha_1 \sim \alpha_{12}$，其过程与其他单元方法相同。最终得到挠度 w 的插值函数为

$$w = \sum_{i=1}^{4} (N_i w_i + N_{xi}\theta_{xi} + N_{yi}\theta_{yi}) \tag{8.18}$$

为了使形函数表达更为简捷，引入量纲为 1 的坐标：

$$\xi = \frac{x - x_C}{a},\ \eta = \frac{y - y_C}{b} \tag{8.19}$$

其中，$(x_C,\ y_C)$ 为矩形薄板单元形心坐标。四个节点的量纲为 1 的坐标为 ξ_i，$\eta_i = \pm 1$。

形函数表达为

$$\begin{aligned} N_i &= \frac{1}{8}(1+\xi_i\xi)(1+\eta_i\eta)(2+\xi_i\xi+\eta_i\eta-\xi^2-\eta^2) \\ N_{xi} &= -\frac{1}{8}b\eta_i(1+\xi_i\xi)(1+\eta_i\eta)(1-\eta^2) \qquad (i=1,2,3,4) \\ N_{yi} &= \frac{1}{8}a\xi_i(1+\xi_i\xi)(1+\eta_i\eta)(1-\xi^2) \end{aligned} \tag{8.20}$$

式（8.18）的挠度函数可写成

$$w = \boldsymbol{N}\boldsymbol{\delta}_e \tag{8.21}$$

式中，形函数矩阵 $\boldsymbol{N}$ 为包含 12 个元素的行矢量，每个节点的子矩阵为

$$\boldsymbol{N}_i = [N_i \quad N_{xi} \quad N_{yi}], \quad (i=1,2,3,4)$$

薄板弯曲问题位移函数的完备性和协调性讨论：

1. 反映刚体位移

根据基本假设，薄板的刚体运动有挠度以及绕 x 轴和 y 轴的转动，共 3 个量。式（8.16）中的前三项反映了薄板单元的刚体位移。

2. 反映常应变

如式（8.3）所示，薄板平面上一点的应变在厚度方向上是变化的，而曲扭率只与薄板平面上点的位置有关而与厚度无关，如式（8.4）所示，因此用曲扭率反映平板的弯曲状态更合理。平板的曲扭率由挠度的二阶导数确定，式（8.16）中的二次方项系数 α_4、α_5、α_6 只要不恒为零，就能反映常应变状态，更准确地应称为常曲扭率状态。

因此矩形薄板单元的挠度函数［式（8.16）］满足完备性条件。

3. 反映协调连续性

由于薄板应变是挠度的二阶导数［式（8.3）］，为了使应变有意义，得到协调单元，保证单元之间不开裂、不重叠，要求位移连续和法向转角连续。在单元交界线上不仅要满足位移（挠度）的连续性（C_0连续），而且位移的一阶导数也要连续（C_1连续），这个要求使问题复杂化。

在矩形单元边界上，如 $\xi = \pm 1$（x 为常数），则式（8.16）重新构成的挠度函数 w 是 η（即 y）的三次方多项式：

$$w = \beta_0 + \beta_1\eta + \beta_2\eta^2 + \beta_3\eta^3$$

其系数 $\beta_i(i=0,\ 1,\ 2,\ 3)$ 是由式（8.16）中的 α_1，α_2，…，α_{12} 合并组合后的一组新的常数项。式（8.17）第一个表达式中的 θ_x 也可由新系数 β_1、β_2、β_3 表示，因此挠度函数的四个新的系数可由 $\xi = 1$ 或 $\xi = -1$ 边界上两个节点的挠度 w 和转角 θ_x 共 4 个条件唯一确定，这说明在共同边界上挠度 w 和转角 θ_x 是连续的。但式（8.17）第二个表达式中的 θ_y，在 $\xi = 1$ 或 $\xi = -1$ 边界上，θ_y 也是 η 或 y 的三次方多项式，但其重新组合后的四个系数与上述 β_i 不同，只能由两个节点 θ_y 值共 2 个条件确定，这是不确定问题，说明 θ_y 是不连续的。

矩形薄板单元的位移模式［式（8.16）］只能保证单元公共边上挠度以及沿边界方向倾角的连续性，却不能保证法线转角的连续性，变形后如图 8.5 所示，故称式（8.16）为部分协调位移模式，该单元为非协调元。实际计算结果表明，利用此种矩形板单元计算薄板弯曲问题，收敛性很好。即使在角点支承情况，角点附近存在应力集中，有限元的解答也是比较

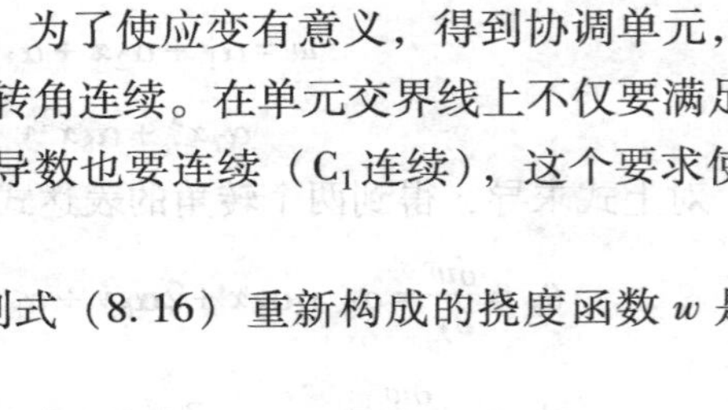

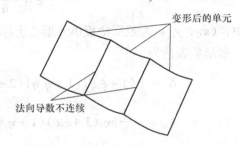

图 8.5　变形后矩形薄板单元示意图

好的。虽然非协调矩形板元的收敛性得到了证实，但是收敛并非一定是单调的，即不一定是精确解的下界或上界。

需要指出，该矩形板元不能推广到一般的四边形板元，因为经过坐标变换得到的一般四边形单元不能满足常应变准则，单元不能通过分片试验，收敛性很差，不能用于实际计算。除矩形板元外，唯一能满足常应变准则的是平行四边形板元，其原因是平行四边形与矩形之间坐标变换的雅可比行列式为常数。

8.2.2 单元刚度矩阵

1. 几何矩阵

对于薄板弯曲问题，应用弯扭矩－曲扭率关系表达比应力－应变表达更为方便。将挠度函数（8.18）代入式（8.4），则可由节点位移表达的曲扭率为

$$\boldsymbol{\chi} = \boldsymbol{B}\,\boldsymbol{\delta}_e \tag{8.22}$$

几何矩阵的形式为

$$\boldsymbol{B} = [\boldsymbol{B}_1 \quad \boldsymbol{B}_2 \quad \boldsymbol{B}_3 \quad \boldsymbol{B}_4] \tag{8.23}$$

几何矩阵的子矩阵为

$$\boldsymbol{B}_i = -\begin{bmatrix} \dfrac{\partial^2 \boldsymbol{N}_i}{\partial x^2} \\ \dfrac{\partial^2 \boldsymbol{N}_i}{\partial y^2} \\ 2\dfrac{\partial^2 \boldsymbol{N}_i}{\partial x \partial y} \end{bmatrix} = -\begin{bmatrix} \dfrac{1}{a^2}\cdot\dfrac{\partial^2 \boldsymbol{N}_i}{\partial \xi^2} \\ \dfrac{1}{b^2}\cdot\dfrac{\partial^2 \boldsymbol{N}_i}{\partial \eta^2} \\ \dfrac{2}{ab}\cdot\dfrac{\partial^2 \boldsymbol{N}_i}{\partial \xi \partial \eta} \end{bmatrix} = -\begin{bmatrix} \dfrac{1}{a^2}\cdot\dfrac{\partial^2 N_i}{\partial \xi^2} & \dfrac{1}{a^2}\cdot\dfrac{\partial^2 N_{xi}}{\partial \xi^2} & \dfrac{1}{a^2}\cdot\dfrac{\partial^2 N_{yi}}{\partial \xi^2} \\ \dfrac{1}{b^2}\cdot\dfrac{\partial^2 N_i}{\partial \eta^2} & \dfrac{1}{b^2}\cdot\dfrac{\partial^2 N_{xi}}{\partial \eta^2} & \dfrac{1}{b^2}\cdot\dfrac{\partial^2 N_{yi}}{\partial \eta^2} \\ \dfrac{2}{ab}\cdot\dfrac{\partial^2 N_i}{\partial \xi \partial \eta} & \dfrac{2}{ab}\cdot\dfrac{\partial^2 N_{xi}}{\partial \xi \partial \eta} & \dfrac{2}{ab}\cdot\dfrac{\partial^2 N_{yi}}{\partial \xi \partial \eta} \end{bmatrix} \tag{8.24}$$

$$(i = 1,\ 2,\ 3,\ 4)$$

式中，形函数 N_i、N_{xi}、N_{yi} 即由式（8.20）表达，它们都是关于 ξ、η 的形函数，对 ξ、η 的各阶偏导数容易计算。

弯扭矩与节点位移关系为

$$\boldsymbol{M} = \boldsymbol{D}_b\boldsymbol{\chi} = \boldsymbol{D}_b\boldsymbol{B}\,\boldsymbol{\delta}_e \tag{8.25}$$

2. 单元刚度矩阵

根据薄板的应变能推导矩形薄板单元的刚度矩阵，可以从应力－应变表达式出发，也可从弯扭矩－曲扭率表达形式出发，最终得到相同结果。由弯扭矩－曲扭率表达的应变能为

$$U_e = \frac{1}{2}\iint \boldsymbol{M}^{\mathrm{T}}\boldsymbol{\chi}\,\mathrm{d}x\mathrm{d}y = \frac{1}{2}\boldsymbol{\delta}_e^{\ \mathrm{T}}\boldsymbol{K}_e\boldsymbol{\delta}_e \tag{8.26}$$

将曲扭率［式（8.22）］和弯扭矩［式（8.25）］代入后，单元刚度矩阵为

$$\boldsymbol{K}_e = \iint \boldsymbol{B}^{\mathrm{T}}\boldsymbol{D}_b\boldsymbol{B}\,\mathrm{d}x\mathrm{d}y = ab\int_{-1}^{1}\int_{-1}^{1}\boldsymbol{B}^{\mathrm{T}}\boldsymbol{D}_b\boldsymbol{B}\,\mathrm{d}\xi\mathrm{d}\eta \tag{8.27}$$

式（8.27）中被积函数的各个矩阵都是显式的，在［－1，1］区间积分没有难度，但推导过程十分烦琐，容易出错。矩形薄板单元的刚度矩阵为 12×12 阶，按节点划分成 4×4

个子阵，其中一个子矩阵可表示为

$$\boldsymbol{K}_{ij}=\begin{bmatrix}k_{11} & k_{12} & k_{13}\\ k_{21} & k_{22} & k_{23}\\ k_{31} & k_{32} & k_{33}\end{bmatrix}$$

利用自编的 MATLAB 字符运算程序 Thin_Plate_Stiff_Matrix（**详见链接文件：第 8 章　平板弯曲问题 \ 1. 推导矩形薄板刚度矩阵程序 . txt**），运行后稍做整理，推导矩形薄板单元刚度子矩阵各元素的具体表达式为

$$\begin{aligned}
k_{11}&=3H\left[15\left(\frac{b^2}{a^2}\xi_0+\frac{a^2}{b^2}\eta_0\right)+\left(14-4\mu+5\frac{b^2}{a^2}+5\frac{a^2}{b^2}\right)\xi_0\eta_0\right]\\
k_{12}&=-3Hb\left[\left(2+3\mu+5\frac{a^2}{b^2}\right)\xi_0\eta_i+15\frac{a^2}{b^2}\eta_i+5\mu\xi_0\eta_j\right]\\
k_{13}&=3Ha\left[\left(2+3\mu+5\frac{b^2}{a^2}\right)\xi_i\eta_0+15\frac{b^2}{a^2}\xi_i+5\mu\xi_j\eta_0\right]\\
k_{21}&=-3Hb\left[\left(2+3\mu+5\frac{a^2}{b^2}\right)\xi_0\eta_j+15\frac{a^2}{b^2}\eta_j+5\mu\xi_0\eta_i\right]\\
k_{22}&=Hb^2\left[2(1-\mu)\xi_0(3+5\eta_0)+5\frac{a^2}{b^2}(3+\xi_0)(3+\eta_0)\right]\\
k_{23}&=-15H\mu ab(\xi_i+\xi_j)(\eta_i+\eta_j)\\
k_{31}&=3Ha\left[\left(2+3\mu+5\frac{b^2}{a^2}\right)\xi_j\eta_0+15\frac{b^2}{a^2}\xi_j+5\mu\xi_i\eta_0\right]\\
k_{32}&=-15H\mu ab(\xi_i+\xi_j)(\eta_i+\eta_j)\\
k_{33}&=Ha^2\left[2(1-\mu)\eta_0(3+5\xi_0)+5\frac{b^2}{a^2}(3+\xi_0)(3+\eta_0)\right]
\end{aligned}\tag{8.28}$$

式中，$H=\dfrac{D}{60ab}$；$D=\dfrac{h^3E}{12(1-\mu^2)}$；$\xi_0=\xi_i\xi_j$；$\eta_0=\eta_i\eta_j$。

8.2.3 等效节点载荷

横向分布面载荷是平板承受载荷的主要形式。若垂直于板面的分布面载荷为 $q(x, y)$，则等效节点载荷为

$$\boldsymbol{P}_e=\iint\boldsymbol{N}^{\mathrm{T}}q(x,y)\,\mathrm{d}x\mathrm{d}y=ab\int_{-1}^{1}\int_{-1}^{1}\boldsymbol{N}^{\mathrm{T}}q\,\mathrm{d}\xi\mathrm{d}\eta\tag{8.29}$$

当面力是常量 q_0 时，等效节点载荷为

$$\boldsymbol{P}_i=\begin{Bmatrix}F_{zi}\\ M_{xi}\\ M_{yi}\end{Bmatrix}=\frac{1}{3}q_0ab\begin{Bmatrix}3\\ -b\eta_i\\ a\xi_i\end{Bmatrix}\quad(i=1,2,3,4)\tag{8.30}$$

如果 q 在矩形薄板单元上线性分布，则可表示成

$$q = \sum_{i=1}^{4} \overline{N}_i q_i \tag{8.31}$$

式中，q_i是4个节点上的载荷值；$\overline{N}_i$ 为四节点平面矩形单元的形函数，如式（4.34），即

$$\overline{N}_i = \frac{1}{4}(1+\xi_i\xi)(1+\eta_i\eta) \quad (i=1,2,3,4)$$

对于线性分布的横向面载荷的情况，式（8.29）的被积函数是多项式，通过积分计算就可以得到显式表达式。但手工计算较为麻烦，利用自编的计算线性分布面载荷等效节点载荷的 MATLAB 程序函数 Equivalent_Load_ Thin_Plate（**详见链接文件：第8章　平板弯曲问题\2. 推导薄板线性面力等效载荷程序 . txt**），得到线性分布面载荷的等效节点载荷为

$$\boldsymbol{P}_{ei} = \begin{Bmatrix} F_{zi} \\ M_{xi} \\ M_{yi} \end{Bmatrix} = \frac{ab}{180}\begin{bmatrix} 45 & 7\xi_i\eta_i & 18\xi_i & 18\eta_i \\ -15b\eta_i & -b\xi_i & -5b\xi_i\eta_i & -3b \\ 15a\xi_i & a\eta_i & 3a & 5a\xi_i\eta_i \end{bmatrix}\begin{Bmatrix} q'_1 \\ q'_2 \\ q'_3 \\ q'_4 \end{Bmatrix} \tag{8.32}$$

其中，

$$\begin{Bmatrix} q'_1 \\ q'_2 \\ q'_3 \\ q'_4 \end{Bmatrix} = \begin{bmatrix} 1 & 1 & 1 & 1 \\ 1 & -1 & 1 & -1 \\ -1 & 1 & 1 & -1 \\ -1 & -1 & 1 & 1 \end{bmatrix}\begin{Bmatrix} q_1 \\ q_2 \\ q_3 \\ q_4 \end{Bmatrix} \tag{8.33}$$

如果分布面载荷具有更复杂的形式，则可利用数值积分计算。

8.2.4 矩形板单元的应用

【应用算例8.1】 为了便于比较支承条件与载荷形式对薄板弯曲的影响，试采用有限元法分析某四边支承的正方形薄板的中心挠度，包括四边固支和四边简支两种支承条件，均布载荷 q 和中心集中力 P 两种载荷形式。

解：因为正方形薄板结构、约束、载荷均对称，有限元法模型可只取1/4板进行分析。采用1/4板模型，支承边上节点的位移约束条件，根据固支边界限定线位移及转角、简支边界只限制线位移的规定，进行相应的位移约束；而对称轴上的节点应按对称边界条件的要求施加位移约束。如在 $x=0$ 上，约束条件 $u=\theta_y=\theta_z=0$；在 $y=0$ 上，约束条件 $v=\theta_x=\theta_z=0$，参见表9.1。

薄板弯曲问题板中心点的最大挠度、截面弯矩，可表示如下：

（1）横向均布载荷 q 作用　最大挠度 $w_{\max}=\alpha\dfrac{qL^4}{D}$，弯矩 $M_x=\zeta qL^2$；

（2）中心点集中力 P 作用　最大挠度 $w_{\max}=\beta\dfrac{PL^2}{D}$，弯矩 $M_x=\eta PL$。

其中，L 是方板边长；D 为板的弯曲刚度如式（8.11），α、β 为挠度系数；ζ、η 为弯矩系数。提示一点，按单位宽度板计算弯矩，其因次为[力]·[长度]/[长度]。

图 8.6 显示了四边固支在承受均布载荷 q 的作用下，沿中线的挠度系数 $\alpha=[Dw/(qL^4)]\times10^3$ 及弯矩系数 $\xi=[M_x/(qL^2)]\times10^2$ 的结果。模型被划分为不同密度的网格，以比较挠度系数 α 及弯矩系数 ζ 的精度。

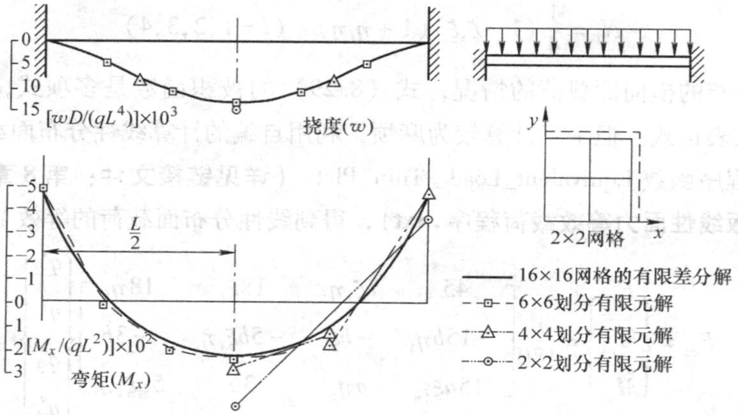

图 8.6　均布载荷作用下四周固支方板的挠度系数和弯矩系数

采用有限元法及 Timoshenko 解析解的四边固支和四边简支两种支承条件，均布载荷 q、中央集中力 P 作用的中心挠度系数 α、β 列于表 8.1。计算中取 $\mu=0.3$。

表 8.1　正方形薄板的中心挠度系数（矩形单元）　　（$\times10^{-3}$）

网格（1/4 板）	节点数	四边简支		四边固支	
		均布载荷 α	集中载荷 β	均布载荷 α	集中载荷 β
2×2	9	3.446	13.784	1.480	5.919
4×4	25	3.939	12.327	1.403	6.134
8×8	81	4.033	11.829	1.304	5.803
16×16	289	4.056	11.671	1.275	5.672
解析解		4.062	11.60	1.26	5.60

8.3 三角形薄板单元

矩形薄板单元虽然有较好的精度，但不适用于斜边界或曲线边界。三角形薄板单元能较好地反映这类边界形状，其单元尺寸可自由改变，从而能够提高局部区域的计算精度。

8.3.1 三角形薄板单元位移模式

如图 8.7 所示的三角形薄板单元，每个节点上有 3 个位移参量，即 w_i、θ_{xi}、θ_{yi}，单元共有 9 个自由度，构造的位移函数包括 9 个待求参数。按图 4.6 所示帕斯卡三角形选项，若选取 x、y 的完全三次方多项式，共包括 10 项，多出一个待定系数，则必须删去一项。

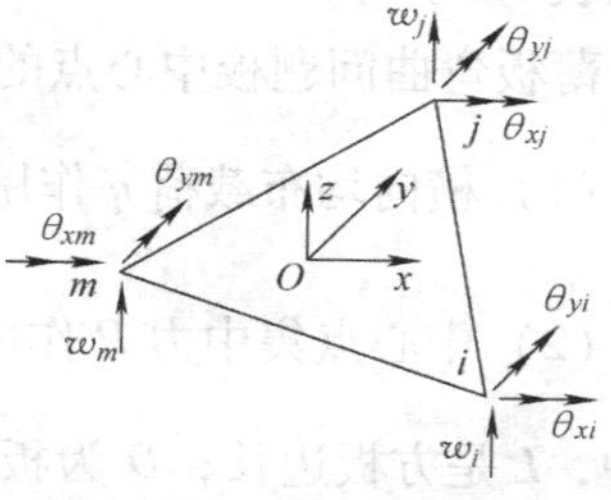

图 8.7　三角形薄板单元

与矩形薄板单元相同，多项式中的常数项和一次方项是保证刚体运动条件所必需的，二次方项是保证常曲率条件所必需的，前6项是保证位移函数的完备性；所以只能在三次方项 x^3、x^2y、xy^2、y^3 中删去一项，显然删除任意一项都无法保证对于 x 轴和 y 轴的对称性。学者们对如何构造三角形薄板单元位移插值函数进行了大量研究工作，有人建议将 x^2y、xy^2 两项采用相同的系数来构造位移函数，以达到减少一个待定系数并保持对称性的目的，但可惜当两条边是分别平行于 x 轴和 y 轴的等腰三角形单元时，确定待定参数的代数方程系数矩阵是奇异的。换言之，无法通过节点位移协调条件来确定未知参数，位移模式中各项系数不能唯一确定，所以该方案是行不通的。还有一种方案是，除三个角节点外，将单元中心挠度 w 也作为一个内部自由度，从而使单元的自由度数达到10个，这样就可以取完全的三次方多项式来构造位移模式，然后建立单元的刚度矩阵和等效节点载荷矢量，在整体分析之前采取静力凝聚的方法消去内点的自由度，但按此方案导出的单元是不收敛的。

采用面积坐标多项式来构造三角形薄板弯曲单元的位移函数是一个有效措施，人们提出了多种方案，各种方案构造位移模式的方式不尽相同，包括确定系数的方法也存在差异。下面只讨论常用的一种形式。

三角形面积坐标（参见3.2.2节）的一次方、二次方、三次方分别有以下各项：

一次方项（3项）：L_i，L_j，L_m；

二次方项（6项）：L_i^2，L_j^2，L_m^2，L_iL_j，L_jL_m，L_mL_i；

三次方项（10项）：L_i^3，L_j^3，L_m^3，$L_i^2L_j$，$L_j^2L_m$，$L_m^2L_i$，$L_iL_j^2$，$L_jL_m^2$，$L_mL_i^2$，$L_iL_jL_m$。

表面上看，面积坐标的一次方与二次方共有9项，刚好与单元自由度数吻合，但因 $L_i+L_j+L_m=1$，实质上 L_i、L_j、L_m 这三个量不是完全独立的，只有两个独立变量，所以由面积坐标的一次方与二次方项不能构造薄板三角形单元的挠度函数。

为构造薄板三角形单元的位移函数，先研究由面积坐标表达的多项式中某些基本函数的几何性质，并于图8.8中表示。

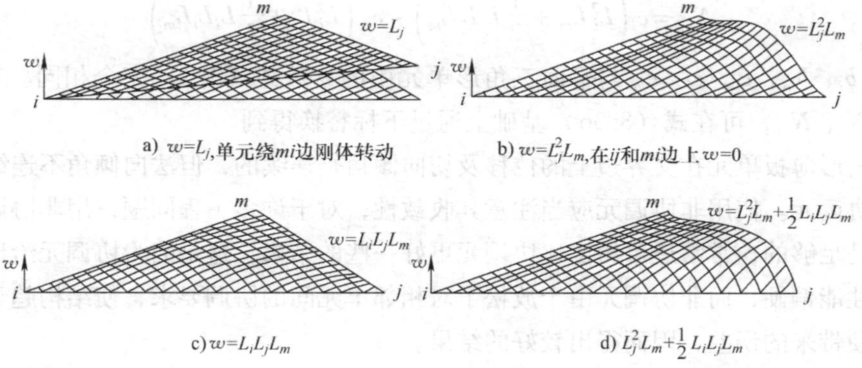

图8.8 面积坐标多项式表示的某些函数曲面

图8.8a表示 $w=L_j$，单元绕 mi 边刚体转动，$w_j=1$，$w_i=0$，$w_m=0$，说明 L_i、L_j、L_m

的线性组合可以反映单元任意给定的刚体位移。图 8.8b 表示 $w=L_j^2L_m$，则沿边 ij 和 mi，$w=0$，三个节点值 $w_i=w_j=w_m=0$，可以证明在边 mi（含节点 m 和 i）上，$\partial w/\partial x=\partial w/\partial y=0$，而在节点 j 上 $\partial w/\partial x\neq 0$，$\partial w/\partial y\neq 0$；$L_j^2L_i$ 具有相同的性质，因此由 $L_j^2L_m$ 和 $L_j^2L_i$ 的线性组合可以给出节点 j 上 $\partial w/\partial x$ 和 $\partial w/\partial y$ 的任意指定值。图 8.8c 表示 $w=L_iL_jL_m$，在 3 个节点上，函数值及偏导数都等于零，它不能由节点参数决定，因此在构造单元函数时不能单独应用。但 $L_iL_jL_m$ 与 $L_j^2L_m$ 等项结合，如 $L_j^2L_m+cL_iL_jL_m$（c 是常数），可增加函数的一般性，如图 8.8d 所示，该形式的函数共有 6 项。

三角形薄板单元的位移模式由面积坐标的一次方项和部分三次方项组合构成，假设位移模式是

$$w=\alpha_1L_i+\alpha_2L_j+\alpha_3L_m+\alpha_4(L_j^2L_i+cL_iL_jL_m)+\cdots+\alpha_9(L_i^2L_m+cL_iL_jL_m) \tag{8.34}$$

该式对于面积坐标 L_i、L_j、L_m 形式上式对称的，但它只包含 9 项，并不能代表 x、y 的完全三次方多项式，一般情况下不能保证挠度 w 满足常应变要求，即当节点参数赋以常曲率及常扭率相应的数值时，w 不能保证给出和此变形状态相应的挠度值。可以证明，当 $c=1/2$ 时，式（8.34）所表示的 w 刚好满足常应变要求。式（8.34）中的 9 个待定参数由面积坐标表示的各节点位移及转角 w_i、θ_{xi}、θ_{yi} 确定。确定各系数后，三角形薄板单元位移函数仍为式（8.21）格式，即

$$w=\boldsymbol{N\delta}_e$$

形函数矩阵为包含 9 个元素的行矢量，子矩阵为

$$\boldsymbol{N}_i=[N_i \quad N_{xi} \quad N_{yi}] \quad (i=i,j,m) \tag{8.35}$$

形函数的表达式为

$$\begin{aligned}
N_i&=L_i+L_i^2(L_j+L_m)-L_i(L_j^2+L_m^2)\\
N_{xi}&=b_j\left(L_i^2L_m+\frac{1}{2}L_iL_jL_m\right)-b_m\left(L_i^2L_j+\frac{1}{2}L_iL_jL_m\right)\\
N_{yi}&=c_j\left(L_i^2L_m+\frac{1}{2}L_iL_jL_m\right)-c_m\left(L_i^2L_j+\frac{1}{2}L_iL_jL_m\right)
\end{aligned} \tag{8.36}$$

式中，b_i，b_j，b_m，c_i，c_j，c_m 与平面三角形单元中的参数式（3.3）完全相同。节点 j 和 m 的形函数 $\boldsymbol{N}_j$、$\boldsymbol{N}_m$，可在式（8.36）基础上通过下标替换得到。

该三角形薄板单元在交界边上的位移及切向倾角是连续的，但法向倾角不连续，因此是完备的非协调元。使用非协调元应当注意其收敛性，对于许多工程问题，用非协调元得到的结果精度是足够的，常常还可给出比协调元更好一些的结果，这是因为协调元给出的近似解使结构的性能偏硬，而非协调元由于放松了对相邻单元间的协调要求，使结构趋于柔软，能够抵消刚硬带来的误差，因而得出较好的结果。

网格划分的方式对计算精度和收敛性也有影响，如后面例题 8.2 中的问题，有学者研究证明图 8.9 中网格密度为 4×4 时，A、B 类网格都能够通过分片试验，结果收敛于解析解，C 类网格虽然也收敛，但位移值大约有 1.5% 的误差，不规则网格效果较差。

8.3.2 单元刚度矩阵

直角坐标与面积坐标的导数关系：

$$
\begin{aligned}
\frac{\partial}{\partial x} &= \frac{1}{2A}\left(b_i \frac{\partial}{\partial L_i} + b_j \frac{\partial}{\partial L_j} + b_m \frac{\partial}{\partial L_m}\right) \\
\frac{\partial}{\partial y} &= \frac{1}{2A}\left(c_i \frac{\partial}{\partial L_i} + c_j \frac{\partial}{\partial L_j} + c_m \frac{\partial}{\partial L_m}\right)
\end{aligned} \tag{8.37}
$$

式中，A 为三角形薄板单元的面积。

注意 L_i、L_j、L_m 这三个量中只有两个独立变量，若以 L_i 和 L_j 作为独立坐标，而以 $L_m = 1 - L_i - L_j$ 作为函数，则式（8.37）关系简化为

$$
\begin{Bmatrix} \dfrac{\partial}{\partial x} \\ \dfrac{\partial}{\partial y} \end{Bmatrix} = \frac{1}{2A}\begin{bmatrix} b_i & b_j \\ c_i & c_j \end{bmatrix}\begin{Bmatrix} \dfrac{\partial}{\partial L_i} \\ \dfrac{\partial}{\partial L_j} \end{Bmatrix} \tag{8.38}
$$

直角坐标与面积坐标的二阶导数关系：

$$
\begin{Bmatrix} \dfrac{\partial^2}{\partial x^2} \\ \dfrac{\partial^2}{\partial y^2} \\ 2\dfrac{\partial^2}{\partial x \partial y} \end{Bmatrix} = \frac{1}{4A^2}\begin{bmatrix} b_i^2 & b_j^2 & 2b_ib_j \\ c_i^2 & c_j^2 & 2c_ic_j \\ 2b_ic_i & 2b_jc_j & 2(b_ic_j + b_jc_i) \end{bmatrix}\begin{Bmatrix} \dfrac{\partial^2}{\partial L_i^2} \\ \dfrac{\partial^2}{\partial L_j^2} \\ \dfrac{\partial^2}{\partial L_i \partial L_j} \end{Bmatrix} \tag{8.39}
$$

应变矩阵的子矩阵：

$$
\boldsymbol{B}_i = -\begin{Bmatrix} \dfrac{\partial^2 \boldsymbol{N}_i}{\partial x^2} \\ \dfrac{\partial^2 \boldsymbol{N}_i}{\partial y^2} \\ 2\dfrac{\partial^2 \boldsymbol{N}_i}{\partial x \partial y} \end{Bmatrix} = -\boldsymbol{T}\begin{Bmatrix} \dfrac{\partial^2 \boldsymbol{N}_i}{\partial L_i^2} \\ \dfrac{\partial^2 \boldsymbol{N}_i}{\partial L_j^2} \\ \dfrac{\partial^2 \boldsymbol{N}_i}{\partial L_i \partial L_j} \end{Bmatrix} = -\boldsymbol{T}\begin{bmatrix} \dfrac{\partial^2 N_i}{\partial L_i^2} & \dfrac{\partial^2 N_{xi}}{\partial L_i^2} & \dfrac{\partial^2 N_{yi}}{\partial L_i^2} \\ \dfrac{\partial^2 N_i}{\partial L_j^2} & \dfrac{\partial^2 N_{xi}}{\partial L_j^2} & \dfrac{\partial^2 N_{yi}}{\partial L_j^2} \\ \dfrac{\partial^2 N_i}{\partial L_i \partial L_j} & \dfrac{\partial^2 N_{xi}}{\partial L_i \partial L_j} & \dfrac{\partial^2 N_{yi}}{\partial L_i \partial L_j} \end{bmatrix} \quad (i = i, j, m) \tag{8.40}
$$

其中，

$$
\boldsymbol{T} = \frac{1}{4A^2}\begin{bmatrix} b_i^2 & b_j^2 & 2b_ib_j \\ c_i^2 & c_j^2 & 2c_ic_j \\ 2b_ic_i & 2b_jc_j & 2(b_ic_j + b_jc_i) \end{bmatrix} \tag{8.41}
$$

单元刚度矩阵：

$$
\boldsymbol{K}_e = \iint \boldsymbol{B}^{\mathrm{T}} \boldsymbol{D}_b \boldsymbol{B} \mathrm{d}x\mathrm{d}y \tag{8.42}
$$

单元刚度矩阵 $\boldsymbol{K}_e$ 中的被积函数是由面积坐标表示的，可利用面积坐标积分公式

[式 (3.10)]得到显式表达式，也可以利用三角形数值积分方法计算。

8.3.3 等效节点载荷

设三角形薄板单元承受横向分布面载荷 $q(x, y)$，则其等效节点载荷为

$$\boldsymbol{P}_e = \iint \boldsymbol{N}^{\mathrm{T}} q(x,y)\,\mathrm{d}x\mathrm{d}y \tag{8.43}$$

如果 q 在单元上线性分布，则板单元上任意一点的载荷集度可表示为

$$q = q_i L_i + q_j L_j + q_m L_m \tag{8.44}$$

等效节点载荷为

$$\boldsymbol{P}_i = \begin{Bmatrix} F_{zi} \\ M_{xi} \\ M_{yi} \end{Bmatrix} = \frac{A}{360}\begin{Bmatrix} 64q_i + 28(q_j + q_m) \\ 7(b_j - b_m)q_i + (3b_j - 5b_m)q_j + (5b_j - 3b_m)q_m \\ 7(c_j - c_m)q_i + (3c_j - 5c_m)q_j + (5c_j - 3c_m)q_m \end{Bmatrix} \tag{8.45}$$

$$(i = i,\ j,\ m)$$

当面力是常量 q_0时，等效节点载荷为

$$\boldsymbol{P}_i = \begin{Bmatrix} F_{zi} \\ M_{xi} \\ M_{yi} \end{Bmatrix} = \frac{q_0 A}{24}\begin{Bmatrix} 8 \\ b_i - b_j \\ c_i - c_j \end{Bmatrix} \quad (i = i,j,m) \tag{8.46}$$

8.3.4 三角形薄板单元的应用

【应用算例 8.2】 试采用三角形薄板单元，分析四边固支和四边简支两种情况下的方形薄板，在承受均布载荷 q 或中心集中载荷时板的变形与内力。

解：因为正方形薄板的结构、约束、载荷均对称，所以只取 1/4 进行分析。按图 8.9 所示不同方式的网格，每种网格单元划分不同大小。计算时取 $\mu=0.3$，板的边长为 L，板的弯曲刚度为 D。图 8.10 表示采用不同形式、不同密度网格计算出的结果，沿板中心线的挠度系数曲线和弯矩系数曲线，并与解析解的比较。图 8.10a 挠度系数曲线中的纵坐标为放大 10^5 倍的挠度系数：均布载荷作用时为 $[Dw/(qL^4)]\times10^5$；集中载荷作用时为 $[Dw/(PL^2)]\times10^5$。图 8.10b 弯矩系数曲线中的纵坐标为放大 10^4 倍的弯矩系数：分布载荷作用时为 $[M_x/(qL^2)]\times10^4$；集中载荷作用时为 $[M_x/P]\times10^4$。

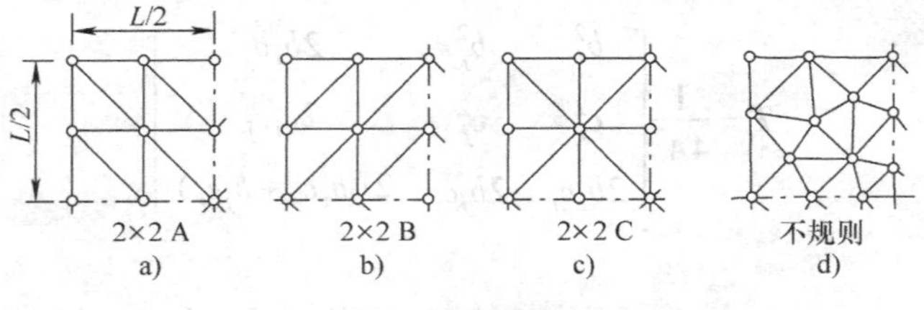

图 8.9 方板的三角形薄板单元网格

从图 8.10a 可见，随着单元网格的加密，有限元结果趋于解析解，8 ×8 网格的计算结

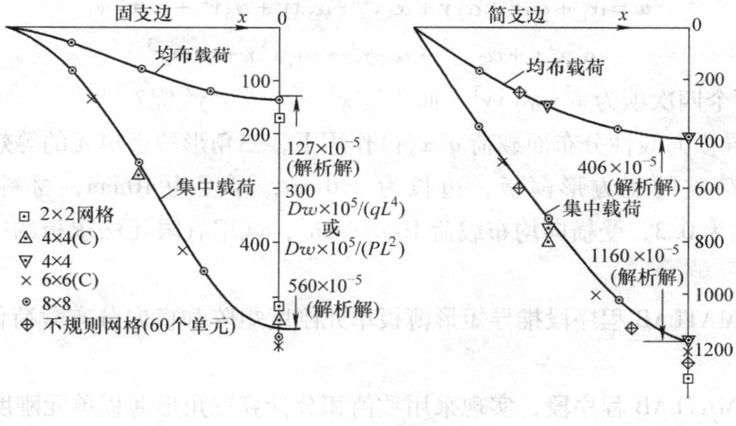

a) 沿中心线的挠度系数

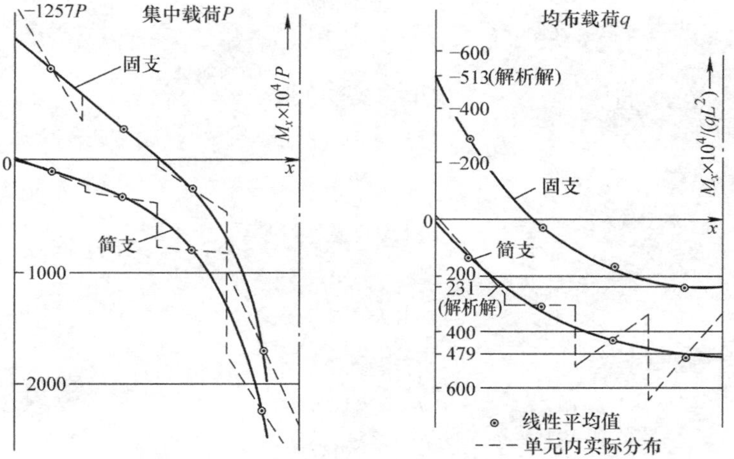

b) 沿中心线的M_x

图 8.10　不同支承方式方板的三角形薄板单元计算结果

果基本上与解析解一致。采用非协调单元，解的收敛不是单调的。图 8.10b 给出 8×8 网格的计算结果，可见单元内 M_x 呈线性分布，在单元交界面上不连续，但单元中心的 M_x 与解析解吻合很好。

习题 8

8.1　在薄板弯曲时，为什么板上任意一点位移与应力可用板的中面挠度 w 来确定？如何由 w 来表示？

8.2　在等厚简支矩形板的中心处有一集中力 F 作用，有限元模型可取板的几分之一进行分析？此时计算载荷应取多少？边界条件应如何设定？

8.3　矩形薄板单元的位移函数选定为

$$w=\alpha_1+\alpha_2x+\alpha_3y+\alpha_4x^2+\alpha_5xy+\alpha_6y^2+\alpha_7x^3+$$
$$\alpha_8x^2y+\alpha_9xy^2+\alpha_{10}y^3+\alpha_{11}x^3y+\alpha_{12}xy^3$$

为什么增加的两个四次项为 x^3y 和 xy^3，而不选 x^4、y^4 或 x^2y^2 呢？

8.4 试推导横向线性分布面载荷 $q(x,y)$ 作用下，三角形薄板单元的等效节点载荷。

8.5 四边简支的正方形薄板，边长为 200mm，厚度为 10mm，材料的弹性模量为 200GPa，泊松比为 0.3，受横向均布载荷 100N/mm^2，试用有限元法求板的中心挠度、应力及弯矩。

8.6 利用 MATLAB 程序段推导矩形薄板单元刚度矩阵和横向分布载荷作用的等效节点载荷。

8.7 编写 MATLAB 程序段，实现采用数值积分计算三角形薄板单元刚度矩阵。

第 9 章 有限元分析中的几个特殊问题

Chapter 9

9.1 子结构法

实际工程结构中，常有某些部位或区域构造相同，只是它们在整体结构的空间位置不同。可将这些有代表性的典型部位或区域划分为结构子块（子结构），选定其中一个结构子块作为超级单元，用于描述结构中与之相同的其他部位，这种方法称为子结构法。子结构是相对于整体结构而言，是结构的一部分，子结构还可以划分成更小的子结构，称为多重子结构。子结构划分单元网格方法与一般结构相同，可包含若干节点与单元，也可包含下层子结构。

利用子结构法进行结构分析可以大量减少有限元模型数据的准备和输入，减少单元矩阵计算以及系统方程求解的工作量，还可减少对计算机存储量的需求，从而提高计算效率，为解决超大型问题提供一种有效措施。下面通过实例介绍子结构法及其分析的步骤。

1. 子结构选取

通常可以采用子结构方法的几种情况：

（1）存在多块相同部分的结构　取相同部分的结构作为子结构，相同的子结构块数越多，计算效率越高。

（2）形状或物性改变只发生于局部结构　对于结构进行局部改进优化设计等问题，结构大部分不变，只在局部进行改变调整，将改变部分作为一个子结构，不变部分作为另外的子结构。分析结构新方案时，只需重新形成变化部分子结构的刚度矩阵，而不必计算不变部分的刚度矩阵，可节省工作量，提高分析效率。

（3）大型复杂结构　对于大型复杂结构，虽无重复结构，但可将其划分为若干子结构，先凝聚掉各自的内部自由度，然后再集成总体求解方程。这样可使求解方程的自由度总数以及相应的系数矩阵的带宽和其中的零元素所占的比例大大缩减，降低求解方程阶次，从而提高计算效率。

如图 9.1 所示一个四层三跨的框架结构，其中各跨框架梁完全相同，每一根梁上有三个孔。图 9.2（a）表示其中一根带孔的单跨梁，框架结构中有 12 根这样梁。它又可分为 3 个相同段，而每段又由 4 个对称形状组成，如图 9.2b、c 所示。

该框架结构可划分为梁系和柱系两大部分。下面只讨论梁系的子结构，分析梁的结构特征时可选取如下多重子结构：

第一层子结构是带有 3 个孔洞的单跨梁，用 SUB1 表示，如图 9.2a 所示，框架结构中有 12 个这样的子结构。第二层子结构是单跨梁中含一个孔的梁段，用 SUB2 表示，如图 9.2b 所示，1 个单跨梁 SUB1 中包含 3 个梁段 SUB2。第三层子结构，含一个孔的梁段是双对称结构，选其四分之一为子结构，如图 9.2c 所示，用 SUB3 表示，1 个梁段 SUB2 可以分解为 4 个 SUB3。

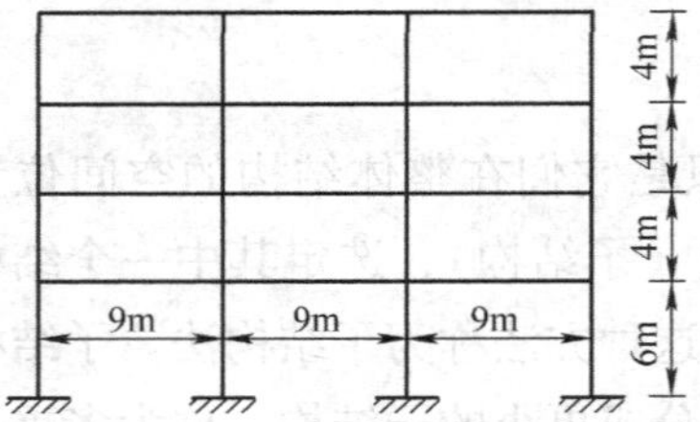

图 9.1　四层三跨的框架结构

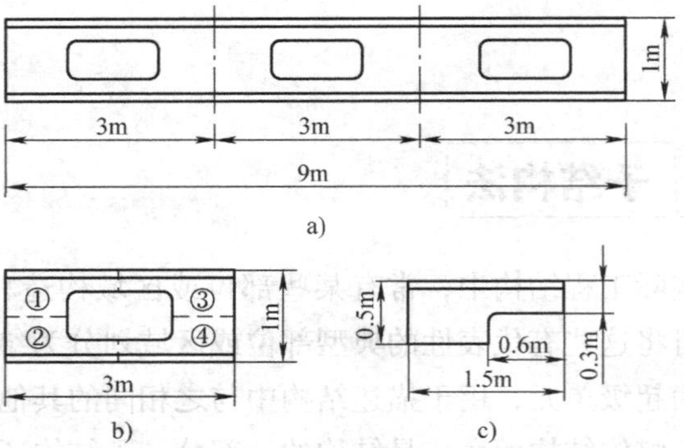

图 9.2　框架梁的子结构分解

图 9.1 所示的框架结构的子结构分解图，如图 9.3 所示。

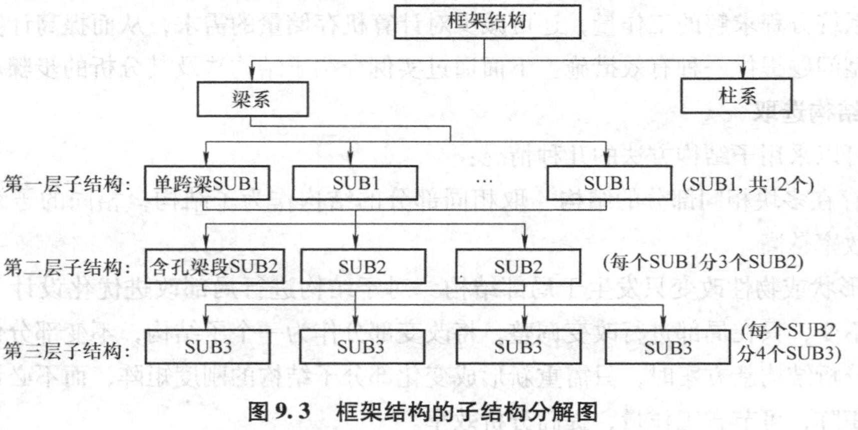

图 9.3　框架结构的子结构分解图

2. 外部节点与内部节点

子结构是一个超级单元，可由单元及下层子结构组成。最底层的子结构只由单元组成而不包含其他子结构，称为基层子结构。子结构离散化应从基层子结构开始离散。上述框架结构中基层子结构 SUB3 的有限元网格划分如图 9.4a 所示，共 32 个二次单元、105 个节点，其中有16个节点在交界面上，如图9.4b所示，这些子结构中与其他子结构或其他单元相连接的节点称为交界面节点或外部节点，其余与其他子结构不直接相连、只与本子结构内部单元相连的节点称为内部节点。

在子结构层面上，内部节点与外部节点的作用相同，都可用于形成该子结构的刚度矩阵，但在组成上层子结构的刚度矩阵时二者作用不同。本级子结构作为超级单元只有交界面上的节点才与其他子结构或单元关联，将子结构的刚度矩阵中与内部节点对应的行列元素凝聚掉之后，再集成到上层子结构的刚度矩阵之中。

内部节点不能变为外部节点，但外部节点在组装上层子结构后可能会转变为内部节点，如图9.4c所示，由子结构SUB3组成SUB2时，原SUB3中的外部节点4#~16#转变为SUB2的内部节点。最后由3个SUB2经过集成和凝聚，再将端点自由度进行转换，可以得到一个2节点的梁单元作为子结构SUB1，如图9.4d所示，实际上它是一个超级梁单元，而非普通的梁单元。

超级梁单元与柱组成框架结构。框架结构中有12个如图9.4d所示的子结构SUB1，由于采用子结构方法，计算子结构需要的数据准备和刚度矩阵的计算只需要进行一次，而其余11个相同形状的子结构只要输入交界面节点的编号以及表明子结构方位的信息就可以了。此外，系统的自由度总数大为减少，因此无论是计算的准备工作还是计算机的运行时间都可大量节省。

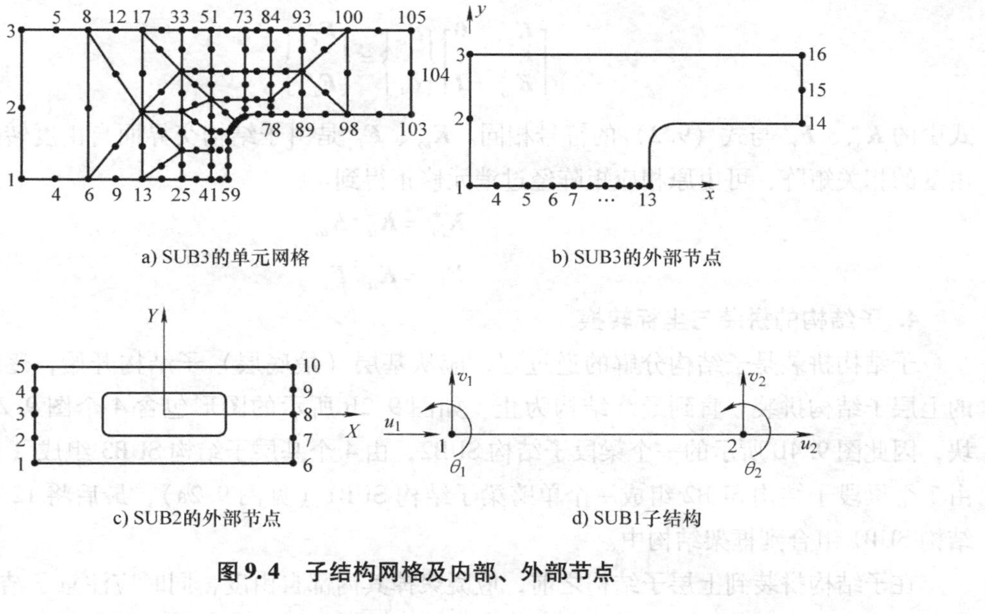
a) SUB3的单元网格
b) SUB3的外部节点
c) SUB2的外部节点
d) SUB1子结构

图9.4　子结构网格及内部、外部节点

3. 内部自由度的凝聚

在划分网格时，子结构是一个独立部分，可以形成本级子结构的刚度矩阵和等效节点载荷矢量，但相对于结构系统而言，子结构实质上是一个具有相当多内部自由度的超级单元。为了减少系统的自由度总数，在子结构与其他子结构或单元连接前，将该层子结构的内部自由度凝聚掉。为建立准备凝聚的子结构的系统方程，假定通过适当的节点编号，将子结构的节点位移按外部节点和内部节点分成两部分，相应地，将子结构的刚度矩阵及载荷列阵进行分块，形式如下：

$$\begin{bmatrix} \boldsymbol{K}_{oo} & \boldsymbol{K}_{oi} \\ \boldsymbol{K}_{io} & \boldsymbol{K}_{ii} \end{bmatrix} \begin{Bmatrix} \boldsymbol{\delta}_o \\ \boldsymbol{\delta}_i \end{Bmatrix} = \begin{Bmatrix} \boldsymbol{F}_o \\ \boldsymbol{F}_i \end{Bmatrix} \tag{9.1}$$

其中，$\boldsymbol{\delta}_o$为外部节点位移，$\boldsymbol{\delta}_i$为内部节点位移，刚度矩阵及载荷列阵按$\boldsymbol{\delta}_o$和$\boldsymbol{\delta}_i$分块子矩阵。

由式（9.1）的第二式可得内部位移$\boldsymbol{\delta}_i$由其他量表示为

$$\boldsymbol{\delta}_i = \boldsymbol{K}_{ii}^{-1}(\boldsymbol{F}_i - \boldsymbol{K}_{io}\boldsymbol{\delta}_o)$$

将上式代入式（9.1）的第一式，得到凝聚后的方程为

$$(\boldsymbol{K}_{oo} - \boldsymbol{K}_{oi}\boldsymbol{K}_{ii}^{-1}\boldsymbol{K}_{io})\boldsymbol{\delta}_o = \boldsymbol{F}_o - \boldsymbol{K}_{oi}\boldsymbol{K}_{ii}^{-1}\boldsymbol{F}_i$$

整理为

$$\boldsymbol{K}_{oo}^*\boldsymbol{\delta}_o = \boldsymbol{F}_o^* \tag{9.2}$$

其中，

$$\boldsymbol{K}_{oo}^* = \boldsymbol{K}_{oo} - \boldsymbol{K}_{oi}\boldsymbol{K}_{ii}^{-1}\boldsymbol{K}_{io}$$

$$\boldsymbol{F}_o^* = \boldsymbol{F}_o - \boldsymbol{K}_{oi}\boldsymbol{K}_{ii}^{-1}\boldsymbol{F}_i$$

实际上，由式（9.1）凝聚到式（9.2）的程序运算过程，并非先求$\boldsymbol{K}_{ii}^{-1}$，而是采用高斯－约当消去法将式（9.1）的阶数降低为与外部节点位移$\boldsymbol{\delta}_o$相应的阶数。将$\boldsymbol{\delta}_i$对应的$\boldsymbol{K}_{ii}$经消元转化成单位阵，即变换为

$$\begin{bmatrix} \boldsymbol{K}_{oo}^* & \boldsymbol{0} \\ \boldsymbol{K}_{io}^* & \boldsymbol{I} \end{bmatrix} \begin{Bmatrix} \boldsymbol{\delta}_o \\ \boldsymbol{\delta}_i \end{Bmatrix} = \begin{Bmatrix} \boldsymbol{F}_o^* \\ \boldsymbol{F}_i^* \end{Bmatrix} \tag{9.3}$$

式中的$\boldsymbol{K}_{oo}^*$、$\boldsymbol{F}_o^*$与式（9.2）的符号相同。$\boldsymbol{K}_{io}^*$、$\boldsymbol{F}_i^*$是由子结构交界面自由度转换到内部自由度的相关矩阵，可由原相应矩阵经过消元修正得到

$$\boldsymbol{K}_{io}^* = \boldsymbol{K}_{ii}^{-1}\boldsymbol{K}_{io}$$

$$\boldsymbol{F}_i^* = \boldsymbol{K}_{ii}^{-1}\boldsymbol{F}_i$$

4. 子结构的拼装与坐标转换

子结构拼装是子结构分解的逆过程，应从基层（最底层）子结构开始，逐级向调用它的上层子结构拼装，直到最终结构为止。如图 9.2b 所示的图形包含 4 个图 9.2c 所示的子块，因此图 9.4b 所示的一个梁段子结构 SUB2，由 4 个基层子结构 SUB3 组成（见图 9.2c）；由 3 个梁段子结构 SUB2 组成一个单跨梁子结构 SUB1（见图 9.2a），最后将 12 个单跨梁子结构 SUB1 组合到框架结构中。

在子结构拼装到上层子结构之前，应凝聚掉其内部自由度，同时应注意子结构交界面与相邻结构边或面上节点的协调性，保证节点坐标精度一致，避免出现异点现象。虽然同一层子结构只定义一次，在子结构坐标系内的刚度矩阵和载荷矢量完全相同，但在组成上层子结构时，存在方位差异，如图 9.2b 中组成梁段子结构 SUB2 的 4 个基层子结构 SUB3 的方位均不同。因此，子结构在集成上层子结构之前必须进行相应的坐标变换，其方法与杆系结构坐标转换的处理方式类似。为了统一说明子结构的几何方位关系，将子结构局部坐标系（用

Ⅰ系表示）下交界面的节点位移记为$\boldsymbol{\delta}_{\mathrm{I}}$，对应上层子结构坐标系（用Ⅱ系表示）下的位移记为$\boldsymbol{\delta}_{\mathrm{II}}$，二者之间的关系为

$$\boldsymbol{\delta}_{\mathrm{I}} = \boldsymbol{\lambda}\boldsymbol{\delta}_{\mathrm{II}} \tag{9.4}$$

式中，坐标转换矩阵

$$\boldsymbol{\lambda} = \begin{bmatrix} \boldsymbol{\lambda}^{(s)} & & \mathbf{0} \\ & \ddots & \\ 0 & & \boldsymbol{\lambda}^{(s)} \end{bmatrix} \tag{9.5}$$

$\boldsymbol{\lambda}^{(s)}$表示第$s$层子结构的一个节点位移（Ⅰ系）转换为上一层子结构节点位移（Ⅱ系）的转换矩阵，对角线上$\boldsymbol{\lambda}^{(s)}$的个数就是第$s$层子结构交界面上的节点数目。若Ⅰ系坐标用$x$、$y$表示（见图9.4b），Ⅱ系坐标用$X$、$Y$表示（见图9.4a），则转换矩阵的表达式为

$$\boldsymbol{\lambda}^{(s)} = \begin{bmatrix} l_{xX} & l_{xY} \\ l_{yX} & l_{yY} \end{bmatrix} \tag{9.6}$$

式中矩阵的各元素为两轴夹角的余弦。

图9.2b中4个子结构SUB3的坐标系与上层子结构SUB2的坐标系的关系如下：

如SUB3－①的Ⅰ系与Ⅱ系平行，$\theta_{xX} = \theta_{yY} = 0°$，只存在坐标原点差，方位属于平移；SUB3－②与SUB3－①关于x轴对称，相当于SUB3－②的Ⅰ系与Ⅱ系也关于x轴对称，称为关于x轴镜射，$\theta_{xX} = 0°$，$\theta_{yY} = 180°$；同理，SUB3－③的Ⅰ系与Ⅱ系间，$\theta_{xX} = 180°$，$\theta_{yY} = 0°$，关于y轴镜射；SUB3－④的Ⅰ系与Ⅱ系z轴一致，子结构转动180°，$\theta_{xX} = 180°$，$\theta_{yY} = 180°$。

四种特殊方位节点转换矩阵分别为：

$$\text{平移}:\boldsymbol{\lambda}^{①} = \begin{bmatrix} 1 & 0 \\ 0 & 1 \end{bmatrix},\ x\text{轴镜射}:\boldsymbol{\lambda}^{②} = \begin{bmatrix} 1 & 0 \\ 0 & -1 \end{bmatrix}$$

$$y\text{轴镜射}:\boldsymbol{\lambda}^{③} = \begin{bmatrix} -1 & 0 \\ 0 & 1 \end{bmatrix},\ \text{转动}180°:\boldsymbol{\lambda}^{④} = \begin{bmatrix} -1 & 0 \\ 0 & -1 \end{bmatrix}$$

引入坐标转换矩阵后，子结构外部节点对应的刚度矩阵和载荷矢量分别变换为

$$\left.\begin{aligned} \boldsymbol{K} &= \boldsymbol{\lambda}^{\mathrm{T}}\boldsymbol{K}_{oo}^{*}\boldsymbol{\lambda} \\ \boldsymbol{P} &= \boldsymbol{\lambda}^{\mathrm{T}}\boldsymbol{F}_{o}^{*} \end{aligned}\right. \tag{9.7}$$

$\boldsymbol{K}$和$\boldsymbol{P}$就是子结构经内部自由度凝聚并转换到上一层子结构或结构总体坐标系下的刚度矩阵和节点载荷矢量。变换后的子结构刚度矩阵和载荷矢量集成过程与普通单元相同。

式（9.7）与矩形单元分析时局部坐标系下的单刚转换到整体坐标系下单刚的转换关系式（4.17）相似，数学计算方法相同，但是其深层含义还是有很大区别的。式（4.17）表示所有的矩形单元均相对于统一的坐标系转动一次，即可得到整体系下的量。而子结构位移变换关系（9.4）及坐标转换矩阵［式（9.5）］则是局部坐标系相对其上层子结构局部坐标系而言的，对于多重子结构则需要多次转换，每层子结构均需要经历内部自由度凝聚、坐标转换、集成，直至形成最终结构系统。

9.2 结构对称性和周期性的利用

工程实际中，很多结构具有对称性和周期性。若能恰当利用结构的对称性和周期性，可以使结构的有限元模型及求解计算规模得到缩减，有时甚至不需要进一步形成结构总体刚度矩阵，从而使数据准备工作和计算工作量大幅度地降低。

9.2.1 具有对称面的结构

在实际工程应用中，具有对称面的结构是常见的形式。根据载荷的对称性或反对称性，可将结构对称面上的节点位移分量区分为对称分量和反对称分量两类，如果能够合理设定位移边界条件，就可充分利用结构对称性，只选取其中一部分进行分析，从而减小有限元模型的规模，节省工作量，提高计算效率。如图 9.5a 所示的具有中心圆孔的矩形板在一对边界上受均匀拉伸的问题，由于结构及载荷对两个坐标轴均对称，利用对称性，可取结构的 1/4 建立有限元模型，如图 9.5b 所示，计算结果能够反映原结构状态。图 9.5c 是当该板四边作用均匀剪力时的有限元模型。

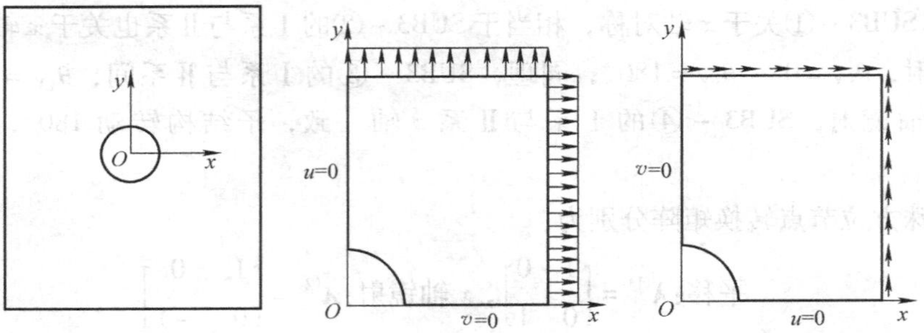

a) 几何形状　　b) 四边受均匀拉伸　　c) 四边受均匀剪力

图 9.5　中心圆孔矩形板受不同载荷的有限元模型

如果结构对于某一个坐标面是对称的，同时载荷对该对称面是对称或反对称的，则可取结构的 1/2 建立计算模型。如果结构有两个或三个对称面，同时载荷对于它们是对称或反对称的，则可分别取结构的 1/4 或 1/8 建立计算模型。取结构的一部分作为研究对象时，关键的问题是如何处理结构对称面上节点的位移边界条件。

1. 对称面上位移分量的对称性与反对称性

下面以二维结构为例，研究结构对称面上节点位移分量的对称性和反对称性。设图 9.6 所示的二维结构关于 Ox 面对称，从几何方面看，x 方向位移分量 u 是对称面 Ox 面的面内分量（in - plane），y 方向位移分量 v 则是对称面 Ox 面的面外分量（out - of - plane）。为了研究它们的性质，在靠近对称面的上、下取两个对称的点 A 和 B，当 A 和 B 间距无穷小时，则 A 与 B 二点趋于在对称面上重合。

（1）对称载荷作用　结构是关于 Ox 面对称的，如果载荷也是关于 Ox 面对称的，由

图9.6a可见结构变形后 A 与 B 两点的位移分量存在关系

$$u_B = u_A,\ v_B = -v_A \tag{9.8}$$

这说明在 Ox 面上，平行于 x 轴的位移 u 是对称分量，垂直于 x 轴的位移 v 是反对称分量。换言之，对称结构在对称载荷作用下的结构对称面上，面内位移分量是对称的，面外位移分量是反对称的。

同样可确定在 Oy 面上，v 是对称分量，u 是反对称分量。对于三维结构，在 xOy 面上，u 和 v 是面内分量且是对称分量，而 w 是面外分量且是反对称分量。

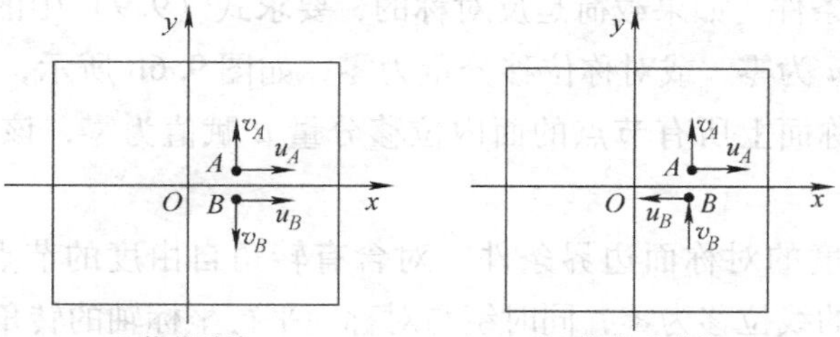

a) 载荷对称　　b) 载荷反对称

图9.6　二维结构对称面上位移分量示意图

（2）反对称载荷作用　如图9.6b所示，在反对称载荷作用下，二维对称结构对称面 Ox 上下的 A 与 B 两点，变形后的位移分量关系为

$$u_B = -u_A,\quad v_B = v_A \tag{9.9}$$

即面外分量 v 是对称分量、面内分量 u 是反对称分量，即对称结构在反对称载荷作用下的结构对称面上的面内位移分量是反对称的，面外位移分量是对称的。

综上分析，结构对称面上节点的位移分量具有对称性和反对称性的特点，但在不同的结构对称面上，位移分量中对称分量和反对称分量不同。**对**（称载荷作用下的面）**内**（位移分量是对称的），**反**（对称载荷作用下的面）**外**位移分量是对称的，简记为“**对内反外**是对称”。为了更清晰地反映结构对称面上哪个位移分量是对称的或是反对称的，便于查看，将上述规则列于表9.1中第3至4列。

表9.1　结构对称面上位移分量的性质及位移约束

维数	对称面	位移分量性质		不同载荷下边界条件	
		对称量	反对称量	对称时	反对称时
二维	Ox	u	v	$v=0$	$u=0$
	Oy	v	u	$u=0$	$v=0$
三维	xOy	u、v	w	$w=0$	$u=v=0$
	yOz	v、w	u	$u=0$	$v=w=0$
	zOx	u、w	v	$v=0$	$u=w=0$
含转角位移	yOz	v、w	u	$u=\theta_y=\theta_z=0$	$v=w=\theta_x=0$

2. 对称面上的边界条件

根据结构对称面上位移分量的对称性与反对称性的特点，赋值适当的位移边界条件，可再现原结构状态。

结构对称面 Ox 上、下两个对称的点 A 与 B 无限接近重合后，则为对称面上的同一点，此时 A 点与 B 点的位移分量应相等，若仍然保持式（9.8）和式（9.9）成立，则必须符合下列条件：

（1）对称边界条件　对称载荷作用时，要求式（9.8）中 $v_B=v_A=0$，说明对称面上的面外位移分量 v 为零，或者说反对称位移分量为零，如图 9.6a 所示，因此边界条件应将对称面上所有节点的面外位移分量 v 赋值为零，该情况称为对称边界条件。

（2）反对称边界条件　如果载荷是反对称的，要求式（9.9）中的 $u_B=u_A=0$，即对称面上的面内位移分量 u 为零，或对称位移分量为零，如图 9.6b 所示，因此反对称载荷作用时的边界条件应将对称面上所有节点的面内位移分量 u 赋值为零，该情况称为反对称边界条件。

（3）含转角自由度的对称面边界条件　对含有转角自由度的节点，对称边界条件是，垂直该对称面方向上的线位移为零，同时绕与对称面平行坐标轴的转角为零，简言之，对称平面外线位移与平面内转角为零，如图 9.7a 所示，$u=0$，$\theta_y=\theta_z=0$。反对称边界条件是平面内线位移与平面外转角为零，如图 9.7b 所示，$v=w=0$，$\theta_x=0$。

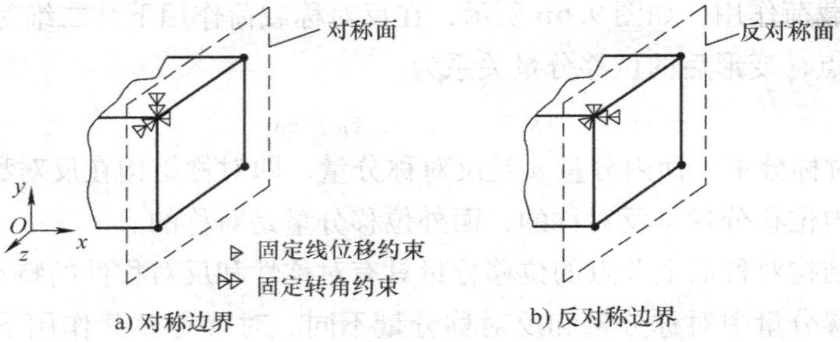

图 9.7　含转角自由度的对称面边界条件

不同对称面的对称边界条件及反对称边界条件，应施加的位移约束列于表 9.1 中后两列。

现在应用上述规则来分析图 9.5a 所示的具有中心圆孔的矩形板。图 9.5b 是当该板上下两边和左右两边作用有均布拉力时的有限元计算模型（略去板内的网格划分），拉力作用时对于 Ox 面和 Oy 面都是对称分量。图 9.5c 是当该板四边作用均布剪力时的有限元模型，剪力作用则都是反对称分量。

3. 可分解为对称与反对称组合的一般载荷

实际上，对于一般载荷情况，如果可以将载荷分解为对称和反对称的组合，亦然可利用结构的对称性。下面仍以具有中心圆孔的矩形板为例，如果在该板两侧边的顶部受集中载荷 P 作用，这时可以将问题分解为关于 Ox 轴对称和反对称这两种载荷情况的叠加，如图 9.8a 所示。这样一来，则可用同样的 1/4 网格进行有限元分析，计算模型如图 9.8b 所示，其中左边和右边的计算模型分别对应于对称和反对称的荷载情况，两者计算结果的叠加即为原问题的解答。在反对称载荷模型中的右下角节点 C 增加 $v=0$ 的约束条件，其目的是为了限制模型 y 方向的刚体移动。

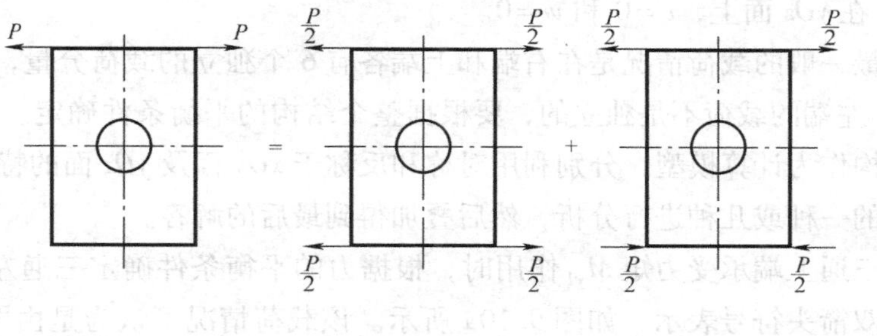

a) 载荷分解

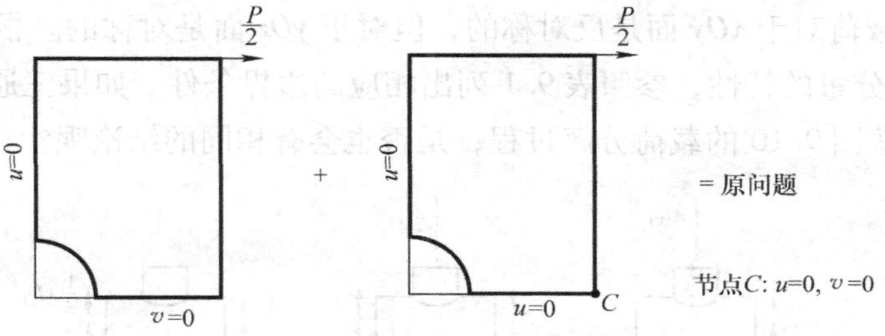

b) 有限元模型

图 9.8 中心圆孔矩形板两侧边受集中载荷时的载荷分解与有限元计算模型

4. 三维对称性应用

图 9.9a 所示为一柱形容器接管或管道三通，这是机械结构中典型的三维结构。它有两个对称面，图示坐标系下的 xOy 和 yOz。通常利用双对称性，可取结构的 1/4 建立有限元模型，如图 9.9b 所示。

例如，对于管道内压载荷和管道三通左右两端所受 x 方向轴向力的受力状态，由于载荷相对于结构的两个对称面都是对称的，所以该类载荷作用在两个对称面上，反对称位移分量应为零，参考表 9.1，在 xOy 面上，$w=0$；在 yOz 面上，$u=0$。

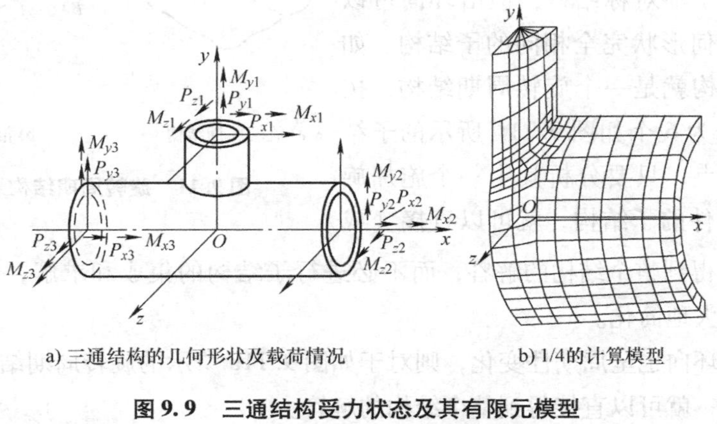

a) 三通结构的几何形状及载荷情况 b) 1/4的计算模型

图 9.9 三通结构受力状态及其有限元模型

再如，管道三通左右两端所受大小相等、方向相反的绕 x 轴的扭矩 M_x 的情况，由于载荷反对称于结构的对称面，在结构的对称面上，对称的位移分量应为零，即在 xOy 面上，$u=0$ 和 $v=0$；在 yOz 面上，$v=0$ 和 $w=0$。

三通结构最一般的载荷情况是在右端和上端各有 6 个独立的载荷分量，即 P_x、P_y、P_z、M_x、M_y、M_z；左端的载荷不是独立的，要根据整个结构的平衡条件确定。复杂载荷情况可以用 1/4 的结构作为计算模型，分别利用对称和反称于 xOy 面及 yOz 面的特性分解成 4 种位移边界条件中的一种或几种进行分析，然后叠加得到最后的解答。

例如，当三通上端承受力矩 M_{y1} 作用时，根据力的平衡条件确定三通左端受力矩 $-M_{y1}$ 作用，力矩用双箭头符号表示，如图 9.10a 所示。该载荷情况可认为是由图 9.10b、c 这两种载荷情况叠加而成的。图 9.10b 所示的载荷对结构的两个对称面都是反对称的；而图 9.10c所示的载荷对于 xOy 面是反对称的，但对于 yOz 面是对称的。根据对称面上位移对称分量和反对称分量的特性，参照表 9.1 列出相应的边界条件。如果三通上端所承受的是集中力 P_{y1} 作用，按图 9.10 的载荷分解过程，是否也会有相同的结论呢？

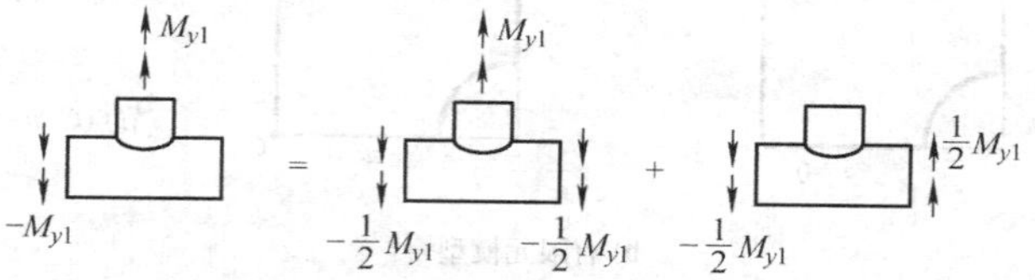

a) 原受力状态　　b) 对称载荷　　c)反对称载荷

图 9.10　三通结构的典型载荷分解

9.2.2 旋转周期结构

对于齿轮、汽轮机和水轮机的叶轮等类型的结构，其几何形状沿环向呈周期性变化，这类结构在力学上称为旋转周期结构或循环对称结构。它们不同于轴对称结构，但沿环向可以划分成若干个几何形状完全相同的子结构。如图 9.11a 所示结构就是一个旋转周期结构，按其构造可以划分为 6 个如图 9.11b 所示的子结构。根据结构特点，只要分析其中一个施加旋转周期性边界条件的子结构，就可以直接（或经适当地综合）得到整个结构的解答，而不必进行子结构的集成和求解，从而使整个结构的分析和求解大大地简化。

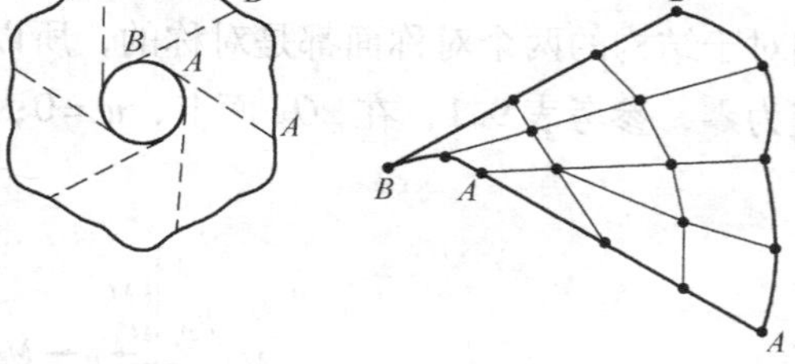

a) 旋转周期结构　　b) 沿环向的一个子结构

图 9.11　旋转周期结构划分子结构

假设载荷沿环向也呈周期性变化，则对于如图 9.11a 所示的旋转周期结构，只要分析其中的一个子结构，就可以直接得到整个结构的解答。

对于图9.11b所示的典型子结构，AA边和BB边是子结构的交界面，其上面的节点位移矢量分别记为$\boldsymbol{\delta}_A$和$\boldsymbol{\delta}_B$，子结构上的其他节点均为内部节点，位移分量记为$\boldsymbol{\delta}_C$。仿照子结构的刚度矩阵及载荷列阵分块方法，将旋转周期结构的典型子结构有限元方程表示成下列分块形式：

$$\begin{bmatrix} \boldsymbol{K}_{AA} & \boldsymbol{K}_{AB} & \boldsymbol{K}_{AC} \\ \boldsymbol{K}_{BA} & \boldsymbol{K}_{BB} & \boldsymbol{K}_{BC} \\ \boldsymbol{K}_{CA} & \boldsymbol{K}_{CB} & \boldsymbol{K}_{CC} \end{bmatrix} \begin{Bmatrix} \boldsymbol{\delta}_A \\ \boldsymbol{\delta}_B \\ \boldsymbol{\delta}_C \end{Bmatrix} = \begin{Bmatrix} \boldsymbol{F}_A \\ \boldsymbol{F}_B \\ \boldsymbol{F}_C \end{Bmatrix} \tag{9.10}$$

式中，$\boldsymbol{F}_A$、$\boldsymbol{F}_B$、$\boldsymbol{F}_C$分别为与AA边和BB边及内部节点相对应的载荷矢量，刚度矩阵也做了相应的分块。

因为所有子结构的形状完全相同，AA边界和BB边界上的节点分布相同，在载荷也呈周期性变化的情况下，如果在两条边界上各自沿边界的切向和法向建立相似的局部坐标，则在相似的局部坐标系中边界节点位移$\boldsymbol{\delta}_A^*$和$\boldsymbol{\delta}_B^*$应相同，即$\boldsymbol{\delta}_A^* = \boldsymbol{\delta}_B^*$。若取结构的总体坐标系和子结构的一条边界$AA$的局部坐标系相同（称该边界为子结构的主边界），则$\boldsymbol{\delta}_A = \boldsymbol{\delta}_A^*$

利用坐标转换关系公式，将BB边界（称为从边界）的局部坐标系下的$\boldsymbol{\delta}_B^*$转换为总体坐标系下的$\boldsymbol{\delta}_B$：

$$\boldsymbol{\delta}_B = \boldsymbol{\lambda}\boldsymbol{\delta}_B^* = \boldsymbol{\lambda}\boldsymbol{\delta}_A^* = \boldsymbol{\lambda}\boldsymbol{\delta}_A \tag{9.11}$$

其中坐标转换矩阵$\boldsymbol{\lambda}$的格式与式（9.5）相同，对角线上$\boldsymbol{\lambda}^{(s)}$的个数就是$AA$边界和$BB$边界上的节点数目。

由于AA边界和BB边界之间的夹角为ϕ，则

$$\boldsymbol{\lambda}^{(s)} = \begin{bmatrix} \cos\phi & \sin\phi \\ -\sin\phi & \cos\phi \end{bmatrix} \tag{9.12}$$

由此可知，$\boldsymbol{\lambda}^{(s)}$是一个常量矩阵。

将式（9.11）中的转换关系代入方程（9.10），并用$\boldsymbol{\lambda}^{\mathrm{T}}$左乘其第二式的两端，则可以得到

$$\begin{bmatrix} \boldsymbol{K}_{AA} & \boldsymbol{K}_{AB}\boldsymbol{\lambda} & \boldsymbol{K}_{AC} \\ \boldsymbol{\lambda}^{\mathrm{T}}\boldsymbol{K}_{BA} & \boldsymbol{\lambda}^{\mathrm{T}}\boldsymbol{K}_{BB}\boldsymbol{\lambda} & \boldsymbol{\lambda}^{\mathrm{T}}\boldsymbol{K}_{BC} \\ \boldsymbol{K}_{CA} & \boldsymbol{K}_{CB}\boldsymbol{\lambda} & \boldsymbol{K}_{CC} \end{bmatrix} \begin{Bmatrix} \boldsymbol{\delta}_A \\ \boldsymbol{\delta}_A \\ \boldsymbol{\delta}_C \end{Bmatrix} = \begin{Bmatrix} \boldsymbol{F}_A \\ \boldsymbol{\lambda}^{\mathrm{T}}\boldsymbol{F}_B \\ \boldsymbol{F}_C \end{Bmatrix} \tag{9.13}$$

现在独立的节点自由度只有$\boldsymbol{\delta}_A$和$\boldsymbol{\delta}_C$，因此上式中与$\boldsymbol{\delta}_A$相关的分块矩阵应予合并，最后得到的子结构求解方程的表达式为

$$\begin{bmatrix} \boldsymbol{K}_{AA}^* & \boldsymbol{K}_{AC}^* \\ \boldsymbol{K}_{CA}^* & \boldsymbol{K}_{CC} \end{bmatrix} \begin{Bmatrix} \boldsymbol{\delta}_A \\ \boldsymbol{\delta}_C \end{Bmatrix} = \begin{Bmatrix} \boldsymbol{F}_A^* \\ \boldsymbol{F}_C \end{Bmatrix} \tag{9.14}$$

其中上标“*”表示经过坐标变换及分块运算得到的矩阵，具体表达式为

$$
\begin{aligned}
\boldsymbol{K}_{AA}^{*} &= \boldsymbol{K}_{AA} + \boldsymbol{\lambda}^{\mathrm{T}}\boldsymbol{K}_{BB}\boldsymbol{\lambda} + \boldsymbol{K}_{AB}\boldsymbol{\lambda} + \boldsymbol{\lambda}^{\mathrm{T}}\boldsymbol{K}_{BA} \\
\boldsymbol{K}_{AC}^{*} &= \boldsymbol{K}_{AC} + \boldsymbol{\lambda}^{\mathrm{T}}\boldsymbol{K}_{BC} \\
\boldsymbol{K}_{CA}^{*} &= \boldsymbol{K}_{CA} + \boldsymbol{K}_{CB}\boldsymbol{\lambda} \\
\boldsymbol{F}_{A}^{*} &= \boldsymbol{F}_{A} + \boldsymbol{\lambda}^{\mathrm{T}}\boldsymbol{F}_{B}
\end{aligned} \tag{9.15}
$$

子结构中的分块刚度矩阵也具有对称性，即 $\boldsymbol{K}_{ij} = \boldsymbol{K}_{ij}^{\mathrm{T}}$。方程（9.14）实质上代表了整个旋转周期结构的方程，因为利用此式的解答和旋转周期性可以得到整个结构的全部解答。关于以上各表达式的推导，特别是式（9.14）中刚度矩阵的形式还可补充指出：

1）如果在形成刚度矩阵和求解方程时，采用的是圆柱坐标系，则主边界 AA 与从边界 BB 已处于相似的局部坐标系，不用坐标转换，而直接将位移条件 $\boldsymbol{\delta}_B = \boldsymbol{\delta}_A$ 代入方程（9.10），这样最后得到的求解方程［式（9.14）］中的各个子矩阵表达式（9.15）中的 $\boldsymbol{\lambda} = \boldsymbol{I}$。

2）如果边界 AA 与边界 BB 之间是不直接相互耦合的，如发动机的叶片相互间是隔离的，图 9.11b 即是此种情况，此时以上各式中 $\boldsymbol{K}_{AB} = \boldsymbol{0}$，方程可以适当简化。

如果沿环向载荷是任意变化的情况，将载荷在周向做傅里叶（Fourier）级数展开成对称项与反对称项后，再进行相应分析。

9.3 不同单元的组合

当结构的形状比较复杂时，往往要同时使用多种单元。如有曲边的平板可在内部使用矩形单元而在边界或过渡区采用三角形单元，空间问题可能要同时使用曲面六面体、四面体等参单元，这种同属性单元组合相对简单，因为节点的自由度相同，只要求边界单元节点协调即可。但有些结构需要采用不同属性的单元建模，如梁与板的组合结构是常见的工程结构形式，应分别选用梁单元和板单元模拟；对于有厚有薄的空间结构，可在很厚的部位采用三维单元而在较薄的部位采用壳体单元等。两种不同类型单元的交界处，由于节点自由度选取不同，有限元分析中使用混合单元时则要进行一些处理。

9.3.1 梁单元与板单元结合

梁与板的组合是建筑工程中常用的形式。一般板件只承受横向弯曲，中面无伸缩变形。梁弯曲时通常假定中性层长度不变。梁与板组合，当梁的中性层与板中面重合时，则在变形过程中，板中面仍保持原有尺寸而无伸缩变形，这种情况下梁与板组合的单元刚度矩阵可直接叠加。不过板单元各节点有 w、θ_x、θ_y 三个位移分量，而平面梁单元只有 w、θ_y 两个位移分量，梁单元对应于 θ_x 的刚度元素为零，即绕梁轴转动的刚度为零。

在实际工程结构中，通常梁顶面与板一侧持平，梁的中性层与板中面不重合，如图 9.12 所示。在有限元模型中，对板单元及梁单元的节点描述均在各自的中性层上，因梁的中性层与板中面不重合，则二者存在偏心距 e。如果以板结构为主体，当平板弯曲变形时，梁属于偏心弯曲，称为偏心梁单元。计算时应把梁的节点位移变换到板的坐标系中，将梁单元刚度矩阵转换为偏心梁单元刚度矩阵之后，才可以与板单元刚度矩阵进行叠加。

梁板交汇处既有弯矩也有轴力，板单元沿梁长度方向上存在面内的内力，应该考虑板的面内变形，实质上板单元相当于壳单元。下面按一般情况讨论，即讨论空间梁单元与板壳元的结合。

在板与梁的组合处，板、梁的节点应取在同一横截面上。设与板截面中心节点 i 对应的梁单元中性轴的梁端节点为 i_1，则 $\overrightarrow{ii_1}$ 为板的法线，i 与 i_1 间的距离为 e，如图 9.13 所示。为方便统一说明下列式中，下标带“1”的均表示梁截面中心点相关量，不带“1”的为板中心点相关量。矢量 $\overrightarrow{ii_1}$ 记作

$$\boldsymbol{e}=\{e_x,e_y,e_z\} \tag{9.16}$$

其中，$e_x=x_{i_1}-x_i$，$e_y=y_{i_1}-y_i$，$e_z=z_{i_1}-z_i$，它们分别是 $\overrightarrow{ii_1}$ 在三个坐标轴上的投影。

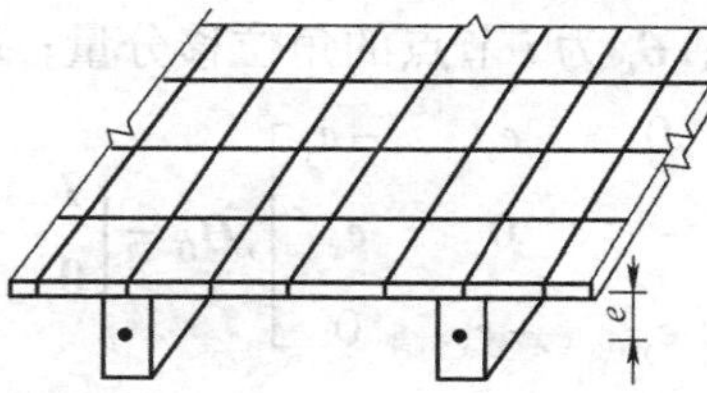

图 9.12 偏位连接的梁与板

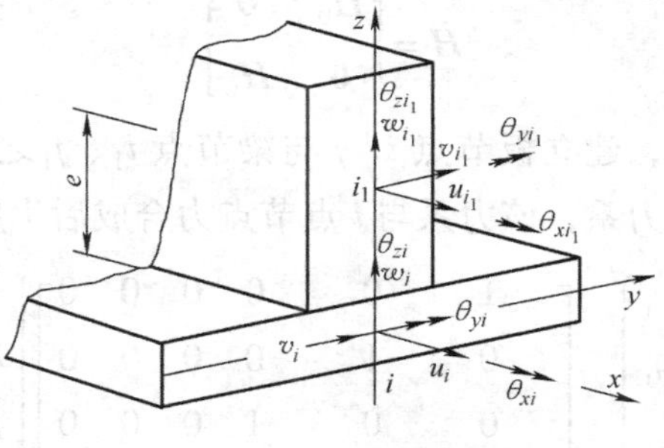

图 9.13 偏心梁的偏心距矢量

设弹性体受力变形后矢量 $\boldsymbol{e}$ 转动了角度 $\boldsymbol{\theta}=\{\theta_x \quad \theta_y \quad \theta_z\}$，注意到小变形基本假定，由矢量相互关系容易推导出梁节点 i_1 对板节点 i 的相对位移矢量为

$$\boldsymbol{S}=\boldsymbol{\theta}\times\boldsymbol{e}=\begin{vmatrix}\boldsymbol{i} & \boldsymbol{j} & \boldsymbol{k}\\ \theta_x & \theta_y & \theta_z\\ e_x & e_y & e_z\end{vmatrix}=(e_z\theta_y-e_y\theta_z)\boldsymbol{i}+(e_x\theta_z-e_z\theta_x)\boldsymbol{j}+(e_y\theta_x-e_x\theta_y)\boldsymbol{k} \tag{9.17}$$

$$\boldsymbol{\theta}_{i1}=\boldsymbol{\theta}_i=\boldsymbol{\theta}$$

将此相对位移与板节点 i 位移叠加，得到用板上节点 i 的位移矢量表示的梁节点 i_1 的位移为

$$\begin{Bmatrix} u_{i_1} \\ v_{i_1} \\ w_{i_1} \\ \theta_{xi_1} \\ \theta_{yi_1} \\ \theta_{zi_1} \end{Bmatrix} = \begin{bmatrix} 1 & 0 & 0 & 0 & e_z & -e_y \\ 0 & 1 & 0 & -e_z & 0 & e_x \\ 0 & 0 & 1 & e_y & -e_x & 0 \\ 0 & 0 & 0 & 1 & 0 & 0 \\ 0 & 0 & 0 & 0 & 1 & 0 \\ 0 & 0 & 0 & 0 & 0 & 1 \end{bmatrix} \begin{Bmatrix} u_i \\ v_i \\ w_i \\ \theta_{xi} \\ \theta_{yi} \\ \theta_{zi} \end{Bmatrix} \tag{9.18}$$

记为

$$\begin{Bmatrix} \boldsymbol{u}_{i_1} \\ \boldsymbol{\theta}_{i_1} \end{Bmatrix} = \begin{bmatrix} \boldsymbol{I} & \boldsymbol{S} \\ \boldsymbol{0} & \boldsymbol{I} \end{bmatrix} \begin{Bmatrix} \boldsymbol{u}_i \\ \boldsymbol{\theta}_i \end{Bmatrix} \quad \text{或} \quad \boldsymbol{\delta}_{i_1} = \boldsymbol{H}_0 \boldsymbol{\delta}_i \tag{9.19}$$

其中，$\boldsymbol{u}_i$ 为 i 节点的线位移分量；$\boldsymbol{\theta}_i$ 为 i 节点的角位移分量；$\boldsymbol{I}$ 为 3×3 阶的单位阵。

$$\boldsymbol{S} = \begin{bmatrix} 0 & e_z & -e_y \\ -e_z & 0 & e_x \\ e_y & -e_x & 0 \end{bmatrix}, \boldsymbol{H}_0 = \begin{bmatrix} \boldsymbol{I} & \boldsymbol{S} \\ \boldsymbol{0} & \boldsymbol{I} \end{bmatrix}$$

梁单元的节点位移矢量之间的关系

$$\boldsymbol{\delta}_{e_1} = \boldsymbol{H} \boldsymbol{\delta}_e \tag{9.20}$$

其中，

$$\boldsymbol{H} = \begin{bmatrix} \boldsymbol{H}_0 & \boldsymbol{0} \\ \boldsymbol{0} & \boldsymbol{H}_0 \end{bmatrix} \tag{9.21}$$

通过静力等效载荷移置，建立板节点 i、j 与梁节点 i_1、j_1 之间节点力矢量的转换关系。在梁中和轴 i_1 节点施以平衡力系，该力系与 i 点节点力合成后生成 i_1 点节点载荷为

$$\begin{Bmatrix} F_{xi_1} \\ F_{yi_1} \\ F_{zi_1} \\ M_{xi_1} \\ M_{yi_1} \\ M_{zi_1} \end{Bmatrix} = \begin{bmatrix} 1 & 0 & 0 & 0 & 0 & 0 \\ 0 & 1 & 0 & 0 & 0 & 0 \\ 0 & 0 & 1 & 0 & 0 & 0 \\ 0 & e_z & -e_y & 1 & 0 & 0 \\ -e_z & 0 & e_x & 0 & 1 & 0 \\ e_y & -e_x & 0 & 0 & 0 & 1 \end{bmatrix} \begin{Bmatrix} F_{xi} \\ F_{yi} \\ F_{zi} \\ M_{xi} \\ M_{yi} \\ M_{zi} \end{Bmatrix} \tag{9.22}$$

该式表示为矩阵形式为

$$\boldsymbol{R}_{i_1} = (\boldsymbol{H}_0^{\mathrm{T}})^{-1} \boldsymbol{R}_i$$

对于节点 j 有同样关系，则梁单元的等效节点载荷为

$$\boldsymbol{R}_{e_1} = (\boldsymbol{H}^{\mathrm{T}})^{-1} \boldsymbol{R}_e \tag{9.23}$$

梁单元刚度矩阵 $\boldsymbol{K}_{e1}$ 向偏心轴 ij 转换后所得到的偏心梁单元刚度矩阵 $\boldsymbol{K}_e$ 为

$$\boldsymbol{K}_e = \boldsymbol{H}^{\mathrm{T}} \boldsymbol{K}_{e1} \boldsymbol{H} \tag{9.24}$$

9.3.2 梁单元与平面单元的连接

当梁单元与平面单元连接或板壳单元与三维体单元连接时，节点的自由度数及自由度性质将不完全一致。为保持相容性，应按具体连接情况给予适当的变换。

梁单元虽然可由两端节点表示，但梁单元截面有尺寸，当梁单元与平面单元连接时，梁单元节点至少与平面单元的两个节点相连，图9.14a表示梁单元AB与平面矩形单元的组合，梁单元A端、B端的高度方向分别与两个平面矩形单元的两个节点相对应，设A点为1－2边的中点，B点为3－4边的中点，如图9.14b所示。

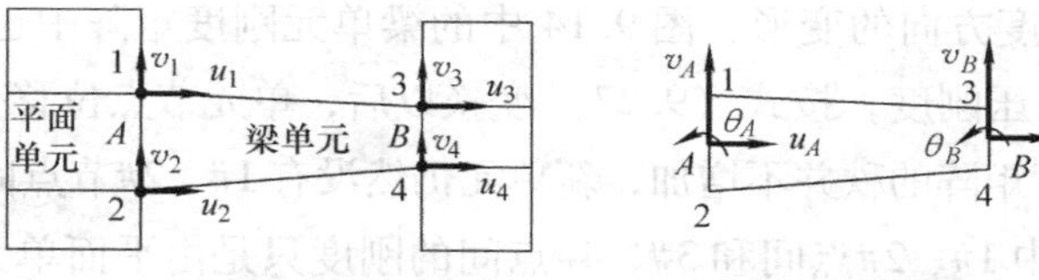

a) 平面单元节点位移分量　　b) 梁单元节点位移分量

图9.14 梁单元与平面单元的连接

平面单元的节点自由度为2，即线位移u和v；而平面梁单元的节点自由度为3，除了u和v还有角位移θ。为使梁A节点与平面单元的1#、2#节点位移相容，假设A点的线位移为1#和2#节点位移的平均值，A点的转角为1#和2#节点的水平位移梯度。根据几何关系，可表示为

$$\begin{Bmatrix} u_A \\ v_A \\ \theta_A \end{Bmatrix} = \begin{bmatrix} \frac{1}{2} & 0 & \frac{1}{2} & 0 \\ 0 & \frac{1}{2} & 0 & \frac{1}{2} \\ \frac{-1}{h_A} & 0 & \frac{1}{h_A} & 0 \end{bmatrix} \begin{Bmatrix} u_1 \\ v_1 \\ u_2 \\ v_2 \end{Bmatrix} \tag{9.25}$$

式中，h_A为梁A端的高度。

矩阵表达形式为

$$\boldsymbol{\delta}_{eA} = \boldsymbol{T}_A \boldsymbol{\delta}'_{eA} \tag{9.26}$$

其中，$\boldsymbol{\delta}_{eA} = \{u_A \quad v_A \quad \theta_A\}^{\mathrm{T}}$为梁单元的节点位移分量；$\boldsymbol{\delta}'_{eA} = \{u_1 \quad v_1 \quad u_2 \quad v_2\}^{\mathrm{T}}$为与梁单元关联的二节点位移分量；$\boldsymbol{T}_A$为式（9.25）中的矩阵。

$\boldsymbol{\delta}_{eA}$与$\boldsymbol{\delta}'_{eA}$的节点位移分量类型不完全对应，元素个数也不同。将$\boldsymbol{T}_A$中的$h_A$替换为梁$B$端的高度$h_B$即为梁$B$端的转换矩阵$\boldsymbol{T}_B$，等截面梁$\boldsymbol{T}_B = \boldsymbol{T}_A$。一般梁单元$AB$的节点位移矢量为$\boldsymbol{\delta}_e = \{u_A \quad v_A \quad \theta_A \quad u_B \quad v_B \quad \theta_B\}^{\mathrm{T}}$，用新的不含转角但数目增加的平面单元节点位移矢量$\boldsymbol{\delta}'_e = \{u_1 \quad v_1 \quad u_2 \quad v_2 \quad u_3 \quad v_3 \quad u_4 \quad v_4\}^{\mathrm{T}}$来表达为

$$\boldsymbol{\delta}_e = \boldsymbol{T}\boldsymbol{\delta}'_e \tag{9.27}$$

其中，变换矩阵为

$$T=\begin{bmatrix} T_A & 0 \\ 0 & T_B \end{bmatrix} \tag{9.28}$$

若梁单元对应于原节点位移 $\boldsymbol{\delta}_e$ 的节点载荷为 $\boldsymbol{F}_e$，而对应于新节点位移 $\boldsymbol{\delta}'_e$ 的节点载荷为 $\boldsymbol{F}'_e$，由于外力势能与选取的坐标系无关，即节点载荷在原节点位移上与新节点位移上的势能相等，则存在

$$\boldsymbol{F}'_e=\boldsymbol{T}^{\mathrm{T}}\boldsymbol{F}_e \tag{9.29}$$

梁单元的刚度矩阵 $\boldsymbol{K}_e$ 转换为可以与平面单元组合的当量矩阵 $\boldsymbol{K}'_e$：

$$\boldsymbol{K}'_e=\boldsymbol{T}^{\mathrm{T}}\boldsymbol{K}_e\boldsymbol{T} \tag{9.30}$$

梁单元原不考虑高度方向的变形，图 9.14 中的梁单元刚度矩阵中也未计入 1#、2#节点间和 3#、4#节点间的拉压刚度，按式（9.27）变换以后，单元节点位移分量增多了，但按式（9.30）变换的单元刚度矩阵的秩并不增加，新单元仍然没有 1#、2#节点间和 3#、4#节点间的拉压刚度。在整个结构中 1#、2#点间和 3#、4#点间的刚度只是由平面单元提供的，因而上述这种对组合结构的处理，实际上是放松了原先对梁单元变形的约束，低估了一部分刚度。

综上可见，梁单元新、旧节点位移及单元刚度矩阵的变换与以前的坐标变换是相似的，这也可以理解为单元广义坐标的变换，这种变换的方法具有普遍性，只要建立了单元节点位移间的变换关系式，就可以利用类似方式变换单元节点力及单元刚度矩阵。板壳元与空间单元的连接情况可采用类似方法处理。

习题 9

9.1 什么是子结构法？什么情况下适合采用子结构法？实施子结构法过程中的主要问题有哪些？

9.2 如何利用结构的对称性？如何设定对称面上的边界条件？

9.3 对于旋转周期结构，取一个子结构进行分析时，它的主边界和从边界应分别满足什么约束条件？

9.4 如图 9.15 所示的某矩形板边长为 $2a\times 2b$，板中心有椭圆孔 $2c\times 2d$，如何针对下列两种工况，利用对称面条件减少求解的工作量，画出计算模型，列出计算步骤：

（1）纯弯曲情况（见图 9.15a）；（2）侧边受线性分布的压力作用（见图 9.15b）。

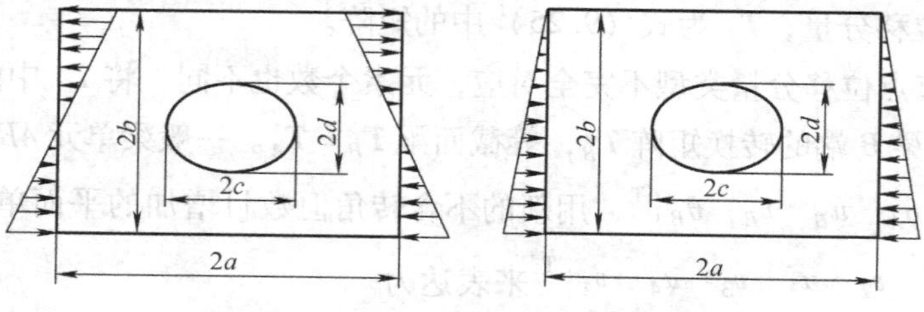

a) 纯弯矩作用　　b) 线性分布压力作用

图 9.15　习题 9.4 图

9.5 如图9.16所示，长为$9a$、高为$2h$的矩形板，在板高一半处有3个尺寸相同的矩形孔，侧边受线性分布的压力作用，如何利用结构的几何特点来减少求解的工作量，画出计算模型，列出计算步骤。

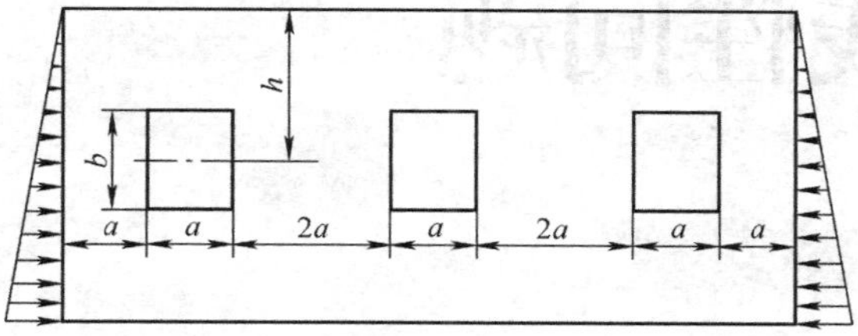

图9.16 习题9.5图

第10章 Chapter 10

材料非线性问题

10.1 材料非线性问题概述

线弹性力学问题的基本特点是：①平衡方程是不依赖于变形状态的线性方程；②几何方程的应变与位移关系是线性的；③物性方程的应力与应变之间关系是线性的；④力边界上的外力以及位移边界上的位移是独立的或线性依赖于变形状态的。

在实际分析中，如果基本方程或边界条件中的任何一项不符合上述线性特点，就不再属于线性问题，而属于非线性问题。依据基本方程和边界条件的具体特点，非线性问题可以分为三类：

1. 材料非线性问题

物理方程中的应力与应变关系是非线性的，包括非线性弹性问题、弹塑性问题、蠕变问题。如结构中存在缺口、裂纹等不连续变化的部位，则局部区域存在应力集中现象。当外载荷达到一定量时，虽然结构的大部分区域仍保持弹性状态，但几何突变的局部区域进入塑性状态，在该区域内线弹性的应力应变关系已不再适用。这类情况属于弹塑性问题，是实际工程结构中常出现的现象。

有一些材料（如高分子材料）的应力与应变关系本身呈非线性特征。还有一些材料非线性的变形或应变与时间有关，在常应力作用下，随着载荷作用时间的延长，应变逐渐增大，该现象称为蠕变或称徐变。蠕变的非线性主要是由于材料物理性态引起的，如常温状态下常力作用的钢材，其变形随时间的变化可以忽略不计，应用一般弹塑性理论已足够精确，但若长期处于高温条件下，即使载荷或应力保持不变，变形或应变仍然会随着时间延续而持续增长。例如，常力作用下钢筋混凝土的变形随时间的变化，对于一般建筑结构可不予考虑，但在评价水库大坝的安全性时，蠕变影响是不可忽略的因素。无论塑性还是蠕变，都是不可恢复的非弹性变形，应力与应变的关系为非线性。

2. 几何非线性问题

在小变形情况下，建立结构或微元体的平衡方程的依据是物体变形前的状态，不考虑物体位置及形态改变的影响。将平衡方程建立在平衡前的初始坐标系上，未对结构变形后的平衡状态进行任何修正，这就是小变形假设的近似处理。同时应变与变形之间的关系忽略了高阶应变小量，进行了线性化处理。

几何非线性问题的特点是，结构在载荷作用过程中产生大位移和转动。如钓鱼竿在轻微载荷作用下就会产生很大的变形、板壳结构的大挠度弯曲等问题，材料可能仍保持为线弹性状态，但结构会产生很大的变形和位移，其变形过程已经不可能直接用初始状态来描述，平衡状态的几何位置还是未知的。因此，几何非线性问题的结构平衡方程必须通过在变形后的状态来建立，必须考虑变形对平衡的影响。同时由于实际发生的大位移或大转动，应变的定义及度量准则与线性问题不同，应变表达式中必须包含位移的二阶或高阶导数项，几何方程再也不能简化为线性形式，这样就增加了建立几何非线性问题方程与求解的难度。

结构稳定性分析中的初始屈曲问题属于小应变、小转动情况，但应变与转动相比为高阶小量，相对来说为大转动，转动的影响就不能忽略，因此也属于几何非线性问题。

3. 边界非线性问题

两个物体的接触和碰撞问题是最典型的边界非线性问题。火车车轮与钢轨、发动机活塞与气缸、齿轮传动过程中齿面之间的接触现象普遍存在。接触过程中，两个物体在接触面上的相互作用是复杂的力学行为，随着物体间接触合力的变化，二者之间的接触位置、接触范围及接触面上力的分布、接触力的大小均会发生变化，事先不能给定，这些变化不仅与接触面力的大小有关，而且与两个物体的各自材料性质有关。接触过程在力学上同时涉及大变形引进的几何非线性和材料非线性，以及接触面的非线性。接触面的非线性来源于：

1）接触界面的区域大小和相互位置以及接触状态事先未知且随时间变化，需要在求解过程中确定。

2）接触条件的非线性。接触条件包括：①接触物体不可相互侵入；②接触力的法向分量只能是压力；③切向接触的摩擦条件。这些条件区别于一般约束，其特点是单边性的不等式约束，具有强烈的非线性。

接触面的事先未知性和接触条件的不等式约束，决定了接触分析过程中需要经常插入接触面的搜寻步骤，因此分析接触问题比研究其他非线性问题要求更为有效的求解方案和方法。

材料非线性、几何非线性和边界非线性这三类非线性问题往往相伴产生、相互耦合。随着人们对非线性问题研究的逐渐深入和完善，同时考虑三类非线性的情况越来越多，例如汽车的碰撞，材料锻压成型等情况。在碰撞和成型过程中，结构或材料将发生巨大的变形，材料进入塑性流动状态，而且接触面及其相互间的作用也将快速变化，同时还伴随着与热等非结构因素的相互作用。

在实际问题中，常遇到的是三类非线性问题中的一种非线性。仅考虑材料非线性的问题，相对比较简单，不需要重新列出整个问题的表达格式，只要将材料本构关系线性化，就可采用线性问题的表达形式对其进行分析求解。一般来说，通过试探和迭代过程求解一系列线性问题，在最后阶段，如果将材料的状态参数调整到既满足材料的非线性本构关系，同时又满足平衡方程，就可以得到问题的解答。

10.2 非线性代数方程组的解法

结构分析中的材料、几何或是边界非线性问题的数值解法，最终都可归结为求解非线性代数方程组的问题。到目前为止，尚未找到一种理论上能精确求解一般非线性方程组的方法，均采用数值解法。数值近似解法具有的特征：①非线性问题的解不一定是唯一的；②解的收敛性事前不一定能得到保证，还可能出现振荡，甚至发散等不稳定现象；③非线性问题的求解过程比线性问题更为复杂和困难。数学上对于非线性代数方程组的解法有多种，有不同的分类方式，目前最常用的是迭代法和增量法，或者由二者结合起来派生出的其他方法。

一般地，非线性代数方程组可写作

$$\psi(\boldsymbol{x})=\boldsymbol{K}(\boldsymbol{x})\boldsymbol{x}-\boldsymbol{R}=0 \tag{10.1}$$

由于系数矩阵 $\boldsymbol{K}(\boldsymbol{x})$ 与未知量 $\boldsymbol{x}$ 相关，不再是常数矩阵，不能用直接法得到非线性方程组的解 $\boldsymbol{x}^*$，使得 $\psi(\boldsymbol{x}^*)=0$，因此常用迭代方法使之逐步逼近于真实解。迭代法求解方程组时，应注意以下三方面的问题：

1）迭代过程应具有明确的物理意义，以保证迭代进行到底时有合理的解。也就是说 $\boldsymbol{x}^*$ 应有明确的定义域，且在 $\boldsymbol{x}\to\boldsymbol{x}^*$ 的过程中不会发生物理意义上的变化。

2）迭代应是收敛的，应保证迭代过程中解的序列 $\boldsymbol{x}_1$，$\boldsymbol{x}_2$，…，$\boldsymbol{x}_k$ 满足

$$\lim_{k\to\infty}\boldsymbol{x}_k=\boldsymbol{x}^*$$

或者在实数范围内必然有某种范数的定义，使得当 $k\to\infty$ 时，

$$\|\boldsymbol{x}_k-\boldsymbol{x}^*\|\to 0$$

3）如果迭代是收敛的，则收敛速度越快越好。

10.2.1 直接迭代法

对于非线性方程组（10.1），假定一组初始的试探值 $\boldsymbol{x}^{(0)}$，以 $\boldsymbol{x}^{(0)}$ 为基础计算矩阵 $\boldsymbol{K}(\boldsymbol{x}^{(0)})$，记为 $\boldsymbol{K}^{(0)}$，按线性方程组求出第一次改进的近似解

$$\boldsymbol{x}^{(1)}=(\boldsymbol{K}^{(0)})^{-1}\boldsymbol{R} \tag{10.2}$$

类似步骤，由 $\boldsymbol{x}^{(1)}$ 确定系数矩阵 $\boldsymbol{K}^{(1)}$，再按上式求出第二次改进的近似解 $\boldsymbol{x}^{(2)}$，如此反复，第 n 次改进的近似解为

$$\boldsymbol{x}^{(n)}=(\boldsymbol{K}^{(n-1)})^{-1}\boldsymbol{R} \tag{10.3}$$

考察临近两次近似解误差矢量的某种模数小于某个规定的容许小量 err，即

$$\|\boldsymbol{e}\|=\|\boldsymbol{x}^{(n)}-\boldsymbol{x}^{(n-1)}\|\leqslant err \tag{10.4}$$

则认为近似解的精度已满足要求，终止上述迭代循环。在结构分析中，范数可以用位移、力或能量等来计算，分别采用不同的收敛判断准则。

下面讨论直接迭代法求解非线性方程组的收敛性。设单自由度系统中，x 是标量，当 $P(x)-x$是凸的情况时（见图 10.1），通常解是收敛的；但当 $P(x)-x$ 是凹的情况时

（见图 10.2），则解可能是发散的。

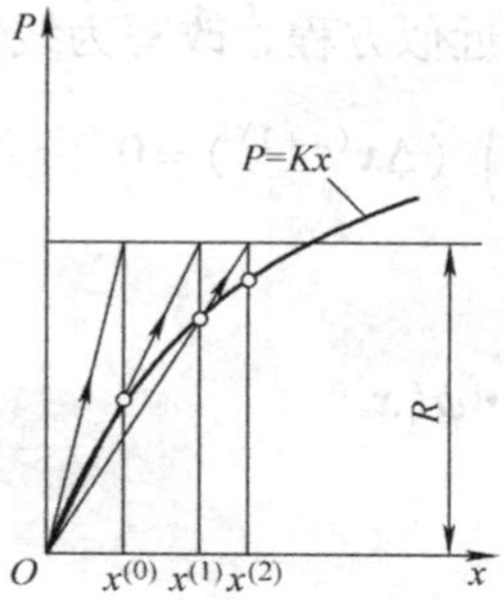

图 10.1　收敛的情况

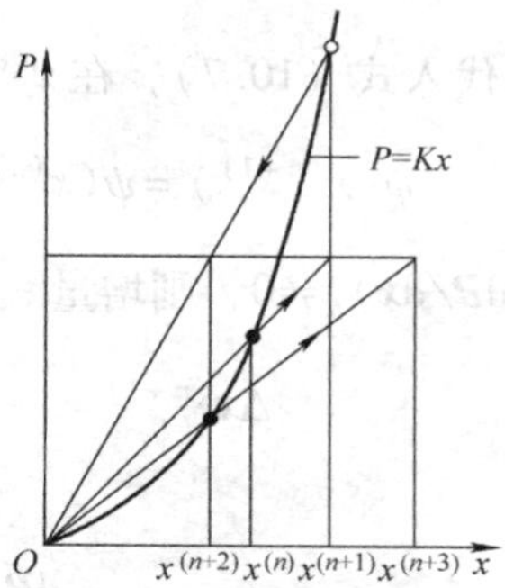

图 10.2　发散的情况

执行直接迭代法的计算，首先需要假设一个初始的试探解 $\boldsymbol{x}^{(0)}$。对于材料非线性问题，通常可按线弹性问题得到的结果选取。每次迭代需要形成新的刚度矩阵的系数矩阵 $\boldsymbol{K}^{(n-1)}$，本质上按材料的应力与应变关系的割线或切向计算的。

从式（10.3）可见，每次计算下一次改进的近似解时，都要根据本次的结果来修正系数矩阵 $\boldsymbol{K}^{(n-1)}$，再对其求逆，对大型矩阵求逆时计算工作量很大。为了避免每次迭代都需要计算矩阵 $\boldsymbol{K}^{(n-1)}$ 的逆矩阵，可将根据式（10.2）计算第一次近似解的逆矩阵$(\boldsymbol{K}^{(0)})^{-1}$作为后续迭代循环的基础常数矩阵，再利用下列方式计算近似解的修正量 $\Delta\boldsymbol{x}^{(1)}$。

$$\Delta\boldsymbol{x}^{(1)}=(\boldsymbol{K}^{(0)})^{-1}(\boldsymbol{R}-\boldsymbol{K}^{(0)}\boldsymbol{x}^{(1)})$$

第二次近似解为

$$\boldsymbol{x}^{(2)}=\boldsymbol{x}^{(1)}+\Delta\boldsymbol{x}^{(1)}$$

以此类推，第 n 次修正量与近似解分别为

$$\Delta\boldsymbol{x}^{(n)}=(\boldsymbol{K}^{(0)})^{-1}(\boldsymbol{R}-\boldsymbol{K}^{(n-1)}\boldsymbol{x}^{(n-1)}) \tag{10.5}$$

$$\boldsymbol{x}^{(n)}=\boldsymbol{x}^{(n-1)}+\Delta\boldsymbol{x}^{(n-1)} \tag{10.6}$$

直到满足式（10.4）的条件。

比较式（10.3）与式（10.5）可见，后者只需计算修正系数矩阵 $\boldsymbol{K}^{(n-1)}$，而不必求其逆阵，计算效率有较大提高。这种按初始刚度矩阵的逆矩阵计算修正量的方法，在有限元分析中称作常刚度直接迭代法，对于单自由度系统，可由图 10.3 表示该法的迭代过程。

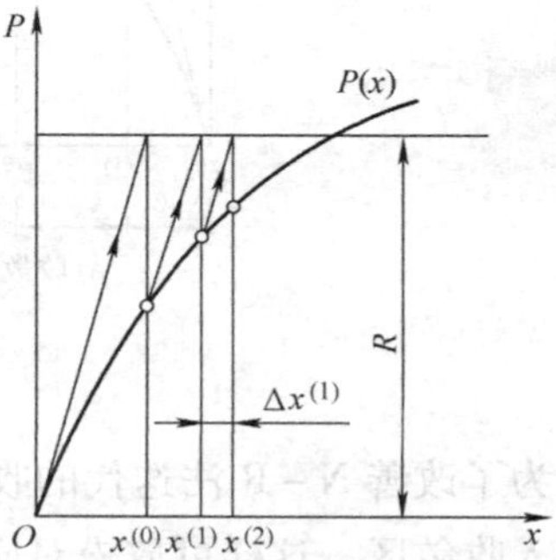

图 10.3　常刚度直接迭代法示意图

10.2.2　Newton－Raphson 法（简称 N－R 法）

一般情况下，非线性方程组（10.1）得不到精确解，在进行 n 次循环迭代后得到 $\boldsymbol{x}^{(n)}$，$\psi(\boldsymbol{x}^{(n)})\neq 0$。为了得到第 $n+1$ 阶近似解，将 $\psi(\boldsymbol{x})$ 在 $\boldsymbol{x}^{(n)}$ 处进行泰勒（Taylor）级数展开，取一阶近似值

$$\psi(\boldsymbol{x})\approx\psi(\boldsymbol{x}^{(n)})+\left(\frac{\mathrm{d}\boldsymbol{\psi}}{\mathrm{d}\boldsymbol{x}}\right)_n(\boldsymbol{x}-\boldsymbol{x}^{(n)}) \tag{10.7}$$

令 $\boldsymbol{P}=\boldsymbol{K}(\boldsymbol{x})\boldsymbol{x}$，代入式（10.7），在 $\boldsymbol{x}^{(n)}$ 附近的近似方程，改写为线性方程

$$\psi(\boldsymbol{x}^{(n+1)})=\psi(\boldsymbol{x}^{(n)})+\left(\frac{\mathrm{d}\boldsymbol{P}}{\mathrm{d}\boldsymbol{x}}\right)_n(\Delta\boldsymbol{x}^{(n+1)})=0 \tag{10.8}$$

一般情况下，$(\mathrm{d}\boldsymbol{P}/\mathrm{d}\boldsymbol{x})_n\neq0$，则增量

$$\Delta\boldsymbol{x}^{(n+1)}=-\left(\frac{\mathrm{d}\boldsymbol{P}}{\mathrm{d}\boldsymbol{x}}\right)_n^{-1}\cdot\psi(\boldsymbol{x}^{(n)}) \tag{10.9}$$

其中

$$\frac{\mathrm{d}\boldsymbol{P}}{\mathrm{d}\boldsymbol{x}}=\boldsymbol{K}_{\mathrm{T}}(\boldsymbol{x})$$

为切线矩阵。

第 $n+1$ 阶的近似解为

$$\Delta\boldsymbol{x}^{(n+1)}=(\boldsymbol{K}_{\mathrm{T}}^{(n)})^{-1}\cdot(\boldsymbol{R}-\boldsymbol{P}^{(n)}) \tag{10.10}$$

$$\boldsymbol{x}^{(n+1)}=\boldsymbol{x}^{(n)}+\Delta\boldsymbol{x}^{(n+1)} \tag{10.11}$$

由于泰勒级数展开仅取线性项，$\boldsymbol{x}^{(n+1)}$ 仍是近似解，重复上述循环，直到满足收敛要求。

N－R 法的求解过程可由图 10.4a 表示。一般情形，当初始试探值选在真实解附近时，该方法收敛速度快、收敛性好，反之收敛速度慢甚至发散。在某些非线性问题中（如理想塑性或软化塑性等），切线矩阵［式（10.10）］会出现奇异或病态，导致矩阵求逆出现困难，此时如图 10.4b 所示的可能发散情况也是有可能存在的。

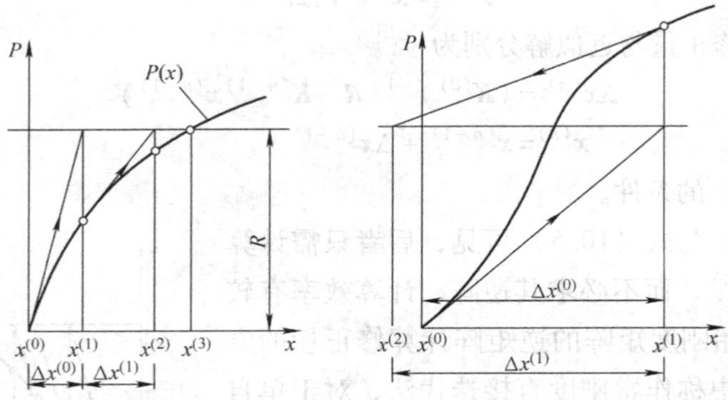

图 10.4　N－R 法

为了改善 N－R 法迭代的收敛特性，引入一个松弛因子 $\omega^{(n)}$ 使得 $\psi(\boldsymbol{x}^{(n)})$ 下降，以便提前进入收敛区，这样可放松对应初始试探值选取的要求。N－R 法的每次迭代也需要重新形成和求逆一个新的切线矩阵 $\boldsymbol{K}_{\mathrm{T}}^{(n)}$。为克服 N－R 法对于每次迭代需要重新形成并求逆一个新的切线矩阵所带来的麻烦，常常可以采用修正的方案，即修正的 Newton－Raphson 法，简称 mN－R 法。

mN－R 法的切线矩阵始终采用它的初始值，即令 $K_T^{(n)}=K_T^{(0)}$，则式（10.10）可修正为

$$\Delta x^{(n+1)}=(K_T^{(0)})^{-1}\cdot(R-P^{(n)}) \tag{10.12}$$

如此处理后，每次迭代求解的是一相同的方程组。事实上，在用直接法求解此方程组时，系数矩阵只需要分解一次，每次迭代只进行一次回代即可，显然从计算量上来看是比较经济的，但收敛速度较慢。

如果与加速收敛的方法相结合，计算效率可进一步改进。一种折中方案是在迭代若干次（如 m 次）以后，将 $K_T^{(0)}$ 更新为 $K_T^{(m)}$，再进行以后的迭代，这种方案很有效。mN－R 法的过程可由图 10.5 表示。

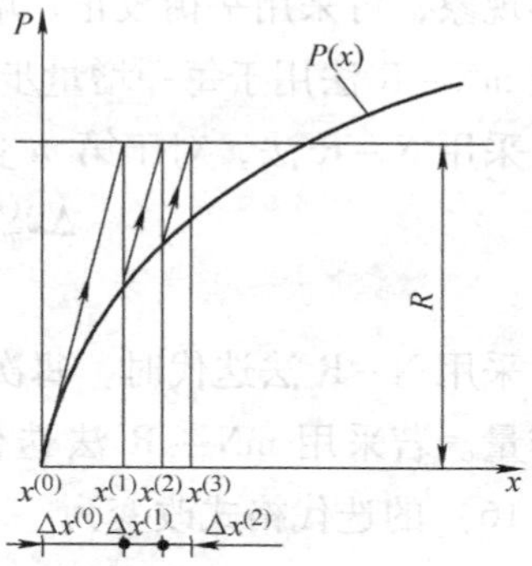

图 10.5 mN－R 法

采用 N－R 法或 mN－R 法时，隐含着 K 可以表示为 x 的显式函数。对于弹塑性、蠕变等材料非线性问题，由于应力依赖于变形的历史，应力与应变的关系不能用形变理论，而需采用增量理论描述，在这种情况下，K 不能表示为 x 的显式函数时，将不能直接采用上述方法求解，而需要与增量方法相结合才能进行求解。

10.2.3 增量法

增量法是结构分析中最常用的求解非线性方程组的方法。该法首先将载荷分为若干步（R_0，R_1，R_2，…），相应地，位移也分为同样的步数（x_0，x_1，x_2，…），每两步之间的差称为增量。增量法一般是假设第 m 步的载荷 R_m 及相应的位移 x_m 为已知，然后将载荷增加至（$R_m+\Delta R_m$），再求解位移（$x_m+\Delta x_m$）。如果每步的载荷增量 ΔR_m 足够小，则解的收敛性是可以保证的。由于能够得到加载过程中各个阶段的中间数值结果，该方法对于研究结构位移和应力等随载荷变化情况是十分方便的。

为了说明这种方法，将非线性方程组（10.1）改写为如下形式

$$\psi(x)=P(x)-\lambda R_0=0 \tag{10.13}$$

式中，λ 是载荷增量因子，用于表示载荷变化参数；R_0 为一个基准载荷矢量；$P(x)=K(x)x$ 可以看作是与外力对应的位移状态所确定的内抗力。

将式（10.13）对 λ 求导，则可以得到

$$\frac{dP}{dx}\frac{dx}{d\lambda}-R_0=0$$

由式（10.10）可知 $\frac{dP}{dx}$ 是切线矩阵 $K_T(x)$，上式可进一步化为

$$\frac{dx}{d\lambda}=K_T^{-1}(x)\cdot R_0 \tag{10.14}$$

这是一个典型的常微分方程组问题，有多种解法。

对于 $\lambda+\Delta\lambda$，其解为 $x+\Delta x$。若经过 m 次迭代后，将式（10.14）中的微分关系改写为增量关系，得

$$\Delta \boldsymbol{x}_m = \boldsymbol{K}_{\mathrm{T}}^{-1}(\boldsymbol{x}) \cdot \boldsymbol{R}_0 \Delta \lambda_m$$
$$\boldsymbol{x}_{m+1} = \boldsymbol{x}_m + \Delta \boldsymbol{x}_m \tag{10.15}$$

若采用泰勒级数展开，只选线性项，也能得到同样的关系式。

为了满足求解精度，$\Delta\lambda_m$ 必须是足够小量。但一般来说，增量法的每一步都有可能引入一些误差，误差累积必然会产生解的漂移，步数越多，漂移量就越大。为了避免这种解的漂移现象，可采用平衡校正、增量步中迭代等方法进行改进。目前常采用的方法是将 N－R 法或 mN－R 法用于每一增量步，每个增量步内一般迭代三次左右即可。

采用 N－R 法，对于第 m 步的第 k 轮迭代格式可写为

$$\Delta \boldsymbol{x}_m^{(k+1)} = (\boldsymbol{K}_m^{(k)})^{-1} \cdot [\boldsymbol{R}_m - \boldsymbol{P}(\boldsymbol{x}_m^{(k)})]$$
$$\boldsymbol{x}_m^{(k+1)} = \boldsymbol{x}_m^{(k)} + \Delta \boldsymbol{x}_m^{(k+1)} \tag{10.16}$$

采用 N－R 法迭代时，每次迭代后也需要重新形成和分解刚度矩阵，这无疑增加了计算工作量。若采用 mN－R 法迭代，在每个增量迭代中保持刚度不变，即 $\boldsymbol{K}_m^{(k)} = \boldsymbol{K}_m^{(0)}$，式(10.16)的迭代格式改变为

$$\Delta \boldsymbol{x}_m^{(k+1)} = (\boldsymbol{K}_m^{(0)})^{-1} \cdot [\boldsymbol{R}_m - \boldsymbol{P}(\boldsymbol{x}_m^{(k)})]$$
$$\boldsymbol{x}_m^{(k+1)} = \boldsymbol{x}_m^{(k)} + \Delta \boldsymbol{x}_m^{(k+1)} \tag{10.17}$$

对于单自由度的系统，将 N－R 法或 mN－R 法与增量法结合使用时，计算过程分别如图 10.6a、b 所示。

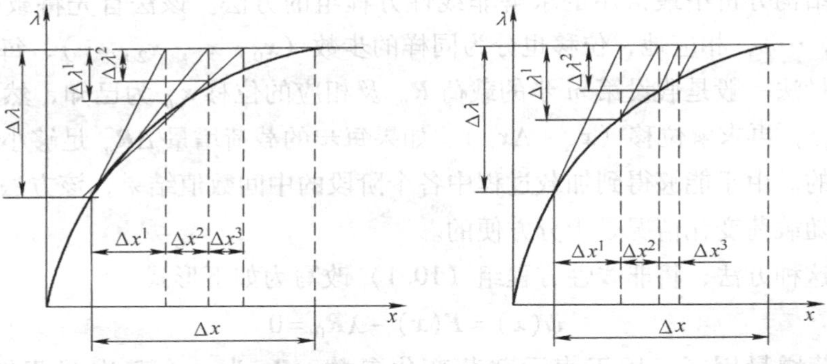

图 10.6　两种方法与增量法的组合

10.3　材料弹塑性本构关系

10.3.1　材料弹塑性行为的描述

弹性材料进入塑性的特征是，当卸去载荷后存在不可恢复的永久变形。因而在涉及卸载的情况下，应力与应变之间不再是唯一的对应关系，这是区别于非线性弹性材料的基本属性。如图 10.7 所示，以材料的单向受力情况为例，仅凭加载过程中应力与应变之间的非线

性关系，还不足以判定材料是非线性弹性还是弹塑性，但是一经卸载，会立即发现二者的区别：卸载时，非线性弹性材料将沿原路径返回，而弹塑性材料将因不同的加载历史在卸载后产生不同的永久变形。

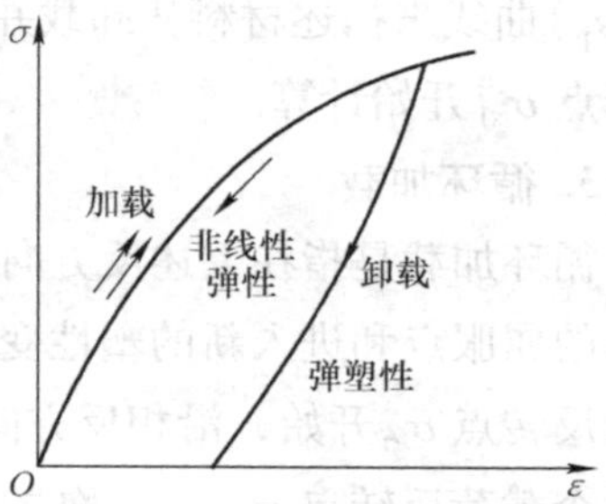

图 10.7 非线性弹性和弹塑性

1. 单调加载

大多数材料存在一个比较明显的屈服应力 σ_{s0}。当应力低于 σ_{s0} 时，材料保持为弹性；当应力达到 σ_{s0} 以后，材料开始进入弹塑性状态；若继续加载，而后再卸载，材料中将保留永久的塑性变形。如果应力达到 σ_{s0} 以后不再增加，而材料变形可以继续增加，即变形处于不定的流动状态，如图 10. 8a 所示，则该材料称为理想弹塑性材料。如果应力达到 σ_{s0} 以后，再增加变形，应力也必须增加，如图 10. 8b 所示，则称为应变硬化材料。

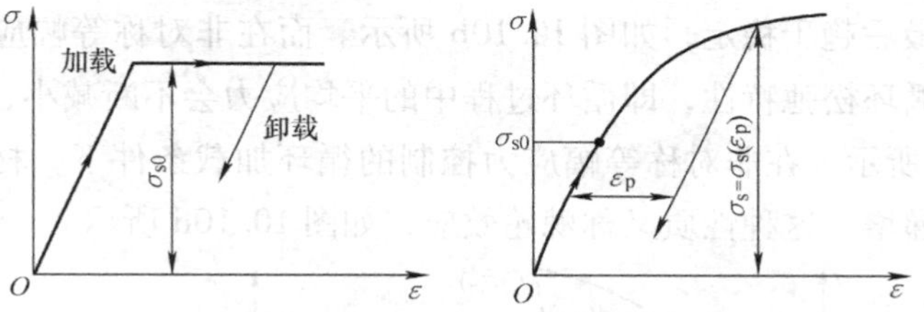

a) 理想弹塑性　　b) 硬化塑性

图 10.8 弹塑性材料加载曲线

材料硬化性质还表现为，如果将加载曲线上的某个应力值 σ_s（$>\sigma_{s0}$）卸载，然后再加载，材料重新进入塑性的应力值将不是原来的初始屈服应力 σ_{s0}。此时的 σ_s 表示的是材料经历一定弹塑性加载后，又经历卸载再加载重新进入塑性的应力值，σ_s 可称为后继屈服应力。

2. 反向加载

对于硬化材料，在一个方向（如拉伸）加载进入塑性变形以后，在后继屈服应力 $\sigma_s=\sigma_{r1}$ 时卸载，并反方向（压缩）加载，直至进入新的塑性变形。这个新的屈服应力 σ_{s1} 通常在数值上既不等于材料的初始屈服应力 σ_{s0}，也不等于卸载时的应力 σ_{r1}，下面分三种情况讨论：

① 如果 $|\sigma_{s1}|=\sigma_{r1}$，称为各向同性硬化材料；②如果 $\sigma_{r1}-\sigma_{s1}=2\sigma_{s0}$，称为运动硬化或随动硬化材料；③如果 $|\sigma_{s1}|<\sigma_{r1}$ 且 $\sigma_{r1}-\sigma_{s1}>2\sigma_{s0}$，则称为混合硬化材料，如图 10. 9 所示。

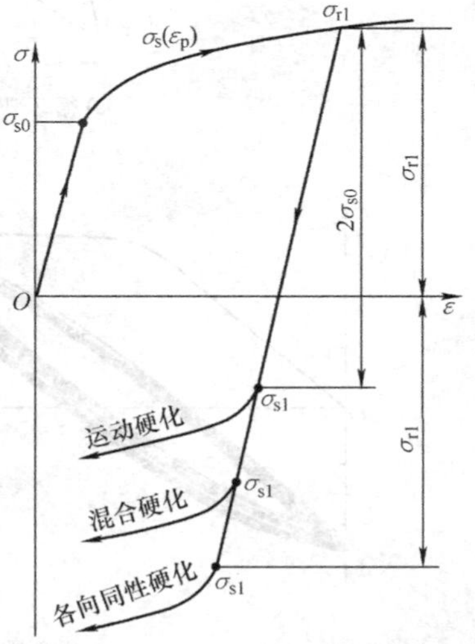

图 10.9 各种硬化塑性的特征

应指出，一般情况下，材料在反方向进入塑性以后，应力－应变曲线的形状不同于原正方向进入塑性以后的加载曲线。通常需要根据材料的实验结果，定义新的

$\sigma_s(\varepsilon_p)$曲线来描述材料从卸载并在反方向再次进入塑性后的弹塑性行为，而且ε_p应从新的屈服点σ_{s1}开始计算。

3. 循环加载

循环加载是指在上述反方向进入塑性变形以后，载荷再反转进入正方向加载，又一次到达新的屈服点和进入新的塑性变形，如此反复循环。如果i代表应力反转的次数，则每次从载荷反转点σ_{ri}开始，沿相反方向卸载，再加载到新的屈服应力σ_{si}后，继续弹塑性加载直至下一个载荷反转点$\sigma_{r,i+1}$，称之为一个加载分支。如图10.10a所示的OA、AB、BC等各代表一个加载分支。一般地，每一个加载分支中材料的应力－应变曲线是不同的。但是材料实验结果表明，除第1个分支（初始单调加载至第1个应力反转点σ_{r1}）与第2个分支（第1个应力反转点σ_{r1}到第2个应力反转点σ_{r2}）的曲线形状有明显的区别外，从第2个分支开始，以后各个分支都是相似的，即它们之间的变化是有规律的。

通常在对称等幅应变控制的循环加载条件下，材料呈现循环硬化特征，即材料的硬化性质不断增强，直至最后趋于稳定，如图10.10b所示。而在非对称等幅应变控制的循环加载条件下，材料呈现循环松弛特性，即循环过程中的平均应力会不断减小，并通常以趋于零为极限，如图10.10c所示。在非对称等幅应力控制的循环加载条件下，材料呈现循环蠕变特性，平均应变不断递增，这种性质又称棘轮效应，如图10.10d所示。

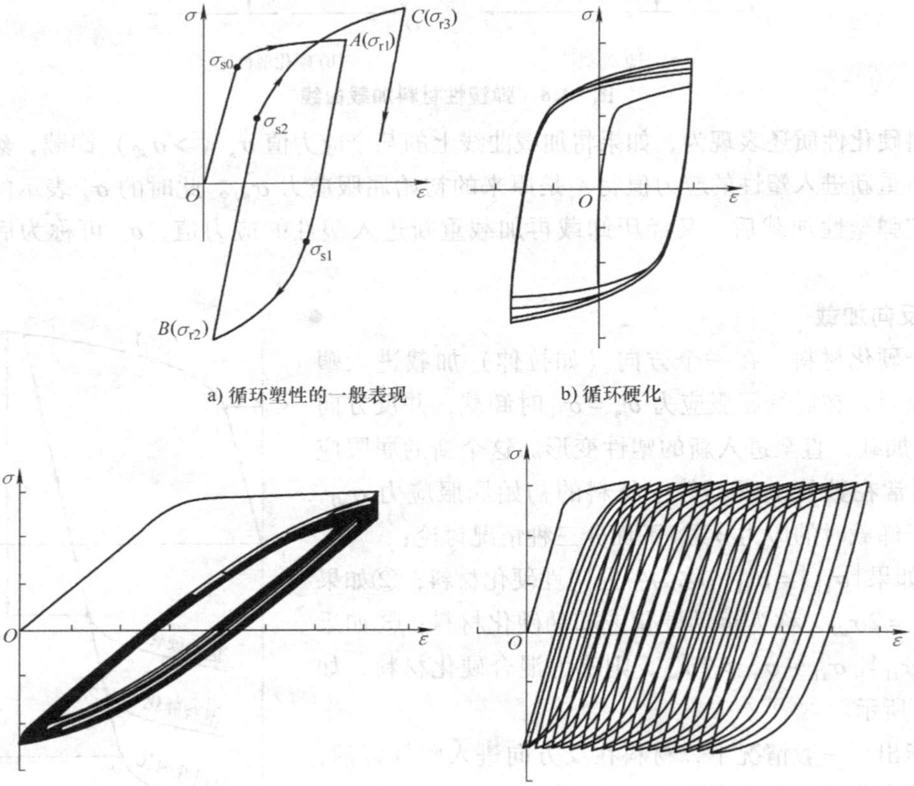

a) 循环塑性的一般表现　　b) 循环硬化

c) 循环松弛　　d) 循环蠕变(棘轮现象)

图10.10　材料循环塑性的特征行为

10.3.2 复杂应力状态的塑性屈服准则

单向应力状态的屈服准则或称屈服条件是 $\sigma=\sigma_s$。对于复杂应力状态，如果材料是各向同性的，其屈服条件应当与所采用的坐标系方向无关。为建立统一的屈服准则表达式，在塑性力学分析中，引进应力偏量和应力偏量不变量的概念。

将应力分量 $\boldsymbol{\sigma}=\{\sigma_x \quad \sigma_y \quad \sigma_z \quad \tau_{xy} \quad \tau_{yz} \quad \tau_{zx}\}^{\mathrm{T}}$ 中的正应力分量减去平均应力后，剪应力不变，组成新的列阵被称为应力偏量，表示为

$$\boldsymbol{S}=\{s_x \quad s_y \quad s_z \quad \tau_{xy} \quad \tau_{yz} \quad \tau_{zx}\}^{\mathrm{T}}$$

其中，

$$s_x=\sigma_x-\sigma_{\mathrm{m}},\ s_y=\sigma_y-\sigma_{\mathrm{m}},\ s_z=\sigma_z-\sigma_{\mathrm{m}}$$

平均应力：

$$\sigma_{\mathrm{m}}=\frac{1}{3}(\sigma_x+\sigma_y+\sigma_z)$$

应力偏量的三个不变量：

$$\begin{aligned} J_1&=s_x+s_y+s_z=0\\ J_2&=\frac{1}{2}(s_x^2+s_y^2+s_z^2+2\tau_{xy}^2+2\tau_{yz}^2+2\tau_{zx}^2)\\ J_3&=s_xs_ys_z-(s_x\tau_{yz}^2+s_y\tau_{zx}^2+s_z\tau_{xy}^2)\end{aligned} \tag{10.18}$$

分别称为应力偏量的第一、第二、第三不变量。J_2、J_3 在塑性力学分析中是很重要的参数。

1. 特雷斯卡屈服准则

1864 年特雷斯卡（Tresca）根据冲压实验，研究韧性金属通过不同孔型挤压时的载荷，给出了当最大剪应力达到一定值时材料开始屈服的结论，可表示为

$$\tau_{\max}=\max(\tau_{12},\tau_{23},\tau_{31})=\kappa \tag{10.19}$$

式中，κ 为与材料有关的参数；τ_{12}、τ_{23}、τ_{31} 为剪应力。

各剪应力与主应力的关系为

$$\tau_{12}=\frac{1}{2}|\sigma_1-\sigma_2|,\ \tau_{23}=\frac{1}{2}|\sigma_2-\sigma_3|,\ \tau_{31}=\frac{1}{2}|\sigma_3-\sigma_1| \tag{10.20}$$

当主应力满足 $\sigma_1\geqslant\sigma_2\geqslant\sigma_3$ 的关系时，式（10.19）可写为

$$\sigma_1-\sigma_3=2\kappa$$

若主应力的次序未知，则式（10.19）可由一组方程表示为

$$\sigma_1-\sigma_2=\pm2\kappa,\ \sigma_2-\sigma_3=\pm2\kappa,\ \sigma_3-\sigma_1=\pm2\kappa \tag{10.21}$$

将式（10.21）记为一般表达式：

$$[(\sigma_1-\sigma_2)^2-4\kappa^2][(\sigma_2-\sigma_3)^2-4\kappa^2][(\sigma_3-\sigma_1)^2-4\kappa^2]=0 \tag{10.22}$$

式（10.22）可用应力偏量不变量表示，改写为

$$4J_2^3-27J_3^2-36\kappa^2J_2^2+96\kappa^4J_2-64\kappa^6=0 \tag{10.23}$$

在三维应力坐标空间中，将平均应力为零且通过坐标原点的特殊平面称为 π 平面，$\sigma_1-\sigma_2=\pm2\kappa$ 表示一对平行于 σ_3 轴及 π 平面法线 ON 的平面（见图 10.11）。式（10.21）

所建立的屈服面由三对互相平行的平面组成，形成垂直于 π 平面的正六角柱体，如图 10.11 所示。在 π 平面上的投影为正六边形，其外接圆半径为 $2\kappa\sqrt{2/3}$，如图 10.12 所示。

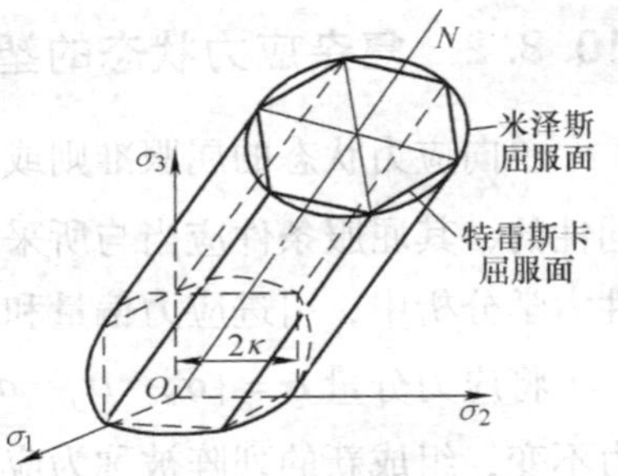

图 10.11　屈服面图形

对于平面应力问题，$\sigma_3=0$，则式（10.21）为

$$\sigma_1-\sigma_2=\pm 2\kappa,\ \sigma_1=\pm 2\kappa,\ \sigma_2=\pm 2\kappa \qquad (10.24)$$

平面应力问题的屈服轨迹为斜六边形，如图 10.13 所示。

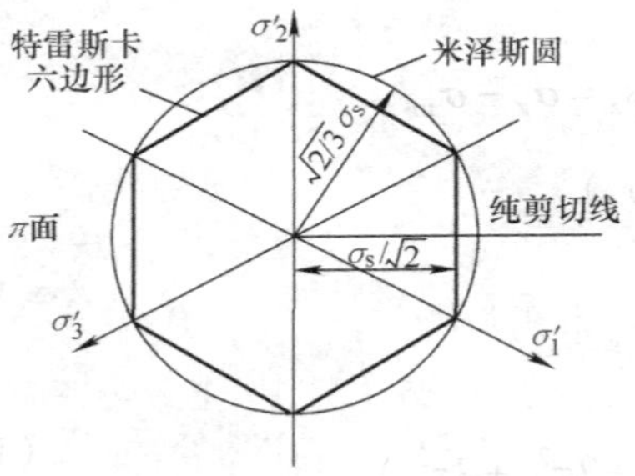

图 10.12　π 平面上的屈服轨迹

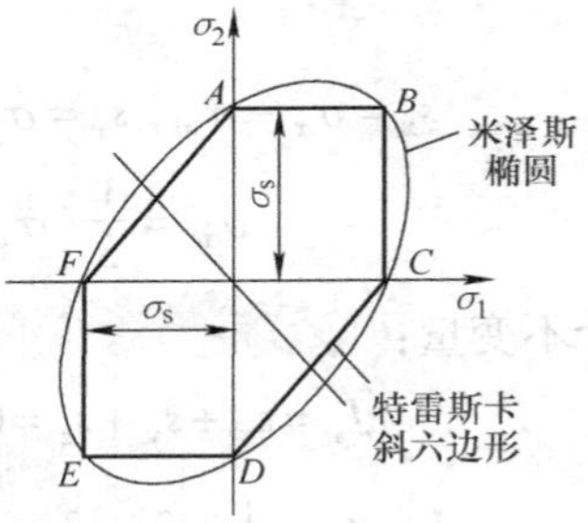

图 10.13　平面应力状态下的屈服轨迹

按特雷斯卡屈服准则，剪切屈服极限为拉伸屈服极限的一半，即

$$\tau_s=\frac{1}{2}\sigma_s \qquad (10.25)$$

2. 米泽斯屈服准则

特雷斯卡屈服条件虽有实验证明，但所得的屈服轨迹有角点而不是光滑曲线，解决具体问题时在数学上有一定困难，且未考虑中间应力（σ_2）对材料屈服的影响。1913 年，米泽斯（von Mises）指出，特雷斯卡屈服轨迹中的 6 个顶点虽然是由实验得到的，但六边形包含了直接连接的假设，于是提出用一个圆或椭圆连接似乎更合理，同上还可以避免数学上的困难。

米泽斯屈服准则：

$$(\sigma_1-\sigma_2)^2+(\sigma_2-\sigma_3)^2\ (\sigma_3-\sigma_1)^2=2\ (2\kappa)^2=2\sigma_s^2 \qquad (10.26)$$

用应力偏量不变量表示，则为

$$J_2=\frac{1}{3}\sigma_s^2 \qquad (10.27)$$

用应力分量表示，米泽斯屈服准则为

$$(\sigma_x-\sigma_y)^2+(\sigma_y-\sigma_z)^2+(\sigma_z-\sigma_x)^2+6(\tau_{xy}^2+\tau_{yz}^2+\tau_{zx}^2)=2\sigma_s^2 \qquad (10.28)$$

特雷斯卡屈服准则与米泽斯屈服准则相比偏于安全，但二者差异不大。从数学上看，特雷斯卡屈服函数在棱边角处的导数是不存在的，而米泽斯屈服函数则是连续函数，如图 10.11 ~ 图 10.13 所示，因此有限元分析中采用的是米泽斯屈服准则。

10.3.3 增量理论

塑性理论与弹性理论的本质区别就在于应力 - 应变关系的不同，弹性理论的应力 - 应变关系是线性的，塑性理论的应力 - 应变关系是非线性的。从塑性理论的历史发展上看，主要有两大类：增量理论和全量理论。当前，增量理论和全量理论在结构分析领域都有应用。

1. 增量理论概述

增量理论又称流动理论，是描述材料在塑性状态下应力与应变速度或应变增量之间关系的理论。在塑性理论发展历史上，增量理论发展得比较早，不受加载条件的限制，在理论上比较完备。但在实际应用时，需要按加载过程中的变形路径进行积分，计算是比较复杂的。其主要理论如下：

1）圣维南（Saint - Venant）于1870年提出应变增量的主轴与应力主轴重合的假定。

2）莱维（Levy，1871）和米泽斯（Mises，1913）采用圣维南的假定，并进一步提出应变增量的分量与它对应的应力偏量的分量成比例的假定，而建立莱维 - 米泽斯理论。

3）普朗特（Prandtl，1924）和罗伊斯（Reuss，1930）在米泽斯理论的基础上，考虑了弹性变形部分，提出塑性应变增量的分量与它对应的应力偏量的分量成比例，建立了普朗特 - 罗伊斯理论。这种理论适用于小变形情况。

对于各向同性材料，增量理论的基本假设：

1）主伸长增量的方向与主应力方向重合；

2）体积形变的变化与平均应力成比例，而且完全是弹性的；

3）应力偏量与应变增量成比例；

4）等效应力是等效应变增量的函数，对于理想塑性材料，其进入塑性以后的等效应力是常数。

材料进入塑性状态后，变形量用应变增量表示。应变增量包含弹性应变增量和塑性应变增量两部分，即

$$\mathrm{d}\boldsymbol{\varepsilon} = \mathrm{d}\boldsymbol{\varepsilon}_{\mathrm{e}} + \mathrm{d}\boldsymbol{\varepsilon}_{\mathrm{p}}$$

其中，$\mathrm{d}\boldsymbol{\varepsilon}$ 为全应变增量；$\mathrm{d}\boldsymbol{\varepsilon}_{\mathrm{e}}$ 为弹性应变增量；$\mathrm{d}\boldsymbol{\varepsilon}_{\mathrm{p}}$ 为塑性应变增量。

对于弹性应变增量、塑性应变增量占全应变增量的比值不同，有两个代表性的增量理论。

2. 莱维 - 米泽斯理论

米泽斯曾指出，有些材料在屈服后一小段内，应力 - 应变曲线与理想塑性材料相似，还有一些材料硬化程度较弱，接近理想塑性材料，因此假设材料是理想塑性的。米泽斯还认为材料到达塑性后，由于塑性变形较大，可以忽略弹性变形部分，即认为总应变等于塑性应变。进一步归纳以下几点：

1）塑性变形很大，可以忽略弹性部分，假定 $\mathrm{d}\boldsymbol{\varepsilon}_{\mathrm{e}} \approx \mathbf{0}$，全部变形主要是塑性变形，则存在

$$\mathrm{d}\boldsymbol{\varepsilon} = \mathrm{d}\boldsymbol{\varepsilon}_{\mathrm{e}} + \mathrm{d}\boldsymbol{\varepsilon}_{\mathrm{p}} \approx \mathrm{d}\boldsymbol{\varepsilon}_{\mathrm{p}}$$

2）体积变化是弹性的，塑性区体积不会发生变化。于是可按弹性关系将体积变形改写成增量形式

$$K\mathrm{d}\theta = \mathrm{d}\sigma_{\mathrm{m}}$$

式中，K 称为体积模量，θ 为体积应变。

体积模量 K 的意义是反映了平均应力与体积变形之间的关系。体积模量 K，只与材料的两个独立性能参数 E 和 μ 有关：

$$K = \frac{E}{3(1-2\mu)} \tag{10.29}$$

假定 $\mathrm{d}\boldsymbol{\varepsilon}_{\mathrm{e}} \approx 0$，体积应变 θ 与线应变之间的关系可简化为

$$\mathrm{d}\theta = \mathrm{d}\varepsilon_x + \mathrm{d}\varepsilon_y + \mathrm{d}\varepsilon_y \approx \mathrm{d}\varepsilon_x^{\mathrm{p}} + \mathrm{d}\varepsilon_y^{\mathrm{p}} + \mathrm{d}\varepsilon_z^{\mathrm{p}}$$

因为米泽斯理论中，$\mathrm{d}\theta = \mathrm{d}\varepsilon_x^{\mathrm{p}} + \mathrm{d}\varepsilon_y^{\mathrm{p}} + \mathrm{d}\varepsilon_z^{\mathrm{p}} = 0$，而平均应力 $\mathrm{d}\sigma_{\mathrm{m}}$ 是个有限值，所以 $K \to \infty$。由 K 的定义可推出塑性状态材料的泊松比 $\mu_{\mathrm{p}} = 0.5$。

3）塑性应变偏量与应力偏量成正比，采用张量形式表示为

$$\mathrm{d}e_{ij}^{\mathrm{p}} = \mathrm{d}\lambda s_{ij} \tag{10.30}$$

弹性应变增量 $\mathrm{d}\boldsymbol{\varepsilon}_e \approx \mathbf{0}$，所以

$$\mathrm{d}e_{ij} = \mathrm{d}\lambda s_{ij} \tag{10.31}$$

其中，

$$\mathrm{d}\lambda = \frac{3\mathrm{d}\bar{\varepsilon}_{\mathrm{p}}}{2\sigma_{\mathrm{s}}} \tag{10.32}$$

$\mathrm{d}\lambda$ 的具体表达式将在后面给出。

式（10.30）与式（10.31）可定性描述为：塑性应变增量偏量与应力增量主轴重合，即塑性应变增量与应力的主轴重合；塑性应变增量偏量分量与应力增量的分量成比例。

塑性等效应变

$$\mathrm{d}\bar{\varepsilon}_{\mathrm{p}} = \left(\frac{2}{3}\mathrm{d}\varepsilon_{ij}^{\mathrm{p}}\mathrm{d}\varepsilon_{ij}^{\mathrm{p}}\right)^{\frac{1}{2}} = \frac{2}{3}\mathrm{d}\lambda\sigma_{\mathrm{s}} \tag{10.33}$$

3. 普朗特－罗伊斯理论

普朗特－罗伊斯理论认为，在小变形时，弹性应变增量 $\mathrm{d}\boldsymbol{\varepsilon}_{\mathrm{e}}$ 与塑性应变增量 $\mathrm{d}\boldsymbol{\varepsilon}_{\mathrm{p}}$ 应在同一数量级上，若假定 $\mathrm{d}\boldsymbol{\varepsilon}_e \approx \mathbf{0}$，会带来很大的误差。因此提出在塑性区应变应包含弹性和塑性两部分，弹性部分 $\mathrm{d}\boldsymbol{\varepsilon}_{\mathrm{e}}$ 按广义胡克定律，塑性部分 $\mathrm{d}\boldsymbol{\varepsilon}_{\mathrm{p}}$ 则按米泽斯理论。

利用弹性应力－应变关系，可将应力增量 $\mathrm{d}\sigma_{ij}$ 表示为

$$\mathrm{d}\sigma_{ij} = D_{ijkl}^{\mathrm{e}}\mathrm{d}\varepsilon_{kl}^{\mathrm{e}} = D_{ijkl}^{\mathrm{e}}(\mathrm{d}\varepsilon_{kl} - \mathrm{d}\varepsilon_{kl}^{\mathrm{p}}) = D_{ijkl}^{\mathrm{e}}\mathrm{d}\varepsilon_{kl} - D_{ijkl}^{\mathrm{e}}\mathrm{d}\lambda\frac{\partial f}{\partial\sigma_{kl}} \tag{10.34}$$

其中，D_{ijkl}^{e} 为弹性矩阵；f 为后继屈服函数（与应力状态有关，具体表达式在后叙述）。

经过整理可得，$\mathrm{d}\lambda$ 的具体表达式为

$$\mathrm{d}\lambda = \frac{\left(\dfrac{\partial f}{\partial\sigma_{ij}}\right)D_{ijkl}^{\mathrm{e}}\mathrm{d}\varepsilon_{kl}^{\mathrm{p}}}{\left(\dfrac{\partial f}{\partial\sigma_{ij}}\right)D_{ijkl}^{\mathrm{e}}\left(\dfrac{\partial f}{\partial\sigma_{kl}}\right) + \dfrac{4}{9}\sigma_{\mathrm{s}}^2E_{\mathrm{p}}} \tag{10.35}$$

将式（10.35）再回代入式（10.34），可得应力－应变的增量关系式为

$$\mathrm{d}\sigma_{ij}=D_{ijkl}^{\mathrm{ep}}\mathrm{d}\varepsilon_{kl} \tag{10.36}$$

其中，$D_{ijkl}^{\mathrm{ep}}=D_{ijkl}^{\mathrm{e}}-D_{ijkl}^{\mathrm{p}}$称为弹塑性矩阵；$D_{ijkl}^{\mathrm{p}}$称为塑性矩阵。

为了便于给出应力－应变关系的一般表达式，将 $\mathrm{d}\lambda$、D_{ijkl}^{p}写成矩阵形式：

$$\mathrm{d}\lambda=\frac{\left(\dfrac{\partial f}{\partial \boldsymbol{\sigma}}\right)^{\mathrm{T}}\boldsymbol{D}_{\mathrm{e}}\mathrm{d}\boldsymbol{\varepsilon}}{\left(\dfrac{\partial f}{\partial \boldsymbol{\sigma}}\right)^{\mathrm{T}}\boldsymbol{D}_{\mathrm{e}}\left(\dfrac{\partial f}{\partial \sigma}\right)+\dfrac{4}{9}\sigma_{\mathrm{s}}^{2}E_{\mathrm{p}}} \tag{10.37}$$

$$\boldsymbol{D}_{\mathrm{p}}=\frac{\boldsymbol{D}_{\mathrm{e}}\left(\dfrac{\partial f}{\partial \boldsymbol{\sigma}}\right)\left(\dfrac{\partial f}{\partial \boldsymbol{\sigma}}\right)^{\mathrm{T}}\boldsymbol{D}_{\mathrm{e}}}{\left(\dfrac{\partial f}{\partial \boldsymbol{\sigma}}\right)^{\mathrm{T}}\boldsymbol{D}_{\mathrm{e}}\left(\dfrac{\partial f}{\partial \boldsymbol{\sigma}}\right)+\dfrac{4}{9}\sigma_{\mathrm{s}}^{2}E_{\mathrm{p}}} \tag{10.38}$$

4. 不同应力状态下的具体表达式

对于各向同性硬化材料，在不同的应力状态下，式（10.37）与式（10.38）有不同的具体表达式。

（1）空间问题　应力分量 $\boldsymbol{\sigma}=\{\sigma_x\quad\sigma_y\quad\sigma_z\quad\tau_{xy}\quad\tau_{yz}\quad\tau_{zx}\}^{\mathrm{T}}$，应力偏量 $\boldsymbol{S}=\{s_x\quad s_y\quad s_z\quad\tau_{xy}\quad\tau_{yz}\quad\tau_{zx}\}^{\mathrm{T}}$。

对于各向同性硬化材料，屈服函数

$$F=f-\kappa=0 \tag{10.39}$$

其中，$\kappa=\dfrac{1}{3}\sigma_{\mathrm{s}}^{2}$；$f=\dfrac{1}{2}\left(s_x^2+s_y^2+s_z^2+2\tau_{xy}^2+2\tau_{yz}^2+2\tau_{zx}^2\right)$。

由此可得

$$\frac{\partial f}{\partial \boldsymbol{\sigma}}=\{s_x\quad s_y\quad s_z\quad 2\tau_{xy}\quad 2\tau_{yz}\quad 2\tau_{zx}\}^{\mathrm{T}}。$$

将上式分别代入式（10.37）与式（10.38），得

$$\mathrm{d}\lambda=\frac{9G\boldsymbol{S}^{\mathrm{T}}\mathrm{d}\boldsymbol{\varepsilon}}{2\sigma_{\mathrm{s}}^{2}(3G+E_{\mathrm{p}})}$$

$$\boldsymbol{D}_{\mathrm{p}}=\frac{9G^{2}\boldsymbol{S}\boldsymbol{S}^{\mathrm{T}}}{\sigma_{\mathrm{s}}^{2}(3G+E_{\mathrm{p}})} \tag{10.40}$$

式中，G 为剪切模量；E_{p} 为材料的塑性模量或称硬化系数。

E_{p} 由弹性模量 E 及切向模量 E_{t}（$E_{\mathrm{t}}=\mathrm{d}\sigma/\mathrm{d}\varepsilon$）确定，即

$$E_{\mathrm{p}}=\frac{EE_{\mathrm{t}}}{E-E_{\mathrm{t}}}$$

将应力偏量 $\boldsymbol{S}=\{s_x\quad s_y\quad s_z\quad\tau_{xy}\quad\tau_{yz}\quad\tau_{zx}\}^{\mathrm{T}}$ 代入式（10.40），则空间问题的塑性矩阵为

$$
\boldsymbol{D}_{\mathrm{p}} = \frac{9G^2}{\sigma_{\mathrm{s}}^2(3G+E_{\mathrm{p}})}\begin{bmatrix} s_x^2 & s_x s_y & s_x s_z & s_x\tau_{xy} & s_x\tau_{yz} & s_x\tau_{zx} \\ & s_y^2 & s_y s_z & s_y\tau_{xy} & s_y\tau_{yz} & s_y\tau_{zx} \\ & & s_z^2 & s_z\tau_{xy} & s_z\tau_{yz} & s_z\tau_{zx} \\ & & & \tau_{xy}^2 & \tau_{xy}\tau_{yz} & \tau_{xy}\tau_{zx} \\ & \text{对称} & & & \tau_{yz}^2 & \tau_{yz}\tau_{zx} \\ & & & & & \tau_{zx}^2 \end{bmatrix} \tag{10.41}
$$

（2）轴对称问题　轴对称问题的应力偏量为 $\boldsymbol{\sigma}=\{\sigma_r \quad \sigma_\theta \quad \sigma_z \quad \tau_{rz}\}^{\mathrm{T}}$，应变分量为 $\boldsymbol{\varepsilon}=\{\varepsilon_r \quad \varepsilon_\theta \quad \varepsilon_z \quad \gamma_{rz}\}^{\mathrm{T}}$，应力偏量为 $\boldsymbol{S}=\{s_r \quad s_z \quad s_\theta \quad \tau_{rz}\}^{\mathrm{T}}$。将应力偏量代入式（10.40），轴对称问题的塑性矩阵：

$$
\boldsymbol{D}_{\mathrm{p}} = \frac{9G^2}{\sigma_{\mathrm{s}}^2(3G+E_{\mathrm{p}})}\begin{bmatrix} s_r^2 & s_r s_z & s_r s_\theta & s_r\tau_{rz} \\ & s_z^2 & s_z s_\theta & s_z\tau_{rz} \\ & \text{对称} & s_\theta^2 & s_\theta\tau_{rz} \\ & & & \tau_{rz}^2 \end{bmatrix} \tag{10.42}
$$

（3）平面应变问题　平面应变问题有三个应变分量，在弹性范围内，通常只关注与应变对应的三个应力分量。但对于弹塑性问题，本构关系与应力状态有关，$\sigma_z \neq 0$ 不能忽略，必须予以考虑。在弹塑性分析中，将平面应变问题应力分量写为 $\boldsymbol{\sigma}=\{\sigma_x \quad \sigma_y \quad \sigma_z \quad \tau_{xy}\}^{\mathrm{T}}$，相应的应变分量拓展后与之对应，$\boldsymbol{\varepsilon}=\{\varepsilon_x \quad \varepsilon_y \quad 0 \quad \gamma_{xy}\}^{\mathrm{T}}$，应力偏量 $\boldsymbol{S}=\{s_x \quad s_y \quad s_z \quad \tau_{xy}\}^{\mathrm{T}}$。拓展后，平面应变问题的弹性矩阵与轴对称问题具有相同的形式，即式（5.5）。

根据式（10.40），平面应变问题的塑性矩阵为

$$
\boldsymbol{D}_{\mathrm{p}} = \frac{9G^2}{\sigma_{\mathrm{s}}^2(3G+E_{\mathrm{p}})}\begin{bmatrix} s_x^2 & s_x s_y & s_x s_z & s_x\tau_{xy} \\ & s_y^2 & s_y s_z & s_y\tau_{xy} \\ & \text{对称} & s_z^2 & s_z\tau_{xy} \\ & & & \tau_{xy}^2 \end{bmatrix} \tag{10.43}
$$

（4）平面应力问题　平面应力问题 $\sigma_z=0$，应力分量为 $\boldsymbol{\sigma}=\{\sigma_x \quad \sigma_y \quad \tau_{xy}\}^{\mathrm{T}}$，应变分量为 $\boldsymbol{\varepsilon}=\{\varepsilon_x \quad \varepsilon_y \quad \gamma_{xy}\}^{\mathrm{T}}$，平均应力为 $\sigma_{\mathrm{m}}=(\sigma_x+\sigma_y)/3$，应力偏量为

$$
\boldsymbol{S}=\{s_x \quad s_y \quad s_z \quad \tau_{xy}\}^{\mathrm{T}}=\left\{\frac{2\sigma_x-\sigma_y}{3} \quad \frac{2\sigma_y-\sigma_x}{3} \quad -\frac{\sigma_x+\sigma_y}{3} \quad \tau_{xy}\right\}^{\mathrm{T}}
$$

平面应力问题的屈服函数为

$$
f=\frac{1}{2}(s_x^2+s_y^2+s_z^2+2\tau_{xy}^2)
$$

$$
\frac{\partial f}{\partial \boldsymbol{\sigma}}=\{s_x \quad s_y \quad 2\tau_{xy}\}^{\mathrm{T}}
$$

将平面应力问题的相关公式，代入式（10.37）及式（10.38），得到

$$d\lambda = \frac{1}{B}[(s_x + \mu s_y)d\varepsilon_x + (s_y + \mu s_x)d\varepsilon_y + (1-\mu)\tau_{xy}d\gamma_{xy}]$$

$$\boldsymbol{D}_p = \frac{E}{B(1-\mu^2)}\begin{bmatrix} (s_x+\mu s_y)^2 & (s_x+\mu s_y)(s_y+\mu s_x) & (1-\mu)(s_x+\mu s_y)\tau_{xy} \\ & (s_y+\mu s_x)^2 & (1-\mu)(s_y+\mu s_x)\tau_{xy} \\ \text{对称} & & (1-\mu)^2\tau_{xy}^2 \end{bmatrix} \tag{10.44}$$

式中，

$$B = s_x^2 + s_y^2 + 2\mu s_x s_y + 2(1-\mu)\tau_{xy}^2 + \frac{4(1-\mu^2)E_p\sigma_s^2}{9E}$$

对于平面应力问题，$d\varepsilon_z^p$ 应根据塑性体积应变增量等于零的条件计算，即 $d\varepsilon_z^p = -(d\varepsilon_x^p + d\varepsilon_y^p)$。

根据上述各向同性材料的不同应力状态的塑性矩阵 $\boldsymbol{D}_p$，如式（10.41）~式（10.44），以及前几章中对应的弹性矩阵 $\boldsymbol{D}_e$，得到相应问题的弹塑性矩阵 $\boldsymbol{D}_{ep}$ 的显式表达式为

$$\boldsymbol{D}_{ep} = \boldsymbol{D}_e - \boldsymbol{D}_p \tag{10.45}$$

5. 理想弹塑性材料的应力应变关系

以上是针对各向同性硬化材料推导出来的 $d\lambda$ 和 $\boldsymbol{D}_p$ 表达式，对于其他硬化材料，只需将屈服条件 f 和 κ 进行适当修改，便可得到相应的表达式。

理想弹塑性材料加载曲线（见图10.8）进入屈服变形后 σ_{s0} 为常量。弹塑性材料的屈服条件为

$$\frac{\partial f}{\partial \boldsymbol{\sigma}} = \boldsymbol{S},\ \kappa = \frac{1}{3}\sigma_{s0}^2,\ E_p = 0$$

只需将各向同性硬化材料的 $d\lambda$ 和 $\boldsymbol{D}_p$ 表达式中的 σ_{s0} 用 σ_s 代替，并令 $E_p = 0$ 即可。

10.3.4 全量理论

1. 全量理论概述

塑性力学全量理论又称形变理论，是以应力与应变全量为基础的弹塑性应力应变关系，与弹性力学分析问题的方法基本一致，保持了弹性力学基本方程的某些特点。

1）汉基（Hencky，1924）采用普朗特的假定，并进行积分，得到了应变偏量分量与对应的应力偏量分量成比例的结果。假定物体总应变偏量等于弹性应变偏量与塑性应变偏量之和，体积变形按弹性变化，创建了全量理论的基础。

2）那达依（Nadai，1937）考虑了在大应变条件下硬化材料的应力 - 应变关系，提出八面体剪应力 τ_8 是一个主要参数，可用来表示在不同应力状态下的塑性抗力，从而对米泽斯屈服条件给出了另一个物理意义，同时也将这一屈服条件推广到硬化材料。那达依将米泽斯方程进行积分，建立了大变形情况下应力分量与应变分量（略去弹性应变部分）之间的关系。

3）伊留申（1943）提出在小变形情况下塑性应变偏量的分量与应力偏量的分量成比例，体积变化是弹性的，且与平均应力成比例，塑性体积变形为零，应力偏量与应变偏量相

似且同轴。在总应变中考虑了弹性应变，从而完成了适用于小变形情况下弹塑性分析的全量理论。

全量理论的假定：

①应力主方向与应变主方向重合，而且在加载过程中主方向保持不变；②平均应力与平均应变成比例；③应力偏量分量与应变偏量分量成比例；④等效应力与塑性等效应变成某种非线性的函数关系，即

$$\bar{\sigma} = E'\bar{\varepsilon}$$

其中，E'是材料的特性参数，不仅与材料有关，也与塑性应变程度有关，说明等效应力与塑性等效应变是非线性的。

由于假定应力主方向与应变主方向重合，且在加载过程中主方向保持不变，因此材料的塑性性质可用等效应力 $\bar{\sigma}$ 与等效应变 $\bar{\varepsilon}$ 单一曲线表示，如图 10.14 所示，图中 G 为弹性剪切模量，G'为弹塑性剪切模量。

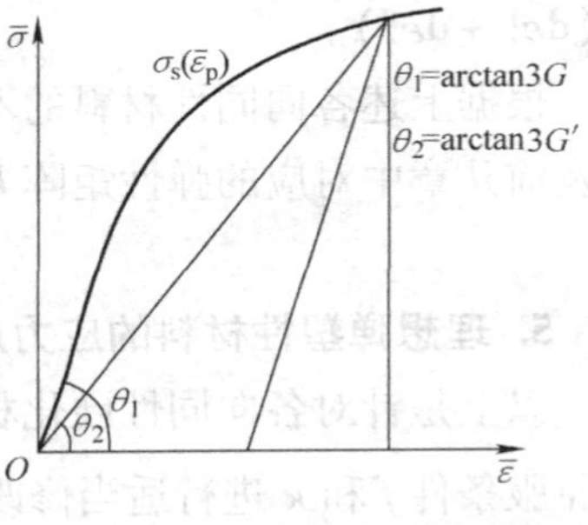

图 10.14 材料的$\bar{\sigma}-\bar{\varepsilon}$曲线示意图

2. 弹塑性全量的应力－应变关系

采用张量表示的应力偏量和应变偏量分别为

$$s_{ij} = \sigma_{ij} - \sigma_m\delta_{ij}, \ e_{ij} = \varepsilon_{ij} - \varepsilon_m\delta_{ij}$$

其中，$\sigma_m = \dfrac{1}{3}(\sigma_{11} + \sigma_{22} + \sigma_{33})$；$\varepsilon_m = \dfrac{1}{3}(\varepsilon_{11} + \varepsilon_{22} + \varepsilon_{33})$

当 $\bar{\varepsilon} < \sigma_{s0}/(3G)$ 时，材料处于弹性状态，应力偏量与应变偏量的关系为

$$e_{ij} = e_{ij}^{e} = \frac{s_{ij}}{2G} \tag{10.46}$$

当$\bar{\varepsilon} > \sigma_{s0}/(3G)$时，材料进入弹塑性状态，应力偏量与应变偏量的关系为

$$e_{ij} = \frac{s_{ij}}{2G'}, \ \bar{\sigma} = \sigma_s(\bar{\varepsilon}_p) \tag{10.47}$$

等效应力与等效应变的表达式为

$$\bar{\sigma} = \sqrt{\frac{3}{2}s_{ij}s_{ij}}, \ \bar{\varepsilon} = \sqrt{\frac{3}{2}e_{ij}e_{ij}} \tag{10.48}$$

根据式（10.47）与式（10.48），得

$$\frac{1}{2G'} = \frac{3}{2}\frac{\bar{\varepsilon}}{\bar{\sigma}} = \frac{3}{2}\frac{\bar{\varepsilon}}{\sigma_s}$$

即

$$G' = \frac{\sigma_s}{3\bar{\varepsilon}} \tag{10.49}$$

因为 e_{ij}包含弹性部分与塑性部分，可表示为

$$e_{ij} = e_{ij}^{e} + e_{ij}^{p} = e_{ij}^{e} + \varepsilon_{ij}^{p}$$

弹性区、塑性区应变偏量与应力偏量的关系分别为式（10.46）和式（10.47），上式变换后

$$\varepsilon_{ij}^{\mathrm{p}} = e_{ij} - e_{ij}^{\mathrm{e}} = \left(\frac{1}{2G'} - \frac{1}{2G}\right) s_{ij}$$

弹塑性全量的应力 – 应变关系可表示为

$$\sigma_{ij} = 2G' e_{ij} + 3K\varepsilon_{\mathrm{m}}\delta_{ij} = 2G'\varepsilon_{ij} + 3\lambda'\varepsilon_{\mathrm{m}}\delta_{ij} = D_{ijkl}^{\mathrm{ep}}\varepsilon_{kl} \tag{10.50}$$

其中，D_{ijkl}^{ep}是弹塑性全量的本构张量，即

$$D_{ijkl}^{\mathrm{ep}} = 2G'\delta_{ik}\delta_{jl} + \lambda'\delta_{ij}\delta_{kl} \tag{10.51}$$

式中，K 为体积模量［见式（10.29）］，常数

$$\lambda' = K - \frac{2}{3}G'$$

在小应变情况下，体积应变与线应变之间的关系为

$$\theta = \varepsilon_x^{\mathrm{e}} + \varepsilon_y^{\mathrm{e}} + \varepsilon_z^{\mathrm{e}} = 3\varepsilon_{\mathrm{m}}^{\mathrm{e}}$$

平均应力与体积变形之间的关系为

$$\sigma_{\mathrm{m}} = K\theta = \frac{E}{1-2\mu}\varepsilon_{\mathrm{m}} \tag{10.52}$$

弹塑性的全量应力 $\boldsymbol{\sigma}$ 与应变 $\boldsymbol{\varepsilon}$ 的关系写成矩阵形式为

$$\boldsymbol{\sigma} = \boldsymbol{D}_{\mathrm{ep}}\boldsymbol{\varepsilon} \tag{10.53}$$

其中，弹塑性矩阵 $\boldsymbol{D}_{\mathrm{ep}}$仍可用式（10.45），但塑性矩阵 $\boldsymbol{D}_{\mathrm{p}}$ 与增量理论不同。

3. 不同应力状态下的塑性矩阵表达式

（1）空间问题　塑性应变分量为

$$\boldsymbol{\varepsilon}_{\mathrm{p}} = \{\varepsilon_x^{\mathrm{p}} \quad \varepsilon_y^{\mathrm{p}} \quad \varepsilon_z^{\mathrm{p}} \quad \gamma_{xy}^{\mathrm{p}} \quad \gamma_{yz}^{\mathrm{p}} \quad \gamma_{zx}^{\mathrm{p}}\}^{\mathrm{T}} = \left(\frac{1}{2G'} - \frac{1}{2G}\right)\{s_x \quad s_y \quad s_z \quad 2\tau_{xy} \quad 2\tau_{yz} \quad 2\tau_{zx}\}^{\mathrm{T}}$$

塑性矩阵为

$$\boldsymbol{D}_{\mathrm{p}} = \frac{(G-G')}{3}\begin{bmatrix} 4 & -2 & -2 & 0 & 0 & 0 \\ -2 & 4 & -2 & 0 & 0 & 0 \\ -2 & -2 & 4 & 0 & 0 & 0 \\ 0 & 0 & 0 & 3 & 0 & 0 \\ 0 & 0 & 0 & 0 & 3 & 0 \\ 0 & 0 & 0 & 0 & 0 & 3 \end{bmatrix} \tag{10.54}$$

（2）轴对称问题与平面应变问题　轴对称问题的塑性应变分量为

$$\boldsymbol{\varepsilon}_{\mathrm{p}} = \{\varepsilon_r^{\mathrm{p}} \quad \varepsilon_z^{\mathrm{p}} \quad \varepsilon_\theta^{\mathrm{p}} \quad \gamma_{rz}^{\mathrm{p}}\}^{\mathrm{T}} = \left(\frac{1}{2G'} - \frac{1}{2G}\right)\{s_r \quad s_z \quad s_\theta \quad 2\tau_{rz}\}^{\mathrm{T}}$$

平面应变问题的应力分量为$\boldsymbol{\sigma} = \{\sigma_x \quad \sigma_y \quad \sigma_z \quad \tau_{xy}\}^{\mathrm{T}}$，相应的塑性应变分量亦拓展为 4 个，即

$$\boldsymbol{\varepsilon}_{\mathrm{p}} = \{\varepsilon_x^{\mathrm{p}} \quad \varepsilon_y^{\mathrm{p}} \quad 0 \quad \gamma_{xy}^{\mathrm{p}}\}^{\mathrm{T}} = \left(\frac{1}{2G'} - \frac{1}{2G}\right)\{s_x \quad s_y \quad 0 \quad 2\tau_{xy}\}^{\mathrm{T}}$$

轴对称问题与平面应变问题塑性应变表达式类似，具有相同的塑性矩阵：

$$\boldsymbol{D}_{\mathrm{p}}=\frac{(G-G')}{3}\begin{bmatrix}4&-2&-2&0\\-2&4&-2&0\\-2&-2&4&0\\0&0&0&3\end{bmatrix}\tag{10.55}$$

（3）平面应力问题　平面应力问题的塑性应变分量为

$$\boldsymbol{\varepsilon}_{\mathrm{p}}=\{\varepsilon_x^{\mathrm{p}}\quad\varepsilon_y^{\mathrm{p}}\quad\gamma_{xy}^{\mathrm{p}}\}^{\mathrm{T}}=\left(\frac{1}{2G'}-\frac{1}{2G}\right)\{s_x\quad s_y\quad 2\tau_{xy}\}^{\mathrm{T}}$$

平面应力问题的塑性矩阵为

$$\boldsymbol{D}_{\mathrm{p}}=\frac{(G-G')}{3(1-\mu)}\begin{bmatrix}2(2-\mu)+c&-2(1-2\mu)-c&0\\-2(1-2\mu)-c&2(2-\mu)+c&0\\0&0&3(1-\mu)\end{bmatrix}\tag{10.56}$$

式中，

$$c=2(1+\mu)\cdot\frac{G(1+\mu)-G'(1-2\mu)}{G(1+\mu)+2G'(1-2\mu)}$$

10.4　弹塑性问题有限元法

小变形弹塑性问题的几何方程与弹性问题相同，但有限元模型中单元的应力－应变关系较为复杂，处于弹性区域的单元应力－应变关系是线性的，而处于塑性区域的单元应力－应变关系则是非线性的。在弹塑性问题分析过程中，线性和非线性的应力－应变关系都会有所涉及，因此结构总刚度矩阵将总是与应力水平相关，导致有限元方程 $\boldsymbol{K\delta}=\boldsymbol{F}$ 为非线性方程组。

求解弹塑性问题的方法主要有两类：基于塑性全量理论的全量法和基于塑性增量理论的增量法。全量法是使用外载荷的全量进行迭代计算，可直接求得在全量载荷作用下结构的位移、应力等最终结果。增量法则是将外载荷分为若干增量段，每增量段内进行线性化，也就是以分段折线线性化方式逼近其非线性的应力－应变关系曲线。

10.4.1　增量变刚度法

增量法即为载荷增量法。当物体中某一点的应力达到屈服应力时，以此时应力－应变状态为基准，以后每次施加适当的载荷增量（称加载步），计算位移、应变、应力的增量。按照前面介绍的求解非线性方程组的方法，将弹塑性问题的物理方程由微分关系转化为增量关系，即将非线性问题线性化，采用一系列线性问题代替非线性问题的求解。

1. 单元刚度矩阵

在每个载荷步计算中，增量变刚度法会根据单元的应力水平来判断单元是处于弹性还是塑性状态，采用不同的物理关系，形成单元刚度矩阵，再生成总刚度矩阵。采用切线模量描述材料本构关系，该法也称增量切线刚度法。

单元刚度矩阵的通式为

$$\boldsymbol{K}_{\mathrm{e}} = \int_{\Omega} \boldsymbol{B}^{\mathrm{T}} \boldsymbol{D} \boldsymbol{B} \mathrm{d}\Omega$$

其中，Ω 代表单元区域；$\boldsymbol{B}$ 为应变矩阵。小变形弹塑性问题的应变矩阵 $\boldsymbol{B}$ 与弹性力学问题完全相同。

物理矩阵 $\boldsymbol{D}$ 应根据单元所处的状态不同而采用不同的形式。每个载荷步中，单元所处的状态为下列三种情况之一：

（1）弹性区单元　完成本次加载步之后，单元仍处于弹性状态，该类单元称为弹性区单元。弹性区单元的应力－应变关系为线性的，物理矩阵与弹性力学问题完全相同，记为 $\boldsymbol{D}_{\mathrm{e}}$，即 $\boldsymbol{D} = \boldsymbol{D}_{\mathrm{e}}$。

（2）塑性区单元　在未施加本次载荷步之前，单元已经处于塑性状态，该类单元称为塑性区单元。塑性区单元的应力－应变关系为非线性的，物理矩阵采用弹塑性矩阵 $\boldsymbol{D}_{\mathrm{ep}}$，即

$$\boldsymbol{D} = \boldsymbol{D}_{\mathrm{ep}} = \boldsymbol{D}_{\mathrm{e}} - \boldsymbol{D}_{\mathrm{p}}$$

（3）过渡区单元　在未施加本次载荷步之前，单元处于弹性状态；而施加本次载荷步之后，单元则由弹性状态转变为塑性状态，单元性质发生了变化，该类单元称为过渡区单元。过渡区单元的物理矩阵开始是弹性的，后来转变为非线性的，若简单地采用 $\boldsymbol{D}_{\mathrm{e}}$ 或 $\boldsymbol{D}_{\mathrm{ep}}$，都将会产生较大的误差。过渡区单元的物理矩阵采用弹性矩阵与弹塑性矩阵的加权平均值，称为过渡区单元的弹塑性矩阵 $\overline{\boldsymbol{D}}_{\mathrm{ep}}$，计算式为

$$\overline{\boldsymbol{D}}_{\mathrm{ep}} = m\boldsymbol{D}_{\mathrm{e}} + (1-m)\boldsymbol{D}_{\mathrm{ep}} \quad (0 < m < 1) \tag{10.57}$$

式中，m 为加权因子。

式（10.57）涵盖三种类型的单元，计算中只需确定不同的 m 值。$m=1$ 时为完全弹性，$m=0$ 时为完全塑性，$0<m<1$ 时为过渡区。加权因子 m 的物理意义如图 10.15 所示。未施加本载荷增量时，处于 A 点位置，若按弹性单元计算，本次载荷增量产生的应变达到 B 点，实际上 C 点为屈服点，加权因子 m 表示 $\overline{AC}$ 与 $\overline{AB}$ 的比值。因此，m 值为以下两个等效应变增量的比值：

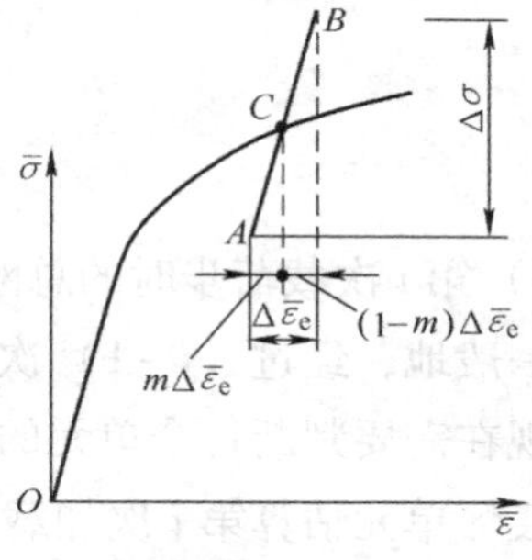

图 10.15　过渡单元加权因子 m 示意图

$$m = \frac{\Delta\bar{\varepsilon}_0}{\Delta\bar{\varepsilon}_{\mathrm{e}}}$$

其中，$\Delta\bar{\varepsilon}_0$ 为单元应力达到屈服时尚需的有效应变增量（$\overline{AC}$），$\Delta\bar{\varepsilon}_{\mathrm{e}}$ 为本次施加载荷增量可能引起的弹性有效应变增量（$\overline{AB}$）。如果是卸载过程，则 $\Delta\bar{\varepsilon}_0$ 取 $\overline{BC}$、$\Delta\bar{\varepsilon}_{\mathrm{e}}$ 取 $\overline{BA}$。

当然，$\Delta\bar{\varepsilon}_{\mathrm{e}}$ 只是一个预估值，通常对 $\Delta\bar{\varepsilon}_{\mathrm{e}}$ 的估计一开始往往不够精确，第一次估计是将过渡区单元按弹性单元处理，再用计算结果来修正 $\Delta\bar{\varepsilon}_{\mathrm{e}}$，修改 m 值，经过二三次修正迭代，可得到比较精确的结果。

2. 增量变刚度法的主要计算步骤

在载荷逐渐增加的过程中，结构中某个单元的应力达到屈服应力，说明材料进入塑性状

态。如果此时载荷尚未达到预定值，则高出部分的载荷就应当采取分级增量加载的方式，按弹塑性问题分析方法计算位移、应变、应力的增量。分级加载次数由分析者确定，可采用等增量分级加载或不等增量分级加载方式。

增量变刚度法的主要计算步骤概述如下：

1）对结构施加全部的载荷 $\boldsymbol{F}$，按照弹性问题进行分析计算；

2）求出结构中每个单元的等效应力，找出其最大值$\bar{\sigma}_{\max}$；

3）判断是否发生塑性变形、确定临界状态、确定分级加载载荷增量；

① 将等效应力最大值 $\bar{\sigma}_{\max}$ 与屈服应力 σ_s 比较，如果 $\bar{\sigma}_{\max} \leqslant \sigma_s$，说明材料未进入塑性区，按弹性计算的结果即为最终结果；

② 如果 $\bar{\sigma}_{\max} > \sigma_s$，说明材料已发生塑性变形。令 $L = \bar{\sigma}_{\max}/\sigma_s$（$L > 1$），那么当载荷为 $\boldsymbol{F}/L$ 时，刚好存在$\bar{\sigma}_{\max} = \sigma_s$，说明材料处于弹性与塑性的临界状态。将此时的弹性计算结果所对应的位移分量、应变分量、应力分量分别记为 $\boldsymbol{\delta}_0$、$\boldsymbol{\varepsilon}_0$、$\boldsymbol{\sigma}_0$，在此基础上进行增量叠加。

③ 设定分级加载次数 n，确定分级加载载荷增量大小，若按等增量加载，载荷增量步为

$$\Delta \boldsymbol{F} = \frac{1}{n}\left(1 - \frac{1}{L}\right)\boldsymbol{F} \tag{10.58}$$

4）第一次施加载荷增量 $\Delta \boldsymbol{F}_1$。

根据 $\boldsymbol{\delta}_0$、$\boldsymbol{\varepsilon}_0$、$\boldsymbol{\sigma}_0$ 状态，以及弹性的总刚度矩阵，建立线性化的增量有限元方程

$$\boldsymbol{K}(\boldsymbol{\sigma}_0)\Delta\boldsymbol{\delta}_1 = \Delta\boldsymbol{F}_1$$

求解该方程，求出第一次位移增量 $\Delta\boldsymbol{\delta}_1$，计算第一次应变增量 $\Delta\boldsymbol{\varepsilon}_1$ 和应力增量 $\Delta\boldsymbol{\sigma}_1$。将第一次增量分别加到原来的基础上，得到第一次加载后的位移、应变、应力分别为

$$\boldsymbol{\delta}_1 = \boldsymbol{\delta}_0 + \Delta\boldsymbol{\delta}_1$$

$$\boldsymbol{\varepsilon}_1 = \boldsymbol{\varepsilon}_0 + \Delta\boldsymbol{\varepsilon}_1$$

$$\boldsymbol{\sigma}_1 = \boldsymbol{\sigma}_0 + \Delta\boldsymbol{\sigma}_1$$

5）第 i 次载荷步时的总刚度矩阵。

一般地，经过（$i-1$）次加载步后，已经确定了位移 $\boldsymbol{\delta}_{i-1}$、应变 $\boldsymbol{\varepsilon}_{i-1}$、应力 $\boldsymbol{\sigma}_{i-1}$ 的数值，现在需要判断每个单元的性质，即判断是弹性区单元、塑性区单元还是过渡区单元，对于过渡区单元估算第 i 次加载步 $\Delta\boldsymbol{F}_i$ 将会引起的有效应变增量 $\Delta\bar{\varepsilon}_e$，计算权系数 $m = \Delta\bar{\varepsilon}_0/\Delta\bar{\varepsilon}_e$；根据 m 值，按式（10.57）计算物理矩阵，计算单元刚度矩阵 $\boldsymbol{k}_{(i-1)}$，形成总刚度矩阵 $\boldsymbol{K}(\boldsymbol{\sigma}_{i-1})$；

6）建立第 i 载荷步 $\Delta\boldsymbol{F}_i$ 的有限元方程

$$\boldsymbol{K}(\boldsymbol{\sigma}_{i-1})\Delta\boldsymbol{\delta}_i = \Delta\boldsymbol{F}_i \tag{10.59}$$

求出本次载荷步的位移增量 $\Delta\boldsymbol{\delta}'_i$，进而计算单元应变增量 $\Delta\boldsymbol{\varepsilon}'_i$及等效应变增量 $\Delta\bar{\boldsymbol{\varepsilon}}_{ei}$，修改对应 m 值。重复步骤5）至步骤6），修改 m 值 2 ~ 3 次，即可确定本加载步的位移增量 $\Delta\boldsymbol{\delta}_i$、应变增量 $\Delta\varepsilon_i$、应力增量 $\Delta\boldsymbol{\sigma}_i$；

7）将修正 m 值 2 ~ 3 次后所得的位移增量 $\Delta\boldsymbol{\delta}_i$、应变增量 $\Delta\boldsymbol{\varepsilon}_i$、应力增量 $\Delta\boldsymbol{\sigma}_i$，累加到上个加载步结果的基础上，得到施加第 i 次载荷步后的位移、应变、应力值分别为

$$\boldsymbol{\delta}_i=\boldsymbol{\delta}_{i-1}+\Delta\boldsymbol{\delta}_i$$
$$\boldsymbol{\varepsilon}_i=\boldsymbol{\varepsilon}_{i-1}+\Delta\boldsymbol{\varepsilon}_i \tag{10.60}$$
$$\boldsymbol{\sigma}_i=\boldsymbol{\sigma}_{i-1}+\Delta\boldsymbol{\sigma}_i$$

8）重复步骤5）至步骤7），直到施加完全部载荷，最后得到的位移、应变、应力为最终结果；

9）输出计算结果及相关数据。

增量变刚度法在加载过程中不断修正应力-应变关系，使之较为接近真实的弹塑性应力-应变曲线，适用于分析各种材料的弹塑性问题。由于引入加权因子 m，过渡区单元采用加权平均物理矩阵，即使载荷增量步很大，每次载荷步进入塑性区的单元较多，亦可保证计算的收敛性，获得比较满意的结果。如果不采用加权平均物理矩阵，则必须控制每次载荷增量步很小，使每次加载过程中进入屈服的单元只有少数几个，否则精度会很差。采用不等增量分级加载方式，载荷增量应逐步减小。

在判断单元是否进入塑性状态时，通常选择单元的形心作为样本点，计算其等效应力进行比较。对于采用数值积分的等参元，取数值积分点作为样本点比较适宜。

10.4.2 增量初应力法

1. 初应力法基本思想

初应力法是在本构关系中引入初应力 $\boldsymbol{\sigma}_0$，将实际应力 $\boldsymbol{\sigma}$ 表示为线弹性应力 $\boldsymbol{\sigma}_e$ 与初应力 $\boldsymbol{\sigma}_0$ 之和：

$$\boldsymbol{\sigma}=\boldsymbol{\sigma}_e+\boldsymbol{\sigma}_0=\boldsymbol{D}_e\boldsymbol{\varepsilon}+\boldsymbol{\sigma}_0 \tag{10.61}$$

式中，$\boldsymbol{D}_e$ 为弹性矩阵。

按式（10.61）中的应力-应变关系构造的有限元方程格式为

$$\boldsymbol{K\delta}=\boldsymbol{F}+\boldsymbol{R} \tag{10.62}$$

其中，$\boldsymbol{K}$ 是刚度矩阵；$\boldsymbol{F}$ 是由外载荷形成的载荷矢量；$\boldsymbol{R}$ 则是由初应力转化而得的等效节点力矢量。

$$\boldsymbol{R}=-\int_\Omega \boldsymbol{B}^{\mathrm{T}}\boldsymbol{\sigma}_0\mathrm{d}\Omega \tag{10.63}$$

初应力 $\boldsymbol{\sigma}_0=\boldsymbol{\sigma}-\boldsymbol{\sigma}_e$。只要不断调整单元内的初应力 $\boldsymbol{\sigma}_0$ 使其满足方程（10.62），此时与 $\boldsymbol{\sigma}_0$ 对应的线性解就是非线性问题的真实解。

对于小位移弹塑性问题，有初应力时，将微分的应力-应变关系用增量的形式表示为

$$\Delta\boldsymbol{\sigma}=\boldsymbol{D}_e\Delta\boldsymbol{\varepsilon}+\Delta\boldsymbol{\sigma}_0 \tag{10.64}$$

由于弹塑性应力-应变关系为

$$\Delta\boldsymbol{\sigma}=\boldsymbol{D}_{ep}\Delta\boldsymbol{\varepsilon}$$

代入式（10.64），并且由 $\boldsymbol{D}_{ep}=\boldsymbol{D}_e-\boldsymbol{D}_p$，得

$$\Delta\boldsymbol{\sigma}_0=\boldsymbol{D}_{ep}\Delta\boldsymbol{\varepsilon}-\boldsymbol{D}_e\Delta\boldsymbol{\varepsilon}=-(\boldsymbol{D}_e-\boldsymbol{D}_{ep})\Delta\boldsymbol{\varepsilon}=-\boldsymbol{D}_p\Delta\boldsymbol{\varepsilon}$$

初应力 $\Delta\boldsymbol{\sigma}_0$ 及式（10.64）的意义，如图10.16所示。$\Delta\boldsymbol{\sigma}_0$ 就是按弹塑性计算的应力与

弹性计算结果的差，弹性单元 $\Delta\boldsymbol{\sigma}_0=0$。

增量初应力法的有限元方程格式为

$$\boldsymbol{K}\Delta\boldsymbol{\delta}=\Delta\boldsymbol{F}+\boldsymbol{R}(\Delta\boldsymbol{\varepsilon}) \tag{10.65}$$

其中，$\boldsymbol{K}$ 是弹性刚度矩阵；$\Delta\boldsymbol{F}$ 每个载荷增量形成的载荷矢量；$\boldsymbol{R}(\Delta\boldsymbol{\varepsilon})$ 是由 $\Delta\boldsymbol{\sigma}_0$ 计算出的等效节点力矢量。

使用增量初应力法分析弹塑性问题时，结构总刚度矩阵 $\boldsymbol{K}$ 保持不变，始终采用弹性刚度矩阵，因此每次分级加载的增量斜率是相同的，如图 10.17 所示。

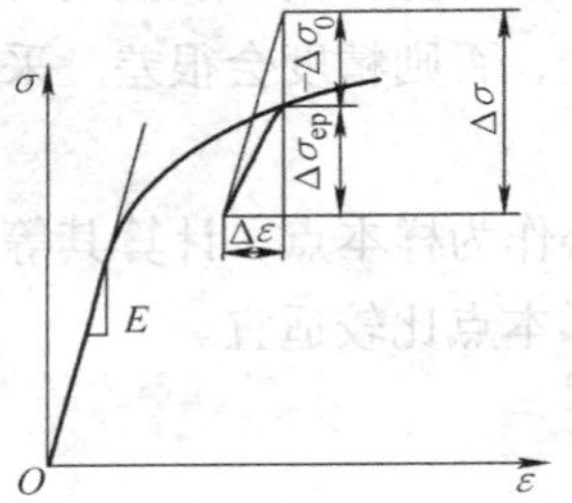

图 10.16　增量法中塑性单元的初应力

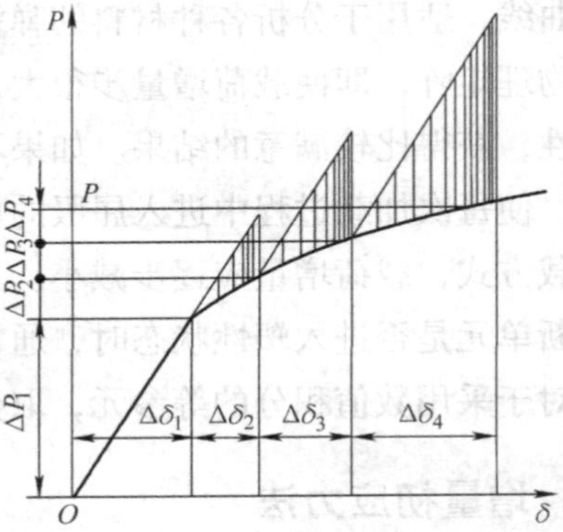

图 10.17　增量初应力法

初应力载荷矢量 $\boldsymbol{R}(\Delta\boldsymbol{\varepsilon})$ 不包含弹性单元及过渡单元的弹性部分应变，只计算塑性应变的等效载荷。单元初应力载荷矢量的计算步骤：

（1）塑性区单元

$$\boldsymbol{R}=-\int_{\Omega}\boldsymbol{B}^{\mathrm{T}}\Delta\boldsymbol{\sigma}_0\mathrm{d}\Omega=\int_{\Omega}\boldsymbol{B}^{\mathrm{T}}\boldsymbol{D}_{\mathrm{p}}\Delta\boldsymbol{\varepsilon}\mathrm{d}\Omega \tag{10.66}$$

（2）过渡区单元

$$\boldsymbol{R}=-\int_{\Omega}\boldsymbol{B}^{\mathrm{T}}\Delta\boldsymbol{\sigma}_0\mathrm{d}\Omega=\int_{\Omega}(1-m)\boldsymbol{B}^{\mathrm{T}}\boldsymbol{D}_{\mathrm{p}}\Delta\boldsymbol{\varepsilon}\mathrm{d}\Omega \tag{10.67}$$

根据式（10.66）或式（10.67），分别计算塑性区单元或过渡区单元的初应力等效节点载荷矢量，然后叠加汇总形成总的初应力载荷矢量 $\boldsymbol{R}(\Delta\boldsymbol{\varepsilon})$，再根据式（10.65）计算本加载步的位移增量 $\Delta\boldsymbol{\delta}_i$、应变增量 $\Delta\boldsymbol{\varepsilon}_i$、应力增量 $\Delta\boldsymbol{\sigma}_i$。

2. 增量初应力法的主要计算步骤

增量初应力法与增量变刚度法的计算步骤基本一致，但略有区别，增量初应力法的主要计算步骤如下：

1）对结构施加全部的载荷 $\boldsymbol{F}$，按照弹性问题进行分析计算。

2）求出结构中每个单元的等效应力，找出其最大值 $\bar{\boldsymbol{\sigma}}_{\max}$。

3）判断是否发生塑性变形、确定临界状态、确定分级加载载荷增量。

① 将等效应力最大值 $\bar{\boldsymbol{\sigma}}_{\max}$ 与屈服应力 $\boldsymbol{\sigma}_{\mathrm{s}}$ 比较，如果 $\bar{\boldsymbol{\sigma}}_{\max}\leqslant\boldsymbol{\sigma}_{\mathrm{s}}$，说明材料未进入塑性区，按弹性计算的结果即为最终结果。

② 如果$\bar{\sigma}_{\max} > \sigma_s$，说明材料已发生塑性变形。令$L = \bar{\sigma}_{\max}/\sigma_s(L > 1)$，那么当载荷为$\boldsymbol{F}/L$时，刚好存在$\bar{\sigma}_{\max} = \sigma_s$，说明材料处于弹性与塑性的临界状态。将此时的弹性计算结果所对应的位移分量、应变分量、应力分量分别记为$\boldsymbol{\delta}_0$、$\boldsymbol{\varepsilon}_0$、$\boldsymbol{\sigma}_0$，在此基础上进行增量叠加。

③ 设定分级加载次数n，确定分级加载载荷增量大小，若按等增量加载，载荷增量步为

$$\Delta \boldsymbol{F} = \frac{1}{n}\left(1 - \frac{1}{L}\right)\boldsymbol{F}$$

4）设第i次载荷增量步时的初应力载荷矢量为$\boldsymbol{R}_i(\Delta\boldsymbol{\varepsilon})$。

一般地，经过（$i-1$）次加载步后，已经确定了位移$\boldsymbol{\delta}_{i-1}$、应变$\boldsymbol{\varepsilon}_{i-1}$、应力$\boldsymbol{\sigma}_{i-1}$的数值，需要判断每个单元的性质，即判断是弹性单元、塑性单元还是过渡单元；对于塑性单元，按式（10.66）计算各单元的初应力等效节点载荷矢量；对于过渡区单元，估算第i次加载步$\Delta\boldsymbol{F}_i$将会引起的有效应变增量$\Delta\bar{\varepsilon}_e$，计算权系数$m = \Delta\bar{\varepsilon}_0/\Delta\bar{\varepsilon}_e$后，按式（10.67）计算，形成总的初应力载荷矢量$\boldsymbol{R}_i(\Delta\boldsymbol{\varepsilon})$。

5）建立第i次载荷增量步$\Delta\boldsymbol{F}_i$的方程

$$\boldsymbol{K}\Delta\boldsymbol{\delta}_i = \Delta\boldsymbol{F}_i + \boldsymbol{R}_i(\Delta\boldsymbol{\varepsilon}) \tag{10.68}$$

求解方程，得到$\Delta\boldsymbol{\delta}_i$。

6）计算塑性区单元和过渡区单元的全应变增量

$$\Delta\boldsymbol{\varepsilon}_i^e = \boldsymbol{B}\Delta\boldsymbol{\delta}_i^e$$

7）重复步骤4）至步骤6），直到相邻两次迭代求得的全应变增量之差小于容许值为止。此时的位移增量$\Delta\boldsymbol{\delta}_i$、应变增量$\Delta\boldsymbol{\varepsilon}_i$、应力增量$\Delta\boldsymbol{\sigma}_i$，就是本载荷步的结果，可以加到上次载荷步结果中去，得到第i次加载后的位移、应变、应力值分别为

$$\boldsymbol{\delta}_i = \boldsymbol{\delta}_{i-1} + \Delta\boldsymbol{\delta}_i$$

$$\boldsymbol{\varepsilon}_i = \boldsymbol{\varepsilon}_{i-1} + \Delta\boldsymbol{\varepsilon}_i$$

$$\boldsymbol{\sigma}_i = \boldsymbol{\sigma}_{i-1} + \Delta\boldsymbol{\sigma}_i$$

8）重复步骤4）至步骤7），直到施加完全部载荷，最后得到的位移、应变、应力为最终结果。

9）输出计算结果及相关数据。

10.4.3 增量初应变法

初应变法认为，物体在受力之前已存在一定量的应变，即初应变$\boldsymbol{\varepsilon}_0$，因此对于有初应变的弹性问题，应力-应变关系为

$$\boldsymbol{\sigma} = \boldsymbol{D}_e(\boldsymbol{\varepsilon} - \boldsymbol{\varepsilon}_0) \tag{10.69}$$

式中，$\boldsymbol{D}_e$为弹性矩阵。

按式（10.69）的应力-应变关系构造的有限元方程格式为

$$\boldsymbol{K\delta} = \boldsymbol{F} + \boldsymbol{R} \tag{10.70}$$

其中，$\boldsymbol{K}$是刚度矩阵；$\boldsymbol{F}$是由外载荷形成的载荷矢量；$\boldsymbol{R}$则是由初应变转化而得的等效节点力矢量：

$$\boldsymbol{R} = \int_{\Omega} \boldsymbol{B}^{\mathrm{T}} \boldsymbol{D}_{\mathrm{e}} \boldsymbol{\varepsilon}_0 \mathrm{d}\Omega \tag{10.71}$$

对于小位移弹塑性问题，有初应变时，采用增量表示的应力－应变关系为

$$\Delta\boldsymbol{\sigma} = \boldsymbol{D}_{\mathrm{e}}(\Delta\boldsymbol{\varepsilon} - \Delta\boldsymbol{\varepsilon}_0)$$

其中，

$$\Delta\boldsymbol{\varepsilon}_0 = \Delta\boldsymbol{\varepsilon}_{\mathrm{p}} = \frac{1}{E_{\mathrm{p}}} \frac{\partial\bar{\boldsymbol{\sigma}}}{\partial\boldsymbol{\sigma}} \left(\frac{\partial\bar{\boldsymbol{\sigma}}}{\partial\boldsymbol{\sigma}}\right)^{\mathrm{T}} \Delta\boldsymbol{\sigma}$$

式中，E_{p} 是单向应力情况下的 $\sigma_{\mathrm{s}} - \varepsilon_{\mathrm{p}}$ 曲线在给定的 σ_{s} 处的斜率。

增量初应变法的有限元方程格式为

$$\boldsymbol{K}\Delta\boldsymbol{\delta} = \Delta\boldsymbol{F} + \boldsymbol{R}(\Delta\boldsymbol{\sigma}) \tag{10.72}$$

其中，$\boldsymbol{K}$ 是弹性刚度矩阵，$\boldsymbol{R}(\Delta\boldsymbol{\sigma})$ 则是由初应变 $\Delta\boldsymbol{\varepsilon}_0$ 转化而得的等效节点载荷矢量，可称矫正载荷。

$$\boldsymbol{R}(\Delta\boldsymbol{\sigma}) = \int_{\Omega} \boldsymbol{B}^{\mathrm{T}} \boldsymbol{D}_{\mathrm{e}} \Delta\boldsymbol{\varepsilon}_{\mathrm{p}} \mathrm{d}\Omega = \int_{\Omega} \frac{1}{E_{\mathrm{p}}} \boldsymbol{B}^{\mathrm{T}} \boldsymbol{D}_{\mathrm{e}} \frac{\partial\bar{\boldsymbol{\sigma}}}{\partial\boldsymbol{\sigma}} \left(\frac{\partial\bar{\boldsymbol{\sigma}}}{\partial\boldsymbol{\sigma}}\right)^{\mathrm{T}} \Delta\boldsymbol{\sigma} \mathrm{d}\Omega \tag{10.73}$$

求解式（10.72）得位移增量 $\Delta\boldsymbol{\delta}$，再求单元的应变增量 $\Delta\boldsymbol{\varepsilon}^{(\mathrm{e})}$

$$\Delta\boldsymbol{\varepsilon}^{(\mathrm{e})} = \boldsymbol{B}\Delta\boldsymbol{\delta}^{(e)}$$

求应力增量 $\Delta\boldsymbol{\sigma} = \boldsymbol{D}_{\mathrm{e}}(\Delta\boldsymbol{\varepsilon} - \Delta\boldsymbol{\varepsilon}_0)$。虽然给出了 $\Delta\boldsymbol{\varepsilon}_0$ 的计算公式，但 $\Delta\boldsymbol{\sigma}$ 未知，因此需要进行迭代才能最终确定 $\Delta\boldsymbol{\varepsilon}_0$。迭代时的近似处理办法是近似采用上一载荷步的应力增量 $\Delta\boldsymbol{\sigma}$。

初应力法与初应变法的步骤基本相同。不同点在于，矫正载荷矢量的计算方法不同，初应力法用的是纯塑性物理矩阵，初应变法用的则是线弹性物理矩阵。

10.4.4 几种方法的比较

1. 增量变刚度法

对每个分级载荷增量步，增量变刚度法都会根据单元落在弹性区、塑性区或过渡区域内，分别计算单元的刚度矩阵，重新形成新的总刚度矩阵，再重新消元、解方程，因此每个载荷增量步都相当于求解一个新的线性问题，计算工作量很大。如果增量步中不加以迭代修正，容易产生漂移，从而限制了增量步长。该法在加载过程中不断修正应力－应变关系，能够较为接近真实的应力－应变曲线，即使载荷增量很大，一次载荷步同时进入塑性区的单元较多，也可保证计算的收敛性，得到较好的计算结果。

2. 增量初应力法和增量初应变法

对增量初应力法和增量初应变法（以下简称“二初法”）而言，结构的总刚度矩阵均采用线弹性时的刚度矩阵保持不变，在每次载荷增量步中，总刚度矩阵只要经过一次三角分解即可，不必再次修正调整；只调整载荷的大小，修改方程右端项，相当于只进行回代计算，计算的工作量大为减少。

初应力法和初应变法均存在是否收敛的问题。可以证明，对于一般的强化材料，初应力法的迭代过程是收敛的。而初应变法收敛的充分条件是 $3G/E_{\mathrm{p}} < 1$。在塑性区较大时，“二初法”收敛速度很慢。对于理想材料，“二初法”都不能保证收敛，只能采用增量变刚度法。

针对以上三种方法各自的特点，在实际计算中可以采取改进或变通的方法，将初应力法或初应变法与变刚度法结合起来使用。分级加载初期，大多数单元处于弹性区，每次载荷增量步中只有少数单元进入塑性区，采用“二初法”分析，可减少计算工作量、提高计算效率。分级加载后期，结构整体应力水平较高，进入塑性区的单元数量增多，结构整体刚度降低，此时改用变刚度法，保证每个载荷增量步收敛，加快收敛速度，保证计算结果的精度。

习题 10

10.1 举例说明结构分析中有哪几类非线性问题?

10.2 说明非线性弹性、塑性、蠕变问题各自有什么特点？并举例说明典型材料性质。

10.3 非线性方程组数值解法的实质是什么？它的基本步骤是什么?

10.4 比较直接迭代法和 N - R 迭代法及 mN - R 迭代法的各自特点和应用条件。

10.5 试比较特雷斯卡（Tresca）屈服准则与米泽斯（Mises）屈服准则的异同点。

10.6 什么叫 π 平面?

10.7 塑性材料的泊松比 $\mu_p = 0.5$，为什么?

10.8 简述塑性力学增量理论的基本假设及特点。

10.9 简述塑性力学全量理论的特点及适用条件。

10.10 试比较塑性力学的全量理论和增量理论的异同点。

10.11 如何理解体积应变 θ 在不同理论情况下的表达式不同?

10.12 如何建立弹塑性的增量应力 - 应变关系？依据什么?

10.13 简述增量变刚度法的主要特点。

10.14 说明过渡单元加权因子 m 的意义。

10.15 说明增量法中塑性单元初应力的意义。

10.16 简述弹塑性增量分析法，及其求解有限元方程的基本步骤。每个步骤中的关键点各是什么?

10.17 试比较增量变刚度法、增量初应力法、增量初应变法在求解弹塑性问题中的特点。

参考文献

[1] 徐芝纶. 弹性力学：上册 [M]. 4 版. 北京：高等教育出版社，2006.

[2] 江理平，唐寿高，王俊民. 工程弹性力学 [M]. 上海：同济大学出版社，2002.

[3] 王勖成. 有限单元法 [M]. 北京：清华大学出版社，2003.

[4] 库克. 有限元分析的概念和应用 [M]. 程耿东，何穷，张国荣，译. 2 版. 北京：科学出版社，1989.

[5] 监凯维奇. 有限元法：上册 [M]. 尹泽勇，江伯南，译. 北京：科学出版社，1985.

[6] MOAVENI S. 有限元分析：ANSYS 理论与应用 [M]. 王崧，刘丽娟，董春敏，等译. 北京：电子工业出版社，2008.

[7] LOGAN D L. 有限元方法基础教程 [M]. 伍义生，吴永礼，等译. 3 版. 北京：电子工业出版社，2003.

[8] 艾金. 有限元法的应用与实现 [M]. 张纪刚，等译，北京：科学出版社，1992.

[9] 徐荣桥. 结构分析的有限元法与 MATLAB 程序设计 [M]. 北京：人民交通出版社，2006.

[10] KATTAN P I. MATLAB 有限元分析与应用 [M]. 韩来彬，译. 北京：清华大学出版社，2004.

[11] 刘树堂. 杆系结构有限元分析与 MATLAB 应用 [M]. 北京：中国水利水电出版社，2007.

[12] 徐斌，高跃飞，余龙. MATLAB 有限元结构动力学分析与工程应用 [M]. 北京：清华大学出版社，2009.

[13] 胡于进，王璋奇. 有限元分析及应用 [M]. 北京：清华大学出版社，2009.

[14] 王焕定，张春巍. 有限单元法基础 [M]. 北京：高等教育出版社，2010.

[15] 丁科，陈月顺. 有限单元法 [M]. 北京：北京大学出版社，2006.

[16] 傅永华. 有限元分析基础 [M]. 武汉：武汉大学出版社，2003.

[17] 曾攀. 有限元基础教程 [M]. 北京：高等教育出版社，2009.

[18] 李新，何传江. 矩阵理论及其应用 [M]. 重庆：重庆大学出版社，2005.

[19] 刘卫国. MATLAB 程序设计与应用 [M]. 2 版. 北京：高等教育出版社，2006.

[20] 刘浩，韩晶. MATLAB R2012a 完全自学一本通 [M]. 北京：电子工业出版社，2013.

[21] 李继生，苏畅. 基于 MATLAB 的斜梁计算和绘图的程序设计 [J]. 天中学刊，2011，26 (2)：16 - 17.

[22] 刘悦，王立平. 基于刚度矩阵的空间变截面梁简化问题 [J]. 清华大学学报（自然科学版），2008，48 (11)：1915 - 1918.

[23] 丁星. 基于矩阵变换的空间刚架内力图和位移图绘制 [J]. 力学与实践，2010，32 (2)：128 - 132.